"新工程管理"系列丛书

BIM技术：原理、方法与应用

薛小龙　主　编

王亦斌　张元新　副主编
王泽宇　朱　健

中国建筑工业出版社

图书在版编目（CIP）数据

BIM 技术 ：原理、方法与应用 / 薛小龙主编 ；王亦斌等副主编. -- 北京 ：中国建筑工业出版社，2025. 5.
（“新工程管理”系列丛书）. -- ISBN 978-7-112-30977-1

Ⅰ. TU201. 4

中国国家版本馆 CIP 数据核字第 2025Z8H468 号

责任编辑：刘　静
责任校对：赵　力

“新工程管理”系列丛书
BIM 技术：原理、方法与应用
薛小龙　主　编
王亦斌　张元新
王泽宇　朱　健　副主编
*
中国建筑工业出版社出版、发行（北京海淀三里河路 9 号）
各地新华书店、建筑书店经销
北京科地亚盟排版公司制版
河北鹏润印刷有限公司印刷
*
开本：787 毫米×1092 毫米　1/16　印张：24　字数：455 千字
2025 年 4 月第一版　　2025 年 4 月第一次印刷
定价：**99.00** 元（含增值服务）
ISBN 978-7-112-30977-1
（43991）

“新工程管理”系列丛书

丛书编写委员会主任委员与副主任委员所在单位（按单位名称笔画排序）

“新工程管理”系列丛书总序

立足中国工程实践，创新工程管理理论

工程建设是人类经济社会发展的基础性、保障性建设活动。工程管理贯穿工程决策、规划、设计、建造与运营的全生命周期，是实现工程建设目标过程中最基本、普遍存在的资源配置与优化利用活动。人工智能、大数据、物联网、云计算、区块链等新一代信息技术的快速发展，促进了社会经济各领域的深刻变革，正在颠覆产业的形态、分工和组织模式，重构人们的生活、学习和思维方式。人类社会正迈入数字经济与人工智能时代，新技术在不断颠覆传统的发展模式，催生新的发展需求的同时，也增加了社会经济发展环境的复杂性与不确定性。作为为社会经济发展提供支撑、保障物质环境的工程实践，也正在面临社会发展和新技术创新所带来的智能、绿色、安全、可持续、高质量发展的新需求与新挑战。工程实践环境的新变化为工程管理理论的创新发展提供了丰富的土壤，同时也期待新工程管理理论与方法的指导。

工程管理涉及工程技术、信息科学、心理学、社会学等多个学科领域，从学科上一般将其归属于管理学范畴。进入数字经济与人工智能时代，管理科学的研究范式呈现几个趋势：一是从静态研究（输入—过程—输出）向动态研究（输入—中介因素—输出—输入）的转变，二是由理论分析与数理建模研究范式向实验研究范式的转变，三是以管理流程为主的线性研究范式向以数据为中心的网络化范式的转变。其主要特征表现为，数据与模型、因果关系与关联关系综合集成的双驱动研究机制、抽样研究向全样本转换的大数据全景式研究机制、长周期纵贯研究机制等新研究范式的充分应用。

总结工程管理近 40 年的发展历程，可以看出，工程管理的研究对象、时间范畴、管理层级、管理环境等正在发生明显变化。工程管理的研究对象从工程项目开始向工程系统（基础设施系统、城市系统、建成环境系统）转变，时间范畴从工程建设单阶段向工程系统全生命周期转变，管理层级从微观个体行为向中观、宏观系统行为转变，管理环境由物理环境（Physical System）向信息物理环境（Cyber-Physical System）、信息物理社会环境（Cyber-Physical Society）转变。这种变化趋势更趋于适应新工程实践环境的变化与需求。

我们需要认真思考的是，工程管理科学研究与人才培养如何满足新时代国家

发展的重大需求，如何适应新一代信息技术环境下的变革需求？我们提出“新工程管理”的理论构念和学术术语，作为回应上述基础性重大问题的理论创新尝试。总体来看，在战略需求维度，“新工程管理”应适应新时代社会主义建设对人才的重大需求，适应新时代中国高等教育对人才培养的重大需求，以及“新工科”“新文科”人才培养环境的变化；在理论维度，“新工程管理”应体现理论自信，实现中国工程管理理论从“跟着讲”到“接着讲”再到“自己讲”的转变，讲好中国工程故事，建立中国工程管理科学话语体系；在建设维度，“新工程管理”应坚持批判精神，体现原创性与时代性，构建新理念、新标准、新模式、新方法、新技术、新文化，以及专业建设中的新课程体系、新形态教材、新教学内容、新教学模式、新师资队伍、新实践基地等。

创新驱动发展。我们组织编写的“新工程管理”系列丛书的素材，一方面来源于我们团队最近几年开展的国家自然科学基金、国家重点研发计划、国家社会科学基金等科学研究项目成果的总结提炼，另一方面来源于我们邀请的国内外在工程管理某一领域具有较大影响的学者的研究成果，同时，我们还邀请了在国内工程建设行业具有丰富工程实践经验的行业企业和专家参与丛书的编写和指导工作。我们的目标是使这套丛书能够充分反映工程管理新的研究成果和发展趋势，立足中国工程实践，为工程管理理论创新提供新视角、新范式，为工程管理人才培养提供新思路、新知识、新路径。

感谢在本丛书编撰过程中提出宝贵意见和建议，提供支持、鼓励和帮助的各位专家，感谢怀着推动工程管理创新发展和提高工程管理人才培养质量的高度责任感积极参与丛书撰写的各位老师与行业专家，感谢积极在科研实践中刻苦钻研为丛书撰写提供重要资料的博士和硕士研究生们，感谢哈尔滨工业大学、中国建筑集团有限公司和广州大学各位同事提供的大力支持和帮助，感谢各参编与组织单位为丛书编写提供的坚强后盾和良好环境。我们尝试新的组织模式，不仅邀请国内常年从事工程管理研究和人才培养的高校的中坚力量参与丛书的编撰工作，而且，丛书选题经过精心论证，按照选题将编写人员进行分组，共同开展研究撰写工作，每本书的主编由具体负责编撰的作者担任。我们坚持将每个选题做成精品，努力做到能够体现该选题的最新发展趋势、研究动态和研究水平。希望本丛书起到抛砖引玉的作用，期待更多学术界和业界同行积极投身到“新工程管理”理论、方法与应用创新研究的过程中，把中国丰富的工程实践总结好，为构建具有“中国特色、中国风格、中国气派”的工程管理科学话语体系，为建设智能、可持续的未来添砖加瓦。

薛小龙

2020 年 12 月于广州小谷围岛

序　言

以人工智能、大数据、物联网、云计算等为代表的新一代信息技术成为推动行业变革与高质量发展的重要驱动力。近年来，为适应新一代信息技术创新发展对工程实践产生的变革性影响，国内很多高校在土木工程、道桥工程、建筑学、工程管理等专业增强了信息技术类相关课程的教学，其中BIM技术与数字化应用就是其中一门重要的技术类专业课程。

如何利用好BIM技术，发挥其独特的教学优势，在工程管理类专业建设中构建适应新时代发展的新课程体系、新形态教材、新教学模式、新教学内容，是摆在广大工程管理类教学一线高校教师面前的一项重大课题和任务。这其中需要解决三个方面的问题：一是传统课程与信息技术的深度融合。如何在传统课程中引入BIM技术，加深对相关知识点的理解和掌握。二是以项目为导向的综合训练体系建设。基于BIM技术的项目建模、模拟分析和管理应用，为构建贯穿工程项目全生命周期工作内容和管理流程的综合训练体系奠定技术基础。三是以学生为本的创新能力培养。通过应用BIM技术与其他新信息技术，引导学生参与学科创新竞赛、教师科研项目、校企工程实训等，提高学生自主学习和研究性学习的能力。

近年来，广州大学管理学院薛小龙教授率领的科研教学团队，积极引进国内外高水平科研教学人才，开展了一系列高水平的科研工作。同时，在广州大学工程管理专业建设中，开设了智能建造、BIM技术与应用、建筑工业化与装配式建筑等新技术领域课程，注重人才培养方案的改革与创新，积极参与BIM技术等在实际工程项目中的应用，取得了很好的工作成果。基于这些成果，在“新工程管理”丛书顾问委员会、指导委员会、编写委员会的大力支持下，推出了“新工程管理”系列丛书，积极探索专业人才培养模式创新。

《BIM技术：原理、方法与应用》是“新工程管理”系列丛书中的一册。该书对BIM技术的核心原理、建模方法、工程应用及工程案例等方面进行了全面阐述，重视理论建构和实践应用。本书具有系统性、完整性和应用性的特点，对培养具有创新能力的工程管理人才，推动BIM等新一代信息技术在工程建设过程中的应用，提升建筑业高质量发展能力具有重要参考价值。

华中科技大学　骆汉宾

2025年1月

前　言

BIM 技术在我国理论界和工程界近十多年的发展经历了三个阶段。第一个阶段为引进阶段，以从二维图纸走向三维参数化设计为主要标志。几乎所有的上市设计企业均采用了 BIM 技术，但由于受到国外 BIM 设计软件国产化技术瓶颈的制约，使得进行“二维图纸、三维翻模”的比例较高，影响到 BIM 技术从源头进行应用。第二个阶段为应用阶段，以 BIM 技术在工程建设项目全生命周期中的应用为主要内容。2017 年住房和城乡建设部颁布了 BIM 应用标准，BIM 技术被广泛应用在大型基础设施和工业设施、复杂的公共建筑和装配式住宅项目中，其中 BIM 管线综合模式是 BIM 应用最为成功的方面之一。第三个阶段为发展阶段，以 BIM 技术与 CIM、物联网、大数据等技术的结合为主要特点，在数字建造、智能建筑、智慧城市等方面开启了新的应用版图。国内研发团队不断加大国产 BIM 设计软件和应用软件的开发，提高软件算力，加快与其他技术的融合，中国的 BIM 技术正在走上独立自主、创新发展的道路。

为适应 BIM 技术的教学要求，广州大学管理学院薛小龙教授率领的科研教学团队组织编撰了《BIM 技术：原理、方法与应用》一书，本书分为四个部分，分别为原理篇、方法篇、应用篇和案例篇。原理篇阐述了 BIM 技术的核心内容——数字化建模和参数化设计，以及 BIM 技术在数字建造、数字管理、数字监控等方面的数字化应用。方法篇介绍了全专业的 BIM 建模方法和图纸创建，包括建筑体系、结构体系和机电体系等。应用篇介绍了工程项目建设全过程的 BIM 应用场景，包括设计阶段、招投标阶段、施工阶段等的主要应用。案例篇是从建设单位、设计单位、施工单位、工程咨询单位等项目重要参与方出发，选取 EPC 建筑工程、PPP 市政工程、建设项目投资管控等具有代表性和先进性的 BIM 应用和数字化管理的典型案例，体系完整、技术先进、方法实用、效果显著，与应用篇互相印证和补充。

本书编写内容顺应 BIM 技术在工程项目数字化管理应用中的发展路径，兼顾系统性、变革性和前沿性。一是注重 BIM 技术知识体系的系统性，从工程项目管理知识体系出发。BIM 技术是工程项目信息管理中重要的一支，是为各类工程建设项目管理服务的，需要和工程项目管理的目标、功能、流程相吻合，避免孤立讲述 BIM 技术应用点或应用场景，力求局部和整体的和谐统一。二是强调 BIM 技术引领工程项目管理的变革性。BIM 技术数字化、可视化、可塑性、实时性等特点助力工程项目精细管理、闭环管理和协同管理的变革，实现建筑业高质量发展的目的。三是突出 BIM 技术与其他新信息技术融合的前瞻性，如计算机虚拟仿真、云计算、大数据、物联网、数字孪生等，在建筑行业的数字建造、智能建造、数控生产、数控机械等方面发挥引擎和聚合作用。本书适用于高等教育土木专业、工程管理专业、相关专业的 BIM 技术类课程教学，以及专业人士学习参考。

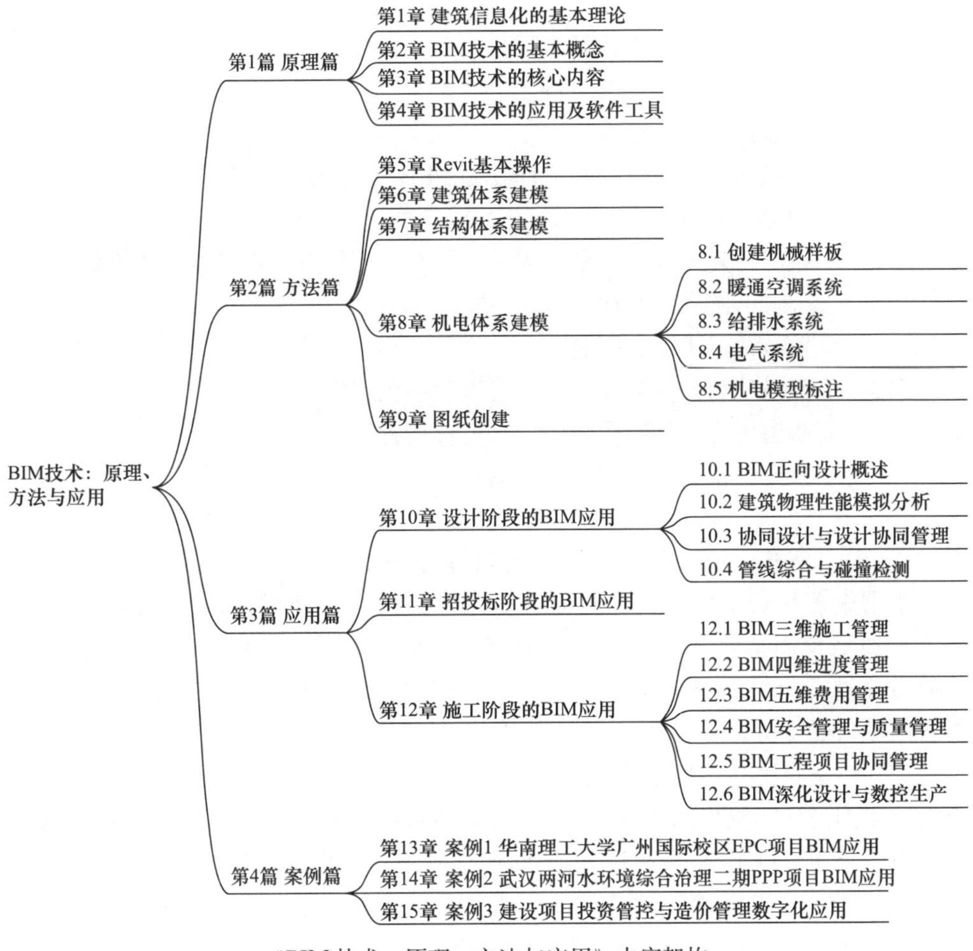

《BIM 技术：原理、方法与应用》内容架构

本书由广州大学管理学院院长、教授薛小龙担任主编，负责全书策划及第 1 篇、第 3 篇的审改。王亦斌、张元新、王泽宇、朱健担任副主编，王亦斌负责全书统稿及第 2 篇、第 4 篇的审改，朱健负责后期校核。各篇章编著人员如下。

第 1 篇 原理篇：王泽宇（广州大学管理学院）

第 2 篇 方法篇：张元新（广州大学管理学院）

第 3 篇 应用篇：王亦斌、朱健（广州大学管理学院）

第4篇 案例篇：

案例1 华南理工大学广州国际校区EPC项目BIM应用

华南理工大学建筑设计研究院有限公司

撰写：吴润榕、梁昊飞、刘禹岐、张晓明、郑巧雁、陈思超、彭帆、李俊男、林颖群

审核：倪阳、邓孟仁

中国建筑第五工程局有限公司

撰写：顾明岩、李长青

审核：尹周、徐为

案例2 武汉两河水环境综合治理二期PPP项目BIM应用

中建三局绿色产业投资有限公司

撰写：夏云峰、赵皇、周艳、刘军、卢仲兴、张诗雄、郑碧娟、陈骞、邓德宇

审核：汤丁丁、阮超

案例3 建设项目投资管控与造价管理数字化应用

永道工程咨询有限公司、永道科技有限公司

撰写：祝建红、庄承荣、杨燕玲、江结真、王静、黄亿平、郑则健、赖浩森、丁洁

审核：赖铭华、周舜英、秦真营、林日楠

本书编著得到了国家自然科学基金（71901077、72001051、72401074）、广东省普通高校创新团队项目（2022WCXTD020、2024WCXTD21）、广州市重点实验室建设项目（2025A03J3140）、广州市基础研究计划（SL2024A03J00979）等科研项目的支持。

广州市重点公共项目建设管理中心、广州大学提供了广州大学创新大楼B楼全套施工图设计图纸作为本书BIM建模完整示范案例，广筑亿信建筑科技（广州）有限公司提供了部分资料作为辅助示范案例，在此表示衷心的感谢！本书第10章第3节、第12章第5节由广东工业大学土木与交通工程学院冯为民教授的科研教学团队李雯娴、陈建邦、黄修谱等参与完成。第2篇的建模和操作由广州大学管理学院工程管理专业学生许柳君、程雨龙、何旭彦、杨凯宁、孔咏珊、张若漫完成。此外，在本书内容试讲、资料收集和整理、PPT制作、操作视频制作过程中，得到广州大学管理学院工程管理专业2019级学生、2020级学生的积极参与和意见反馈，在此一并表达诚挚的谢意！

由于编著水平有限，不足及疏漏之处敬请各位读者和同行批评指正。联系方式：朱老师，103687@gzhu.edu.cn。

目　　录

第 1 篇　原　理　篇

第1章

建筑信息化的基本理论

1.1 建筑信息化的概念及意义

1.1.1 建筑信息化的概念

建筑信息化是指运用信息技术，特别是计算机、网络、系统集成、控制、通信和信息安全等先进技术，改造建筑业的生产技术手段，优化建筑业的生产组织方式，提高建筑业的管理和服务水平，进而实现建筑业的跨越式发展。

建筑信息化涉及工程项目建设的信息化、建筑企业管理的信息化和建筑业电子政务的信息化等多项内容。其中，工程项目建设的信息化主要依靠工具类和管理类软件，如造价和计量软件、造价管理系统等；运用先进技术，如 BIM (Building Information Modeling) 技术等，对工程项目进行全生命周期管理，增强项目的预知性和可控性。建筑企业管理的信息化是利用网络对建设项目、施工等内容进行集中管理，快速并有效分析和共享采集得到的数据，增加企业内部沟通的便捷性与高效性。建筑业电子政务的信息化是指通过建设覆盖建筑行业的政务信息工作网络，如招投标平台等，使建筑业、政府、市场等的工作接轨，提高政务工作的服务水平和管理效率。

1.1.2 建筑信息化的起源与发展过程

1. 建筑信息化的起源

建筑信息化这一概念源于美国的“无纸化”运动，并于 20 世纪 90 年代中期传入中国。20 世纪 80 年代，美国军方发动“无纸化”运动——CALS (Computer Aided Logistic Support)，以降低成本、提高效率。这场运动不仅让电子文档取代书面文档，方便文档的传递、修改和查询，实现了所谓的无纸化，还针对项目全生命周期中的各阶段实施无纸化，使得项目信息的及时共享得以实现，最终达到缩短工期、降低成本的效果。

2. 国内建筑信息化的发展过程

（1）“甩图板”过程开启设计环节信息化

建筑行业信息化的开端，即设计环节信息化，于1996～2000年（“九五”时期）由建设部领导的“甩图板”工程拉开序幕。“甩图板”工程的目标是推广CAD（Computer Aided Design）技术，尽量用信息技术代替手动设计。2000年时，我国已经实现国产CAD系统商品化，并推出3～5种自主版权，在国际市场中占据一定的市场份额。截至目前，CAD技术已经得到普及，而且设计环节的各类软件也得到市场的广泛认可和使用。

（2）算量计价软件推动项目成本管理的信息化发展

传统的项目成本计算方法是根据纸质图纸进行手工计算，但这种模式存在工作量非常大、计算繁琐、容易出错等问题。随着CAD技术的普及，造价工程师可以通过电子图纸并附加规范的算法进行建模，算出相应的工程量等，从根本上减轻了工作压力。随着算量计价软件的普及，造价工程师不仅能直接算出简单的工程量，还能选择相应的计算规则，进一步完成价格的计算。由于施工工艺和实操经验等的不同，造价过程不可能完全自动化，但CAD技术和算量计价软件的使用确实提高了项目实施过程中各环节造价人员的工作效率。

（3）电子招投标政策推动建筑信息化落地

国内首个建设工程远程评标系统于2008年4月在苏州市开通，并自2009年7月1日起在江苏全省推行。2009年3月，北京市出台《北京市建设工程电子化招标投标实施细则（试行）》以规范电子招投标活动。除此之外，昆明、广州、深圳等城市电子招投标系统也先后进入运行阶段。2016年国家发展改革委等六部委共同制定了《“互联网+”招标采购行动方案（2017—2019年）》，实现了全行业在造价过程、标书制作、标书评审环节的标准化和信息化。

（4）BIM技术推动建筑信息化持续发展

建筑设计是将三维的建筑设计方案转化为二维设计图纸的过程，而建筑施工与此相反，是将二维设计图纸转化为三维建设的过程，一个建设项目的建成是项目的各项数据、信息在二维和三维之间不断转化的过程。BIM技术的出现促使建筑行业迈向了基于三维模型的设计和建造的全新模式，实现在建设项目全生命周期内提高质量与效率、减少错误和风险的目标。

2015年住房和城乡建设部制定的“十三五”时期发展目标为：全面提高建筑信息化水平，着力增强BIM、大数据、云计算等信息技术集成应用能力，建筑业数字化、网络化、智能化取得突破性进展。随着国家政策的有效推动，国内建筑行业信息化提速明显，BIM技术成为信息化推广的核心技术之一。

3. 主要政策及法律法规

扫码阅读

1.1.3 实现建筑信息化的意义

1. 工程建造视角

(1) 保障工程信息的收集和保存

建筑工程管理的内容较为繁杂且各项信息众多，信息管理的难度较大，传统的文档资料管理手段难以实现对工程信息的高效收集、整理和存储。通过应用信息化技术能够对工程信息进行统一的数字化存储和管理，有利于工程资料的收集与留存。例如，信息化技术不仅能够实现信息数据的实时录入，还能完整地将数据信息进行存储，使信息数据的收集、传输和保存更加方便快捷；能够有效规避由于人工误差而导致的信息偏差，并确保信息保存和共享的安全性与完整性。

(2) 提升建筑工程的项目管理水平

近年来全球建筑工程项目在规模和复杂性上不断跃升，给项目管理的组织间协同、管理精度和效率等方面带来巨大挑战。建筑信息化有助于各参与方在工程实施的各环节实现信息的实时共享，极大地促进了组织间协同合作。此外，建筑信息化带来的办公自动化、运行信息化能够有效简化项目管理业务流程、压缩业务时间，高度优化建筑工程的项目管理效率与工程施工质量。

(3) 优化建筑工程的成本控制质量

成本管理是建筑工程管理中重要的一部分，建筑工程施工中会消耗大量的建筑材料、人员和设备，因此施工阶段成本支出的管理与控制极其重要。信息化技术的应用可以使繁杂的成本控制工作得以高效处理，不仅节省了大量的人力和物力资源，更能够精准控制施工材料和设备的质量与价格，提升工程采购的安全性与透明性，有助于控制和优化建筑工程的实施成本。

2. 建筑企业视角

(1) 提升企业整体的管理能力

建筑信息化帮助企业利用现代化技术手段实现人力、物料、资金、信息资源的统一规划、管理、配置和协调，将信息技术与管理业务流程相互整合，使信息网络成为项目信息交流的载体，提升项目管理系统中的信息反馈速度和系统的反应速度，加快信息交流，从而提高企业整体的管理能力与效率，加快企业信息化建设。

（2）提升建筑企业的监管与决策能力

信息技术使得企业能够在工程项目全生命周期中对项目的每一个阶段进行有效监控，无论是合同履行的程度、项目的进度、项目的质量，还是项目实施过程中人、材、机的使用成本等，都可以通过信息技术进行合理有效的实时监督，这不仅使得建筑企业的监管能力得以提升，还能帮助企业做出更加精准有效的决策。

（3）突破地域限制，实现跨区域管理

建筑项目具有很强的地域性，它扎根于一个具体的环境中，受到所在地区的地形条件、自然条件和地理气候条件等的影响，因此在管理上具有一定的难度。采用信息技术手段可以帮助企业突破地域限制，解决跨组织、跨地域协作、沟通困难等问题，实现跨区域管理。而且快速、实时、高效的信息共享和沟通系统，不仅能降低企业的跨区域管理成本、提高业务管理效率，还有利于全中国乃至全球业务的统一管理和控制。

3. 建筑行业视角

（1）促进工程信息的公开透明

建筑信息化有效遏制了行业垄断、违法招标、串标围标乃至贪污受贿等行为的发生。信息技术在建筑领域的应用，不仅可以及时反馈工程量、采购价格、实际成本数据等，使工程建设所需的建材市场、劳动力市场、资本市场更加透明，还能使得招标投标的信息发布、投标评标的过程更加公开化、透明化，促使建筑市场竞争趋于公开、公平、公正。

（2）有利于建筑产业链的整合优化

建筑信息化对建筑产业链的整合优化起着关键性作用。信息技术手段的应用使得建筑产业能够实时监督市场变化，适应市场变化，满足不断变化的市场需要，合理有效地将各种资源按市场需求转换成不同产品，以整合优化建筑产业链、实现产业的不断增值，从而促进建筑行业的发展。

（3）有利于市场和政府的监督管理

建筑企业对信息技术的应用不仅能够促进其管理的建设项目工程信息的公开，也能使得其自身的各种信息透明化，帮助市场和政府对企业进行监督管理。在市场的自发调节和政府的宏观调控下，建筑企业才能规范自身行为，建筑市场才能公平竞争，建筑行业才能平稳协调发展。

1.2 建筑信息化的技术特点

1.2.1 建筑信息化的主要技术特点

（1）信息收集自动化

信息收集自动化是指在收集信息时，充分利用传感技术、IC卡（Integrated Circuit Card）技术等，实现信息的自动采集和录入。例如，利用IC卡技术直接获取现场作业人员的个人信息，利用传感技术采集混凝土温度、设备运行状况、构件变形等数据。而对于需要人工收集的信息，则利用电子设备辅助工作人员将必要信息进行录入和整理。

（2）信息存储电子化

信息存储电子化是指信息存储过程中，利用磁介质、光盘技术等，实现信息的海量存储。在整个工程建设过程中，信息种类多、数量大，采用这种电子媒体技术能够用较低的价格和极小的空间实现大量信息的保存。这种存储方式不仅便于信息查找，而且还能将完整的信息存档备用和随时调用。

（3）信息共享网络化

信息共享网络化是指利用网络技术协调各部门的工作，实现工程信息的高效传递与共享。在整个工程建设过程中，工程信息的共享是客观存在的，而且具有信息共享数量多、频率高的特点，在网络环境下就能满足这些特点，实现信息共享的高效性。例如，在招投标阶段创建数据库进行网络化管理，不仅可以提高工作效率，还能使招投标工作更客观、透明化。

（4）信息检索工具化

信息检索工具化是指利用数据库技术提供高效的检索工具，实现信息的广泛利用。而且随着数据库的规模和种类的增加，工作人员不仅可以及时掌握建设项目自身的信息，还能检索到与自己工作相关的各种技术资料与管理规定。除此之外，利用数据库技术的检索工具，其检索结果还可以被加工为各种需要的格式以输出，便于办公自动化。

（5）信息利用科学化

信息利用科学化是指充分利用计算机软件技术，引入科学统计分析方法，对基础信息进行自动加工，进一步产生支持决策的有效信息，实现信息的科学利用。例如，对于已建成的建设项目的信息进行综合分析，就能为当期招投标工程提供报价、工期等方面的参考。

1.2.2 建筑信息化的关键依托技术

（1）BIM 技术

BIM 技术是一门使建设项目的所有参与方，在项目从概念产生到完全拆除的全生命周期内，都能够在模型中操作信息和在信息中操作模型的技术。BIM 技术有利于建筑工程项目的可视化、精细化建造，是实现建筑信息化管理的重要工具。BIM 技术是目前建筑工程项目的信息化建设与管理过程中的主要依托技术，其应用价值巨大，主要表现为以下几个方面。

1）实现了建筑工程项目的可视化效果。运用 BIM 技术能够提前建立建筑工程项目的全方位信息模型，不仅让建筑工程项目的管控工作变得更加直观与清晰，还使得信息管理工作的效率得以有效提高。

2）建筑工程项目的共享数据库促进统一化标准与管控的实现。运用 BIM 技术可以将信息集中呈现出来，增强了建筑工程项目管理的效果，使得信息化管理的质量得到保证。

3）BIM 技术具有明显的模拟性特征。BIM 技术可以被运用到三维模型的管控、四维进度的管理等工作中，同时对建筑工程项目工期的控制等方面具有重大影响。

4）BIM 技术具有可优化的特点。运用 BIM 技术能够实现全方位建筑工程项目所有信息的管理，加快建筑工程项目信息化建设工作的速度。

（2）云计算技术

云计算是随着互联网的发展而诞生的一种新兴计算模式，其应用、数据和 IT（Information Technology）资源分布在大量分布式系统中，而不是在本地计算机或者单个远程服务器中，因此用户可以随时通过任何有网络连接的设备得到这些服务。云计算技术在建筑领域的应用解决了工程项目建设过程中产生的海量建筑数据的处理与运算问题，该技术采用分布式存储方式存储数据以保证可用性，采用冗余存储的方式以保证可靠性，并对存储的数据进行运算与分析，从而促进建筑产业的发展。

（3）区块链系统

区块链本质上是一种去中心化的分布式数据库，是分布式数据存储、多中心的点对点传输等多种技术在互联网时代的创新应用模式。区块链技术在建筑领域的应用使得交易信息的真实性得以保证，建筑企业可以将合同、银行流水信息等都上传到区块链系统中，这有助于交易信息的清晰、透明化，最大限度地保障交易安全；还可以利用区块链技术建设信用体系，建立智能合约以防范履约风险。除此之外，在工程项目的管理过程中，也可以通过区块链记录各种问题并对其进行表决。

（4）移动计算技术

移动计算技术是随着移动通信、互联网、数据库、分布式计算等技术的发展而兴起的新技术。移动计算技术让计算机或其他信息智能终端设备在无线环境下能够实现数据传输及资源共享。该项技术的应用使得每天要在不同项目上奔走、要到各楼层角落检查的建筑从业人员能够将有用、准确、及时的信息进行存储并在任何时间提供给在任何地点的任何用户，从而实现数据资源的实时共享，促进建筑信息化的发展。

第2章

BIM 技术的基本概念

2.1 BIM 技术的概念与发展

2.1.1 BIM 技术的概念

美国国家 BIM 标准（National BIM Standard-The United States）将建筑信息模型（BIM）定义为：“建筑设施的物理和功能特征的数字表达（Digital Representation）”。它作为建筑信息的共享知识资源为建筑设施自成立以来的生命周期内的决策提供可靠依据。BIM 是基于互操作性开放标准的共享数字表达。

具体而言，BIM 实现了建筑物理与功能特征的信息的数字化存储、关联和三维展示，实现了建筑信息的数字化集成。从目的上来说，BIM 技术旨在通过提供共享的建筑信息知识资源来提升建筑全生命周期的决策质量和管理水平。从构建原理上来说，BIM 在实现建筑信息数字化表达时依托的是旨在实现多参与方互操作性的开放性标准，即 BIM 的建筑信息数字化集成是建立在开放的、能够实现多方互动和协同操作的标准之上的。

与 CAD 技术相比较，BIM 技术在时间维度方面取得了有效创新，可以在建筑物三维模型的基础上，充分利用可视化功能有效分析建筑工程项目的施工情况，有助于相关施工管理者了解建筑工程项目中存在的缺陷和不足，分析其原因并加以科学解决，保证建筑工程项目施工的顺利进行。此外，引入具有实时更新功能的 BIM 技术可以实现建筑造价信息的快速编制，不仅能准确分析施工造价，还能确保建筑企业建设决策的科学性和可行性。

2.1.2 BIM 技术的起源与发展过程

1. BIM 技术的技术发展过程

BIM 技术的技术发展历程可分为以下几个重要阶段。

1）1962 年，图灵奖获得者、“计算机图形学之父”——美国麻省理工学院伊万·萨瑟兰（Ivan Sutherland）教授开发了交互式图形系统“Sketchpad”，实现用光笔在计算机屏幕上画图这一功能，开启了计算机互动时代。

2）1975年，“BIM之父”——美国乔治亚理工大学查克·伊士曼（Chuck Eastman）教授借鉴制造业的产品信息模型，提出了“Building Description System”（建筑描述系统）的概念，通过计算机对建筑物进行智能模拟，以便实现建筑工程的可视化和量化分析，提高工程建设效率。

3）1996年，Intergraph发布了基于Spatial Technology的ACIS建模核心的Windows平台3D CAD软件Solid Edge。Autodesk发布第一个全功能的3D建模软件Mechanical Desktop，很快成为销路最好的3D CAD软件。

4）1999年，伊士曼将“建筑描述系统”发展为“建筑产品模型”（Building Product Model），认为建筑产品模型从概念、设计、施工到拆除的建筑全生命周期过程中，均可提供建筑产品丰富、整合的信息。

5）2002年，Autodesk公司收购三维建模软件公司Revit Technology，首次将Building Information Modeling的首字母连起来使用，成了今天众所周知的“BIM”。

6）2010年前后，全球进入BIM时代，即BIM理念和方法成为建筑设施行业的基础元素，这得益于诸多软件厂商推出的简单易用的CaBIM工具，这是工业史上又一个新技术推动产业升级的典范。

2. BIM技术的政策发展过程

扫码阅读

2.2 BIM技术的特点

BIM技术作为建筑工程行业的一种基于计算机信息技术和仿真模拟分析技术的数字化管理工具和手段，拥有三大特点，即可视化、仿真性及协调性。

2.2.1 可视化

（1）设计可视化

在设计阶段利用BIM技术，将建筑及构件以三维方式呈现出来，即为设计可视化。设计可视化这一特点，不仅有利于设计师运用三维思考的方式快速且有效地完成建筑设计，同时也可以使业主摆脱技术壁垒的限制，直观地获得项目的信息，减少了设计师与业主之间的沟通障碍。

（2）施工可视化

1）施工组织可视化。施工组织可视化即在施工阶段利用BIM工具创建建筑设备模型、临时建筑模型等，以模拟施工过程、确定施工方案、进行施工组织。在计算机中进行虚拟施工这一特点，有利于提前发现实际施工时可能出现的一些问题，能加快施工进度、降低施工成本。

2）复杂构造节点可视化。复杂构造节点可视化即利用BIM的可视化特性，将某些复杂的构造节点全方位呈现出来，如复杂的钢筋节点、幕墙节点等。利用BIM技术可以很好地将传统图纸中难以表现出来的钢筋排布展现出来，甚至可以做成钢筋模型的动态视频，有利于施工和技术交底。

（3）设备可操作性可视化

利用BIM技术对建筑设备空间是否合理进行提前检验即为设备可操作性可视化。例如，通过BIM模型验证设备房的操作空间是否合理，并对管道支架进行优化；通过制作设备安装动画，找出最佳的设备安装位置和工序。这个特点使得施工过程更加直观、清晰。

（4）机电管线碰撞检查可视化

利用BIM技术将各专业模型组装成一个整体的模型，以三维的方式将机电管线与建筑物的碰撞点直观地显示出来，即为机电管线碰撞检查可视化。在BIM模型中可以提前找出碰撞点，调整好之后再导出图纸，这样能减少施工时间，提高效率。

2.2.2 仿真性

（1）建筑物性能分析仿真

建筑师在设计过程中利用BIM技术赋予虚拟建筑模型大量建筑信息，如几何信息、材料性能、构建属性等，再将BIM模型导入相关性能分析软件，就能得到相应的分析结果，这个过程就是建筑物性能分析仿真。性能分析主要包括能耗分析、光照分析、设备分析、绿色分析等。这一特点不仅提高了设计质量、降低了工作周期，而且优化了设计服务。

（2）施工仿真

1）施工方案模拟优化。施工方案模拟优化即利用BIM技术对项目重点、难点部分进行可建造性模拟，对施工安装方案进行分析优化，验证复杂建筑体系如施工模板、玻璃装配等的可建造性。这一特点不仅能使项目管理方直观地了解整个施工安装环节的安装工序和疑难点，而且还能使施工方对原有安装方案进行优化和改善，以提高施工效率和施工方案的安全性。

2）工程量自动计算。BIM实际上是一个含有大量工程信息的数据库，能真实地提供造价管理所需要的工程量数据信息。计算机可基于这些数据信息快速地对这些构件进行统计分析，有利于实现工程信息与设计文件的统一。通过BIM获得的工程量数据信息，可以用于设计前的成本估算、开工前的预算和竣工后的决算，实现工程量的自动计算。

（3）施工进度模拟

施工进度模拟即通过将BIM与施工进度计划相链接，把空间信息与时间信息整合在一个可视的模型中，以直观准确地反映整个施工过程。基于BIM技术进行的施工模拟可以清晰地描述施工进度及各种复杂关系，可视化程度高，可缩短工期、降低成本、提高质量。

（4）运维仿真

1）设备的运行监控。利用BIM技术实现对建筑物设备的搜索、定位和信息查询等功能，即为设备的运行监控。利用计算机对BIM模型中的设备进行操作，可以快速查询设备的所有信息，如使用寿命期限、运行维护情况和设备所在位置等。通过对设备运行周期的预警处理，可以有效地防止事故发生，并迅速地对发生故障的设备进行检修。

2）建筑空间管理。业主利用BIM技术可以直观查询定位到每个租户的空间位置和信息，如建筑面积、物业管理情况、租金情况等；还可以根据租户信息的变化，实现对数据的及时调整和更新，即为建筑空间管理。

2.2.3　协调性

（1）设计协调

利用BIM三维可视化控件及程序自动检测，可直观布置模拟安装建筑物内机电管线和设备，检查是否碰撞，还可调整楼层净高、墙柱尺寸等，即为设计协调。这一特点可以解决以往的设计缺陷，提升设计质量，减少后期的修改，从而降低成本及风险。

（2）整体进度规划协调

利用BIM技术对施工进度进行模拟，同时根据以往经验进行调整，从而缩短施工前的技术准备时间、帮助相关参与方理解设计意图和施工方案，即为整体进度规划协调。这一特点可解决下层信息断层问题，使施工方案更高效完美。

（3）成本预算、工程量估算协调

利用BIM技术可以得到各设计阶段的工程量数据信息，再将这些数据信息与技术经济指标结合，就可以进行准确估算、概算，最后再运用价值工程和限额设计等手段进行设计成果优化，即为成本预算、工程量估算协调。同时，专业的BIM造价软件可以进行更加精准的计算，从而获得更符合实际的工程量数据，还能自动形成电子文档并进行共享和存档。这一特点不仅能提高统计分析的准确率和速度，还能有效降低造价工程师的工作强度，提高其工作效率。

（4）运维协调

1）空间协调管理。空间协调管理主要用于照明、消防等各系统和设备空间定位。首先，业主可通过BIM技术获取各系统和设备空间的位置信息，将文字变成三维图形位置，更直观形象且方便查找。其次，业主还可利用BIM技术建立一个可视三维模型，并从模型中调用数据信息，如装修时可快速获取不能拆除的管线、承重墙等建筑构件的相关属性。

2）设施协调管理。设施协调管理主要用于设施的装修、空间规划和维护操作等方面。利用BIM技术可对重要设备进行远程控制，将原来独立运行的各种设备统一汇总到同一平台进行管理和控制，通过远程控制可充分了解设备的运行状况，为业主提供更好的设施运维管理环境。

3）应急管理协调。应急管理协调即通过BIM技术对突发事件进行预防、警报和处理。以消防事件为例，管理系统可以提前通过喷淋感应器感应信息，这时BIM就会自动触发火警警报并立即对着火区域的三维位置进行定位显示，控制中心便能及时查询周围环境和设备情况，从而及时疏散人群和处理灾情。

2.3 BIM技术的功能与价值

2.3.1 建筑规划阶段

BIM技术能够实现建筑规划阶段的最优建筑方案选择。在建筑规划阶段，利用BIM技术可以构建出让各参与方都能直观了解的三维建筑模型。从经济层面来看，在该模型基础上分析建筑方案和投资成本，利用BIM数据库包含的估价模型对建筑工程项目全生命周期的成本加以估算，就能全方位评价各种备选方案，以实现成本控制、质量提升与工期缩短；从技术层面来看，BIM技术可以对建筑的多项性能如光照条件、环境条件等进行分析，并在当前环境中置入规划项目，以对其环境效益、经济效益进行论证和分析，从而确定最合适的建筑方案。

2.3.2 建筑设计阶段

BIM技术能够实现建筑设计阶段的建筑效果构设、建筑设计优化和限额优化。在建筑设计阶段，首先，利用BIM技术的集成功能可将不同类别的数据进行集成处理，有效实现专业整合，再利用信息模型将图纸文件的表达功能进行深化，就能在计算机设备中通过数据识别和共享及时构设出建筑效果，使得工作人员可以直观地了解建筑项目的全貌信息，以便查证施工效果。其次，BIM技术能赋予建筑信息系统协同处理的功能，在输入数据时就能实时显示对应的建筑信息模型，并展示出虚拟化建筑效果，使得工作人员可以通过立体化、形象化的模型规避后期可能出现的问题，优化建筑设计，确保施工质量。最后，可利用BIM技术在图纸文件设计中的应用，针对项目中的不同设计阶段、不同设计专业进行限额设计，实现限额优化，确保成本规划及管控符合前期设定需求，也可保证工程造价的合理性。

2.3.3 施工管理阶段

BIM技术能够实现施工管理阶段的施工进度控制、施工质量管控和施工安全管理。在施工管理阶段，首先，BIM技术可利用集成功能将整个建筑项目中的数据进行集成处理，通过网络节点的建设实现空间施工信息与时间施工信息的搭接，并按照数据逻辑关系对相应的任务予以确认，使得工作人员能及时了解不同项目的施工进度能否达到预期的设计要求，从而对施工进度实施有效控制。其次，利用BIM技术的可视化、施工模拟等特点，可实现施工过程中的事前质量控制、事中质量控制和事后质量控制，使施工过程的各阶段都能持续跟进和记录，提高项目和企业施工质量控制的水平。最后，利用BIM技术可创建一个四维的施工安全信息管理模型，通过模型模拟进行限高施工、邻近施工和施工场地规划，从而确保施工安全，提高施工安全管理水平。

2.3.4 运维管理阶段

BIM技术能够实现运维管理阶段的应急管理和能耗管理。在运维管理阶段，首先，可以将应急预案集成至BIM平台中，并在三维模型中进行应急疏散推演；在实际发生突发事件时，管理人员可以采用多屏联动的方式实现应急响应功能，再通过集成烟感系统、安防报警系统等获得准确信息，从而帮助用户及时逃生。其次，将建筑中采用的节能技术以模型的方式叠加到BIM中，再对接能源实时采集数据，不仅能直观地对实时能耗情况进行展示，同时还能对能耗数据进行分析和统计，并针对数据分析结果给出节能建议，实现高效的能耗管理。

第3章

BIM 技术的核心内容

3.1 数字化建模

数字化建模技术是实现建筑设计信息在数字化信息管理平台中数据集成与关联，并最终实现三维可视化的关键技术，是 BIM 实现建筑信息数字化集成和三维虚拟化表达的基础。

数字化建模用以解决建筑模型集成性与数字化的问题，是 BIM 技术可视化的技术构成。BIM 技术通过数字化建模将建筑项目立体化，直观表达建造方案；将抽象问题可视化，提升问题的现实认知与处理效率，故本节将对数字化建模的内涵与应用进行介绍。

3.1.1 数字化建模的内涵

数字化是在信息化的基础上将各种复杂信息转换为一系列二进制代码进行表达、分析与处理的过程。不同于信息化对信息表达的追求，数字化更注重信息数据的分析处理，并以此来指导决策，提高生产生活效率，挖掘更多的信息效用。从信息化到数字化的转变象征着“信息—数据—产品”这一质的变化。例如，企业运营管理中常利用企业资源计划（Enterprise Resource Planning，ERP）来整合部门各阶段的信息数据，以便于管理者更全面、及时地了解企业运营信息，从而做出合理的决策，提高企业管理的效率与质量。ERP 在此作为一个集成信息管理平台局限于仅对已有信息的表达，数据分析与运营决策仍由人来完成。自 21 世纪初涌现出大数据、物联网、云计算等信息技术后，企业可通过大量的运营数据在虚拟空间中构建一个与现实一一对应的数字化模型，分析模型运作逻辑，模拟运作结果，从而做出具有科学性、前瞻性与针对性的决策，以此来优化生产流水线并推出个性化产品。

数字化建模利用数字化技术将复杂事物构建成可理解、可分析、可应用的模型，该模型在建筑领域中通常指的是建筑信息模型（BIM）。相比于过去信息分散、过程烦琐、效果有限的建筑项目运作情况而言，建筑信息模型的应用使建筑项目设计、运营与管理迈向标准化、精益化和智能化的发展方向。数字化建模技术主要包括参数化建模、曲面建模、逆向建模与多边形建模，其中参数化建模多应用于建筑行业，本章3.2节将围绕参数化设计进行详细介绍。

3.1.2 数字化建模的应用

数字化建模技术能够应用在建筑全生命周期管理的各阶段，如利用建筑信息模型在规划阶段帮助设计人员估算建造成本，在设计阶段验证建筑结构设计，在施工阶段实时调整施工进度，在运营阶段结合设施管理系统提供可视化服务[1]。但从应用性质与应用效果来看，数字化建模在建筑全生命周期管理中的应用主要包括方案预测与效果评估、方案筛选与设计优化、智慧管理与协同搭接三个方面。

（1）方案预测与效果评估

数字化建模将设计、建设、运营等方案构建成可视化、可分析、可应用的数字化模型后，可借助三维漫游、逻辑推演与多维协同等手段模拟预测出各类方案的实施效果。该应用场景普遍应用于建筑全生命周期管理的多个阶段。例如，设计阶段的三维建筑模型（如BIM三维）、施工阶段的进度管理模型（如BIM四维）、运营阶段管理模型等都是数字化建模针对方案效果的可视化“产品”，为方案的效益评估与分析提供理论依据。

在厦门隧道建设项目中，海底隧道相比于普通隧道需要更高的承载力，建筑难度更大，对方案设计的要求更高，通过BIM三维模型对海底隧道施工节点的数字化建模如图3-1-1所示，实现设计方案可视化，投影出隧道施工结构；在此基础上，增加时间维度形成BIM四维模型，如图3-1-2所示，对隧道建设项目的施工进度进行可视化表达与动态模拟，准确链接时间节点，借助不同颜色显示施工进度情况，如图3-1-2中用不同颜色标识未按计划施工、正在施工和施工已完成，为项目施工方案的效果评估与分析提供理论依据。

（2）方案筛选与设计优化

由于建筑项目的单件性、不可回溯性与风险性等特殊性质，建筑项目的各类方案往往不只一个，因此数字化建模的可视化“产品”也是多样的，取决于项目方案的设计构成、方案模拟的条件预估与建筑产品的方案需求等。在过去主要依靠人力的传统模式中，方案的比选需要耗费大量时间与成本，数字化建模则凭借其参数化、可视化的特点大大提高了建筑项目各类方案的筛选与优化效率，从而准确高效地获取最优方案。

---

1 过俊，陈宇，赵斌. BIM在建筑全生命周期中的应用［J］. 建筑技艺，2010（S1）：209-214.

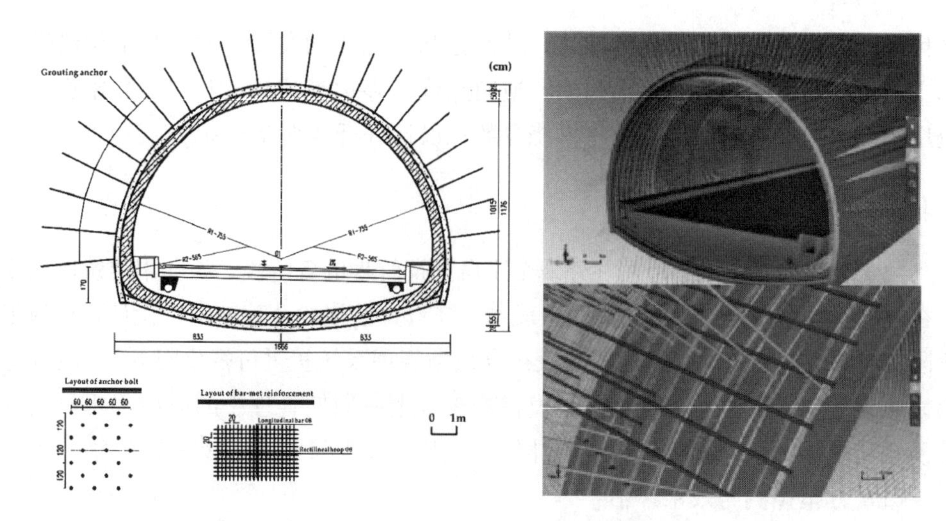

图 3-1-1　节点二维图形及三维模型 [1]

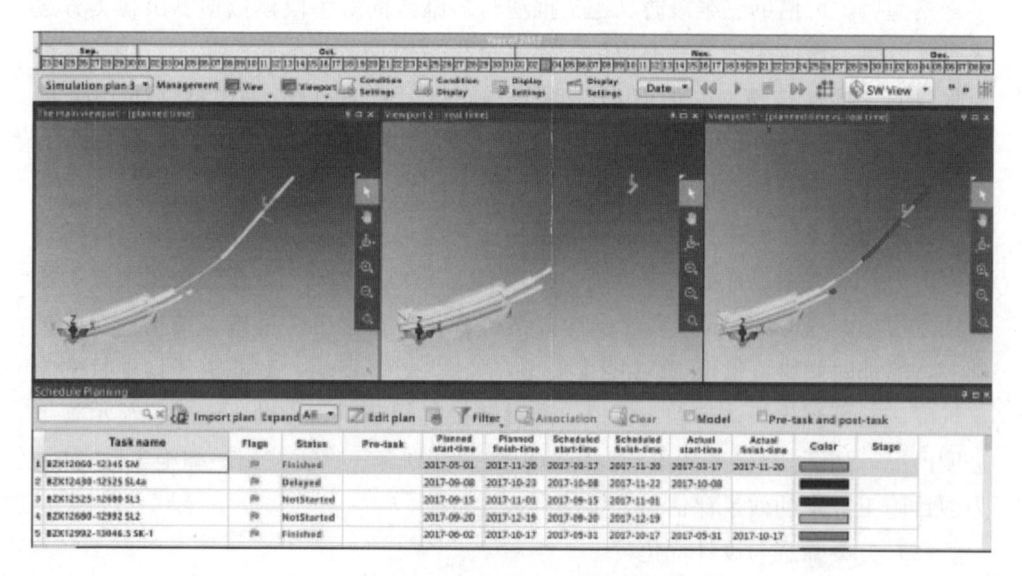

图 3-1-2　隧道项目 BIM 四维模型[1]

在湖南省美术馆建设项目中，幕墙系统由红陶土板构成，如何进行小单元陶板的加工与安装成了项目施工的一大难点。该项目通过数字化建模建立四个基本单元模型对模型进行预分割与方案筛选，最终确定分割缝位置，如图 3-1-3 所示，保证陶板的拼接精度，减少二次钻孔；此外，该项目对建筑数字模型的管道排

1　LI S，ZHANG Z，MEI G，et al. Utilization of BIM in the construction of a submarine tunnel：a case study in Xiamen city，China［J］. Journal of civil engineering and management，2021，27（1）：14-26.

布、施工顺序、钢筋布置与材料计划等进行校核调整后，避免了工作重复，优化了项目设计方案，大大减少了建筑工程量，降低了建筑项目成本。

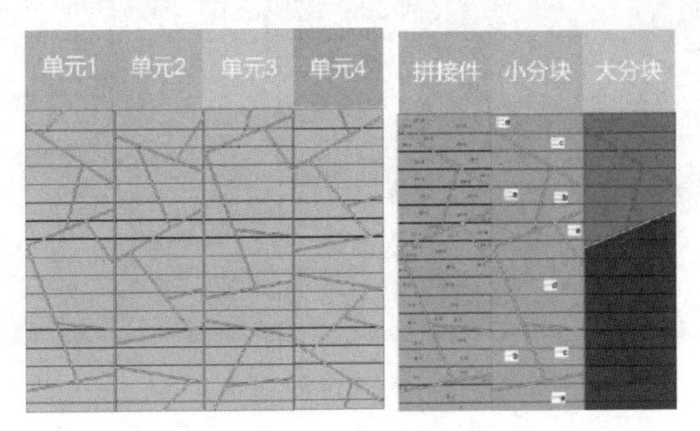

图 3-1-3　幕墙单位模型及其分块模型

（3）智慧管理与协同搭接

建筑全生命周期历经多个阶段，时间跨度长，协作单位多，地区差异大。如何系统地实现建筑全生命周期各阶段、各专业的智慧管理与协同搭接是长期困扰建筑项目管理与发展的一大难题。数字化建模与物联网、大数据、人工智能等信息手段相结合，形成“智慧工地管理系统”“智慧造价管理系统”与“智慧运营管理系统”等数字化“产品”，如图 3-1-4～图 3-1-6 所示，为该难题的解决提供突破口，推动建筑智能化发展，形成一批“智慧建筑”与“智慧工地”。

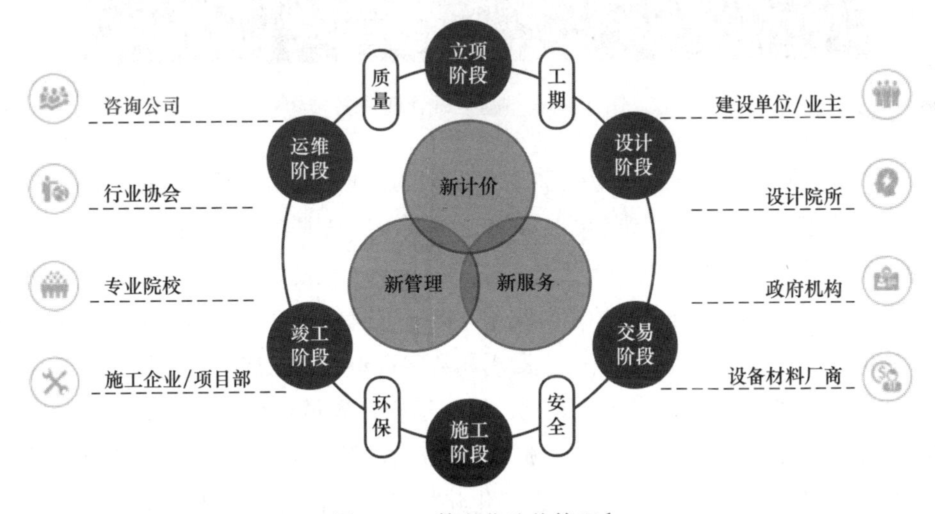

图 3-1-4　数字化造价管理[1]

1　刁志忠. 数字建筑，拥抱建筑产业数字化变革［R］. 2017.

图 3-1-5　智慧工地[1]

图 3-1-6　智慧运维管理系统[1]

“智慧建筑”“智慧工地”等数字“产品”的出现不仅满足了建筑项目协同管理的需求，还丰富与深化了建筑功能。例如，华润深圳湾国际商业中心 BIM 智慧运维管理平台以 BIM 为载体，将设施设备、空间、能耗、安防、物业等各子系统有机地结合在一起，实现各系统之间的实时联动。此外，对建筑全生命周期进行数字化建模形成的建筑“产品”建立建筑全生命周期数字资料库，赋能建筑个性化的智慧管理，如基于实时监测与监控建筑能耗、设备运行、人员定位等详细数据，可定制“绿色建筑”节能减排方案，识别与预防建筑异常情况，实现建筑项目效益最大化。

除了上述三方面主要内容外，数字化建模的应用内容还在不断丰富。随着建筑需求多样化、产品智能化与生产工业化的发展，数字化建模的应用内容将随之

1　中建三局集团有限公司. 智能建造创新应用实践［R］. 2021.

不断深化与拓展；同时，信息技术、施工技术与管理手段的同步发展也推动着数字化建模产生更多新的应用内容。

3.2 参数化设计

参数化设计是建筑信息模型元素构成间逻辑关系搭接的基础与原理，解决建筑模型联动性的问题，构成 BIM 技术联动性的核心功能。参数化设计本质为参数的逻辑算法，实现建筑模型的数据联动。参数化设计与大数据、人工智能等技术的融合应用提高了 BIM 技术应用效率，提供和拓展更多可能的应用形式。参数化设计已深度融合到建筑全生命周期的 BIM 技术应用中，指导与检验建筑过程，提高建筑生产建造效率。

3.2.1 参数化设计的概念

参数在数理上定义为变量，也叫参变量。参数化是对数字化信息进行逻辑联系、处理的算法运算的函数表达过程。建筑模型中的参数化即为对各建筑元素之间按照一定的物理规律、行业标准、生产要求等联系进行逻辑运算处理的过程。例如，为实现建筑工业化，建筑设计中的尺寸度量需要统一协调以保证建筑构件的通用性与可换性。为此我国制定了《建筑模数协调统一标准》(GBJ 2—86)，其中建筑模数为选定的尺度增值单位，我国设定以 M＝100mm 为基本模数，即建筑与建筑构件设计的尺寸应是基本模数 M 的倍数，以此实现建筑构件安装的通用性与可换性。建筑设计通过基本模数 M 的倍数来间接表示建筑（建筑构件）的尺寸长度，尺寸长度的表示可写作“尺寸长度＝倍数×M”，其中“倍数”为尺寸长度表示过程的参数，尺寸长度的表示过程即为参数化的过程。值得注意的是，尺寸长度的表示方式（公式）是固定的，但参数“倍数”是变动地，是人为地根据一定的逻辑关系或者标准要求设置的。将此过程类比运用 BIM 技术建模的过程可得到更直观的理解，如在设置楼层高度的过程中，该楼层与其他参照平面存在固定的逻辑联系（算法公式），只需人为设置该楼层与参照平面的高度关系便可，高度关系可设置为“＋3000”，也可设置为“－3000”，也就是设定该固定算法公式的参数，应用程序依此生成算法结果，这个过程即为参数化。

由于参数化使得信息之间建立了逻辑联系，因此参数化也可被视为一个联动的、去数据独立性的数据整体化过程。建筑信息模型是参数化设计的结果，因此其各构成元素之间并不是独立的，而是遵循一定逻辑彼此联系的。通过设置这些逻辑联系的参数，不仅可以表达各构成元素之间互相搭接的直接或间接关系，而且更能够形成建筑模型的数据关联与整体联系网络。在改动建筑模型中某项参数时，通过整体联系网络与该参数产生关联的函数表达也会产生相应变化，从而引起建筑模型的整体变动。例如，在上述例子中，建筑模型可通过逻辑参数设置来表达各楼层之间存在直接联系（如高度关系），那么其中某一个楼层，也能够以自身楼层平面为约束，通过墙体等参数化表达来布置和设计该楼层平面的格局，不同楼层平面的墙体等布置存在一定的独立性。以各楼层平面为约束的平面设计会受到不同楼层平面直接联系的影响，若改动某两个楼层之间的逻辑参数时，其他与此存在间接逻辑联系的设计项目（如墙体）也会发生变动。以此类推，建筑模型各构成元素之间互相搭接产生整体数据联系网络的过程也是参数化。

参数化设计是以参数化为基础，通过定义参数的类型、内容并通过制定逻辑算法来进行运算、找寻及建造的设计控制过程。参数化设计的基本思路是了解参数化模型建模全要素，明确参数化模型各建模元素间的逻辑关系，借助计算机软硬件技术应用将碎片式的建筑模型元素及信息建立成一个统一集成的参数化模型。参数化设计简化了传统建筑设计繁杂的绘图运算及多内容校验整合的过程，设计师通过调整建筑模型的参数即可快速得到多种设计方案，为建筑设计提供更多可能性。在建筑领域中，参数化设计多利用以 Revit、Grasshopper、Processing 等软件为主的 BIM 技术进行建筑参数化建模，如利用参数化技术进行建筑设备管线碰撞检查、设计优化、性能模拟分析、表皮参数化等。

3.2.2 参数化设计的特点

参数化设计作为参数化技术的创造性应用，能够充分表达建筑设计的思维。随着参数化设计在建筑设计中的发展和应用，衍生出如生成设计、多主体交互式协同设计、性能驱动设计等工程设计方法。参数化设计及其衍生物不同于以经验设计、手工劳动、静态分析、近似计算为特征的传统工程设计方法，以科学理论为基础，注重精益设计与分析，其具有以下特点。

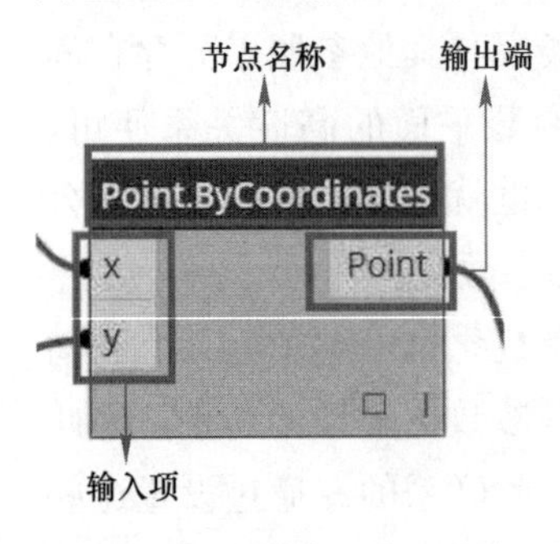

图 3-2-1　编程代码块（节点）

（1）数据动态联系

参数化设计元素（变量）之间存在的动态联系是由它的原理所决定的。参数化设计的原理可简单归纳为建模数据的加工、关联与优化。以基于 Dynamo 的参数化建模过程为例，Dynamo 是 Revit 软件的可视化编程插件，通过设置编程代码块的输入项与输出端，如图 3-2-1 所示，递延与设计编程节点顺序、嵌套与加减数组等进行参数化建模。如

图 3-2-2 所示，Dynamo 通过输入长方体的中心坐标与长宽高的数值、输入项与输出端的连接来创建长方体；而实际参数化建模往往比这要复杂得多，如图 3-2-3 所示，节点输入项的参数设置除了数值外还有函数或文字，编程节点数量多且复杂，涉及数组加减、列表嵌套等其他操作的综合运用。其中，由输入项与输出端的连接可见，各参数在参数化设计中既存在直接联系，也存在间接联系，仅是改动某一参数也可能会引起建筑参数化设计方案的链式变化，形成数据“网络”的动态联系。

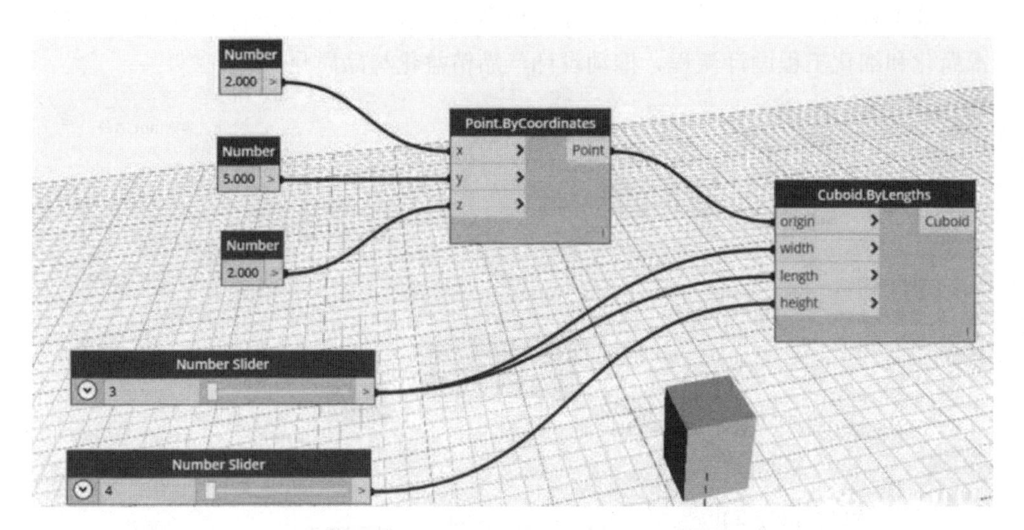

图 3-2-2　基于 Dynamo 的长方体参数化建模

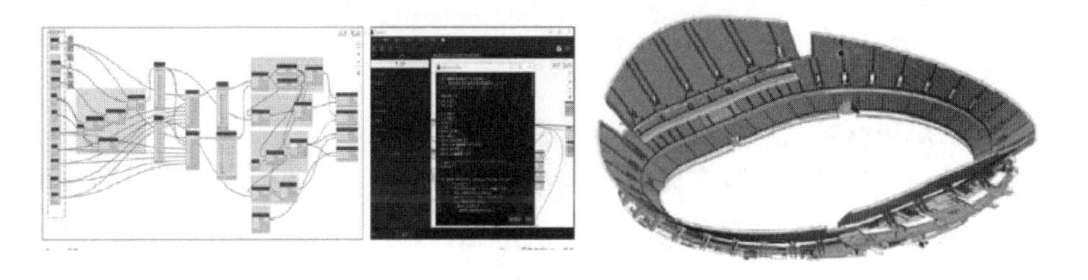

图 3-2-3　某看台模型基于 Dynamo 的参数化设计[1]

（2）设计精益多样

参数化设计通过设计方式的多样化与设计过程的精益化革新了粗放低效的传

1　北京市建筑设计研究院有限公司. 张家口奥林匹克体育中心 BIM 设计实践——以体育场设计为例[R]. 2018.

统工程设计方法。传统工程设计方法主要通过人力实现工程设计，且依据过往的经验理论设定众多规则，用以控制误差与保证设计方案的效果。因此，传统工程设计方法流程复杂、任务烦琐，且最终的设计表现难以实现最优化。例如，传统工程设计方法只能以二维图纸呈现建筑设计方案，图纸的绘制以人工为主且误差控制有限。在日益发展的计算机技术的支持下，参数化设计通过逻辑算法、元素联系等技术手段的创造性运用，衍生出多种衍生物，如基于仿生算法的多目标优化、基于环境模拟的性能驱动设计、生成理论等，如图 3-2-4 所示，丰富和拓展了传统工程设计方法，为工程设计提供更多可能性。参数化设计通过现代科学技术简化和细化工程设计流程，推动设计产品精益化与品质化。

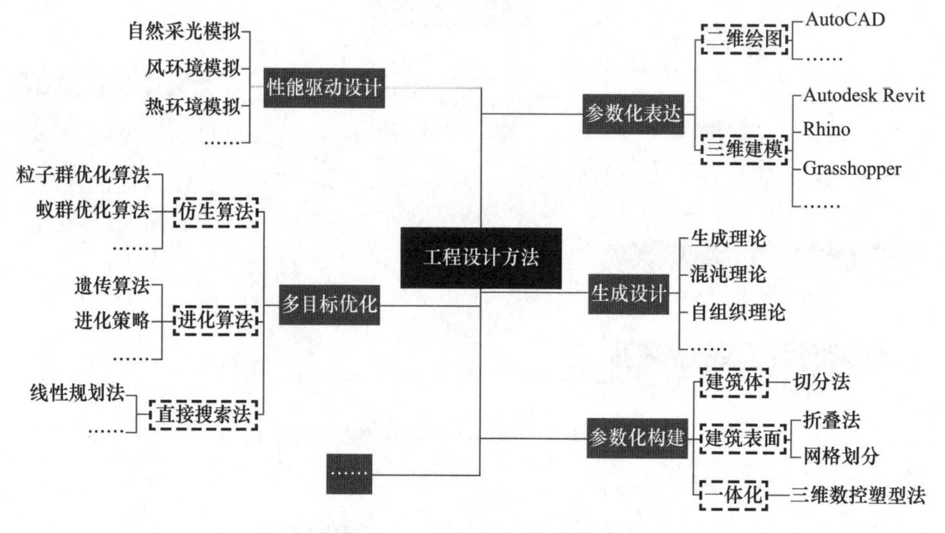

图 3-2-4　参数化设计衍生物

（3）信息集成统一

参数化设计通过搭建数字模型元素的联系形成关系网络，完成模型信息的集成统一。数字化建模包括建筑暖通、建筑形态、建筑结构等多方面的设计内容，需要多专业、多团队共同合作完成，各专业设计之间相对独立又互相联系，设计过程中需不断校验、整合与优化。

例如，上海新开发银行总部大楼项目设计组依托参数化设计、计算机技术等为各专业设计团队建立协同机制，专业内采用中心文件协同形成单专业绘图模型，各专业再按照绘图模型提供提资模型，进行专业间的协同共享。参数化设计以搭建信息逻辑关系为核心，为协同设计机制的建立提供理论与技术支持，提高工程设计效率，避免各专业设计内容形成信息孤岛。参数化设计的最终建筑模型是建筑信息的有机统一，整个建筑模型中蕴含大量建筑信息。如在阿布扎比国际机场幕墙系统设计中，仅其中一个幕墙模型即可包含构件名称、类型、类别等信息，如图 3-2-5 所示。这些信息并不是随机放置的，都是对该幕墙模型的描述信息，是按一定规则划分并集合到对应模型中的。

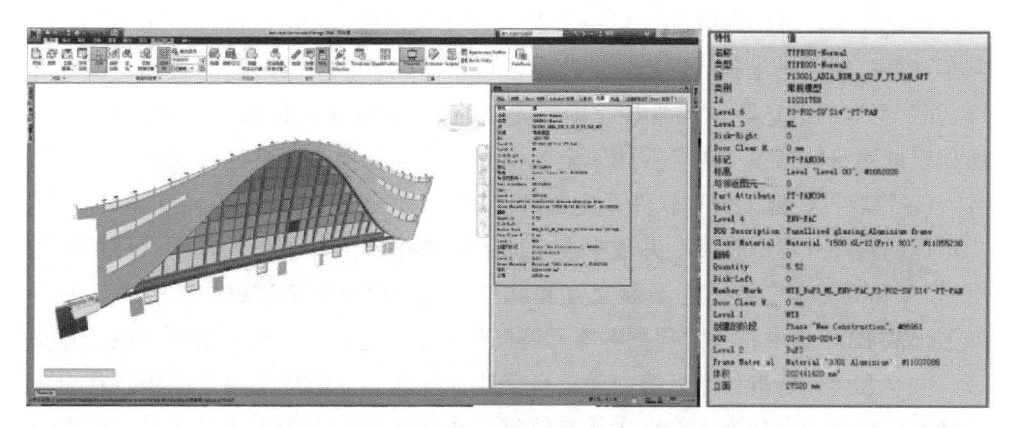

图 3-2-5　阿布扎比国际机场幕墙的建筑信息模型[1]

3.3　信息交互标准

信息交互标准是一个全行业的标准语义和信息交换标准，建筑的所有信息都根据此标准在建筑周期的不同阶段、不同专业之间实现传递，为所有的信息资源共享和业务协作提供有效保证。信息交互标准能有效促进 BIM 技术进一步应用和不断发展，提高我国在建筑工程方面的管理水平与建筑工程质量。

3.3.1　信息交互标准的内涵

信息交互标准，即建筑信息模型标准，不只是一个数据模型传递的数据格式标准及对模型中各构件的命名，还应包括对不同参与方之间交付传递数据的细度、深度、内容与格式等的规定，标准的制定能对整个信息的录入和传递形成一个统一的规则[2]。随着建筑信息化技术在建筑行业的不断深入，以 BIM 技术为代表，集成各类信息的技术正在改变着如今建筑工程的建造和管理模式，在 BIM 技术条件下的工程建造不仅是将平面图纸上的数字产品变为实体物质的建造过程，

1　江河创建集团股份有限公司. 阿布扎比国际机场［R］. 2016.

2　王婷，肖莉萍 . 国内外 BIM 标准综述与探讨［J］. 建筑经济，2014（5）：108-111.

更是将产品数字化信息不断完善的过程，从可行性研究、设计、施工、安装到运维的生命周期内形成一套完整的数字产品。

BIM 的实现使得规划、设计、施工、运营各阶段的信息断层问题得以根本性解决，能够实现工程信息在全生命周期内的有效利用与管理。在实现建筑产品信息化的过程中，可以理解为“虚拟”和“现实”两处工地的结合，“虚拟工地”基于计算机的可视化和信息化管理技术，可以模拟整个工程建造的过程，实现对“现实”工地的信息驱动与管控，即“先试后造”。而在这种数字化建造模式下，所构建的建筑信息模型需要在建筑全生命周期内与各种专业软件（如性能分析软件、CAD 软件、施工管理软件及运营管理软件等）实现信息交互。这些软件可能由不同的软件开发商开发，并建立在不同的技术平台上，要实现各类软件提供的“前台”和“后台”数据的不断交互和共享、减少信息传递过程中的损失，则必然要形成 BIM 技术相关的数据标准和协同作业的信息平台，建立起共同的信息集成、共享和协作标准体系。统一的信息交互标准能够保障建筑项目的信息在全生命周期各阶段无损传递，并大大提高信息的传递效率，进而实现各工种、各参与方的协同作业。

3.3.2 信息交互标准的种类

完整的 BIM 标准体系能够促使项目各参与方、各专业之间进行信息对接与共享，提高工程效率。目前的信息交互标准包括工业基础类（Industry Foundation Classes，IFC）标准、信息交付手册（Information Delivery Manual，IDM）标准、国际框架字典（International Framework for Dictionaries，IFD）标准三大类，其中 IFD 对信息名称进行统一、IDM 对信息类别及交换方法进行定义、IFC 对信息内容进行存储，这三类数据标准为信息之间的交换和共享提供了一定的便利，为 BIM 平台所进行的信息交换打下了牢固的基础。

（1）IFC 标准

IFC 是针对适用对象所公开的数据文件交互的标准，即信息交换标准格式。IFC 存储了工程项目全生命周期的信息，包括各类不同软件、不同项目参与方及项目不同阶段的信息。其既包含具体的描述，也包含抽象的描述，具体方面指的是墙、板、梁等，抽象方面指的是计划组织、工程造价等。所有的信息都要完整全面，还要具有属性方面的相关信息。

IFC 标准的应用范围涵盖建筑相关产品的全生命周期，包括对数据和信息进行管理，对相关的系统进行设计等各方面。但是兼容 IFC 的软件由于缺乏特定的信息需求定义而使得整个信息传递方案未能解决，即各软件系统间无法保证交互数据的完整性与协调性，因此需要制定一套能满足信息需求定义的标准，即 IDM 标准。

（2）IDM 标准

IDM 标准对建筑全生命周期各工程阶段进行了明确划分，详细定义了每个工程节点各专业人员所需的建筑信息，同时提供了一整套基本建筑流程模块，帮助使用者在建筑设计、施工等过程中更好地做到建筑信息的交互，保证建筑信息传递的准确性与可用性。

IDM 可以根据业务的需求对 IFC 信息进行调用，IDM 标准的制定使得 IFC 标准在全生命周期的某个阶段能够落到实处，发挥着类似于桥梁的连接作用，从 IFC 标准中收集所需的信息标准化后，应用于某个指定的项目阶段、业务流程或某类软件，实现与 IFC 标准的映射。

（3）IFD 标准

IFD 是对和工程项目具有一定关系的每一个信息的理念、名称等各方面内容进行分离，内部包含了 BIM 标准中每个概念定义的唯一标识码，以此保障信息数据交换过程中的一致，使得用于交换的信息可以和请求的信息匹配，避免出现因为信息称谓的不同造成的错误。

IFD 标准的主要目的是对信息的各种名称以及称谓进行标准格式的统一。例如，建筑设计师想要提供板与柱的材料使用类型，首先通过 IFC 格式的文件进行文本的说明，然后整合数据源语言，IFD 标准就充当建筑信息模型的“字典”，对 IFC 模型进行“翻译”，即对 IFC 标准进行补充完善，使得不同语言的建筑信息接收方能准确无误地读取建筑模型的信息。

第4章

BIM 技术的应用及软件工具

扫码阅读

第2篇　方　法　篇

第5章

Revit 基本操作

5.1 Autodesk Revit 概述

5.1.1 软件介绍

由于工程项目具有复杂性，仅通过一个 BIM 软件或者一类 BIM 软件难以完成，需要多种类型、多个 BIM 软件相互配合，在项目的全生命周期中创造效益。为了更好地理解和应用 BIM 软件，本书对 BIM 软件作了一个大致分类，按照对应 BIM 全生命周期所需功能可大致分为九大类软件，如图 5-1-1 所示。

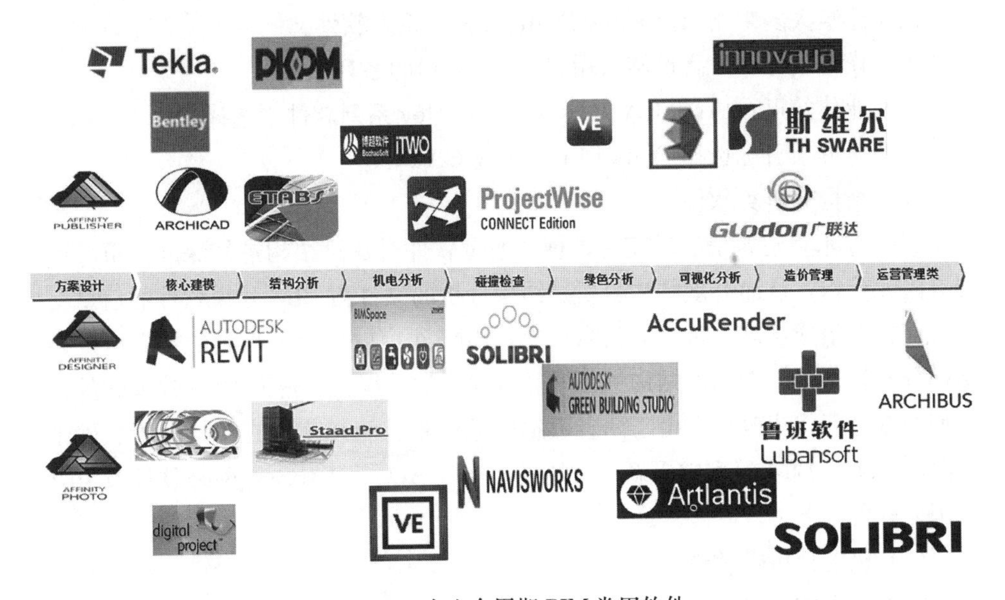

图 5-1-1　全生命周期 BIM 常用软件

（1）方案设计类软件

BIM方案设计类软件主要有Onuma Planning System和Affinity等，该类软件主要是应用于设计初期，将业主对项目中各具体要求由数字形式转化为基于三维结构形式的方案，使业主和设计者之间的沟通更加顺畅，可以实现对方案的深入研究。BIM方案设计类软件可以帮助设计者将设计的项目方案与业主项目任务书中的项目要求相匹配。BIM方案设计类软件可将方案输入建模软件开展深入设计，使方案更加满足业主的相关要求。

（2）建模翻模类软件

建模翻模类软件是BIM技术人员经常使用的一类BIM软件，它用来建立建筑信息模型或者根据二维图纸进行翻模工作，正是因为有了这些软件才有了BIM。因此，这类软件又被称为“BIM核心建模软件”。

常用的建模翻模类软件有很多，应用较广的有四家公司的软件，分别为：Autodesk公司的Revit软件系列，主要应用于建筑、结构和机电；Bentley公司基于MicroStation平台的软件系列，主要应用于建筑、结构和设备系列；Nemetschek公司的ArchiCAD、Allplan、Vectorworks三大产品；Dassault公司的CATIA。每一家公司的软件都有各自的特点和擅长的领域，根据领域不同选择相关软件。

民用建筑大多采用Autodesk公司的Revit系列软件。

工厂模型设计和设备设施采用Bentley公司的系列软件。

单专业建筑可在ArchiCAD、Revit、Bentley系列软件中选择。

完全异形项目可选择Digital Project或CATIA。

（3）结构分析类软件

BIM技术将建筑信息转变为数据，通过软件对建筑结构进行深入分析，可开展有限元分析，从而开展结构分析。结构分析的软件与BIM建模软件的信息交换非常流畅，集成度高，可双向信息交换，BIM建模软件分析得到的数据可以导入结构分析软件进行专门的结构分析，经过优化的数据又可返回BIM建模软件，对模型数据进行优化改进。由于两者数据的共通性，可以实现在结构分析软件中的修改，自动在BIM模型中更新。常用的有STAAD、ETABS等国外软件及PKPM等国内软件。

（4）机电分析类软件

机电分析类软件的专业性较强，应用于特定的项目。例如，辅助设备（水、暖、电等）和电气设备分析软件可采用鸿业、博超、IES Virtual、Design master、Environment等。

（5）模型综合碰撞检查类软件

模型综合碰撞检查类软件的应用主要分为碰撞和协同两个部分。

使用BIM技术得到三维模型，设计者不仅可以从传统的平面视图的角度开展设计，还可以实时查看三维模型，检查设计的各参数，对设计不断改进。由于三维模型与最终实际产品几乎完全一致，可以利用软件对设计进行检查，查看是否满足设计要求，是否存在碰撞，包括自身碰撞和与周围事物的碰撞。同时，可以进行数据库的设计，将设计中需要考虑的规范或者业主的特殊要求输入软件指定检查规则，从而实现对设计成果的全面检查。目前使用较多的BIM模型检查软件为Solibri Model Checker。

BIM技术另一个重要的部分就是项目中不同专业的设计协同，而不同专业之间的碰撞检查也可以在BIM软件中实现。一个大型项目不可能由一个人、一个专业来完成，而是需要很多专业、很多设计者共同完成，但由于专业不同，使用的BIM建模软件有所区别，BIM技术搭建了很好的协同设计平台，各专业都可以在平台开展设计，将各专业的模型集合在一起进行整体分析。模型综合碰撞检查类软件可实现三维模型的多专业集合，开展协同设计。能够完成此类功能的软件包括Autodesk公司的Navisworks软件，Bentley公司的ProjectWise软件、Solibri Model Checker软件等。

（6）绿色分析类软件

绿色分析软件主要是对项目开展环保相关的分析，涉及光照、风、热量、景观设计、噪声、废气、废液、废渣等环境相关内容，通过调用BIM模型的各种所需信息来完成，主要软件有IES、Green Building Studio等。

（7）可视化类软件

BIM模型的出现将设计从二维平面图纸升级为三维可视化模型，设计者或者业主可以通过可视化的模型开展设计和检查，脱离了二维图纸的限制，提高了设计的准确度和精度，特别是三维模型与最终建设完成的实际工程几乎一致，可以预先使用BIM软件对设计进行全面可视化设计、检查等。可视化软件常用的有3Dmax、Accurender、Artlantis等。

（8）造价管理类软件

BIM可提供关于设计的各种具体参数，造价管理软件基于BIM的数据，统计项目工程量并开展造价工作，当BIM模型中的设计修改了部分参数，相对应的造价信息也会随着变化。在项目施工过程中，造价管理软件可实现实时动态数据更新，开展造价分析，构成BIM技术的“五维应用”。国外的BIM造价管理软件有Innovaya和Solibri，国内BIM造价管理软件主要以鲁班和广联达BIM5D为代表。

（9）运营管理类软件

BIM 技术不仅应用于项目初期的设计，还可以在建设施工、后期运营管理过程中发挥重要作用，在项目的全生命周期应用广泛。BIM 技术在项目设计时可开展工作，施工过程中可提供数据，当项目建成后可将实时数据反馈到模型中，用于指导项目运营管理。常用的运营管理类软件为美国运营管理软件 Archibus。

5.1.2 Revit 特性

Revit 系列软件具备以下特性。

1）可视化。通过 Revit 软件建立的建筑物三维立体模型在项目设计、施工、运维等整个建设过程实现全程可视化，真正做到“所见即所得”。

2）协调性。各专业在项目流程中进行综合、协调，利用软件的“碰撞检查”及协同设计功能，提前发现并解决各专业间的不协调因素，找到解决存在问题的方案。

3）模拟性。在设计阶段进行节能模拟、日照模拟，从而选择更好的设计方案；在施工阶段进行施工工艺及专项施工方案模拟以指导施工；后期运营阶段可以进行逃生演习、消防人员疏散等日常紧急情况处理方式的模拟。

4）可优化性。对项目设计方案优化可以使业主节省投资，对施工难度大和安全隐患多的节点、工序进行优化，可以显著缩短工期和降低项目造价。

5）可出图性。强大的模型与图纸联动功能，不仅保证了设计与图纸的一致性与可靠性，而且经过协调、模拟、优化以后的图纸能够更好地为后期施工及运营提供保障。

5.2 Revit 界面

Revit 是一个强大而复杂的软件。但任何事物都一样，当分解成更小部分时可以更容易掌握。因此，本书将对 Revit 各部分进行介绍。

Revit 采用 Ribbon 界面。Ribbon 即功能区，是一个收藏了命令按钮和图示的面板。功能区把命令组织成一组“标签”。每一组“标签”包含了相关的命令。不同的标签组展示了程序所提供的不同功能。用户可以根据操作需要，更快速简便地找到相应的功能。Revit 常用的项目界面与功能区划分如图 5-2-1 所示。

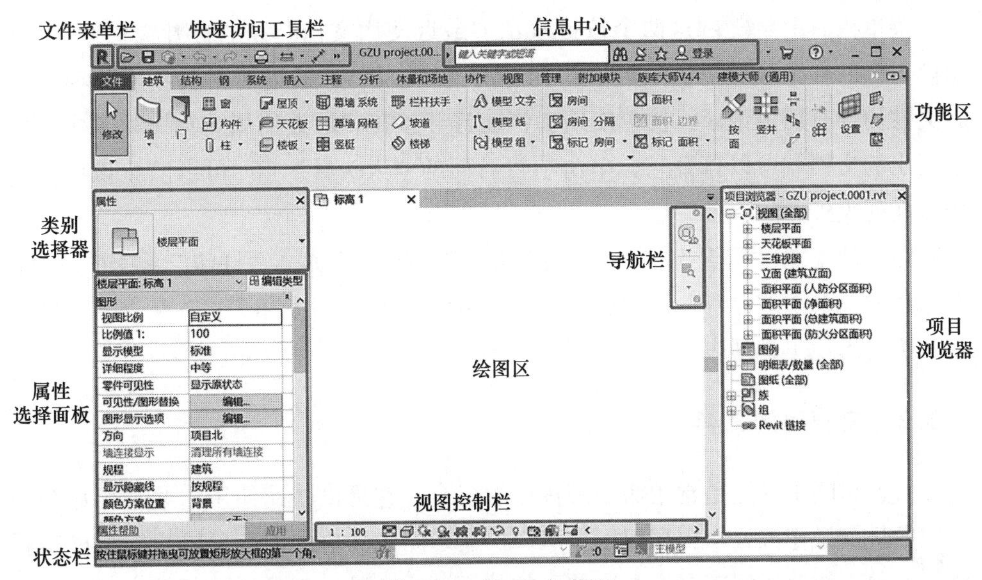

图 5-2-1 Revit 主界面

5.2.1 文件程序菜单

文件程序菜单主要提供常用 Revit 工程文件的操作访问，包括“新建”“打开”“保存”“导出”“打印”等命令。单击软件左上侧的“R”按钮R，即可打开文件程序菜单，如图 5-2-2 所示。

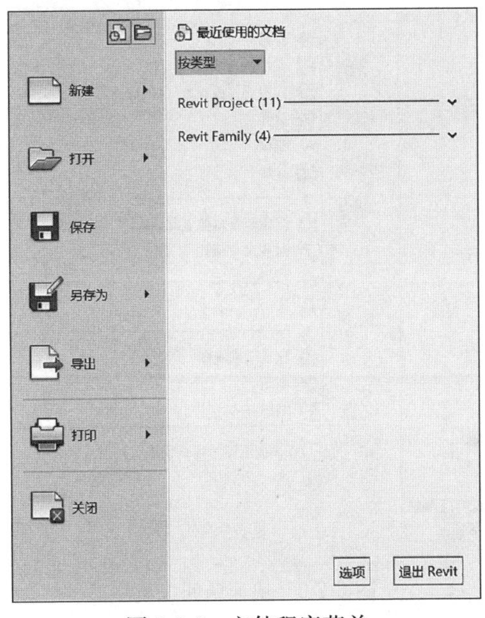

图 5-2-2 文件程序菜单

菜单栏右上角这两个按键表示“最近使用文档”和“打开文档”。可以切换右侧的整个区域，显示最近访问过的文档。Revit 最近使用及新建的项目与族文件均会有历史记录，便于使用者快速打开。在“最近使用文档”列表中，单击列出的文档就可以打开它。单击项目后面的“大头针”可以防止该项目被排除在列表外。

“新建”、“打开”、“保存”、“另存为”、“打印”均与 CAD 操作相似。单击“保存”即可保存项目，单击“新建”“打开”“另存为”“打印”后右边会出现工具列表。

5.2.2 快速访问工具栏

快速访问工具栏是常用命令和按钮的集合。它提供快速使用这些常用命令和按钮的快捷操作方式，提高使用效率。快速访问工具栏的内容可以根据自己需要添加。单击快速访问工具栏右边的下拉按钮后，弹出工具栏的相关内容。单击“自定义快速访问工具栏”标签后，可以对这些命令进行上移、下移、添加分隔符、删除等操作，如图 5-2-3 所示。

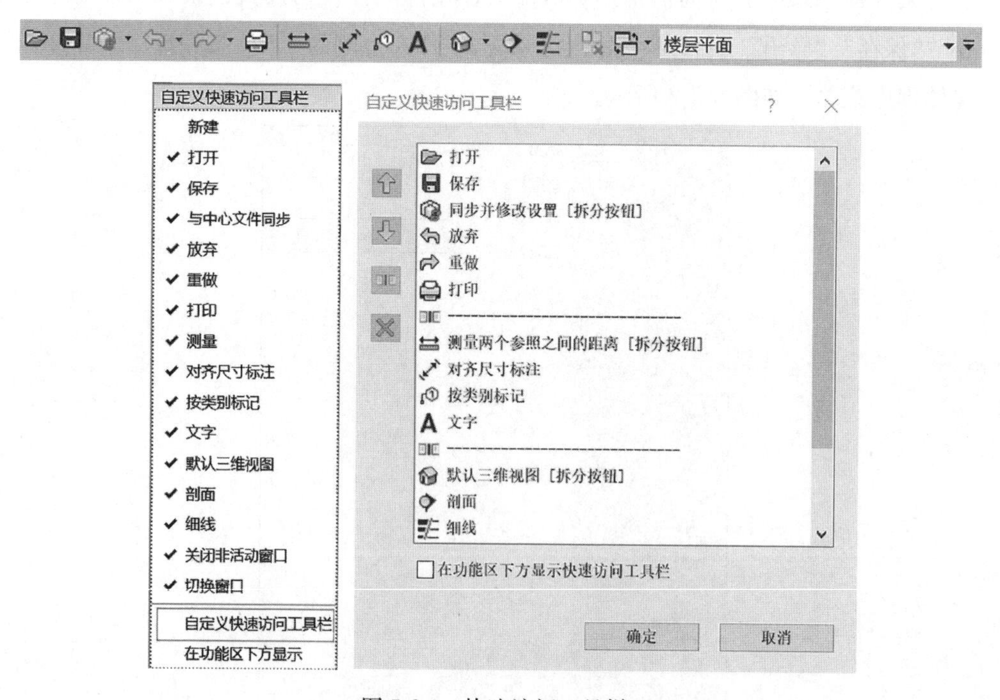

图 5-2-3　快速访问工具栏

5.2.3 信息中心

Revit 的信息中心默认位于 Revit 界面右上角。它为用户提供了一套工具，用户可以访问许多与产品相关的信息源，也是用户在线交流的媒介。用户可以通过信息中心快速进入 Revit“帮助中心”以及登录 Autodesk A360，获取 Autodesk 公司的相关服务，如图 5-2-4 所示。

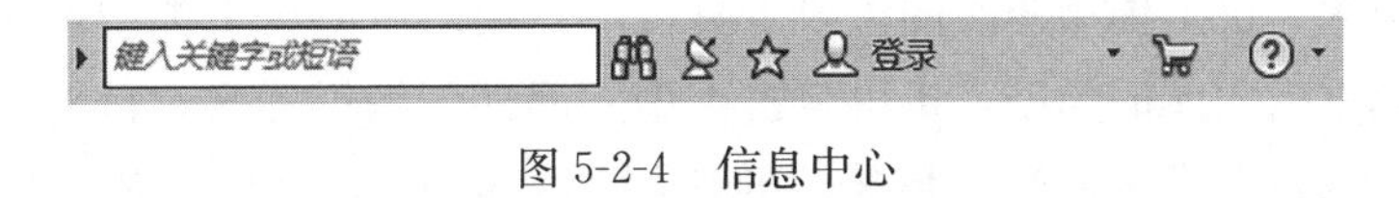

图 5-2-4 信息中心

搜索 ：使用搜索框和按钮可以在联机帮助中快速查找信息。单击“展开/收拢”箭头 能将搜索框切换为折叠状态。默认情况下，搜索框处于收拢状态。

登录 ：用户可以通过信息中心快速进入 Revit“帮助中心”以及登录 Autodesk A360，获取 Autodesk 公司的相关服务。

5.2.4 功能区

Revit 的功能区是建模所需要的主要命令区域。“建筑”“结构”“钢”“系统”“插入”“注释”“分析”等分别包含其专业内一系列建模命令按钮。单击相应按钮后即可实现模型的绘制功能及参数设置。功能区按钮主要有主按钮、下拉按钮、分隔线，如图 5-2-5 所示。有下拉按钮的命令可以单击使用程序提供的附加相关工具。分隔线主要是对下拉按钮中常用工具与附加工具进行区分。

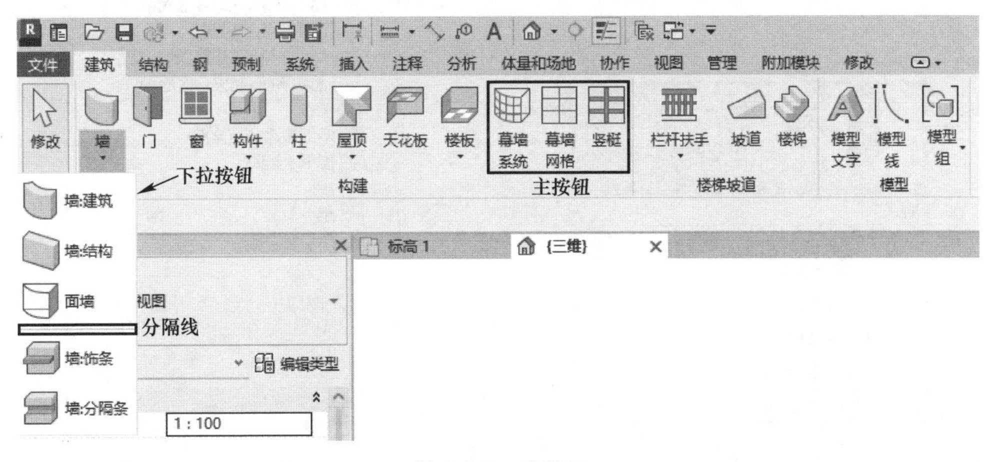

图 5-2-5 功能区

单击功能区最右侧下拉按钮，会弹出图 5-2-5 所示选项。可以对功能区显示样式进行修改，分别包括“完整功能区”“最小化为面板标题”“最小化为面板按钮”“循环浏览所有项”四种选项，可供用户根据习惯调节绘图区域大小。

5.2.5　属性选项板

Revit 属性选项板是用来查看和修改图元参数值的主要渠道，是了解建筑信息的主要来源，也是模型修改的主要工具之一。用户可以单击类型选择器的下拉箭头，选择更换图元的类型，也可单击类型“属性”编辑器修改目前点选图元的类型属性，以及在实例属性区域修改相应图元的实例属性值。“属性”对话框默认在 Revit 界面的左上侧，但也可以根据自身使用习惯进行修改。按住左键不放拖动“属性”对话框至所需位置即可。建筑模型“门→单扇→与墙齐→750×2000mm”的基本属性如图 5-2-6 所示。

5.2.6　项目浏览器

Revit 的“项目浏览器”如图 5-2-7 所示，用于显示当前项目中的所有视图、明细表、图纸、族、组、连接的模型和其他部分的逻辑层次。像“属性”面板一样，“项目浏览器”的位置是可以移动的，宽度也是可以调整的。单击各部分前

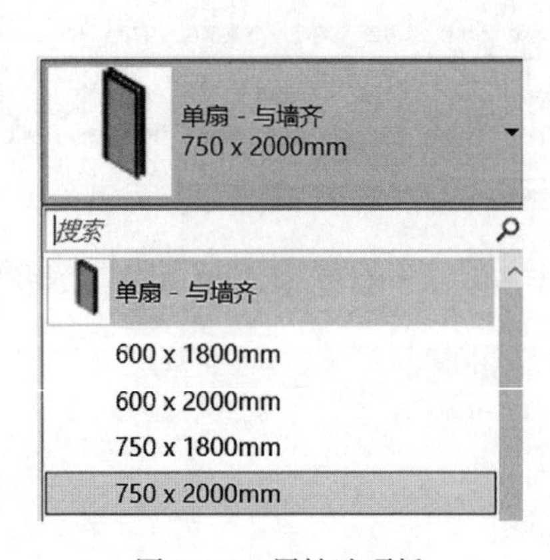

图 5-2-6　属性选项板

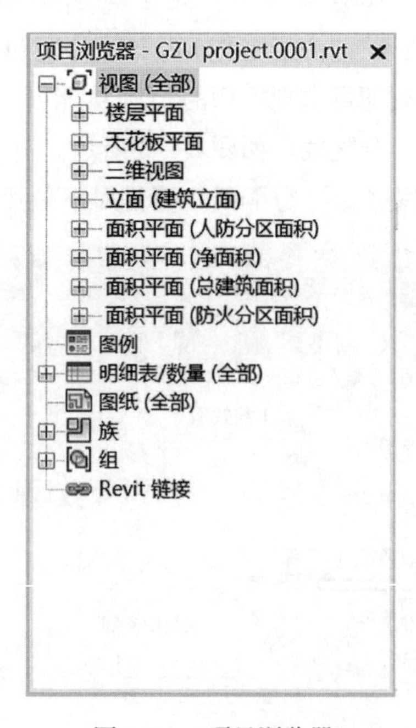

图 5-2-7　项目浏览器

面按钮⊞可以展开分支，无须使用时可以单击⊟，折叠各分支。项目中的所有族文件都包含在“项目浏览器”中，右键单击图元可以对其进行属性设置等。

5.2.7 视图控制栏

视图控制栏位于界面底部，如图 5-2-8 所示，通过单击相应的按钮即可对绘图区域功能的选项进行视图控制。

1 : 100

图 5-2-8 视图控制栏

视图控制栏从左到右依次为：

1）视图比例：是在图纸中用于表示对象的比例系统。可为项目中的每个视图指定不同比例，也可以创建自定义视图比例。单击比例按钮，弹出比例列表，在列表中选择比例，指定当前视图的比例。选择“自定义”命令，弹出“自定义比例”对话框。在对话框中设置比例值，单击“确定”按钮，将新建的比例添加到列表中。

2）详细程度：包括粗略、中等、精细 3 种选项，通过定义详细程度可以影响不同视图比例下同一几何图形的显示。

3）视觉样式：包括“线框”“隐藏线”“着色”“一致的颜色”“真实”及“光线追踪”6 种模式，可以指定多种显示样式，默认为“线框”样式。

4）打开/关闭日光路径：单击“关闭日光路径”按钮，弹出列表。在列表中选择“打开日光路径”选项，可以在绘图区域显示日光路径模式，用户可在视图中查看或者修改模型的日光路径。选择“关闭日光路径”命令，关闭模型的日光路径模式。选择“日光设置”命令，弹出“日光设置”对话框，可在其中设置参数，定义日光模式。

5）打开/关闭阴影：通常情况下，模型的阴影是被关闭的。所以当用户切换到三维视图时，仅在视图中显示模型。单击“关闭阴影”，打开阴影。打开阴影会影响软件的运算速度，如非必要可以不用打开模型的阴影。

6）打开/关闭裁剪区域：单击视图控制栏中的“裁剪视图”，切换至裁剪视图的状态。

7）显示/隐藏裁剪区域：单击视图控制栏中的“显示裁剪区域”，在视图中显示裁剪边框。单击“隐藏裁剪区域”按钮，在绘图区域隐藏裁剪边框。

8）临时隐藏/隔离：在绘图区域选择图元，单击视图控制栏中的“临时隐藏/隔离”按钮，弹出选择列表，选择对应的模式。

9）显示隐藏的图元：单击视图控制栏中的“显示隐藏的图元”，进入“显示隐藏的图元”模式。在视图中，处于隐藏状态的图元高亮显示，没有被隐藏的图元显示为灰色。选择高亮显示的图元，单击鼠标右键，在弹出的菜单中选择“取消在视图中隐藏”→“图元”命令，取消图元的隐藏状态。单击“关闭显示隐藏的图元”按钮，退出显示模式。

10）临时视图属性：单击视图控制栏中的“临时视图属性”，进入“显示隐藏的图元”模式。选择“临时应用样板属性”命令，在弹出的“临时应用样板属性”对话框中选择需要针对当前视图应用的视图样板。

11）显示/隐藏分析模型：单击视图控制栏中的“分析模型”，进入“显示分析模型”模式。

12）显示/隐藏约束：单击视图控制栏中的“显示约束”，进入“显示约束”模式。

5.2.8 状态栏

状态栏是为用户提供要执行操作的状态提示。高亮显示图元或构件时，状态栏会显示族和类型的名称。状态栏沿应用程序窗口底部显示，如图 5-2-9 所示。

单击可进行选择; 按 Tab 键并单击可选择其他项目; 按 Ctrl 键; :0 主模型

图 5-2-9　状态栏

隐藏状态栏：单击“视图”选项卡→“窗口”面板→“用户界面”下拉列表→清除“状态栏”复选框。

5.2.9 ViewCube

“ViewCube”样式如图 5-2-10 所示，它是 Revit 软件提供的三维导航工具，用于指示三维模型的当前视图方向。用户可以定义模型的前视图，以指定“ViewCube”上的面视图的方向。随前视图一起，还可以单击“ViewCube”上的某个面、边缘或角点来指定“ViewCube”上的面视图的方向；或者单击“ViewCube”，在定点设备上按鼠标左键沿着所需的方向进行拖曳以动态观察模型。

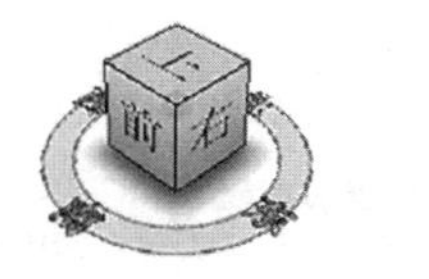

图 5-2-10　ViewCube

5.2.10　导航栏

导航栏主要是用于用户访问导航，使用放大、缩小、平移等命令以调整窗口中的可视区域。单击导航栏上面的按钮，即如图 5-2-11 所示二维控制盘，会出现新的图标，有三个选项，第一个是“缩放”，缩放功能是放大和缩小的功能，单击“缩放”，向上移动鼠标即放大，向下拖动即缩小，和鼠标滚轮功能类似。同样的，用鼠标左键长按平移位置，然后移动鼠标，视角会自动进行平移。而回放功能则是对缩放或者平移的自动捕捉，用户可以单击“回放”，选择前面的关键操作。

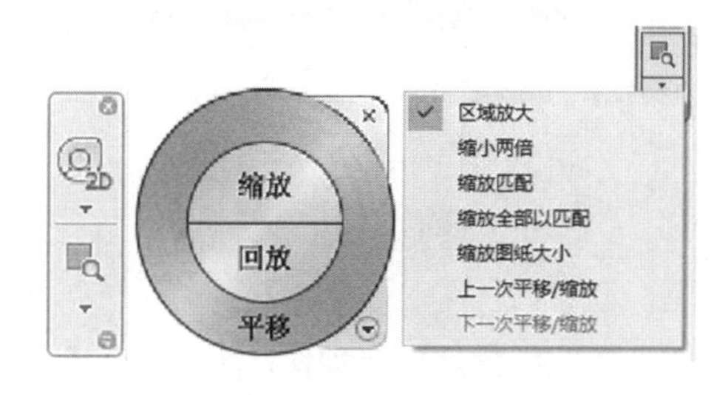

图 5-2-11　导航栏

导航栏下面的按钮具有区域放大功能，单击“区域放大”选项后，需要用鼠标在绘图区勾勒一个矩形，然后会自动放大。用户可以选择放大方式。

5.2.11　绘图区

Revit 的绘图区显示模型对象和操作的视图，如图 5-2-12 所示。用户打开模型中的某个视图时，该视图会显示在绘图区域中。其他视图仍处于打开状态，但是这些视图在当前视图的下面。选择“视图”选项卡中“窗口”面板中的工具可排列项目视图，使其适合自己的工作方式。绘图区背景的默认颜色是白色，可根据需要更改颜色，步骤如下：单击“文件”→“选项”→“图形”→“颜色”→“背景”，选择所需的背景色。

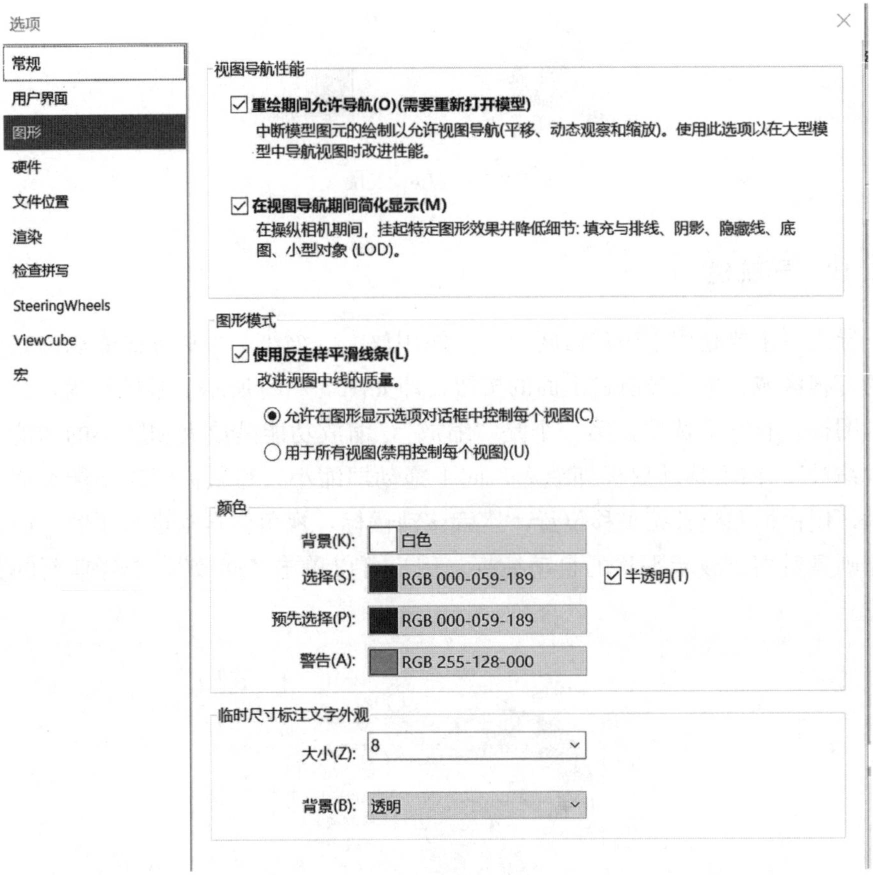

图 5-2-12　绘图区对话框

5.3　文件管理

5.3.1　新建文件

打开 Revit 软件，单击文件程序菜单，单击“新建”右侧菜单可新建文件，如图 5-3-1 所示，包含新建“项目”“族”“概念体量”“标题栏”“注释符号”。例如，单击“文件”→“新建”→“选择样板”（包括构件样板、建筑样板、结构样板和机械样板）→“确定”，即可新建项目。

5.3.2　打开文件

单击文件程序菜单，选择“打开”，在右侧菜单中选择文件类型，在弹出的对话框中选择“rvt”格式文件，双击打开，如图 5-3-2 所示。

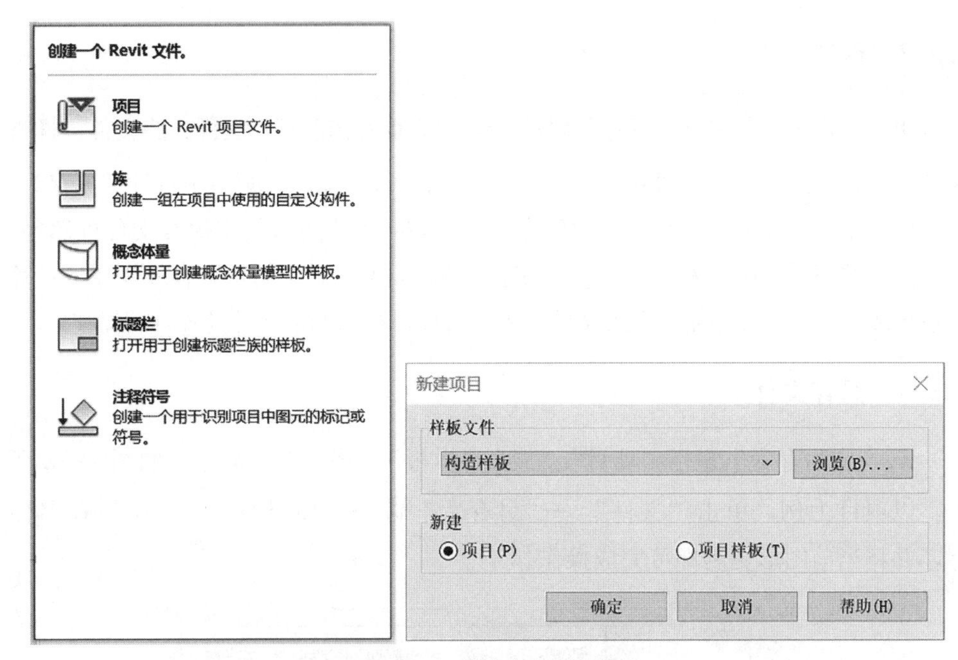

图 5-3-1　新建文件对话框

图 5-3-2　打开文件对话框

5.3.3 保存文件

单击文件程序菜单→"保存"命令，可以保存当前项目文件、族文件、样板文件等。若文件已命名，则 Revit 自动保存。若文件未命名，则系统打开"另存为"对话框，用户对其命名保存。在"保存于"下拉列表中可以指定保存文件的路径，在"文件类型"下拉列表中可以指定保存文件的类型。为了防止因意外操作或计算机系统故障导致正在绘制的图形文件丢失，可以对当前图形文件设置自动保存。

5.3.4 另存文件

Revit"另存为"包括"项目""族""样板""库"4 种选择，如图 5-3-3 所示。以项目为例，单击"文件"→"另存为"→"项目"，Revit 用另存名保存，并将当前图形更名即可完成操作。

图 5-3-3 另存文件对话框

5.4 绘图环境设置

5.4.1 系统设置

（1）“常规”设置

“常规”选项卡应用于对“系统通知”“用户名”“日志文件清理”“工作共享更新频率”“视图选项”参数的设置。

1）“保存”提醒间隔：提醒用户保存当前文件的频率。

2）“与中心文件同步”提醒间隔：提醒用户与中心文件同步（在工作共享时）的频率。

3）用户名：与软件的特定任务关联的标识符，用户名的设置是团队在进行协同工作时必不可少的步骤。

4）日志文件清理：系统日志文件清理间隔设置。

5）工作共享更新频率：软件更新工作共享显示模式频率设置。

6）视图选项：对视图默认的规程进行设置。

（2）“用户界面”设置

“用户界面”选项卡主要用于修改用户界面的工具和功能。可以通过选择或清除建筑、结构、系统、体量和场地等复选框，控制用户界面中可用的工具和功能。也可以设置“最近使用的文件”界面是否显示，以及对快捷键进行设置等。

1）工具和分析：可以通过选择或清除“工具和分析”列表框中的复选框，控制用户界面功能区中选项卡的显示和关闭，如图5-4-1所示。

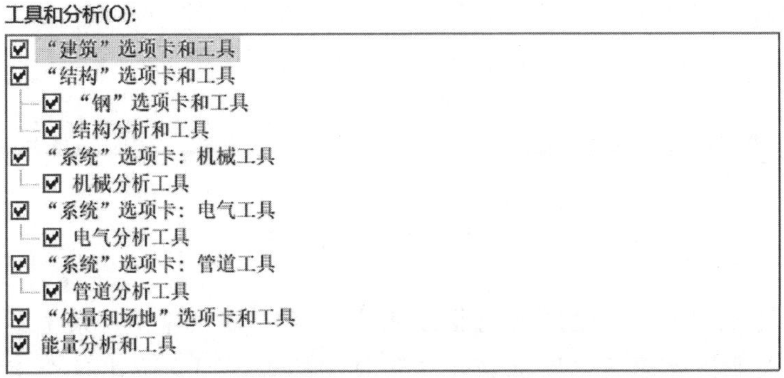

工具和分析(O):
☑ “建筑”选项卡和工具
☑ “结构”选项卡和工具
☑ “钢”选项卡和工具
☑ 结构分析和工具
☑ “系统”选项卡：机械工具
☑ 机械分析工具
☑ “系统”选项卡：电气工具
☑ 电气分析工具
☑ “系统”选项卡：管道工具
☑ 管道分析工具
☑ “体量和场地”选项卡和工具
☑ 能量分析和工具

图5-4-1 工具和分析

2）显示“最近使用的文件”页面：在启动 Revit 时，用于显示“最近使用的文件”页，如果不勾选则仅显示空白界面。

3）自定义快捷键：可通过快捷键自定义功能，为 Revit 工具命令等添加自定义快捷键，并且还可以一键导入和导出。单击“自定义”按钮，打开“快捷键”对话框，如图 5-4-2 所示。搜索要设置快捷键的命令或在列表中选择要设置快捷键的命令，然后在“按新建”文本框中输入快捷键，单击“指定”按钮，添加快捷键。

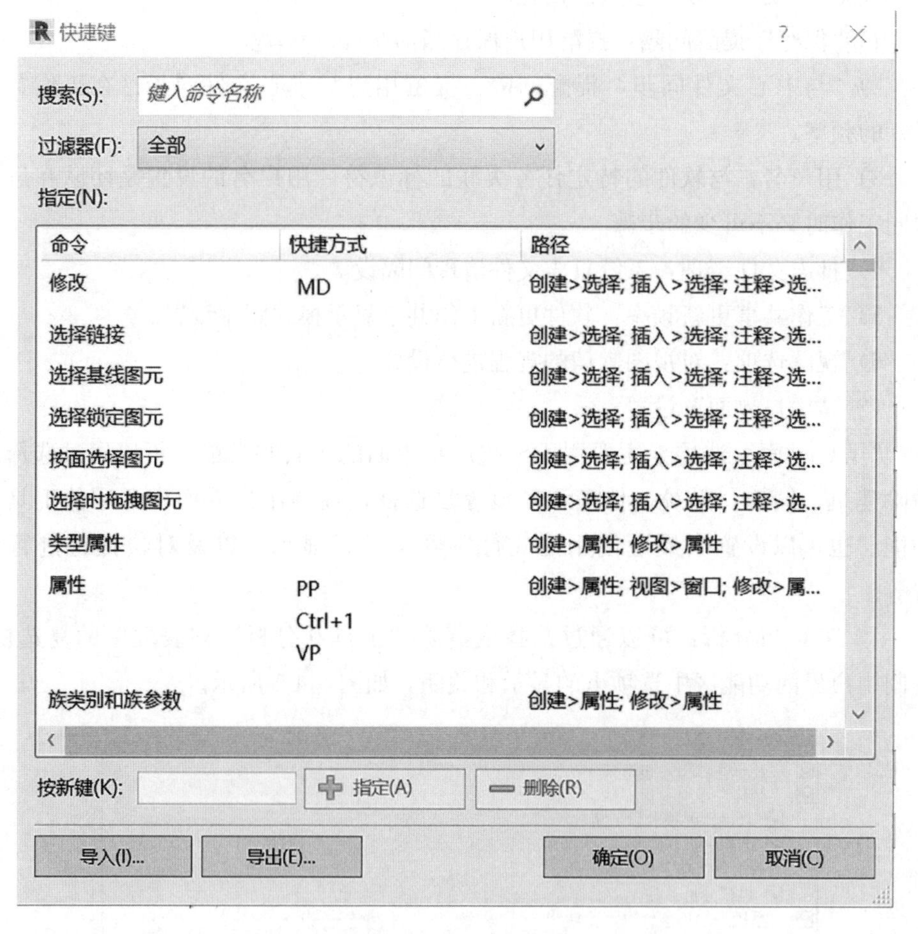

图 5-4-2　自定义快捷键

4）工具提示助理：绘图时可帮助用户理解工具的操作。系统默认为“标准”，在进入项目界面后将鼠标悬停在工具图标上，便会弹出这个工具的信息（快捷键、具体用途等信息）。

(3)“图形”设置

“图形”选项卡用于控制图形和文字在绘图区中的显示，如图 5-4-3 所示。

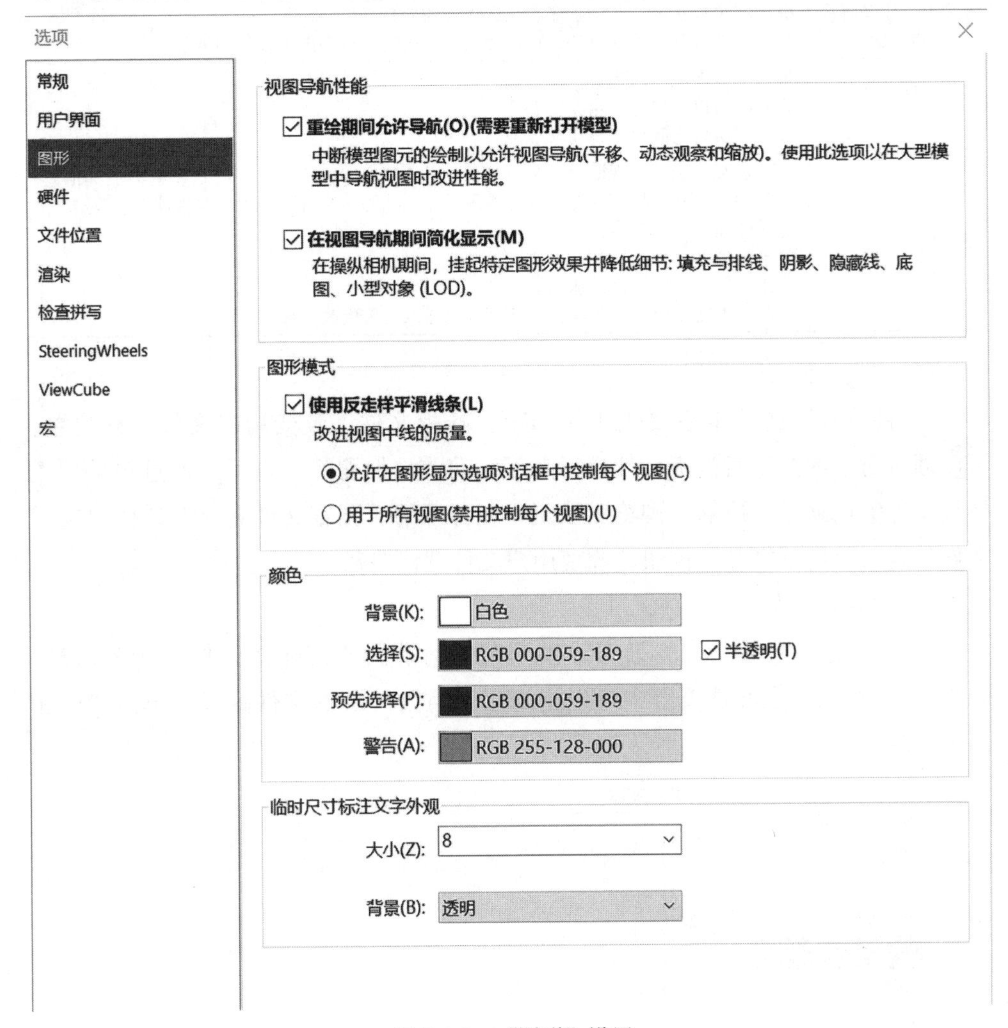

图 5-4-3 “图形”设置

1）反转背景色：勾选“反转背景色”复选框，Revit 界面将显示黑色背景。取消勾选“反转背景色”复选框，Revit 界面将显示白色背景。同时，也可以设置“选择”“预先选择”“警告”后的颜色。

2）临时尺寸：在选择某一构件时，Revit 会自动捕捉其余周边相关图元或参照对象，并显示为临时尺寸（角度、长度等）。

(4)“硬件”设置

“硬件”设置：单击“文件”选项卡→“硬件”，选项说明如表 5-4-1 所示。

“硬件”设置说明　　表 5-4-1

选项	说明
视频卡、驱动程序版本、状态	提供有关视频卡、驱动程序和认证状态的信息； 如果您的视频卡不受支持，可以使用链接访问支持的图形硬件的列表
使用硬件加速（Direct 3D®）	提供了以下性能改进： 刷新时可以更快地显示大模型； 在视图窗口之间更快地切换
仅绘制可见图元	仅生成和绘制每个视图中可见的图元（也称为阻挡消隐）。不绘制或渲染被其他遮挡的图元，从而提高性能。有许多图元被遮挡的三维视图，可体验最佳性能改进。 此功能需要以下内容： 显卡支持 Shader Model 5.0 或更高版本； 启用选项“使用硬件加速”； 更改此设置之后，请关闭并重新打开视图以查看更改效果

（5）“文件位置”设置

“文件位置”选项卡主要用于添加项目样板文件，改变用户文件默认位置。可以通过对应的按钮对样板文件进行上下移动或添加删除。也可以通过单击“族样板文件默认路径”后的“浏览”按钮，在打开的“浏览文件夹”对话框中选择文件位置，单击“打开”按钮，改变用户文件默认路径。

（6）“渲染”设置

“渲染”选项卡提供在渲染三维模型时如何访问要使用的图像的相关信息，如图 5-4-4 所示。在此选项卡中可以指定用于渲染外观的文件路径。单击“添加

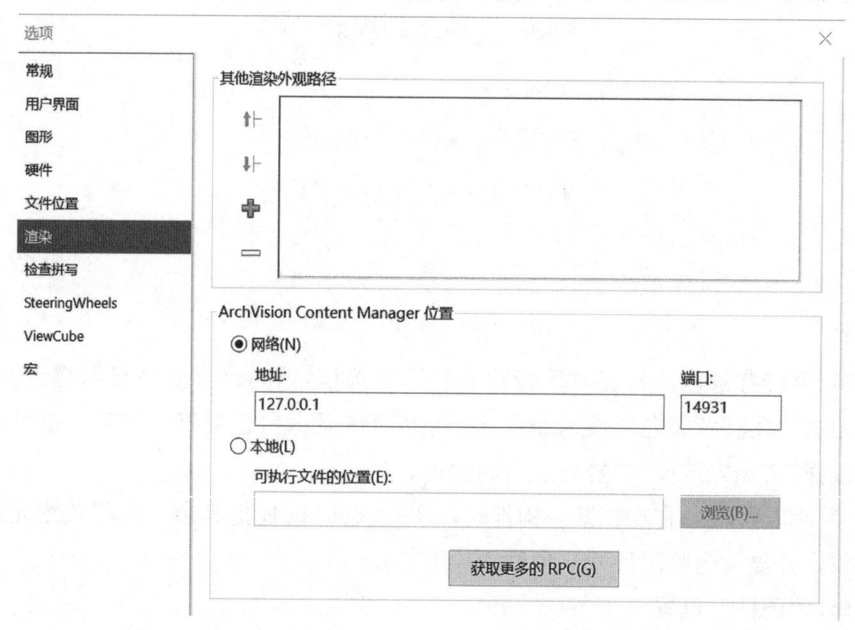

图 5-4-4　“渲染”设置

值”，输入路径。或单击“浏览器文件夹”对话框设置路径。选择列表中的路径，单击删除路径。“渲染”选项卡包括对渲染外观路径、位置等的设置，如图5-4-4所示。

（7）“检查拼写”设置

“检查拼写”包括“主字典”和“其他字典”设置。设置包含5种检查拼写设置，如图5-4-5所示，操作步骤如下。

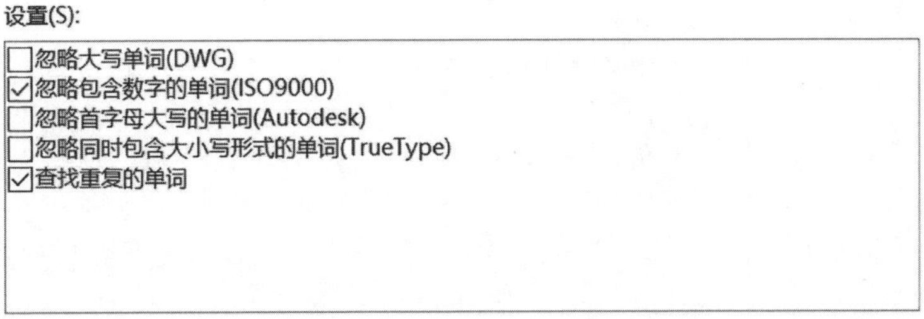

设置(S):
- [ ] 忽略大写单词(DWG)
- [x] 忽略包含数字的单词(ISO9000)
- [ ] 忽略首字母大写的单词(Autodesk)
- [ ] 忽略同时包含大小写形式的单词(TrueType)
- [x] 查找重复的单词

图5-4-5 “拼写检查”设置

1）设置：勾选或取消相应的复选框，以指示拼写检查工具是否应忽略特定单词或查找重复单词。

2）恢复默认值：单击此按钮，恢复到安装软件时的默认设置。

3）主字典：在列表中选择所需的字典。主字典包含了德语、意大利语、法语、美国英语、英国英语和西班牙语可供用户选择。

4）其他字典：指定要用于定义拼写检查工具可能会忽略的自定义单词和建筑行业术语的词典文件的位置。

（8）“Steering Wheels”设置

“Steering Wheels”主要用于对Steering Wheels视图导航工具进行设置，如图5-4-6所示，各功能说明如下。

1）文字可见性。

显示工具消息：显示或隐藏工具消息。不管该设置如何，对于基本控制盘（查看对象控制盘和巡视建筑控制盘），工具消息始终显示。

显示工具提示：显示或隐藏工具提示。不管该设置如何，对于基本控制盘（查看对象控制盘和巡视建筑控制盘），工具提示始终显示。

显示工具光标文字：工具处于活动状态时显示或隐藏光标文字。不管该设置如何，对于基本控制盘（查看对象控制盘和巡视建筑控制盘），光标文字始终显示。

图 5-4-6　“SteeringWheels”设置窗口

2）大控制盘外观。

尺寸：指定大控制盘的大小。

不透明度：指定大控制盘的不透明度。

3）小控制盘外观。

大小：指定小控制盘的大小。

不透明度：指定小控制盘的不透明度。

4）环视工具行为。

反转垂直轴：反转环视工具的向上向下查找操作。

5）“漫游”工具。

平行于地平面移动：使用“漫游”工具漫游模型时，选择该选项可将移动角度约束到地平面。当前视图与地平面平行移动时，可随意四处查看。取消选择该选项时，漫游角度将不受约束，将沿查看的方向“飞行”，可沿任何方向或角度在模型中漫游。

速度因子：使用“漫游”工具漫游模型或在模型中“飞行”时，可以控制移动速度。移动速度由光标从“中心圆”图标移动的距离控制，可在此设置移动速度。

6）缩放工具。

每单击一下鼠标，即放大一个增量。允许通过单次单击缩放视图。

7）动态观察工具。

保持场景正立：使视图的边垂直于地平面。如果取消选择该选项，可以按360°旋转动态观察模型，在编辑一个族时该功能可能很有用。

（9）“ViewCube”设置

文件选项卡中“ViewCube”设置包括显示与否、是否捕捉最近的视图、单击ViewCube时视图情况设置及指南针设置，如图5-4-7所示。用户可根据建模的操作需要进行设置。

图5-4-7　“ViewCube”设置窗口

（10）“宏”设置

宏可以执行一系列预定义的步骤来完成特定任务。如果某项工作是重复执行的，那么就可以使用宏让其自动执行。单击“选项”→“宏”，可以对应用程序宏安全性和文档宏安全性进行设置，如图5-4-8所示。

1）应用程序宏安全性设置。

启用应用程序宏：勾选以打开应用程序宏。

应用程序宏安全性设置

对应用程序宏设置所做的修改将在 Revit 下次启动时生效。

◉ 启用应用程序宏(E)

○ 禁用应用程序宏(D)

文档宏安全性设置

对文档宏所做的修改将在 Revit 下次打开文档时生效。

◉ 启用文档宏前询问(S)

○ 禁用文档宏(I)

○ 启用文档宏(N)

图 5-4-8 “宏”设置窗口

禁用应用程序宏：勾选以禁用应用程序宏。但是仍然可以查看、编辑和构建代码，但修改后不会改变当前模块状态。

2）文档宏安全性设置。

启用文档宏前询问：系统默认选择此选项。如果在打开 Revit 项目时存在宏，系统会提示启用宏，用户可以选择在检测到宏时启用宏。

禁用文档宏：勾选后在打开项目时关闭文档宏。

启用文档宏：勾选打开文档宏。

5.4.2 项目设置

1. 材质

Revit 的材质不仅用于外观，还包含物理与热量属性，分别用于结构能量分析。它将材质参数赋予模型，而材质本身包含标识、图形信息及三个资源（外观、物理、热度）。特别需要注意的是，不同材质有可能共享一个资源，如果在材质设置中直接修改资源的参数，将会影响所有使用该资源的材质，所以修改资源参数时应慎重，必要时要复制与新建资源，以免影响其他材质。

操作如下：单击“管理”选项卡→“设置”面板→“材质”，弹出“材质浏览器”对话框，如图 5-4-9 所示。

“材质浏览器”对话框中的选项说明如下。

（1）“图形”选项卡

在“材质浏览器”对话框中选择要更改的材质，然后单击“图形”选项卡。

勾选“使用渲染外观”，其表示着色视图中的材质。单击“颜色”色块，打

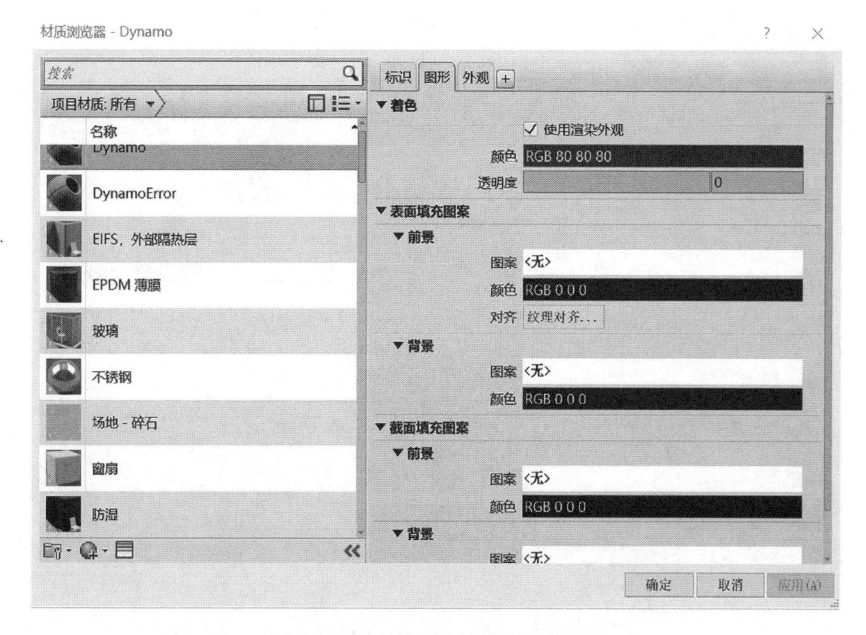

图 5-4-9　“材质浏览器”对话框

开“颜色”对话框，选择着色的颜色，可以直接输入透明度的值，也可以拖曳滑块到所需的位置。

单击“表面填充图案”下“填充”的右侧区域，弹出“填充样式”对话框，在列表中选择一种填充图案。单击“颜色”色块，打开“颜色”对话框，选择用于绘制表面填充图案的颜色。单击“纹理对齐”按钮，打开“将渲染外观与表面填充图案对齐”对话框，将外观纹理与材质的表面填充图案对齐。

单击“截面填充图案”下“填充图案”，打开“填充样式”对话框，在列表中选择一种填充图案作为截面的填充图案。单击“颜色”色块，打开“颜色”对话框，选择用于绘制截面填充图案的颜色。

单击“应用”按钮，便可保存材质图形属性的更改。

（2）“外观”选项卡

单击“外观”选项卡，然后从列表中选择所需设置，如图 5-4-10 所示。单击样例图像旁边的下拉按钮，单击“场景”选项卡，然后从列表中选择所需设置。

分别设置墙漆的颜色、表面处理来更改外观属性。

单击“应用”按钮，保存材质外观的更改。

2. 对象样式

对象样式用于为项目中不同类别和子类别的模型图元、注释图元和导入对象指定线宽、线颜色、线型图案和材质。单击“管理”选项卡→“设置”面板→

图 5-4-10 “外观”对话框

“对象样式” ，弹出“对象样式”对话框，如图 5-4-11 所示。

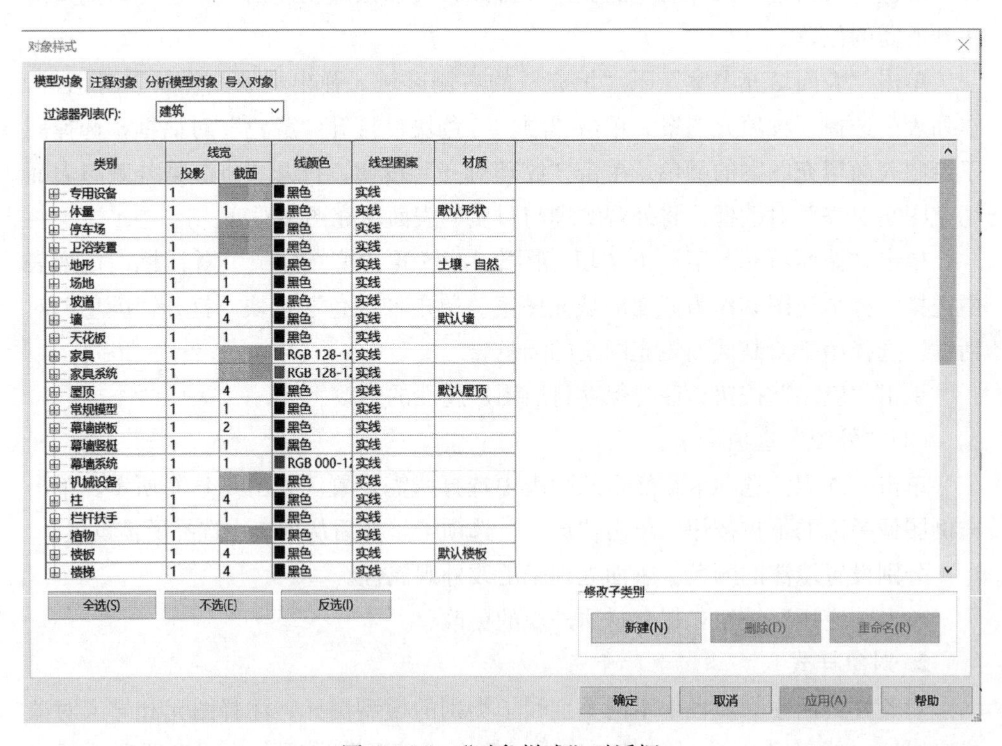

图 5-4-11 “对象样式”对话框

捕捉：在功能区单击“管理”选项卡→“捕捉”，然后打开“捕捉”设置对话框。设置好之后单击“确定”按钮即可。

尺寸标注捕捉：勾选“长度标注捕捉增量”和“角度尺寸标注捕捉增量”，并在下面栏中设置尺寸自动变化时的增值即可（增量值含90度、45度、15度、5度和1度：当在视图缩放比例不同的情况下，长度临时尺寸值默认按5mm、20mm、100mm、1000mm变化；当视图缩放很大时，移动光标临时尺寸按5mm增量变化；当视图缩放匹配显示整个视图时，移动光标临时尺寸按1000mm增量变化。角度增量同理）。

对象捕捉：勾选“端点”“中点”“交点”“垂足”等捕捉选项。

临时替换：括号中的“SE”等为捕捉的快捷键，当有多个捕捉选择时，可以用快捷键指定单个捕捉类型，然后按Tab键可以循环捕捉类型。

3. 项目信息

项目信息用于指定项目名称、状态、地址和其他信息。项目信息包含在明细表中，该明细表包含链接模型中的图元信息；还可以用在图纸上的标题栏中。操作如下：单击“管理”选项卡→“设置”面板→“项目信息”。在弹出的对话

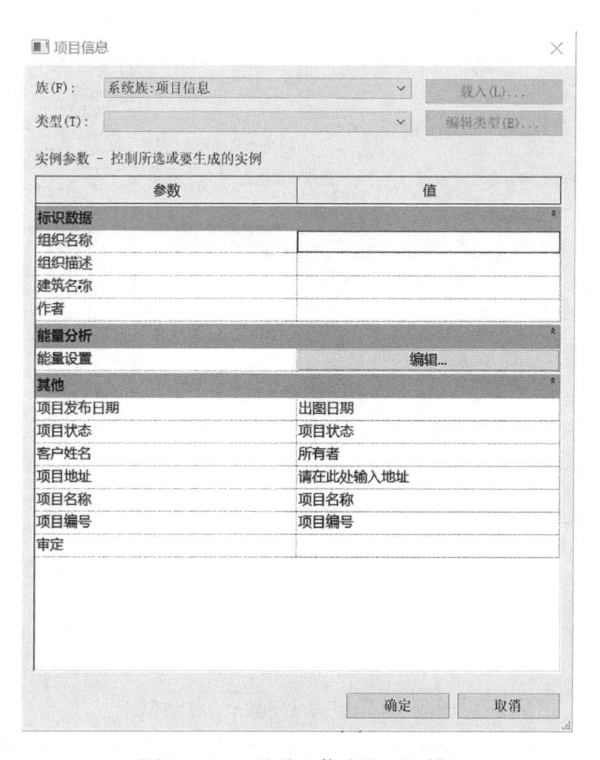

图5-4-12 “项目信息”对话框

框中可以设置“实例参数”，包括标识数据、能量分析和项目发布日期、项目状态、客户名称、项目地址等信息，单击在文本框中输入内容，然后单击“确定”按钮即可完成操作，如图 5-4-12 所示。

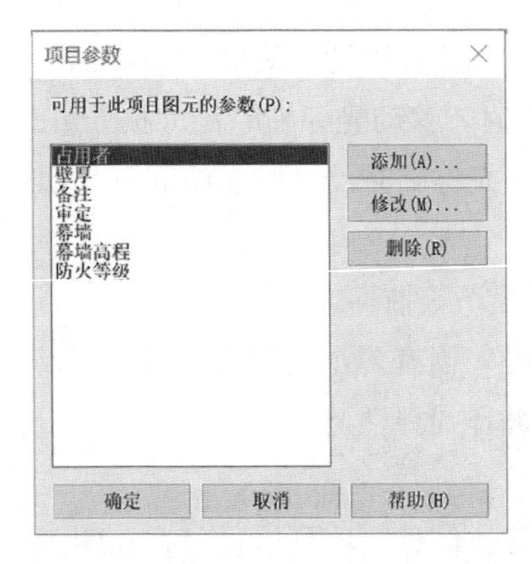

图 5-4-13 “项目参数”对话框

4. 项目参数

项目参数是定义后添加到项目多类别图元中的信息容器。操作如下：单击“管理”选项卡→“设置”面板→“项目参数”，会弹出“项目参数”对话框，如图 5-4-13 所示。

1）添加参数：单击“添加”按钮，弹出“参数属性”对话框，如图 5-4-14 所示。选择“项目参数”选项，输入项目参数名称，单击“确定”按钮，返回“项目参数”对话框。新建的项目参数添加到“项目参数”对话框，如图 5-4-14 所示。

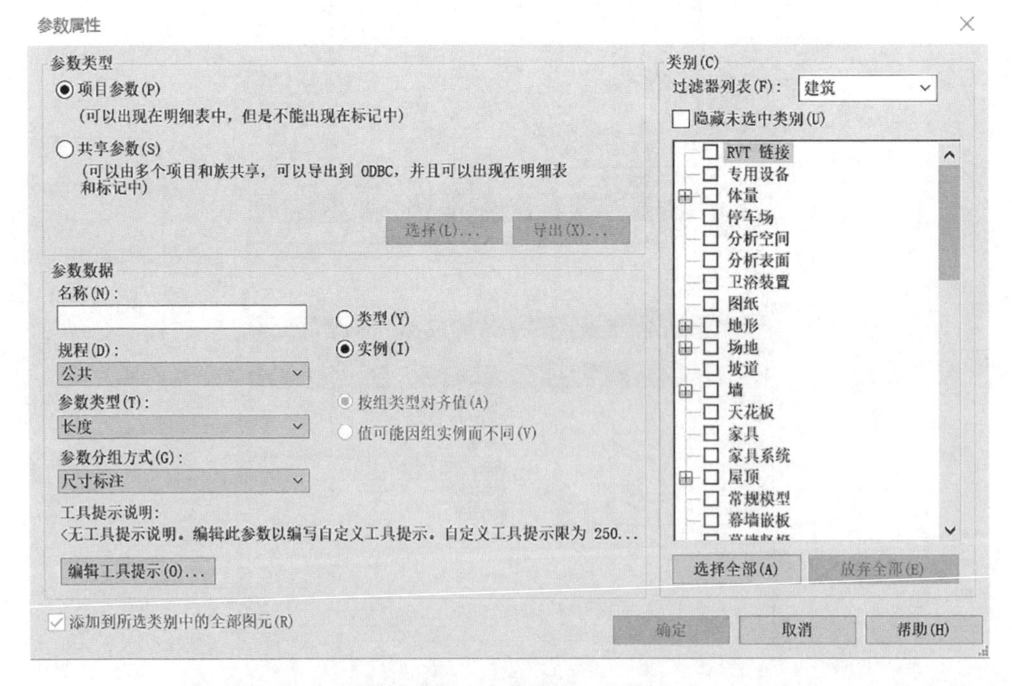

图 5-4-14 “参数属性”对话框

2）修改参数：单击“修改”按钮。打开“参数属性”对话框，可以在对话框中对参考属性进行修改。

3）删除参数：选择不需要的参数，单击“删除”按钮即可。

5. 全局参数

全局参数能够让我们以编辑族的方式在项目中增加参数化控制和公式应用。其解决了各类构件参数针对系统族添加的参数只能手动修改的问题，操作如下：单击“管理”选项卡→“设置”面板→“全局参数”，弹出“全局参数”对话框，如图5-4-15所示。包括“编辑全局参数”、“新建全局参数”、“删除全局参数”、“上移全局参数”、“下移全局参数”、“按升序排序全局参数”、“参数列表按字母顺序排序”。单击“新建全局参数”，打开“全局参数属性”对话框，可以设置参数名称、规程、参数类型、参数分组方式，单击“确定”按钮后返回可以设置参数对应的值和公式。

图5-4-15 “全局参数”对话框

6. 项目单位

项目单位是可以指定项目中各种数量的显示格式，指定的格式将影响数量在屏幕上显示和打印输出的外观。可以对用于报告或演示目的的数据进行格式设置，操作如下。

1）单击“管理”选项卡→“设置”面板→“项目单位”，打开“项目单位”对话框，如图5-4-16所示。

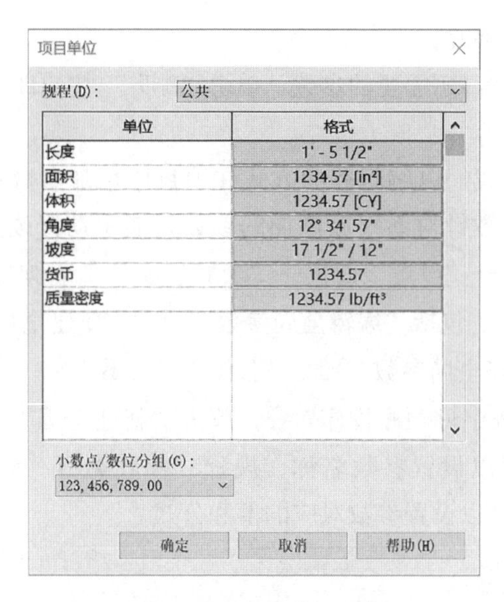

图 5-4-16 “项目单位”设置窗口

2）在对话框中选择规程。

3）单击格式列表中的“值”按钮，在弹出的“格式”对话框中设置各种类型的单位格式。

4）单击“确定”按钮完成项目单位的设置。

7. 传递项目标准

Revit 项目标准包括以下族类型（包括系统族，而不是载入的族）、线宽、材质、视图样板和对象样式。操作如下：单击“管理”选项卡→“设置”面板→“传递项目标准”。在“选择要复制的项目”对话框中选择要从中复制的源项目，选择所需的项目标准。要选择所有项目标准，单击“选择全部”→“确定”即可。如果打开“复制类型”对话框，则可从以下选项中选择。

覆盖：传递所有新项目标准，并覆盖复制类型。

仅传递新类型：传递所有新项目标准，并忽略复制类型。

取消：取消操作。

5.4.3 图形设置

1. 图形显示设置

通过对图形显示选项的设置，可以改变建筑平、立面的轮廓粗细和光影效果。可从“楼层平面”属性框单击“图形显示选项”，如图 5-4-17 所示。用户可以调整“模型显示”（样式、透明度、轮廓），以及“阴影”“勾绘线”“深度提示”“照明”“摄影曝光”，使模型更加生动。

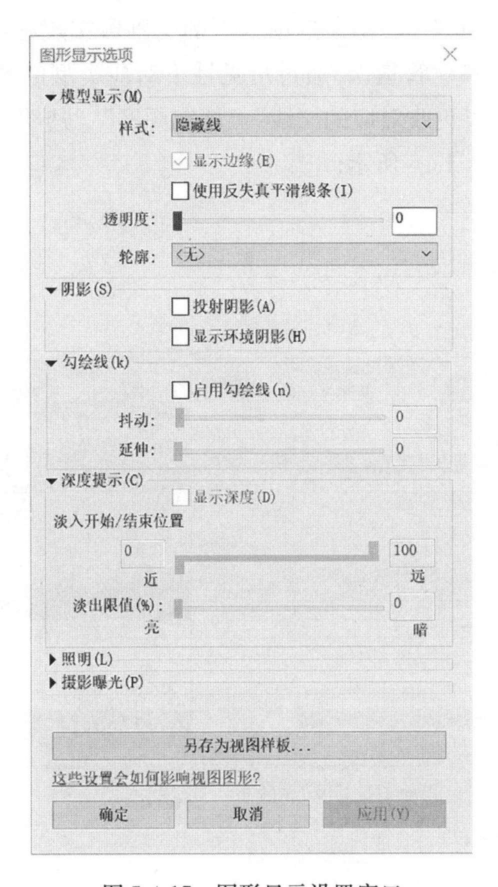

图 5-4-17　图形显示设置窗口

2. 视图样板

“视图样板”是一系列视图属性，如视图比例、规程、详细程度以及可见性设置。使用视图样板可以设置视图应用标准，可以帮助确保遵守公司标准，并实现施工图文档集的一致性。可以通过以下方法进行操作。

将视图样板中的属性应用于某个视图，以后对视图样板所做的修改不会影响该视图。

将视图样板指定给某个视图，从而在样板和视图之间建立链接。以后对视图样板所做的修改会自动应用于任何链接的视图。

可以将视图样板从一个项目传递到另一个项目。

3. 可见性/图形

“可见性/图形”用于控制视图中的每个类别将如何显示，方便区分和绘制模型。对话框中的选项卡将类别分为“模型类别”“注释类别”“分析模型类别”“导入的类别”和“过滤器”。每个选项卡下的类别可按规程过滤为“建筑”“结构”“机械”“电气”和“管道”。通过可见性下对应类型的勾选或取消勾选来显示和隐藏模型，也可以更改对应的“线”“填充图案”“透明度”等来改变在视图中的显示方式，如图 5-4-18 所示。

楼层平面: 标高 1的可见性/图形替换

模型类别　注释类别　分析模型类别　导入的类别　过滤器

☑ 在此视图中显示模型类别(S)　　如果没有选中某个类别，则该类别将不可见。

过滤器列表(F):　<多个>

可见性	投影/表面			截面		半色调	详细程度
	线	填充图案	透明度	线	填充图案		
☑ 专用设备						☐	按视图
☐ 体量						☐	按视图
☑ 停车场						☐	按视图
☑ 光栅图像							按视图
☑ 卫浴装置						☐	按视图
☐ 地形						☐	按视图
☑ 场地						☐	按视图
☑ 坡道						☐	按视图
☑ 墙						☐	按视图
☑ 天花板						☐	按视图
☑ 家具						☐	按视图
☑ 家具系统						☐	按视图
☑ 屋顶						☐	按视图
☑ 常规模型						☐	按视图
☑ 幕墙嵌板						☐	按视图
☑ 幕墙竖梃						☐	按视图
☑ 幕墙系统						☐	按视图
☑ 房间						☐	按视图
☑ 机械设备						☐	按视图
☑ 柱						☐	按视图

全选(L)　全部不选(N)　反选(I)　展开全部(X)

替换主体层
☑ 截面线样式(Y)　编辑(E)...

根据"对象样式"的设置绘制未替代的类别。　对象样式(O)...

图 5-4-18　可见性/图形样本

模型类别：通过对族类别及填充样式的修改来调整模型类别的可见性。

注释类别：通过对线及填充样式的修改来调整注释构件的可见性。

分析模型类别：主要是结构模型分析使用。

导入的类别：控制导入 CAD 图的可见性和线样式等。

过滤器：可以改变图形的外观以及可见性。

4. 过滤器

“过滤器”可以在建模过程中从多种多样构件中选择需要的构件。选择“视图”选项卡下的“过滤器”。在“过滤器”中新建或选择一个已经存在的过滤器进行编辑；选择一个或多个类别；如图 5-4-19 所示。新建“WLS”过滤器。

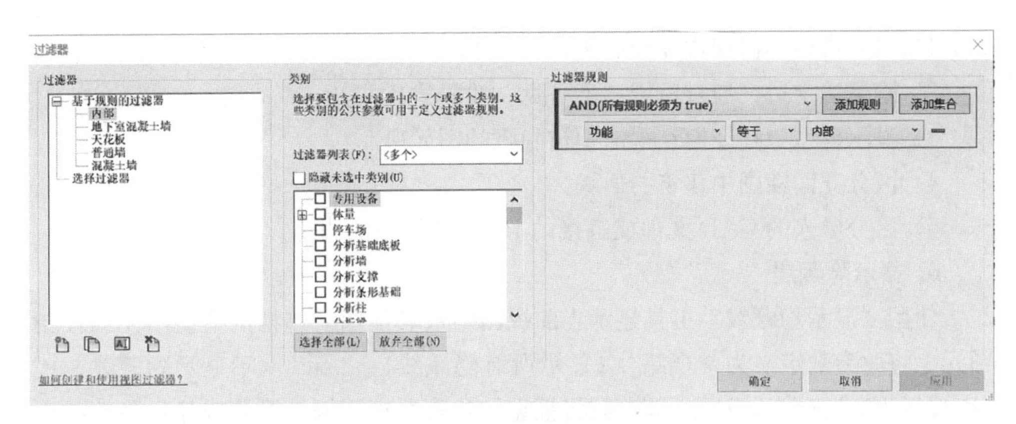

图 5-4-19 “过滤器”选项卡

在过滤器规则中选择特定的条件参数，如图 5-4-20 所示；选择“类型名称”作为过滤条件，在下拉菜单中选择过滤器运算符，如“大于”“不等于”“小于”等，通过运算符来筛选特定构件。

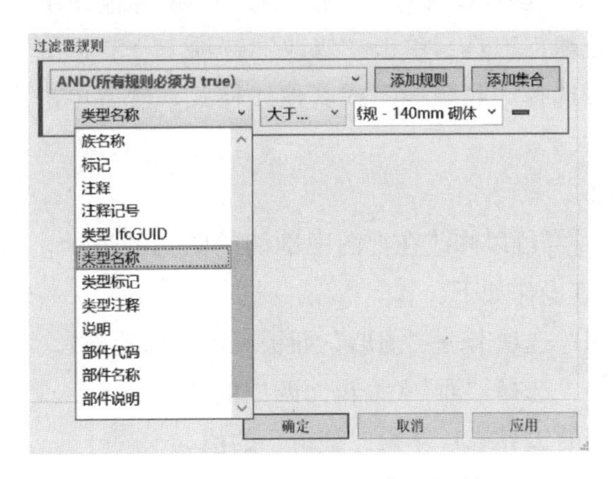

图 5-4-20 “过滤器规则”对话框

添加好所有的过滤条件和过滤器运算符之后单击“确定”按钮，退出对话框。打开“可见性图形”对话框中的“过滤器”选项卡，单击“添加”，选择创建好的“WLS”过滤器。这样就可以通过对可见性及投影表面截面的设置更改选定构件的显示方式。灵活运用过滤器功能可以更有效地对模型进行创建和修改。

5. 线处理

“粗/细线”可为视图中模型图元的选定边快速修改线样式。“线处理”工具不会在视图中创建新的模型线或详图线，而是替换选定线的当前线样式并应用不同的线样式。可以使用“线处理”工具进行下列操作。

1）区分模型的剪切边和投影边。

2）隐藏选定边（通过应用“不可见”线样式）。

3）显示模型中存在但在视图中被隐藏的图元边。

4）区分立面视图中建筑的边缘。

5）区分导入的CAD文件或链接的Revit文件中的边缘。

6. 显示隐藏线

使用“显示隐藏线”工具显示当前视图中被其他图元遮挡的模型图元和详图图元。将此参数定义为“全部”（显示所有隐藏线）、“无”（不显示隐藏线）或“＜按规程＞”（默认设置，该参数将根据“规程”视图属性隐藏或显示隐藏线）。若要将不同的图形用于视图中特定图元或线的隐藏线，可以通过以下方式之一操作。

1）使用“显示隐藏线（按图元）”工具：若要查看相对于其他图元的单个图元的隐藏线，单击“视图”选项卡→“图形”面板→“显示隐藏线”。此工具仅在“隐藏线视图”参数设置为“＜按规程＞”时才能使用。

2）使用“线处理”工具：单击“修改”选项卡→“视图”面板（线处理）。对于“线样式”，可选择“隐藏线”或其他线样式。然后单击图元或线来修改其在当前视图中的样式。

7. 剖切面轮廓

“剖切面轮廓”可以修改在视图中剖切的图元的形状，如屋顶、楼板、墙和复合结构的层。其操作如下。

1）单击“视图”选项卡→“图形”面板（剖切面轮廓）。

2）在选项栏中，选择“面”（编辑面四周的整个边界）或“面与面之间的边界”（编辑各面之间的边界线）作为“编辑”的值。

3）将光标移到视图中的图元上。根据选择的“编辑”选项，有效截面或边界线将高亮显示。

4）单击高亮显示的截面或边界，以便将其选中并进入绘制模式。

5）绘制要添加到选择集或从选择集删除的边界。使用其起点和终点位于同一边界线的一系列线。不能绘制闭合环或与起始边界线交叉。一个控制箭头会显示在绘制的第一条线上，它指向在编辑之后将保留的部分，单击控制箭头以修改其方向。

6）完成编辑后，单击完成编辑模式。

7）要在视图中修改图元的图形显示（如线宽或线颜色），请在该图元上单击鼠标右键，然后单击“替换视图中的图形”→“按图元”。

5.5 基本绘图工具介绍

5.5.1 工作平面

工作平面设置包括设置、显示、参考平面和查看器，如图 5-5-1 所示。

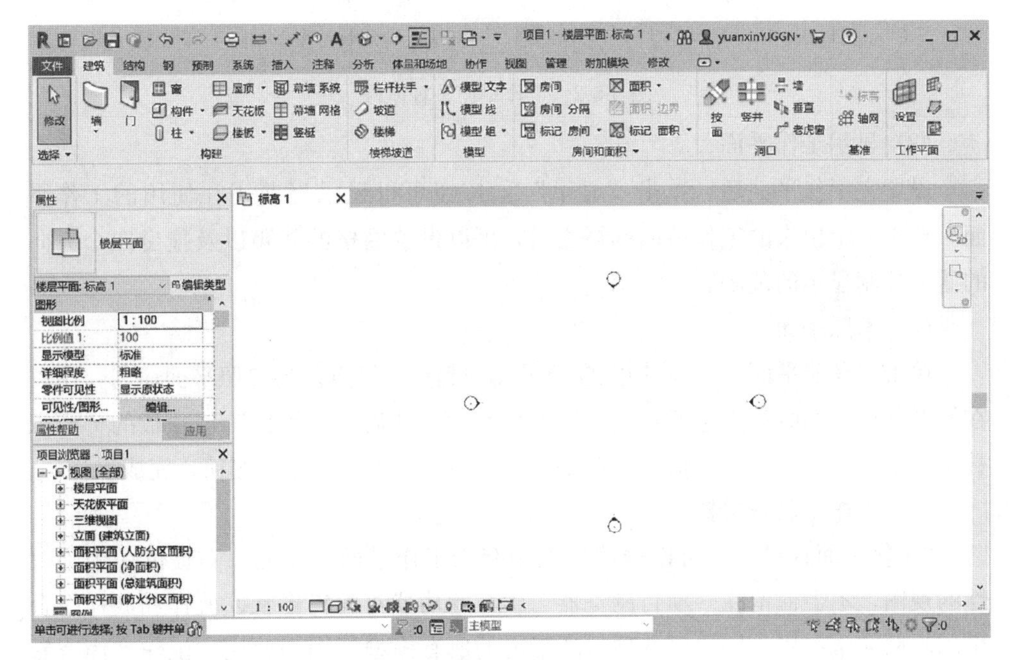

图 5-5-1　工作平面

(1) 设置工作平面

工作平面是一个用作视图或绘制图元起始位置的虚拟二维表面。其主要用途如下：用作视图的原点，绘制图元，在特殊视图中启用某些工具（如在三维视图中启用“旋转”和“镜像”），用于放置基于工作平面的构件等。其操作如下。

单击项目中的“建筑”“结构”或“系统”选项卡→“设置”，在弹出的窗口设置即将使用的工作平面，如图 5-5-2 所示。其包括以下三种方式：一是直接按照工作平面的名称进行选择，这里会包括被命名过的参照平面、曾经设置过的工作平面及项目中的标高等；二是通过拾取的方式设置工作平面，可以拾取的对象有标高、参照平面、二维视图中模型的某条边、三维视图中模型的某个面等；三是通过拾取线设置工作平面，此时工作平面取决于当初绘制被拾取的那条线时所设置的工作平面。

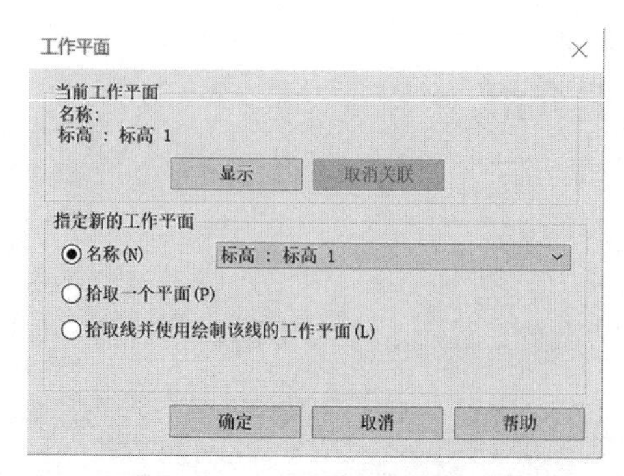

图 5-5-2　工作平面设置窗口

(2) 显示工作平面

设置完工作平面后，单击“显示”按钮可以显示当前正在使用的工作平面。选中显示出来的工作平面网格之后，可以设置网格的间距以及拖曳四个方向的蓝点控制显示的范围。

(3) 参照平面

单击“参照平面”，指定参照平面的起点和终点。为参照平面命名，用以在打开其他视图时识别它们：选择该参照平面，然后在“属性”选项板的“标识数据”下，在“名称”中输入参照平面的名称。单击“应用”按钮，完成操作。

(4) 工作平面查看器

“工作平面查看器”可以修改模型中基于工作平面的图元。它提供一个临时性的视图，不会保留在“项目浏览器”中，此功能对编辑形状、放样和放样融合中的轮廓非常有用。用户可从项目环境内的所有模型视图中使用“工作平面查看器”。默认方向为上一个活动视图的活动工作平面。

其操作步骤如下：选择一个工作平面或图元轮廓，单击“查看器”，将“工作平面查看器”打开，并显示相应的二维视图，用来辅助工作平面的使用。根据需要编辑的模型，当在项目视图或“工作平面查看器”中进行更改时，其他视图会实时更新。

5.5.2　模型创建

(1) 模型线

模型线是基于工作平面的图元，存在于三维空间且在所有视图中都可见。这些模型线可以绘制成直线或曲线，可以单独绘制、链状绘制或者以矩形、圆形、椭圆形或其他多边形的形状进行绘制，如图 5-5-3 所示。

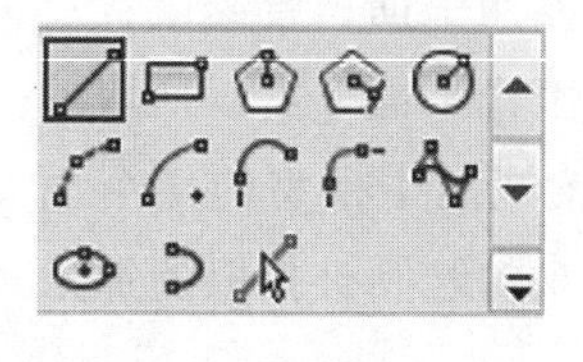

图 5-5-3　模型线绘制选项

放置模型线操作如下："建筑"→"线样式"。单击"修改|放置线"→在选项栏上指定适合于正在绘制的模型线类型的下拉列表选项。如果在非"放置平面"当前的平面上绘制模型线，则从下拉列表中选择其他标高或平面。如果绘制多条连接的线段，则选择"链"。如果从光标位置或从在绘图区域中选择的边缘偏移模型线，则为"偏移"输入一个值。如果为圆形或弯曲模型线指定半径，或者为矩形上的圆角或线链之间的圆角连接指定半径，则选择"半径"，然后输入一个值。

如果要使用其他线样式（包括线颜色或线宽），而不是"线样式"面板上显示的线样式，请从"线样式"选项下拉列表中选择一个线样式，如图5-5-4所示。

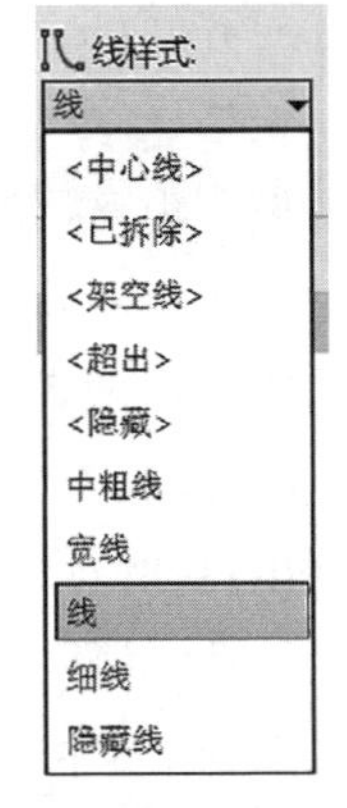

图5-5-4 "线样式"选项下拉列表

(2) 模型文字

Revit模型文字是基于工作平面的三维图元，可用于建筑或墙上的标志或字母。对于能以三维方式显示的族（如墙、门、窗和家具族），用户可以在项目视图和族编辑器中添加模型文字。模型文字不可用于只能以二维方式表示的族，如注释、详图构件和轮廓族。可以指定模型文字的多个属性，包括字体、大小和材质。如果模型文字与视图剖切面相交，则前者在平面视图中显示为截面。如果族显示为截面，则与族一同保存的模型文字将在平面视图或天花板投影平面视图中被剖切。如果该族不可剖切，则它不会显示为截面。

Revit添加模型文字的具体步骤为：设置要在其中显示文字的工作平面。单击"建筑（结构）"选项卡→"模型"面板，在"编辑文字"对话框中输入文字，并单击"确定"按钮。将光标移动到绘图区域中。移动光标时，会显示模型文字的预览图像。将光标移到所需的位置，并单击鼠标左键以放置模型文字。

5.5.3 图元修改

Revit软件常用操作的修改命令位置位于"修改"选项卡，如图5-5-5所示。常用的修改命令包括对齐、偏移、镜像、移动、复制、旋转、阵列、修剪/延伸成角、复制图元、粘贴等编辑图元命令，这些修改操作都可以使用快捷键，以便于在建模过程中节省时间、提高效率。

图5-5-5 "修改"选项卡

对齐（AL）：选择要对齐的直线或参照平面，选择要对齐的边，确定即可。

偏移（OF）：选择要偏移的图元（如线、墙或梁），单击“偏移”选项，输入偏移距离，确定即可。

镜像（MM/DM）：镜像分为左边拾取轴镜像（MM）和右边绘制轴镜像（DM），两者区别在于是否有对称轴。操作如下：选择要镜像的图元，然后在“修改”面板上单击（镜像—拾取轴）或（镜像—绘制轴），选择镜像轴即可复制出对称镜像。

移动（MV）：选定移动的图元，单击“移动”选项，可将图元移动到当前视图的指定位置。

复制（CO）：用于复制指定图元，并将其放在当前视图的指定位置。如果需要将图元复制到其他视图或者项目中，需要使用“剪切板”→“复制”，再进行操作。复制的命令中，可以使选定的图元只复制一个，也可以选择“链”进行多个复制。

旋转（RO）：选定旋转图元，单击“旋转”选项，输入角度或者选择旋转的结束线即可完成旋转。

拆分（SL）：选定需要拆分的图元，单击“拆分”选项，即可将其拆分成两段。

阵列（AR）：选定图元的线性阵列或半径阵列，输入阵列对象数目，指定方向和距离，确定即可，该命令在使用过程中有如同复制的功能。

缩放（RE）：选择图元，单击“缩放”选项，设置相应的比例或者以单击图形方式拖动选择需要缩放的比例即可完成缩放命令。

5.5.4 图元组

“图元创建组”操作步骤如下。

1）选择图元。在绘图区域，选择在组中包含的所需图元或现有组。

2）创建组。单击“修改”→“创建组”。

3）输入名称。在“创建组”对话框中输入组的名称。

4）组编辑器。如果要在组编辑器中打开组，请选择“在组编辑器中打开”，通过组编辑器可以在一个组、附着的详图组（适于模型组）中添加或删除图元，并查看组属性。

5.5.5 标高

标高主要用于定义楼层层高和生成平面视图，反映建筑物构建在竖向的定位情况。标高可以表示楼层层高，也可以作为临时的定位线条。

标高要在立面视图中绘制。进入立面视图，依据 CAD 图纸所示标高创建样板文件标高线；或在立面视图中插入含有标高信息的 CAD 图纸，拾取标高线。

创建标高主要包括以下三个步骤。

1）单击“项目浏览器”→“视图”→“立面”→“东”（南西北）。

2）单击“建筑”→“标高”，如图 5-5-6 所示。

图 5-5-6　标高绘制按钮

3）绘制标高（起点、终点）。在图 5-5-7 所示属性栏顶部选取需要的标高样式，输入标高间距，完成绘制。注意标高单位通常按行业习惯设置为“m”。

刚输入的标高线会参照已有的一个标高线显示间距，双击标注的数值可以对其进行修改，也可以单击标注的标高数值对其进行修改。移动所绘标高线的端点，当其与其他标高线对齐时将出现蓝色虚线，释放鼠标可见锁状图样，表示标高已锁定，如图 5-5-8 所示。此后执行水平移动命令时，将会多线同时移动。若需单独修改，需先解锁再移动。

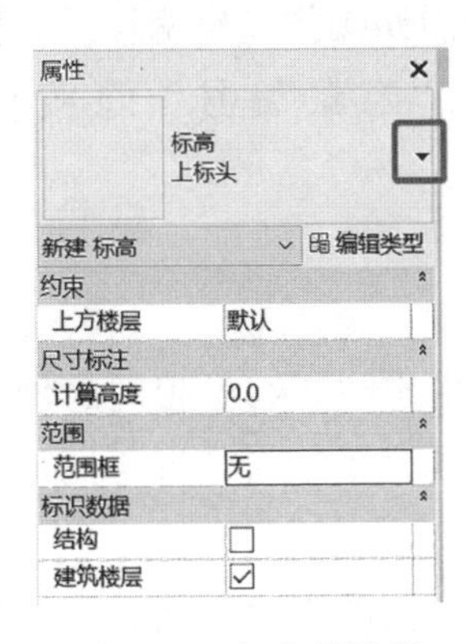

图 5-5-7　标高属性栏

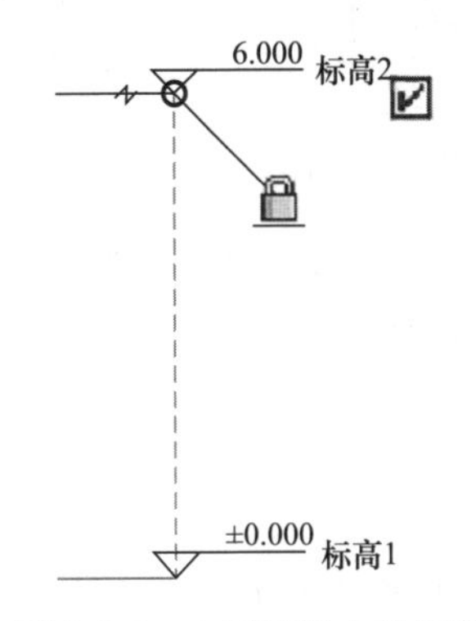

图 5-5-8　立面视图中的标高

4）编辑标高。对名称和样式的修改则可通过编辑标高标头族文件来实现，也可在属性栏完成相关操作。单击已绘制的标高线，在属性对话框中可修改标高名称、高度。其中，修改标高名称时可在随后的对话框中确认是否重命名相应视图，选择“是”，则所有与之相关的视图同步更新名称。此外，单击标高线属性栏中的“编辑类型”选项可完成对标高线线宽、颜色、线型、符号等参数的修改，如图 5-5-9 所示。

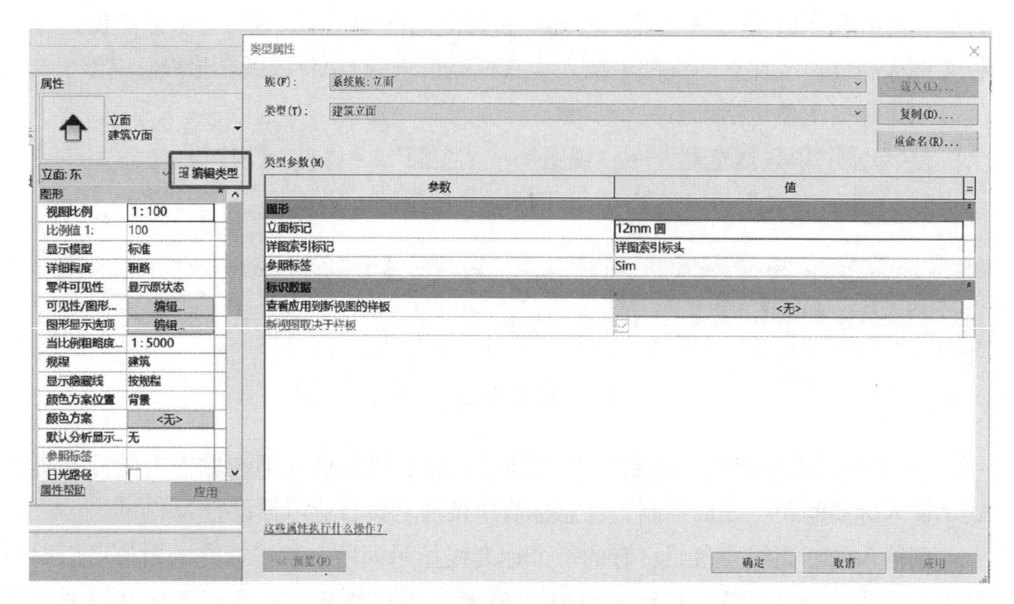

图 5-5-9　标高线属性编辑

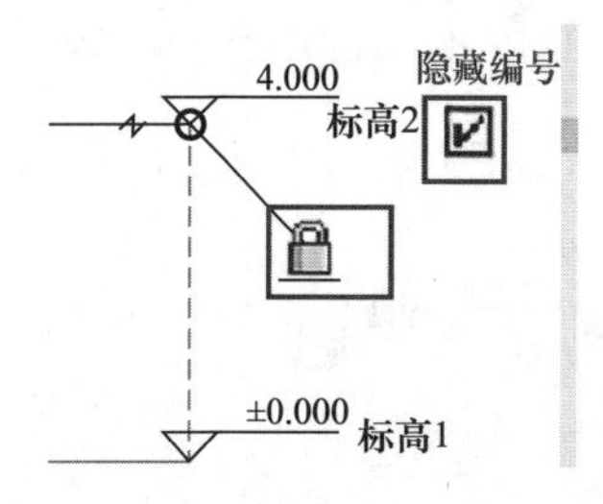

图 5-5-10　标高线名称显示/隐藏按钮

绘制完标高后，选中全部标高线，单击“标高”→“修改”→“锁定”。锁定时可以锁定标高，确保标高线固定于原位，不会因误操作发生偏移。在标高高度密集区，可以使用“隐藏编号”隐藏标高，如图 5-5-10 所示。

5.5.6　轴网

轴网主要用于水平定位，编号相同的轴线所代表的位置信息相同，不同层之间同名轴线可能因为构件的布置情况不同从而长度上有差异。

1）轴网绘制：首先在“楼层平面”中选择对应的平面，然后在“建筑”选项卡中选择“轴网”命令，如图 5-5-11 所示。

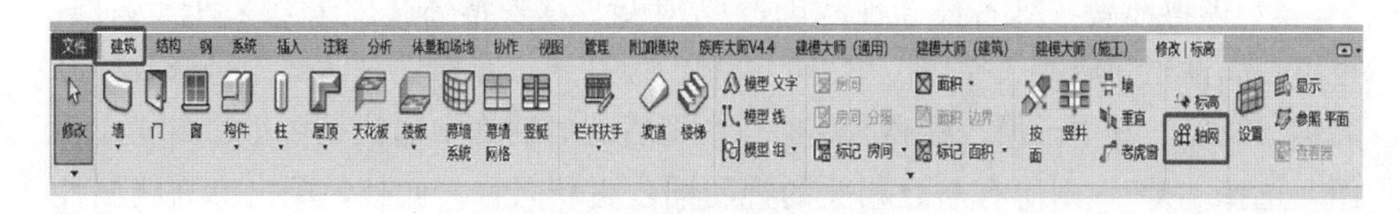

图 5-5-11　轴网绘制按钮

2）编辑轴网：选择一根轴网，图面将出现临时尺寸标注。单击尺寸标注上的数字可修改轴间距。勾选或取消勾选“隐藏/显示标头”，可以控制轴号的显示与隐藏，如图 5-5-12 所示。如需调整所有轴号的表现形式，可选择全部轴线，单击“属性”→“类型属性”，在弹出的“类型属性”对话框中修改“平面视图轴号端点”的表现形式，如图 5-5-13 所示。

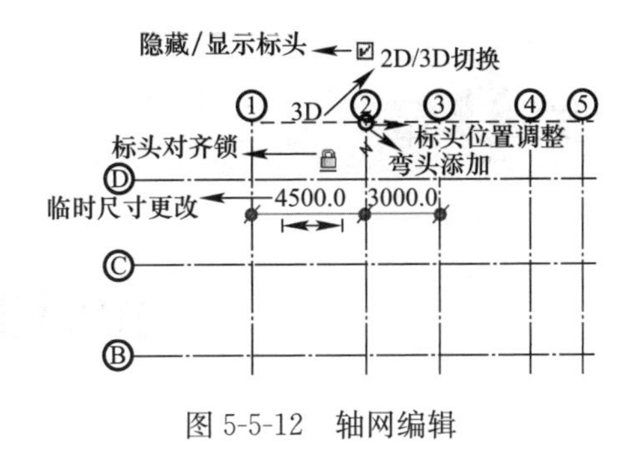

图 5-5-12　轴网编辑

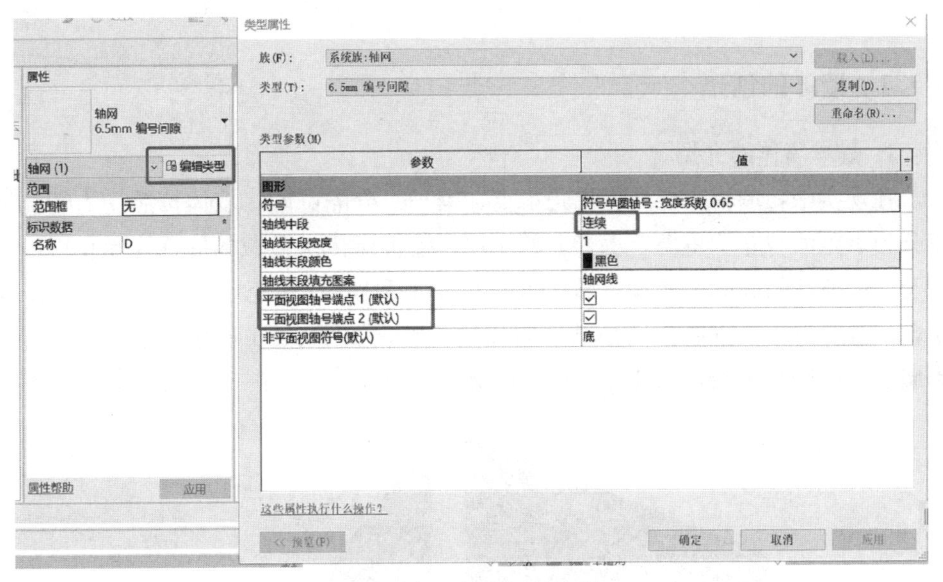

图 5-5-13　轴网属性编辑

在“类型属性”中还可设置“轴线中段”的显示样式、轴线末端宽度与填充图案。对“非平面视图轴号”显示方式的切换，可控制立面、剖面等视图的轴号显示状态、位置。单击添加弯头的折线可拖动轴号位置，该功能可用于轴间距过小、轴号标记重叠时的图面调整，以确保出图效果。当轴线显示标头对齐锁时，表示该轴线已与其他轴线对齐，此时拖动标头位置调整，多轴线同步移动。若需单独调整，则打开标头对齐锁再进行拖动。

轴线状态呈现“3D”标志时，所作修改在所有平行视图中均生效。单击切换为“2D”后，拖动轴线标头只改变当前视图的端点位置，在其余视图中仍维持原状。轴网绘制完成后，选中全部轴线，单击“轴网”→“锁定”，可以确保轴网不会因失误操作偏离规定位置。

第6章

建筑体系建模

6.1 墙体

6.1.1 墙体的创建

1. 基本墙体的介绍

在现实中，墙体主要的作用是承重、围护、分隔空间。墙体按照受力情况可以分为承重墙与非承重墙。承受上部屋顶、楼板所传来荷载的墙称为承重墙；不承受上部荷载的墙称为非承重墙，非承重墙包括隔墙、填充墙和幕墙。而在 Revit 中，承重墙与非承重墙分别是结构墙和建筑墙，如图 6-1-1 所示，结构墙包括基本墙、叠层墙、幕墙，除此之外还有面墙。

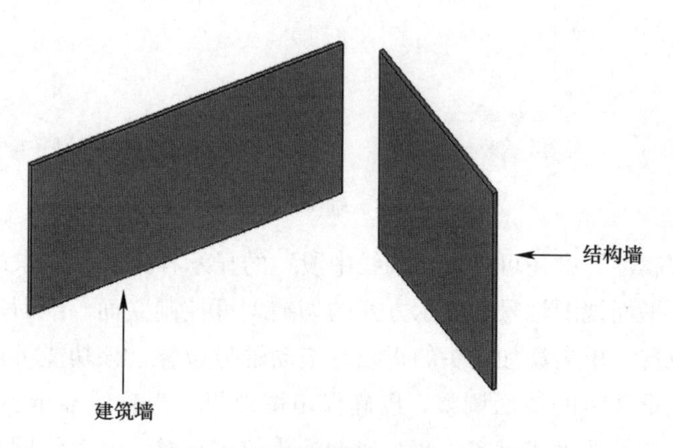

图 6-1-1　结构墙和建筑墙三维视图

基本墙：由从外部到内部的材质层组成的墙，其底部到顶部的厚度都相同。

叠层墙：是由相互堆叠的基本墙组成，其底部到顶部厚度可以不同。

幕墙：是由网格和嵌板组成的系统。

面墙：使用体量面或常规模型来创建的墙。

2. 基本墙体的区分

1）区别一：单击“建筑”选项卡，分别单击“墙：建筑”和“墙：结构”，可以在其“属性”中看到结构墙是有分析模型的，而建筑墙是没有启用分析模型的，如图 6-1-2 所示。

(a) 结构墙　　(b) 建筑墙

图 6-1-2　结构墙与建筑墙对比

2）区别二：在“视图”选项卡中选择“可见性图形”。选择“分析模型类别”，勾选“在此视图中显示分析模型类别”，如图 6-1-3 所示。可以看到结构墙中间会有一条分析模型的线，用于进一步分析使用，而建筑墙没有，如图 6-1-4 所示。

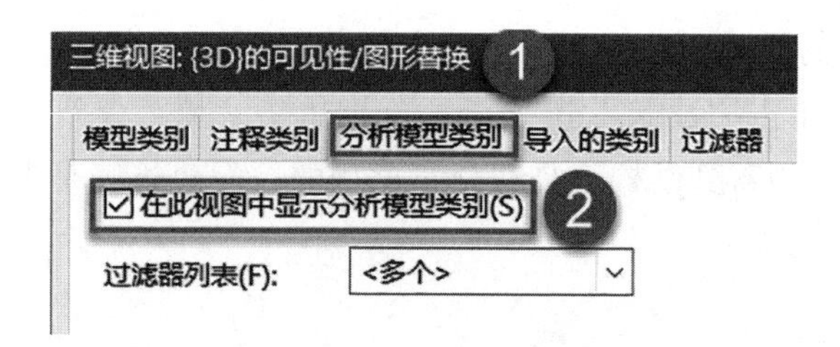

图 6-1-3　结构墙与建筑墙可见性图形区别

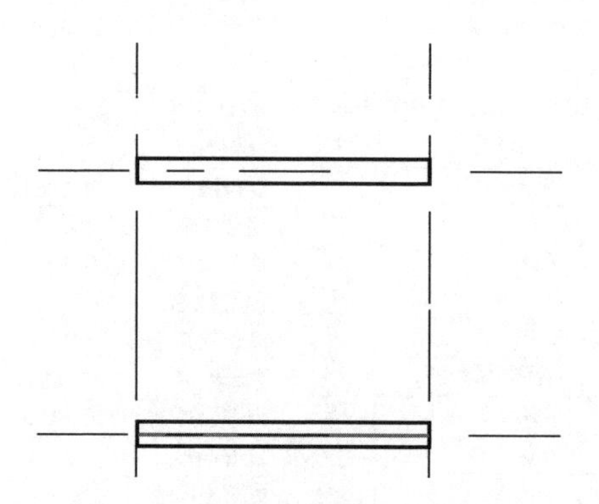

图 6-1-4　结构墙和建筑墙平面图

3）区分三：通过“视图”选项卡中的过滤器区分，如图 6-1-5 所示。

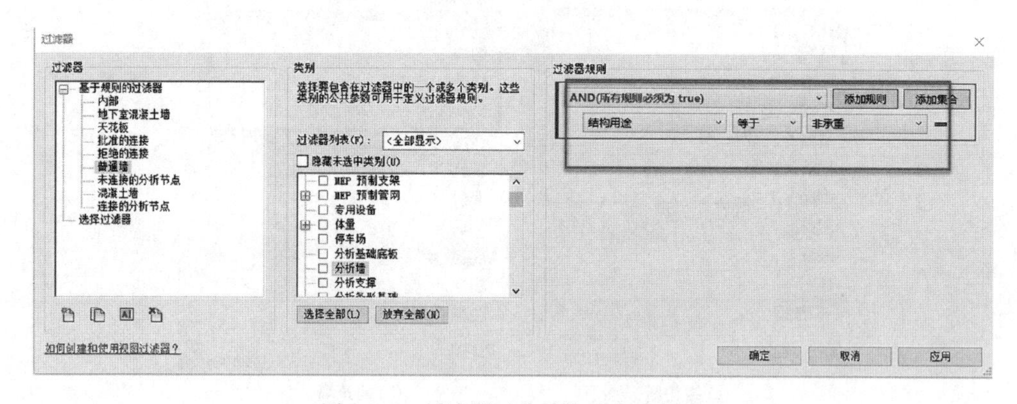

图 6-1-5　过滤器区分结构墙和建筑墙

6.1.2　墙的操作

1. 墙的绘制

操作步骤如下。

1）单击“建筑”→墙，选择需要的墙类型，一共有“墙：建筑”“墙：结构”“墙：面墙”三种族，快捷键操作为 WA。

2）单击“编辑类型”，可在此界面修改墙的族、类型、高度等属性，如图 6-1-6 所示。

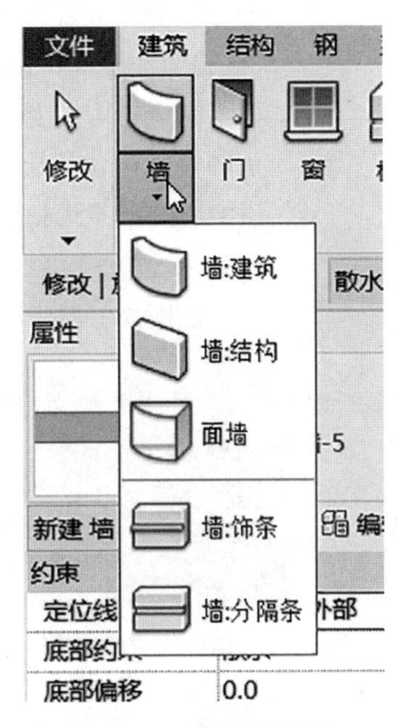

图 6-1-6　墙绘制选项卡

3）单击功能区“修改|放置墙”，可在绘制区选择墙的绘制方式。可通过将鼠标悬浮至各图标上方以显示，各图标操作方式如图 6-1-7 所示。

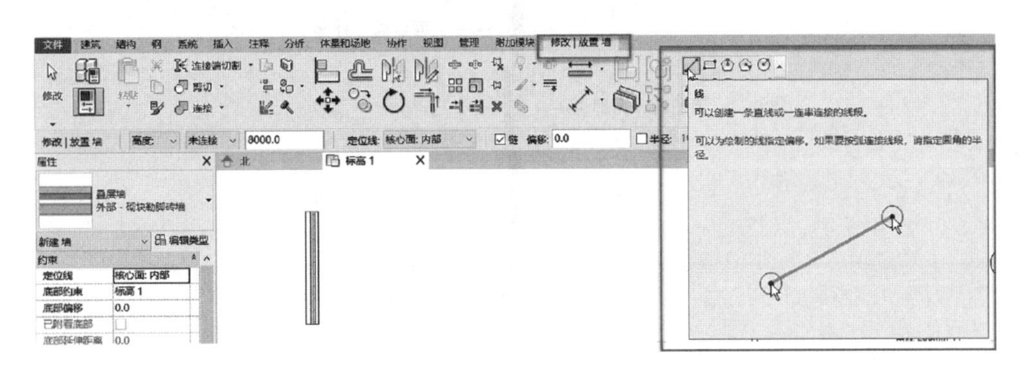

图 6-1-7　墙修改选项卡

2. 墙的面层

墙体的层次包括面层和核心层。面层指墙体的粉刷层或装饰层，核心层指墙

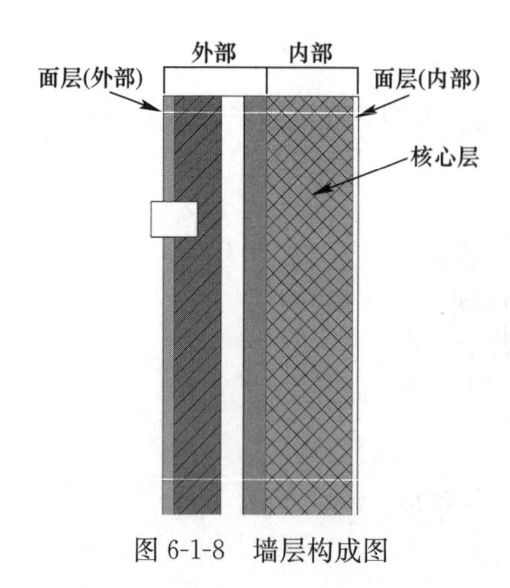

图 6-1-8　墙层构成图

体的结构层，如图 6-1-8 所示。

绘制墙体时，要先选择定位线，一般默认定位线为“墙中心线”，也可以选择“核心层中心线”“面层面：外部”“面层面：内部”“核心面：外部”以及“核心面：内部”，共六种绘制方式，如图 6-1-9 所示。“墙中心线”是墙整体包含面层和核心层的中心线，“核心层中心线”是墙体结构层的中心线。当墙体对称时，“核心层中心线”与“墙中心线”会重合，如图 6-1-10 所示。

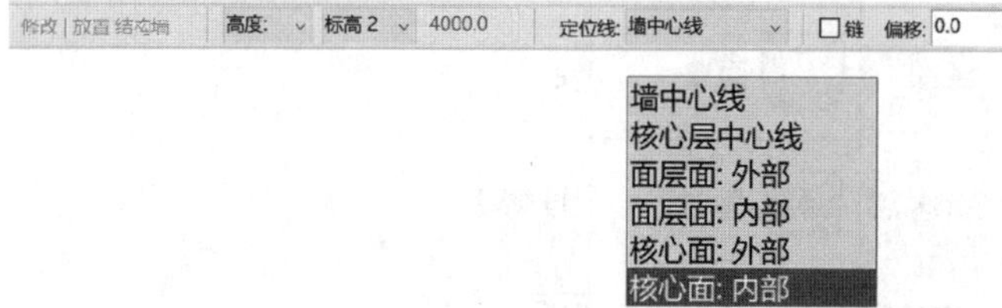

图 6-1-9　墙体定位线选项

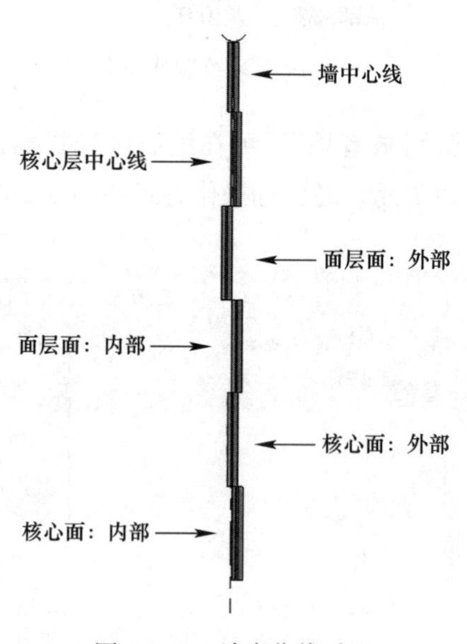

图 6-1-10　墙定位线对比

3. 墙的约束

墙的放置方式包括“高度”和“深度”两种。“高度”是从指定标高向上绘制墙至墙的顶部约束高度，“深度”是从指定标高向下绘制墙至墙的底部约束高度，如图 6-1-11 所示。

图 6-1-11　墙体绘制方向设置

墙体图元属性的修改如下。

1）选择墙体，自动激活“修改|墙”选项卡。

2）单击“图元”面板中“属性”按钮，弹出该墙体“属性”对话框，编辑图元属性，如图 6-1-12 所示。

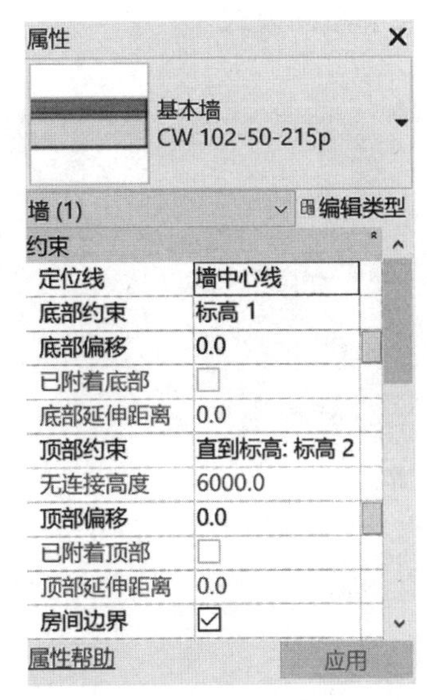

图 6-1-12　基本墙“属性”窗口

底部约束：墙底部的标高基准。如果移动了底部标高基准，墙的底部会跟着移动。

底部偏移：高度高于或低于底部标高约束，调整该值可以更改墙的基础位置。

顶部约束：墙顶部的标高基准。当移动顶部标高基准时，墙的顶部也会移动。

顶部偏移：高度高于或低于顶部标高约束，调整该值可以更改墙的顶部位置，如图 6-1-13 所示。

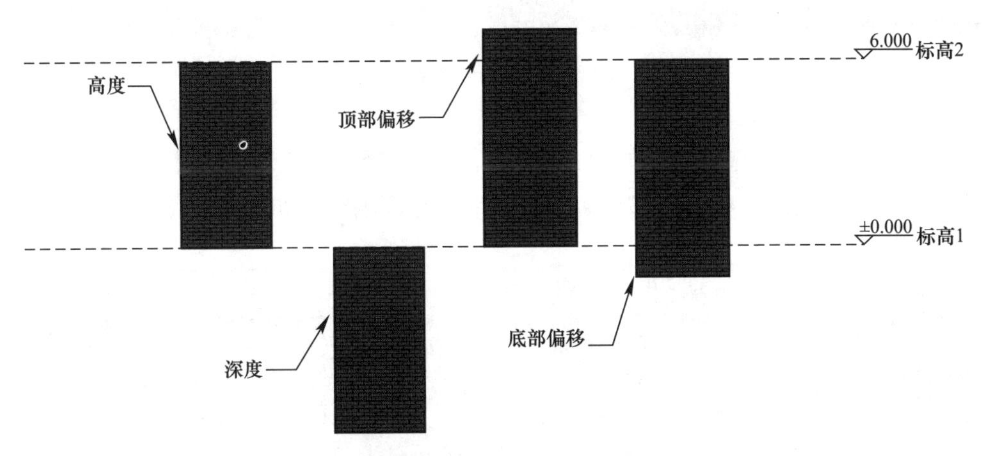

图 6-1-13　墙体绘制方向和偏移方向

4. 墙的轮廓

编辑立面轮廓功能区：单击“选择墙”→“修改|墙”→“编辑轮廓”→“转到立面视图”→“绘制”→“完成”。

具体操作如下。

1）选择墙体，自动激活“修改|墙”选项卡。单击“修改|墙”面板下的“编辑轮廓”按钮，可任意编辑其立面轮廓，如图 6-1-14 所示。如在平面视图中进行此操作，此时弹出“转到视图”对话框，选择任意立面进行操作，进入绘制轮廓草图模式。

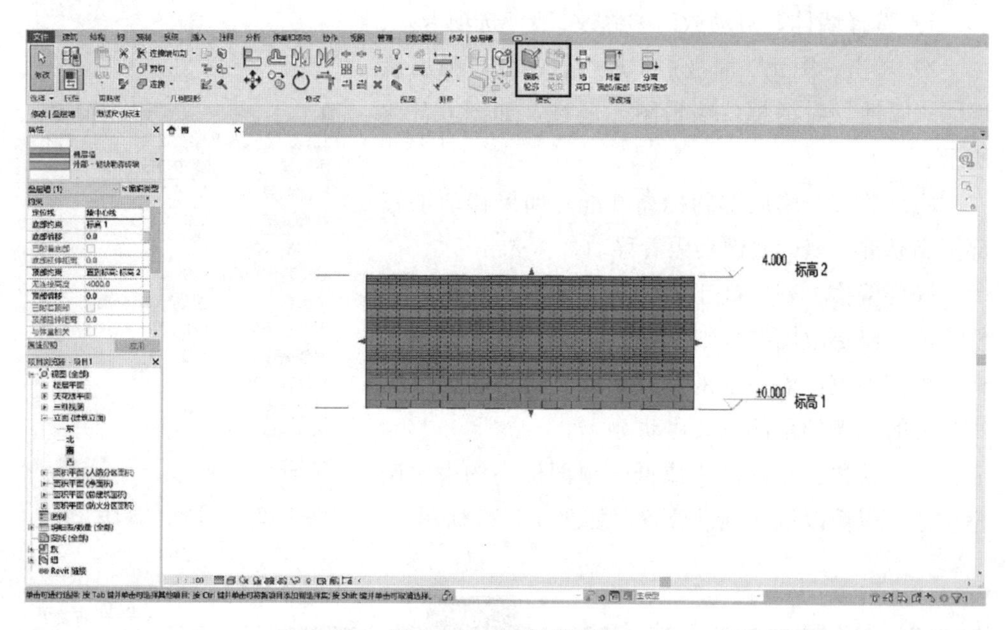

图 6-1-14 墙轮廓编辑

2）在“绘制”选项卡，如图 6-1-15 所示，选择“线”工具绘制或修改草图中红色墙体模型线，单击✔按钮，完成对墙体轮廓编辑，如图 6-1-16 所示。

图 6-1-15 墙轮廓编辑工具

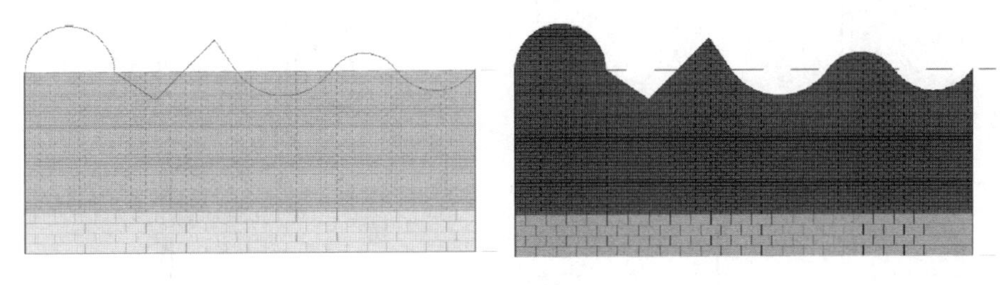

图 6-1-16　墙轮廓线和效果

5. 墙的连接关系

1）在 Revit 中，墙与墙之间的连接就是墙连接。它可以是同类型墙之间的连接，也可以是不同类型墙之间的连接，可以是 2 面墙、3 面墙、4 面墙等多面墙之间的连接，如图 6-1-17 所示。但是，修改墙连接工具最多只支持修改 4 面墙之间的连接。

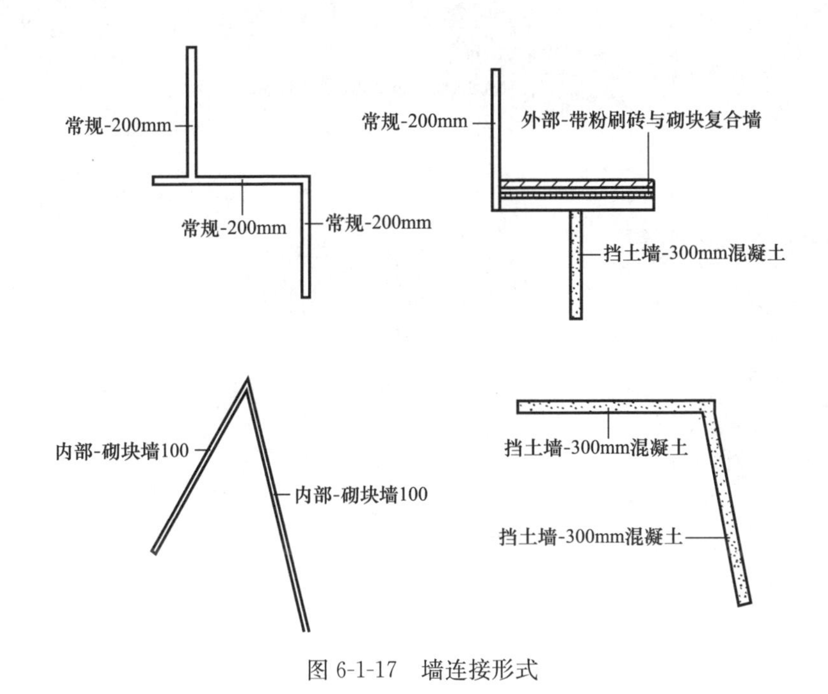

图 6-1-17　墙连接形式

2）墙连接的显示主要存在如下两种：不清理墙连接，即显示墙与墙之间的连接交界线，如图 6-1-18 所示；清理墙连接，即不显示墙与墙之间的连接交界线，如图 6-1-19 所示。使用 Revit 创建墙时，Revit 是默认清理墙连接的，因为 Revit 视图的默认设置是清理所有墙连接。

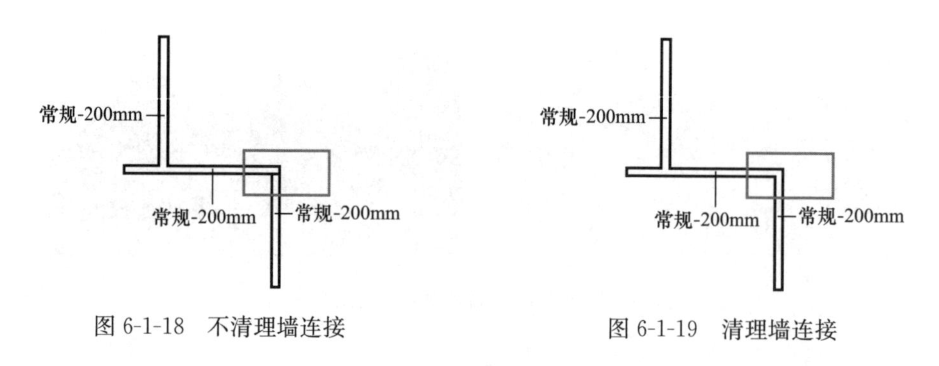

图 6-1-18　不清理墙连接　　　　图 6-1-19　清理墙连接

3）修改墙连接的方式：单击“修改”选项卡→“几何图形”选项板→“墙连接”工具，如图 6-1-20 所示，在图 6-1-21 所示红框区域可选择墙的连接方式。

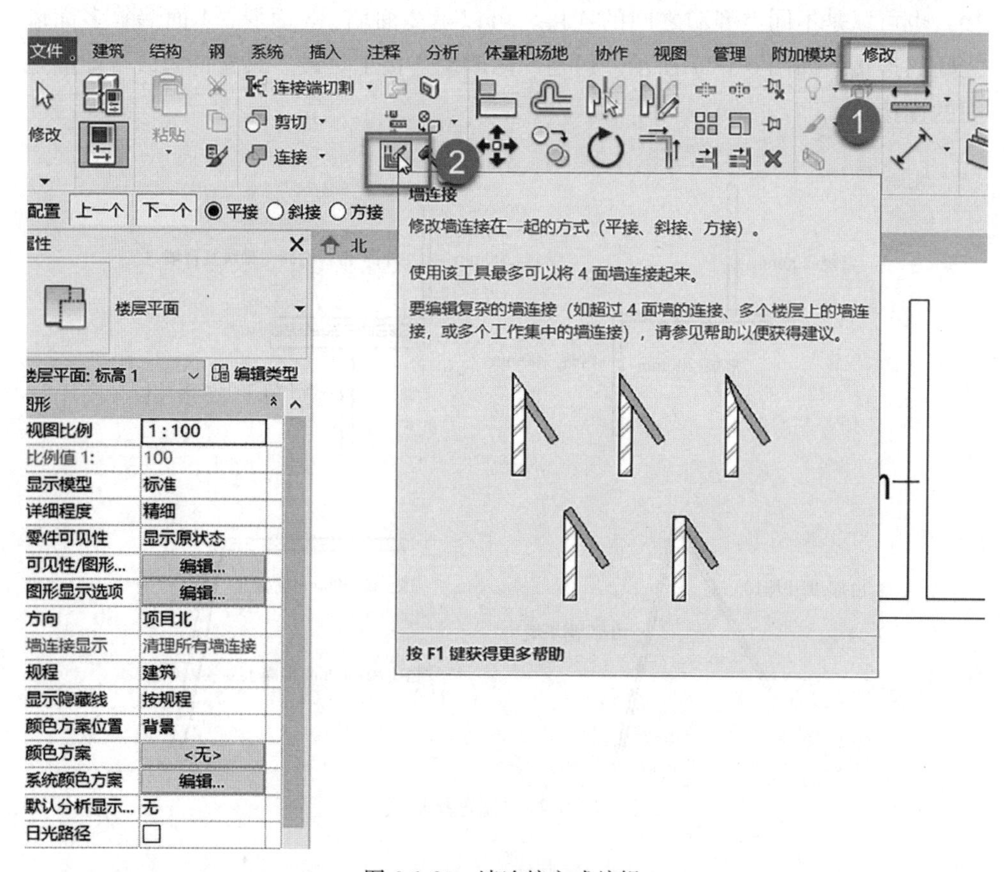

图 6-1-20　墙连接方式编辑

4）图 6-1-21 所示的这种连接方式只能选择平接，且无法修改连接方式。图 6-1-22 所示的这种连接可以选择平接或斜接，当选择平接时可以通过“下一个”“上一个”切换连接顺序。

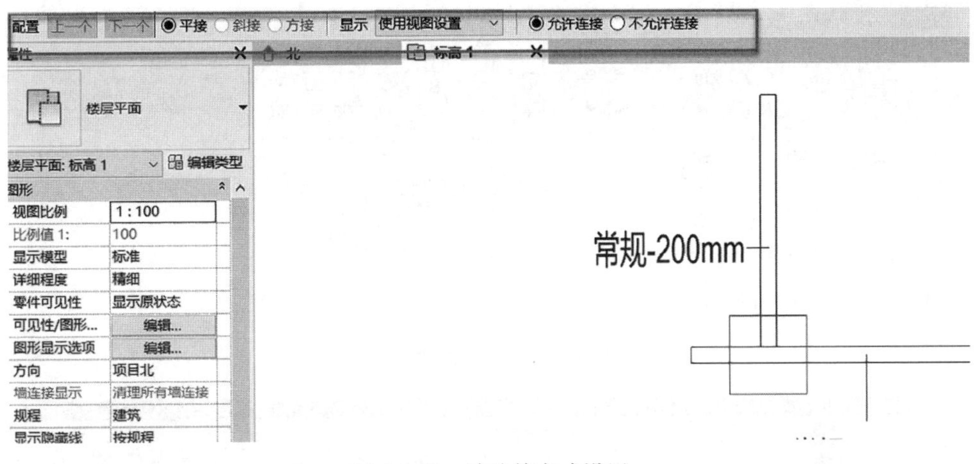

图 6-1-21　墙连接方式设置

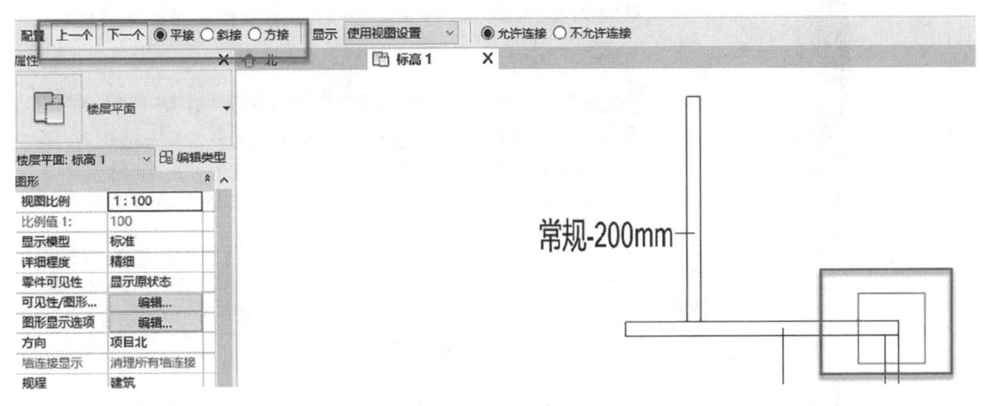

图 6-1-22　平接设置

5）墙体的连接显示模式在“属性”选项卡查看，如图 6-1-23 所示。

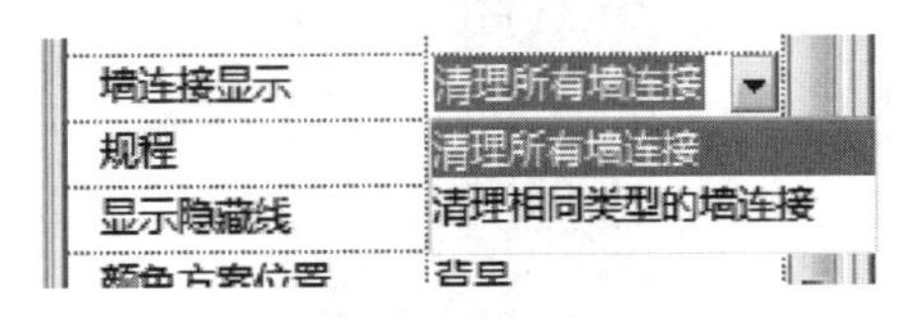

图 6-1-23　墙连接显示模式

6. 墙的定位线

在放置墙时，选项栏有墙的定位线，如图 6-1-24 所示。下面通过叠层墙来认识一下这几种定位线。首先要理解“核心层”，“核心层”是“编辑部件”界面中的两个核心边界内的墙体层次，核心面外部和内部主要是以“核心边界”为区分点，如图 6-1-25、图 6-1-26 所示。

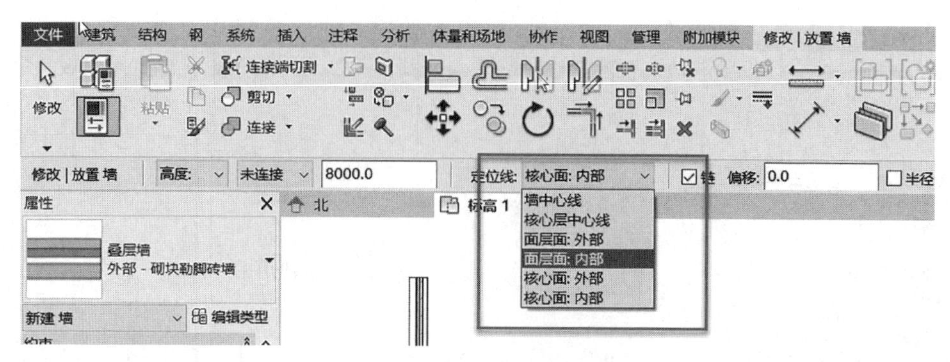

图 6-1-24　墙定位线设置

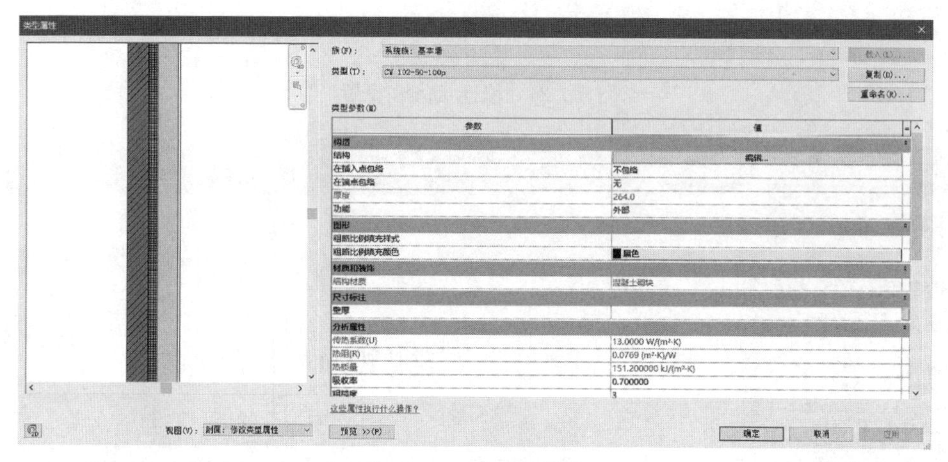

图 6-1-25　墙结构预览

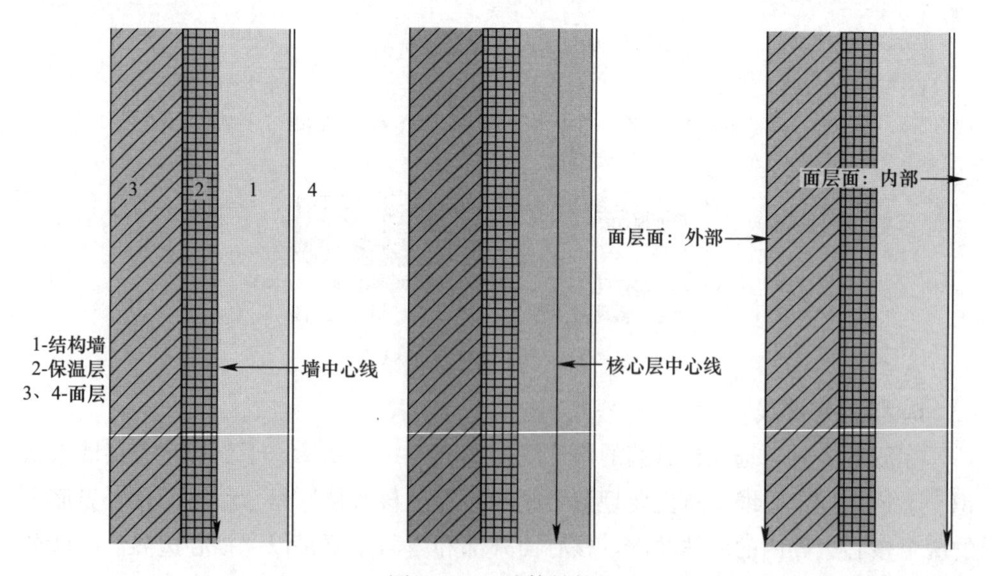

图 6-1-26　墙体结构

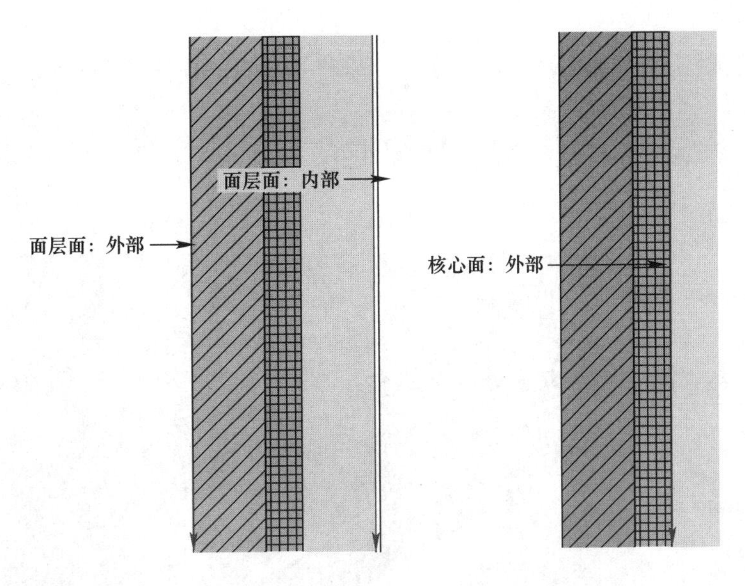

图 6-1-26　墙体结构（续）

7. 墙层拆分、合并和指定

(1) 墙层的拆分

操作步骤：选中要修改的墙，单击“修改|墙”→“编辑类型”→“类型属性”→“结构”→“编辑”→“编辑部件”→“预览”→“剖面：修改类型属性”→“拆分区域”，如图 6-1-27～图 6-1-29 所示。如图 6-1-29 所示，此时将显示一个蓝色的控制箭头，将箭头移动到需要拆分的构造层附件，会高亮显示一条边界及预览拆分线，单击即拆分该构造层，同时出现临时尺寸标注。需要注意的是，仅在剖面图预览视图模式下，修改墙的垂直结构的功能才可操作。

(2) 墙层的合并

墙层合并的基本操作与墙层拆分的相同，但在“编辑部件”界面选择“合并区域”。单击“合并区域”后出现光标，选择需要合并墙层的边界，单击边界即可合并墙层。高亮显示边界时，光标所在的位置决定了合并后要使用的材质，如图 6-1-30 所示。最后，单击“确定”按钮，返回“类型属性”对话框，再次单击“确定”按钮，完成墙层的合并。

(3) 墙层的指定

墙层指定的基本操作与墙层拆分和墙层合并的相同，但在“编辑部件”界面选择“指定层”，如图 6-1-31 所示。

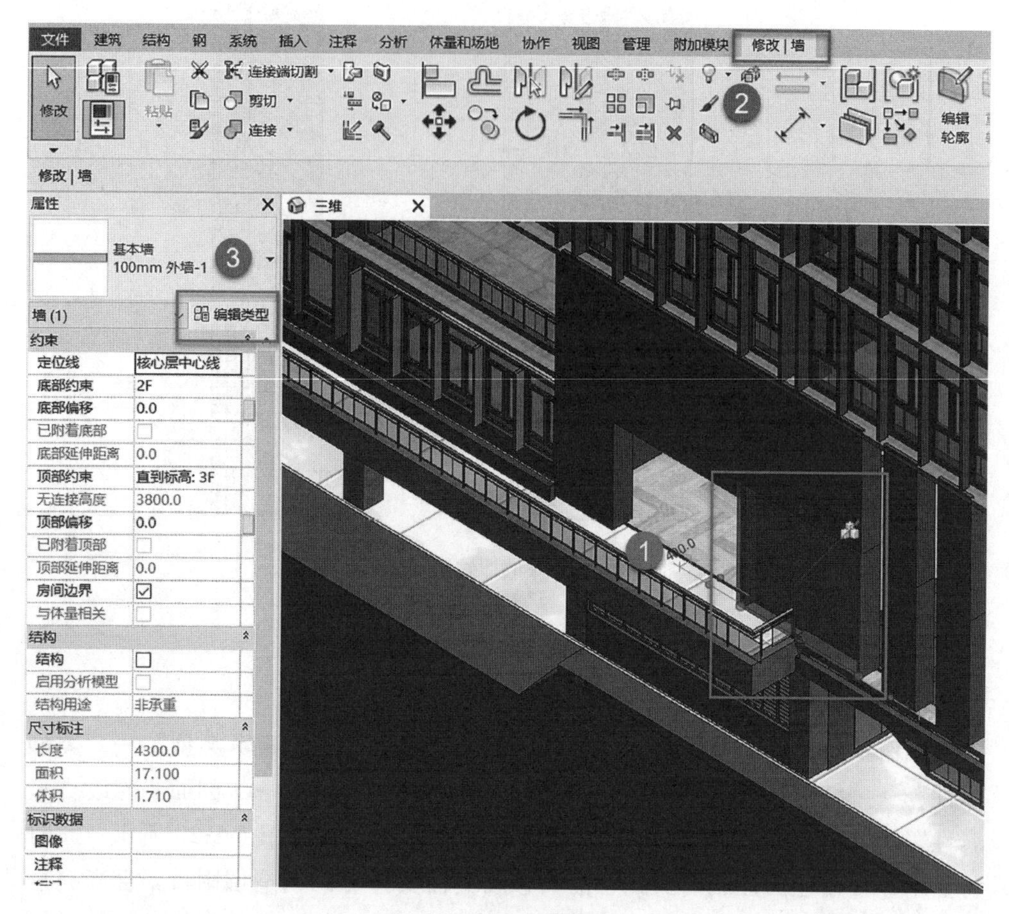

图 6-1-27　墙编辑类型

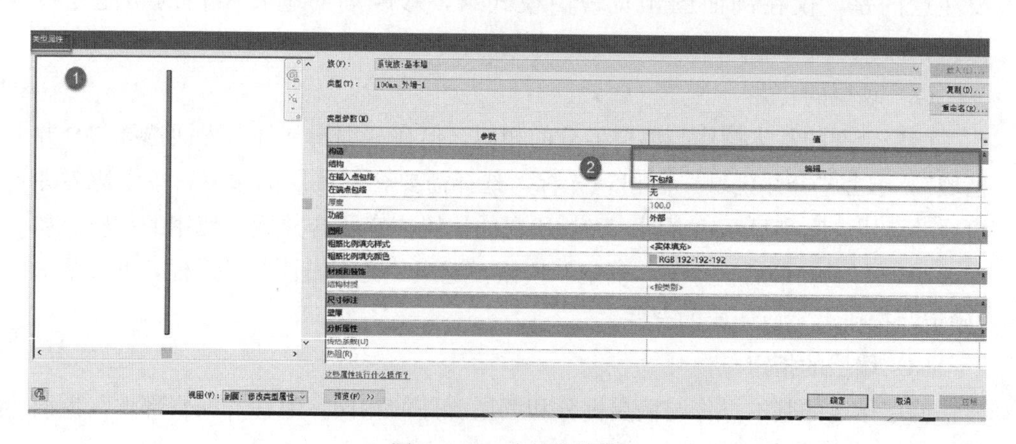

图 6-1-28　墙结构编辑

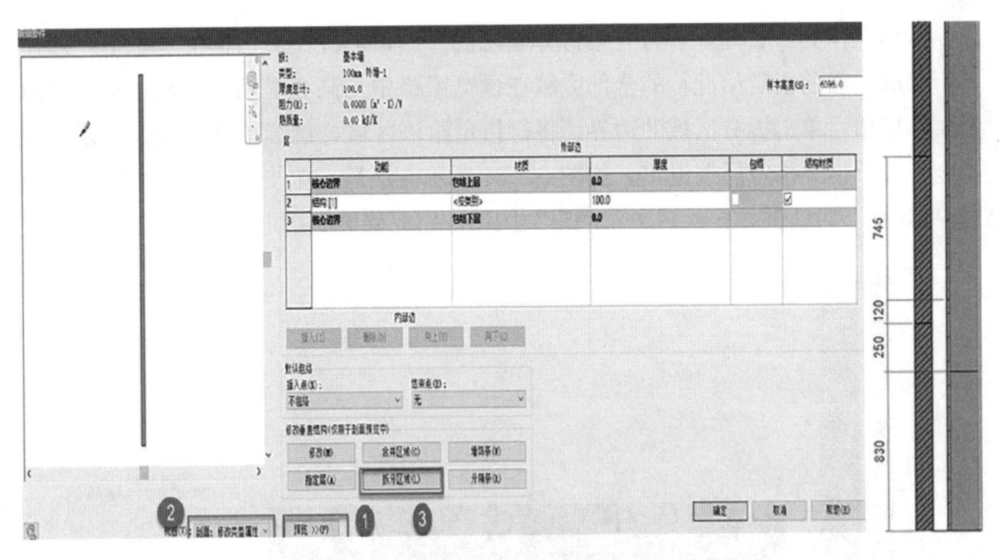

图 6-1-29　墙拆分

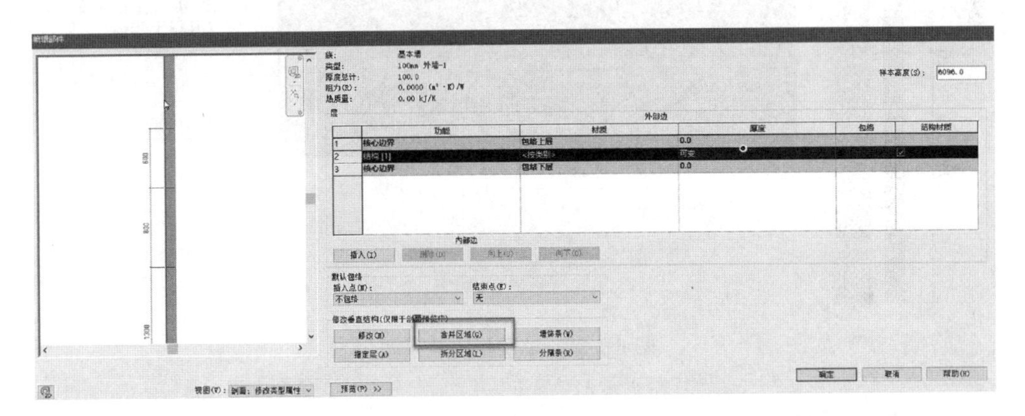

图 6-1-30　墙层合并

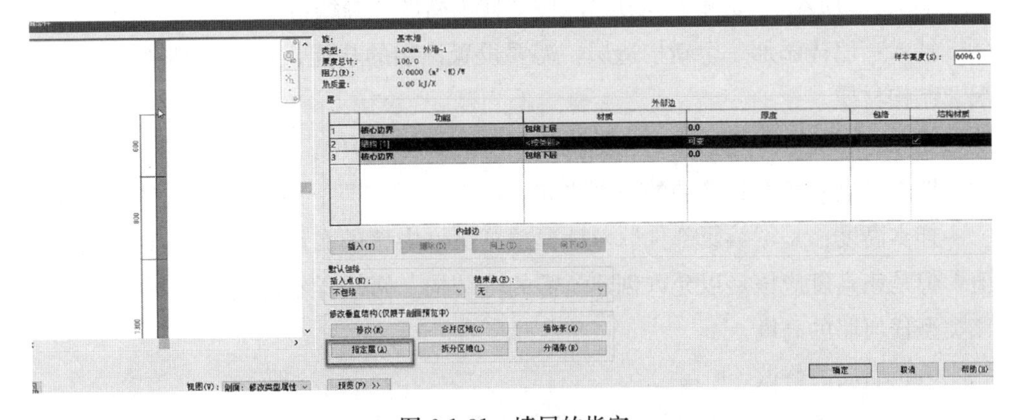

图 6-1-31　墙层的指定

具体操作为：首先，在打开已拆分墙层的“编辑部件”对话框的基础上，选择一行墙层，当前指定给此行的全部区域在预览窗格中均高亮显示。其次，单击“指定层”按钮，单击拆分区域的边界，将行指定给该区域，继续单击其他区域以继续指定，或单击“指定层”退出，如图 6-1-31 所示。最后，单击“确定”按钮，返回“类型属性”对话框，再次单击“确定”按钮，完成墙层的指定，如图 6-1-32 所示。

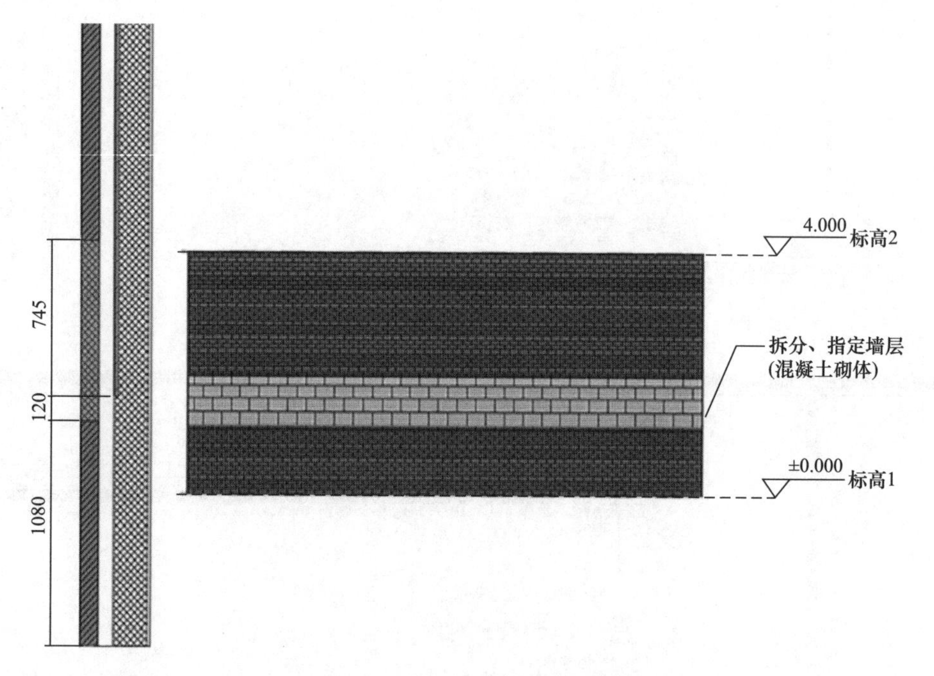

图 6-1-32　墙层指定效果图

8. 墙层的结构

墙层：“插入”“删除”“墙层厚度”“样本高度”等编辑。

插入：墙体添加一个新构造层，需要设置该层的功能、材质、厚度、包络情况、结构材质。

删除：删除一个构造层，当结构层唯一时不可删除。

墙层厚度：所有构造层的厚度之和。

样本高度：是“编辑部件”对话框预览窗格中墙的高度，该高度可指定任何值，但是该高度应该足以允许创建所需的墙结构。修改样本高度不会影响项目中该类型任何墙的高度。

(1) 墙层的修改

功能区：单击“修改|墙”→“编辑类型”→“结构”→“编辑”→“编辑

部件”→“插入或删除”。

具体操作为：首先，在绘图区域选择墙。在“属性”选项板单击“编辑类型”。其次，在“类型属性”对话框中单击“预览”打开窗格，对墙体所作的所有修改都会出现在预览窗格中。最后，单击“结构”参数对应的“编辑”，打开“编辑部件”对话框，可对墙层进行修改，如图 6-1-33 所示。

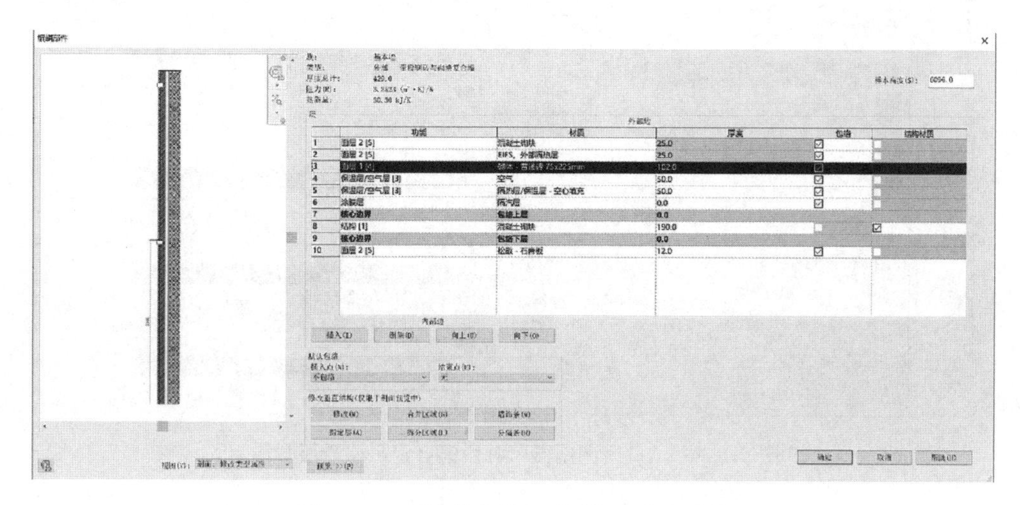

图 6-1-33 “编辑部件”对话框自定义墙体

（2）墙层材质的修改

功能区：单击“修改|墙”→“编辑类型”→“结构”→“编辑”→“编辑部件”→“材质”→“材质浏览器”→“项目材质”。

具体操作为：在打开“编辑部件”对话框的基础上，单击原始材质的输入框，在输入框最后单击 ... 按钮，弹出“材质浏览器”对话框，如图 6-1-34 所示。在搜索栏中选择替换材质后单击“确定”按钮，即可替换材质并放置到墙体的结构属性中。

（3）墙层颜色的修改

功能区：单击“修改|墙”→“编辑类型”→“结构”→“编辑”→“编辑部件”→“材质”→“材质浏览器”→“图形”→“着色”→“颜色”。

具体操作为：在打开“材质浏览器”对话框的基础上，选择材质后，可以在右侧查看具体材质的属性信息以及样式图片，单击右侧的“图形”栏，可以修改材料的着色、表面填充图案及截面填充图案。单击“着色”栏下的“颜色”区域，即弹出“颜色”选择框，如图 6-1-35 所示，选择替换的颜色，单击“确定”按钮，退回到“材质浏览器”对话框，再次单击“确定”按钮，完成墙层颜色的修改。

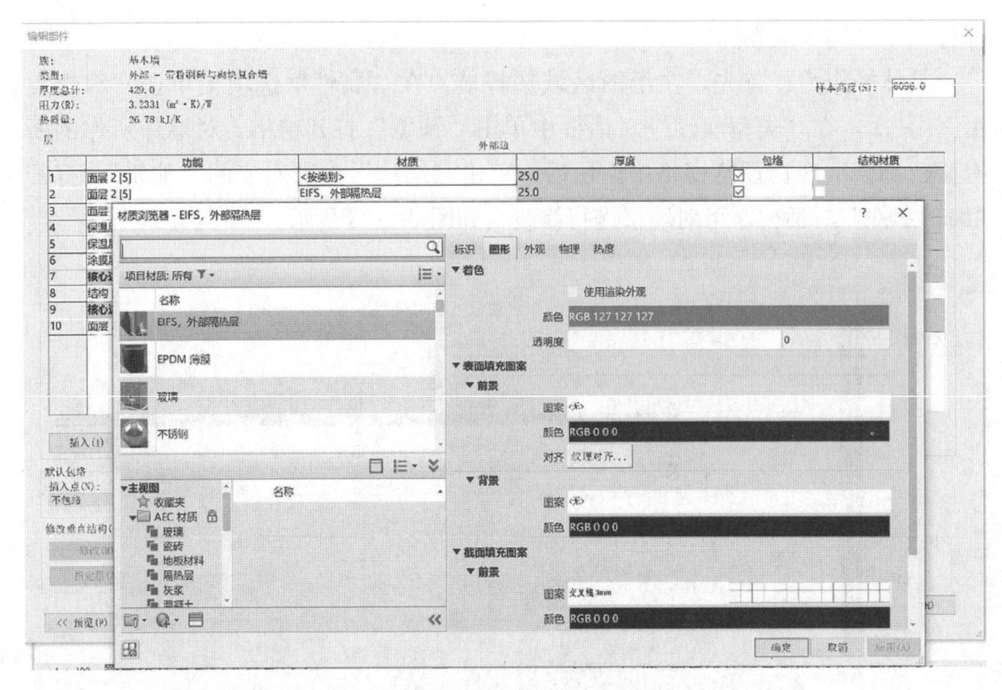

图 6-1-34 “材质浏览器”对话框自定义构造层材质

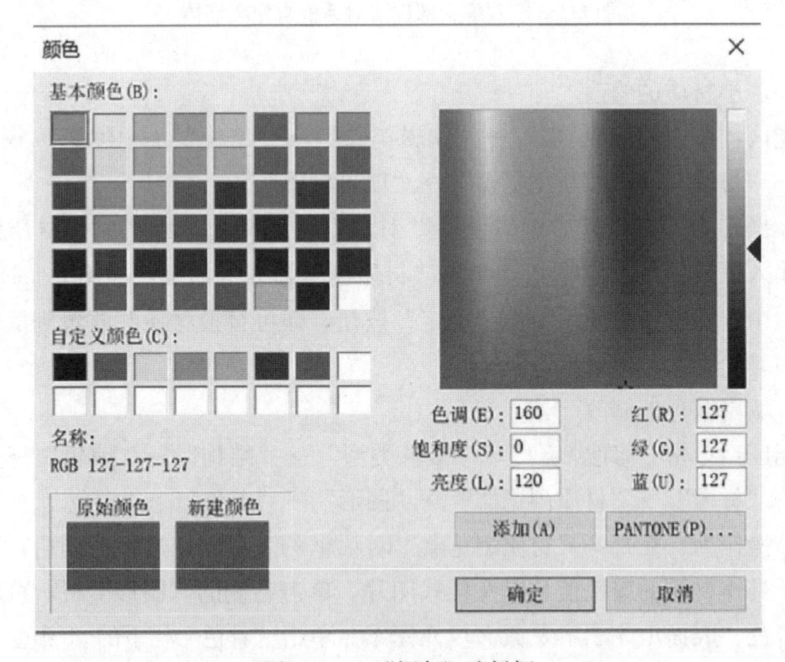

图 6-1-35 “颜色”选择框

(4) 墙层填充图案的修改

功能区：单击“修改|墙”→“编辑类型”→“结构”→“编辑”→“编辑部件”→“材质”→“材质浏览器”→“图形”→“表面填充图案”→“前景”→“图案”→“填充样式”。

具体操作为：打开“材质浏览器”对话框，单击右侧的“图形”栏，可以修改表面填充图案及截面填充图案。单击“前景”栏下的“图案”区域，即弹出“填充样式”选择框，如图 6-1-36 所示，可选择填充图案类型及搜索图案样式，单击“确定”按钮，退回到“材质浏览器”对话框后，再次单击“确定”按钮，完成墙层填充图案的修改。

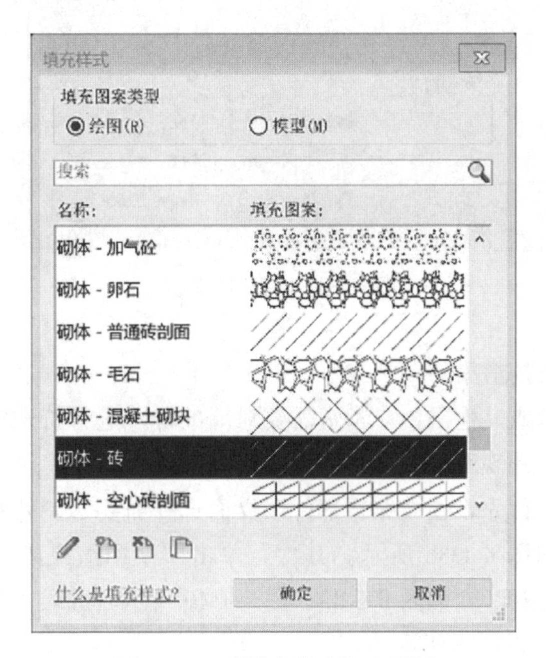

图 6-1-36 “填充样式”选择框

(5) 墙层外观的修改

功能区：单击“修改|墙”→“编辑类型”→“结构”→“编辑”→“编辑部件”→“材质”→“材质浏览器”→“外观”→“图像”→“纹理编辑器”。

具体操作为：在打开“材质浏览器”对话框的基础上，单击右侧的“外观”栏，单击“图像”区域，即弹出“纹理编辑器”选择框，如图 6-1-37 所示，可以修改当前材料外观纹理类型。修改完成后，单击“完成”按钮，退回到“材质浏览器”对话框，再次单击“确定”按钮，完成墙层外观的修改。

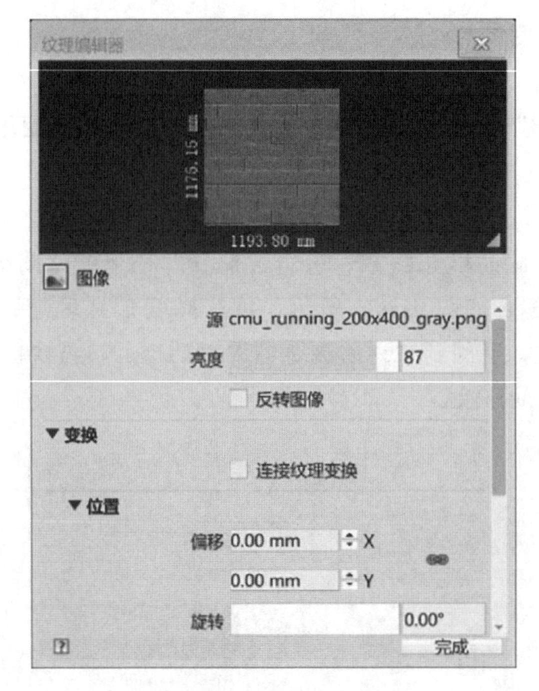

图 6-1-37　材质纹理编辑

（6）墙层材质的渲染

有时出于艺术或其他需要，常常需要对墙的外观进行特殊定制。这时可以通过材质的渲染和“外观”的图像功能来定制所需要的墙外观。

操作步骤为：首先，在“编辑部件”界面选择需要定制外观的结构层，进入“材质浏览器”，如图 6-1-38 所示。其次，单击“使用渲染外观”→“外观”→“图像”→“编辑图像”，如图 6-1-39、图 6-1-40 所示，进入文件夹，寻找需要的图片并载入，如图 6-1-41 所示。

9. 墙饰条和分隔条

墙饰条与分隔条都是依附于墙体的一些装饰性构件，起到美化修饰墙体的作用。一般通过创建墙饰条来对墙体添加踢脚线、装饰线条和散水等墙体凸贴面，通过创建分隔条来对墙体添加墙面装饰凹槽。

操作方法为：打开一个三维视图或立面视图，其中包含要向其中添加墙饰条的墙。单击“建筑”选项卡中的“墙”下拉列表→，在“类型选择器”中选择所需的墙饰条类型。单击“修改|放置墙饰条”选项卡→“放置”面板，并选择墙饰条的方向，即“水平”或“垂直”。将光标放在墙上以高亮显示墙饰条位置，单击以放置墙饰条。如果需要，可以为相邻墙体添加墙饰条。Revit 会在各相邻

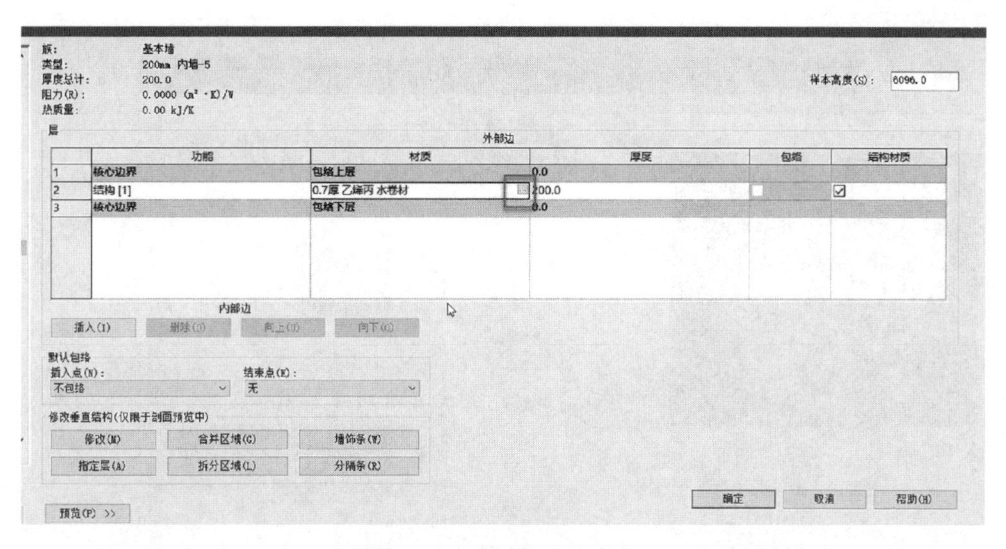

图 6-1-38　墙层材质编辑

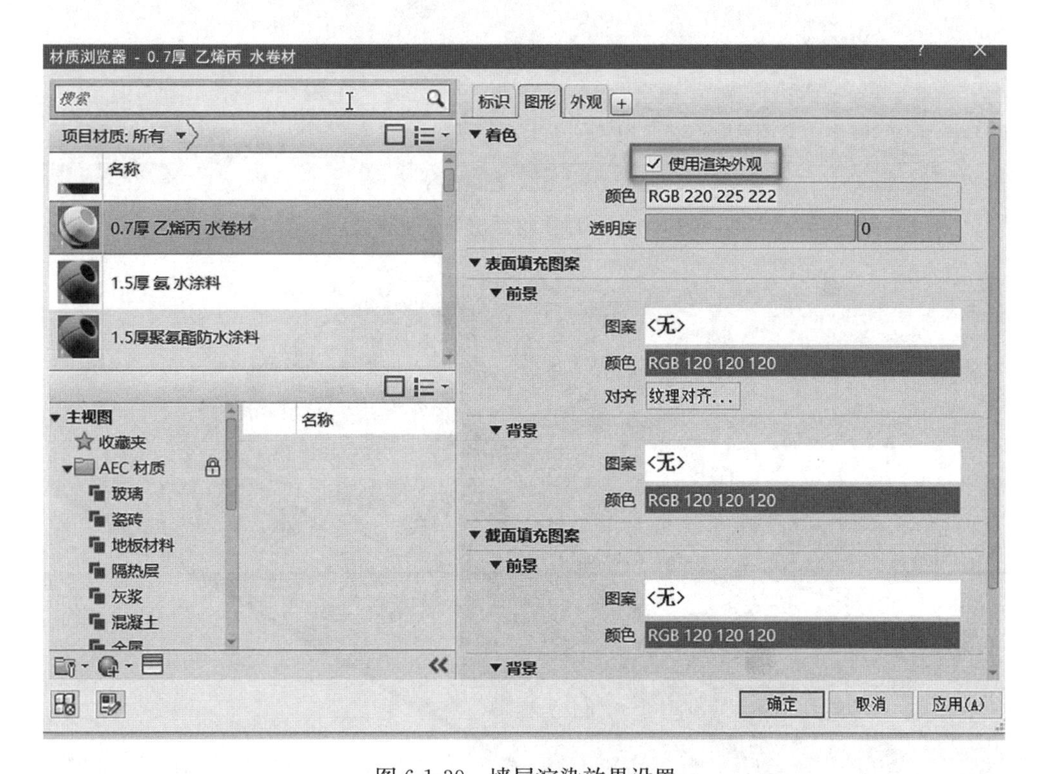

图 6-1-39　墙层渲染效果设置

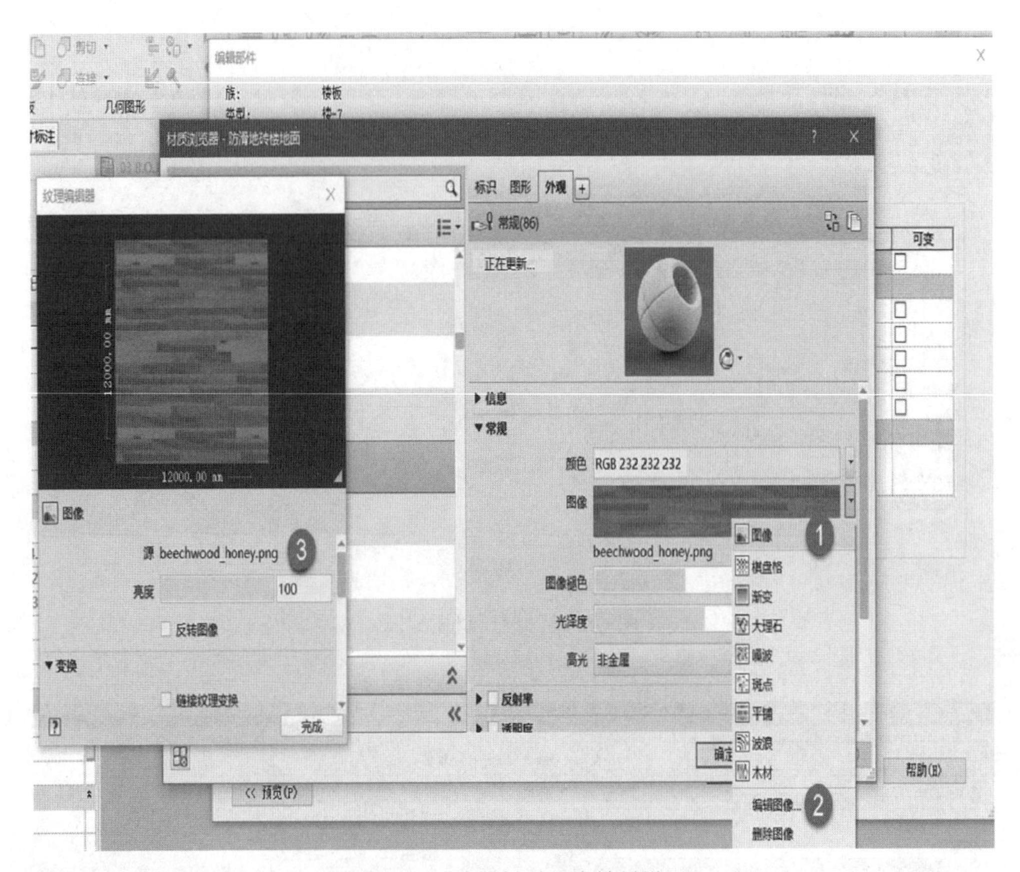

图 6-1-40　墙层材质渲染效果设置

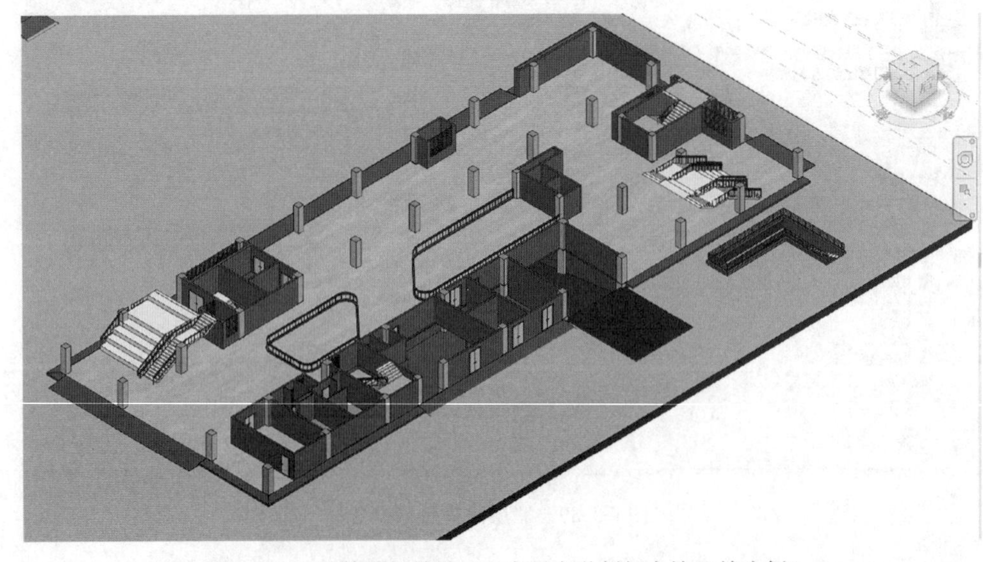

图 6-1-41　墙体编辑效果（以广州大学创新大楼 B 楼为例）

墙体上预选墙饰条的位置。要在不同的位置放置墙饰条，请单击“修改|放置墙饰条”选项卡→“放置”面板→，选择完成墙饰条的放置，请单击“修改”按钮。

该方法能直观地在项目所需位置上放置墙饰条或分隔条，但缺点是放置的位置不够精确。下面介绍第二种方法。

1）选择需要添加墙饰条的墙所在平面视图，选中该墙，单击“编辑类型”→“编辑”→“预览”→“剖面：修改类型属性”→“墙饰条/分隔条”，如图6-1-42所示。

2）单击“添加”按钮选择项目所要求的墙饰条/分隔条参数，单击“应用”按钮可预览效果。如果需要添加特定的轮廓，可单击“载入轮廓”→“Library”，选择所需要的墙饰条/分隔条轮廓，如图6-1-43所示。

图6-1-42　墙饰条

图6-1-43　分隔条

6.2　建筑柱

6.2.1　建筑柱的创建

1. 柱类型

在Revit中，柱的类型分为“柱：建筑（建筑柱）”和“结构：柱”两种，在明细表中是分开统计的。

在未指定建筑柱的材质时，建筑柱在与墙连接时会提取墙体的材质，如图6-2-1、图6-2-2所示。若是设置了建筑柱的材质，则建筑柱不会提取墙体的材质，如图6-2-3所示。所以建筑柱主要用于装饰墙体，而非承重。

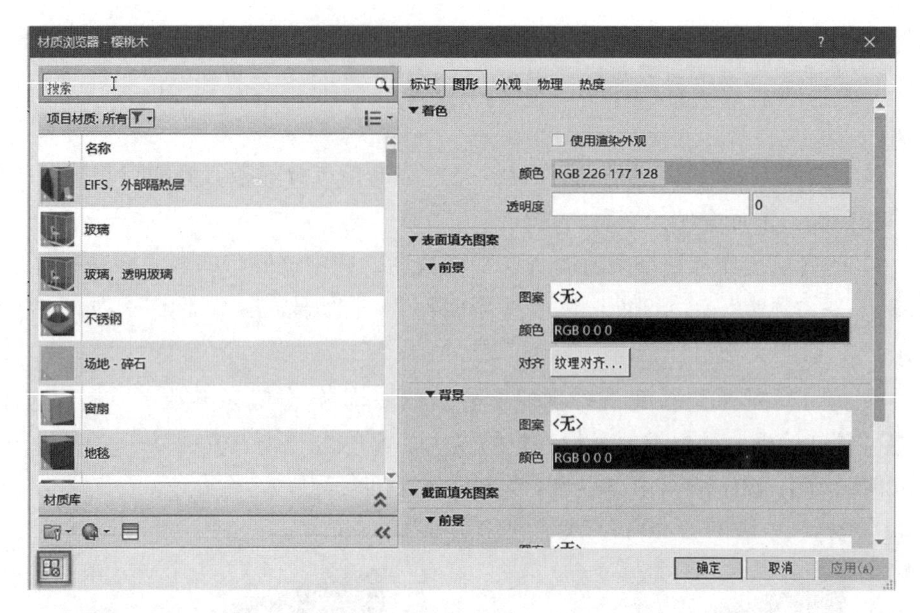

图 6-2-1　指定建筑柱连接墙的材质为按类别

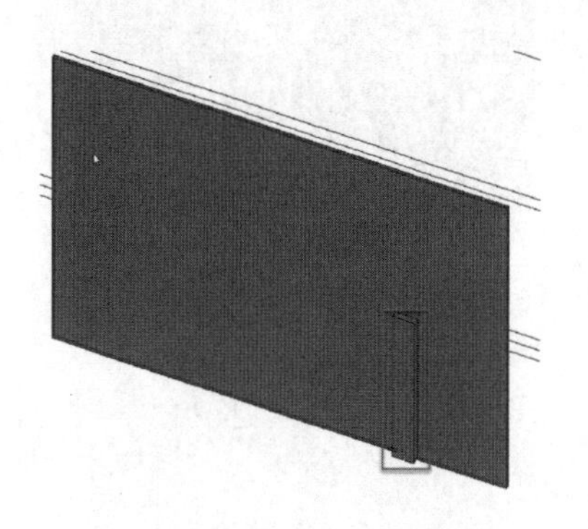

图 6-2-2　指定材质为按类别后

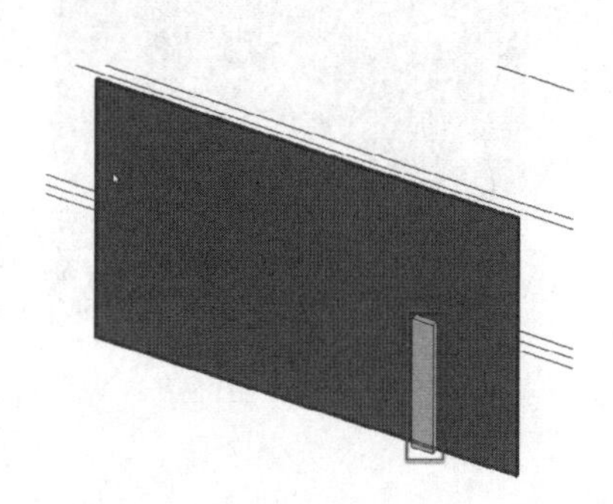

图 6-2-3　为建筑柱指定材质后

结构柱用于承重，不会受墙体材质的影响，如图 6-2-4、图 6-2-5 所示。结构柱还带有分析线，可直接导入分析软件进行分析；结构柱有其自己的和根据行业标准制定的参数，如图 6-2-6 所示。

2. 垂直柱

操作步骤为：单击“建筑”→“柱”→“修改|放置 结构柱”→“垂直柱”，如图 6-2-7 所示。

具体操作为：单击“建筑”选项卡，单击“柱”后会弹出一个菜单，在该菜单列表中选择“结构柱”选项，在“属性”中选择所需要的柱的类型即“垂直柱”及结构材质、约束等。单击“编辑类型”按钮，进入“类型属性”界面调整

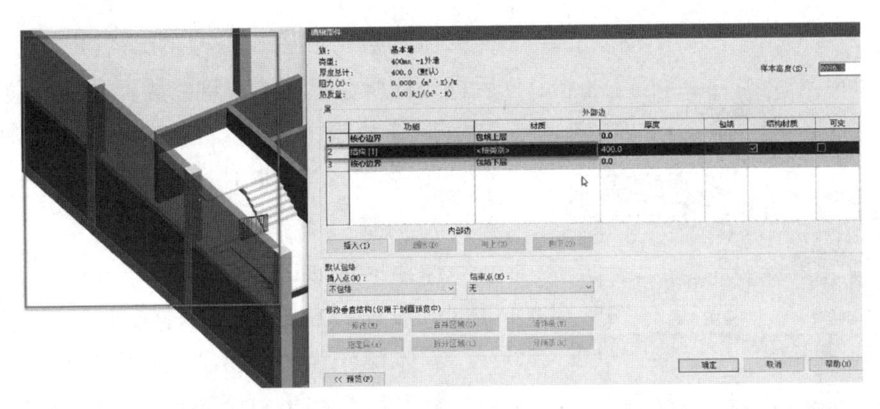

图 6-2-4　指定结构柱连接墙的材质为按类别（以广州大学创新大楼 B 楼为例）

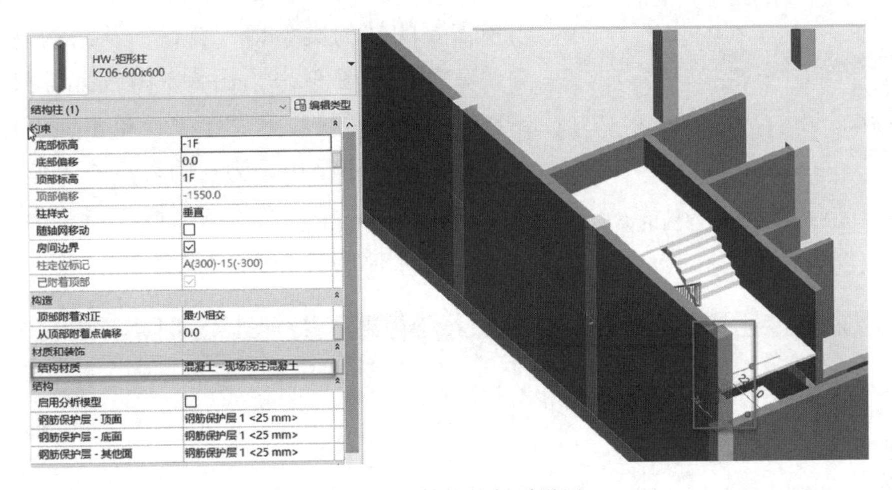

图 6-2-5　结构柱材质设置

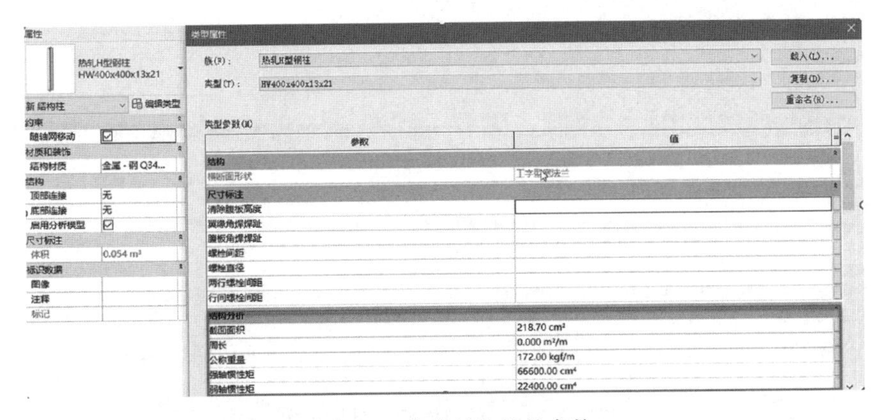

图 6-2-6　指定结构柱的参数

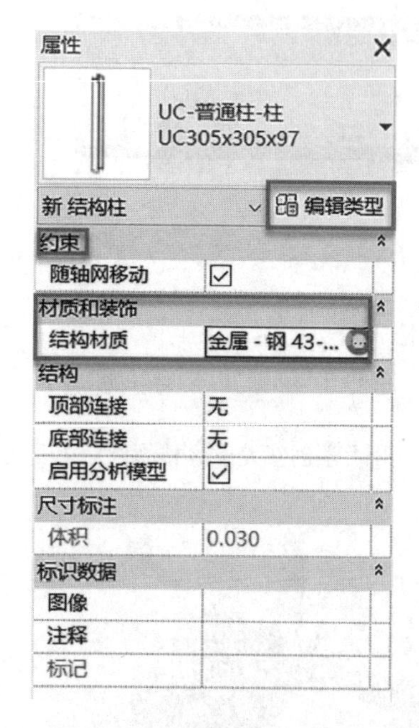

图 6-2-7　选择结构柱的类型

柱具体参数，如图 6-2-7、图 6-2-8 所示。最后进入柱所在平面图，将柱放置在适当位置。若想继续放置，单击“ESC”；若已完成放置，双击“ESC”即可。

3. 斜柱

操作步骤为：单击“建筑”→“柱”→“修改|放置 结构柱”→“斜柱”。

具体操作为：单击“建筑”选项卡，单击“柱”后会弹出一个菜单，在该菜单列表中选择“结构柱”选项，在“属性”中选择所需要的柱的类型即“斜柱”及结构材质、约束等，如图 6-2-9、图 6-2-10 所示。最后，在“第一次单击”和“第二次单击”下拉列表旁边的文本框中，为柱的端点输入偏移量值。在选项栏中，在绘图区域单击“第一次单击”选择的标高处指定柱的起点；再次

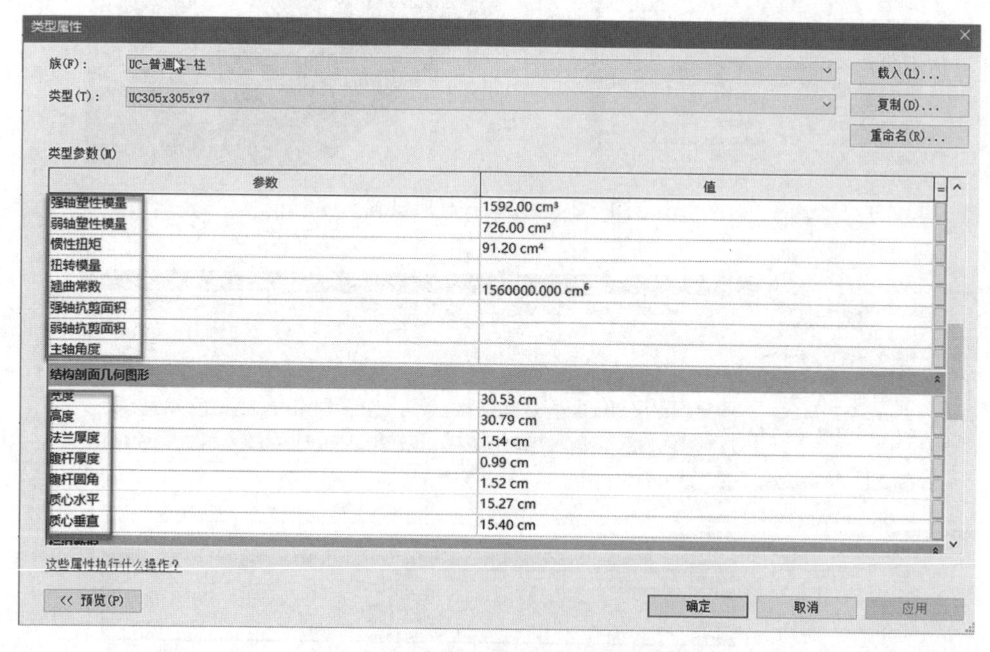

图 6-2-8　选择结构柱的具体参数

单击，为“第二次单击”选择的标高处指定柱的终点。若想继续放置，单击“ESC”；若已完成放置，双击“ESC”即可，放置效果如图 6-2-11 所示。

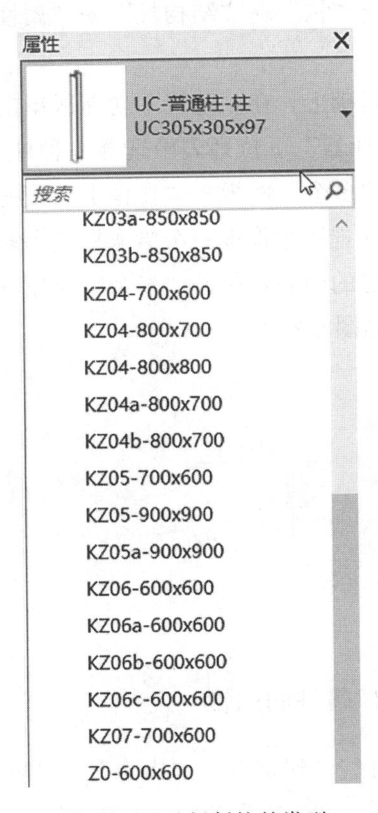

图 6-2-9　选择斜柱的类型

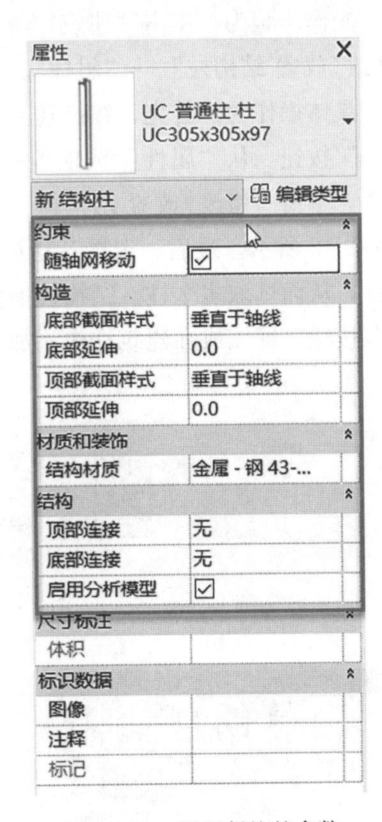

图 6-2-10　设置斜柱的参数

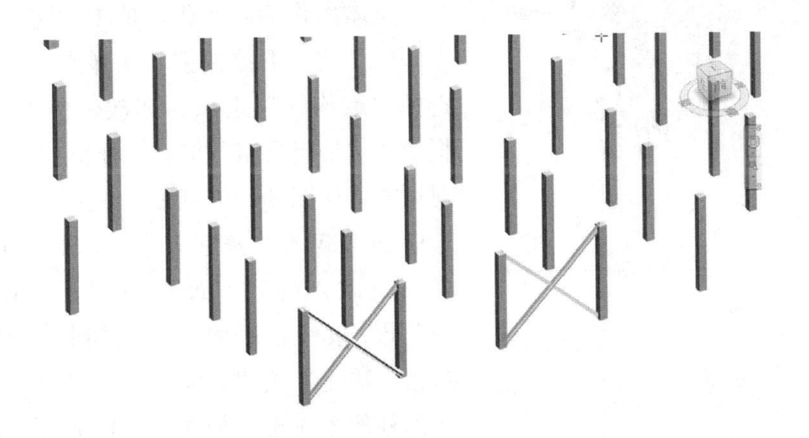

图 6-2-11　斜柱放置效果示意图

6.2.2 建筑柱的操作

操作步骤为：单击“建筑”→“构建”→“柱”→“结构柱”→“属性”→“修改|放置 结构柱”→“斜柱”。

具体操作为：首先，在已建立建筑柱的基础上，在“建筑”功能区单击“结构柱”按钮。从“属性”选项板的“类型选择器”下拉列表中选择一种柱类型。其次，单击“修改|放置 结构柱”选项卡→“多个”面板→“在柱上”按钮，如图 6-2-12 所示。最后，选择各建筑柱，或者在视图中拖曳一个拾取框选择多个建筑柱，从而选取多个柱，结构柱捕捉到建筑柱的中心，单击“多个”面板→“完成”按钮，即完成在建筑柱内添加结构柱，如图 6-2-12 所示。

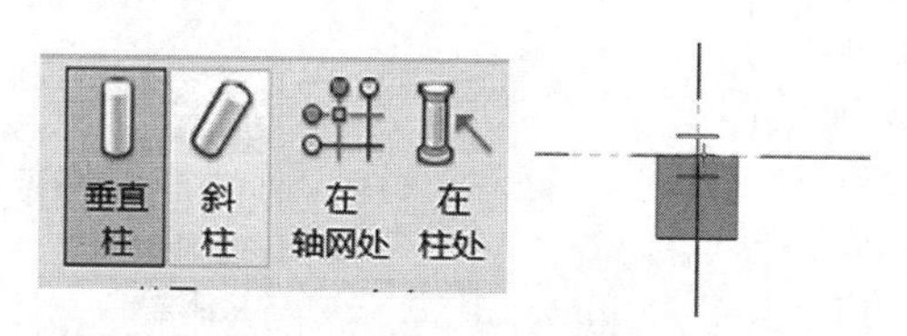

图 6-2-12 “垂直柱”选项

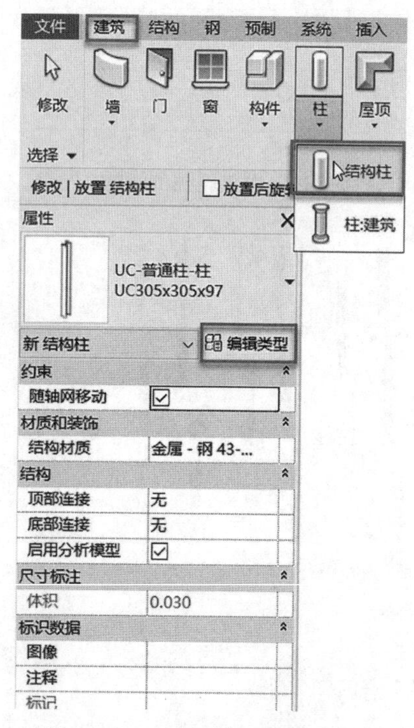

图 6-2-13 打开“类型属性”界面

6.2.3 建筑柱的属性

功能区：“建筑”→“构建”→“柱”→“结构柱”→“编辑类型”→“载入”。

具体操作为：首先，单击“建筑”选项卡中的“柱”下拉按钮，在弹出的下拉列表选择“结构柱”选项。其次，单击“属性”栏中的“编辑类型”按钮，弹出“类型属性”对话框，如图 6-2-13 所示。最后，单击对话框中的“载入”按钮，进入“Library”，选择需要载入的族，如图 6-2-14 所示，单击“打开”按钮，返回“类型属性”对话框，单击“确定”按钮，完成柱族载入。如果载入的柱族不正确，如图 6-2-15 所示，此时需要检查载入的族是否是“结构柱”对应的结构柱族。

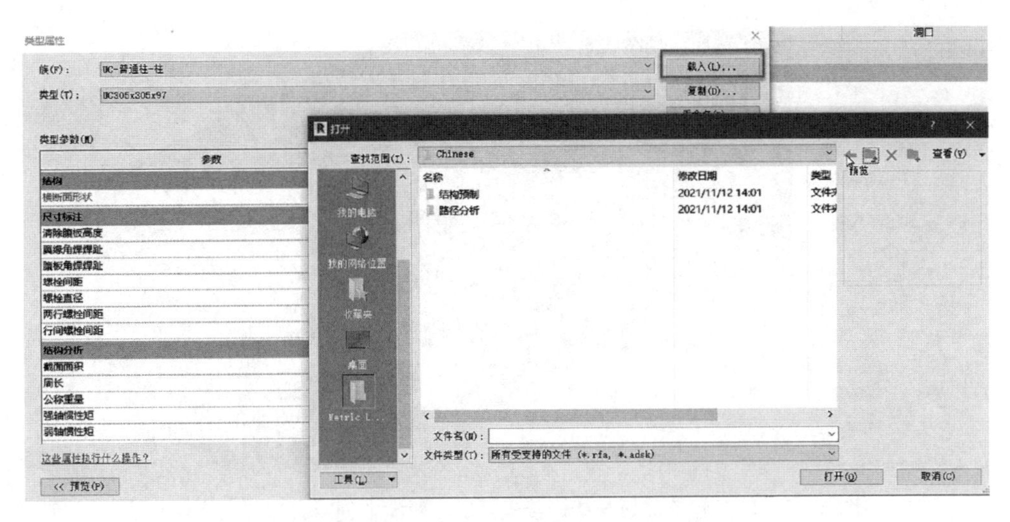

图 6-2-14　载入族文件

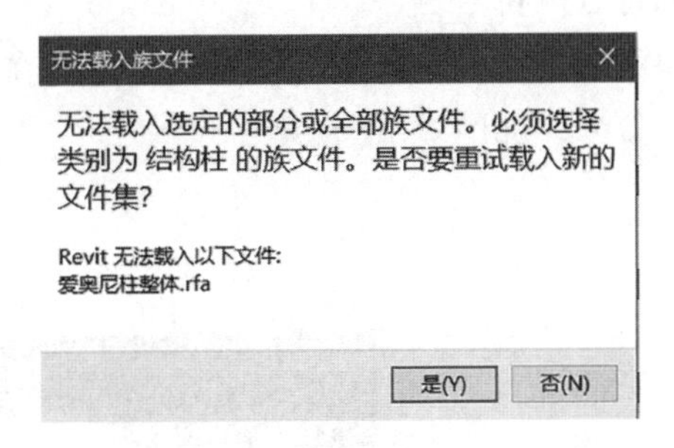

图 6-2-15　载入柱族不正确示例图

6.3　楼板、天花板和屋顶

6.3.1　楼板的创建与编辑

1. 楼板的类型

与柱类似，楼板也分为建筑楼板和结构楼板。这两种楼板在明细表中也是分开统计的。它们有如下区别。

（1）属性不同

结构楼板启动了“分析模型”，有钢筋配置的选项卡，而建筑楼板没有。两者的转换勾选“结构”即可，如图 6-3-1 所示。

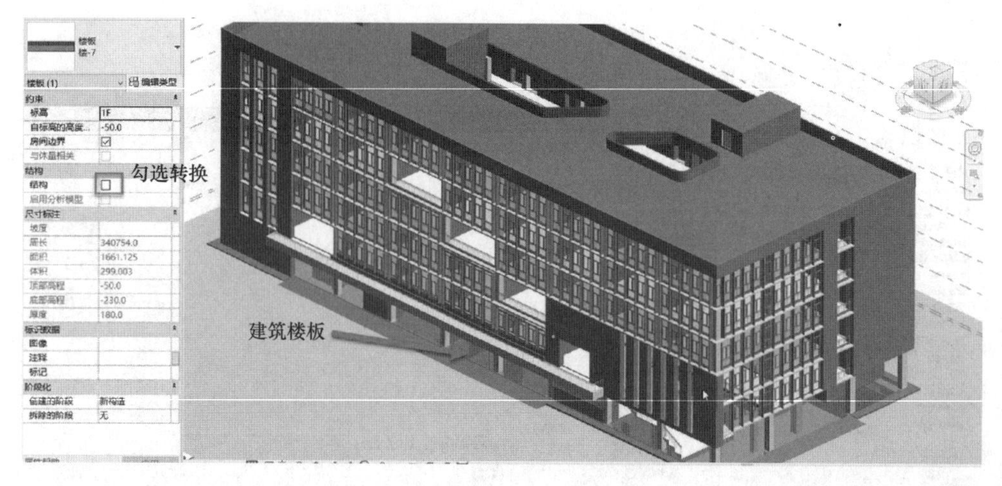

图 6-3-1　转换建筑楼板与结构楼板（以广州大学创新大楼 B 楼为例）

（2）是否需要添加跨方向符号

因为结构楼板需要添加钢筋，所以会有钢筋保护层，在结构楼板中创建钢筋保护层需要添加跨方向符号，如图 6-3-2 所示。

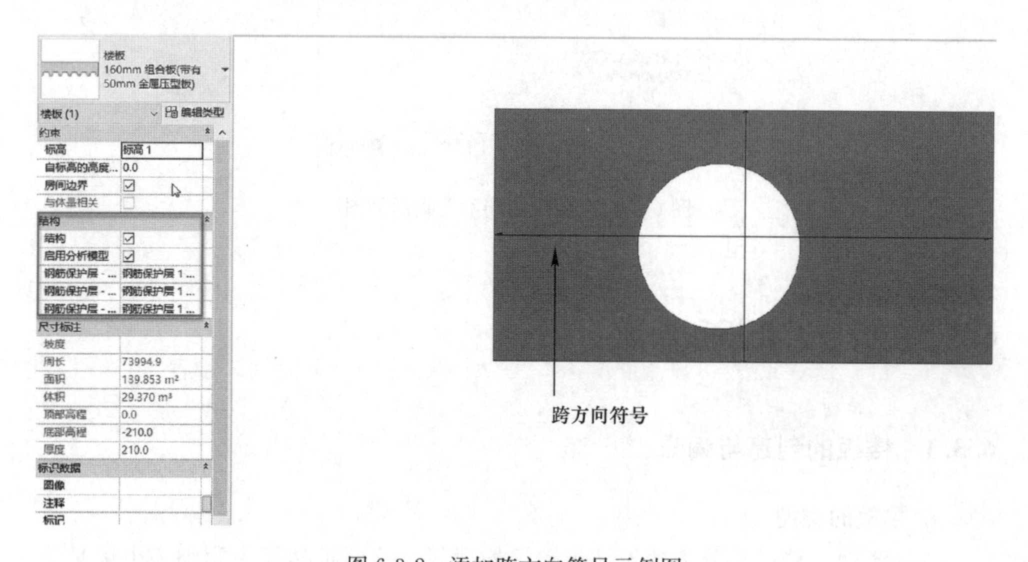

图 6-3-2　添加跨方向符号示例图

2. 楼板的创建与编辑楼板边界

（1）创建楼板

操作方法为：单击“建筑”→“楼板”→选择需要的楼板类型→“修改|楼板”→“绘制”功能栏。

具体操作为：单击“建筑”选项卡中的“楼板”命令，进入绘制轮廓草图模式，此时自动跳转到“创建楼层边界”选项卡，在选项卡中指定楼板边缘的偏移量，同时勾选“延伸到墙中（至核心层）”，拾取墙时将拾取到有涂层和构造层的复合墙的核心边界位置。使用“Tab键”切换选择，可一次选中所有外墙，单击后生成楼板边界。若楼板轮廓不封闭，使用“修剪”命令编辑成封闭楼板轮廓，完成草图后，勾选✔即可退出绘制界面。

（2）编辑楼板边界

功能区：“修改|楼板”→“编辑边界”→“绘制”。

具体操作为：选择楼板边缘，进入“修改|楼板界面”，单击，进入绘制轮廓草图模式，选择“绘制”面板中的“边界线”“直线”“矩形”等命令，可以绘制出所需的楼板形状，如图6-3-3所示，完成楼板边界的修改后，单击✔按钮退出编辑模式，如图6-3-3所示。

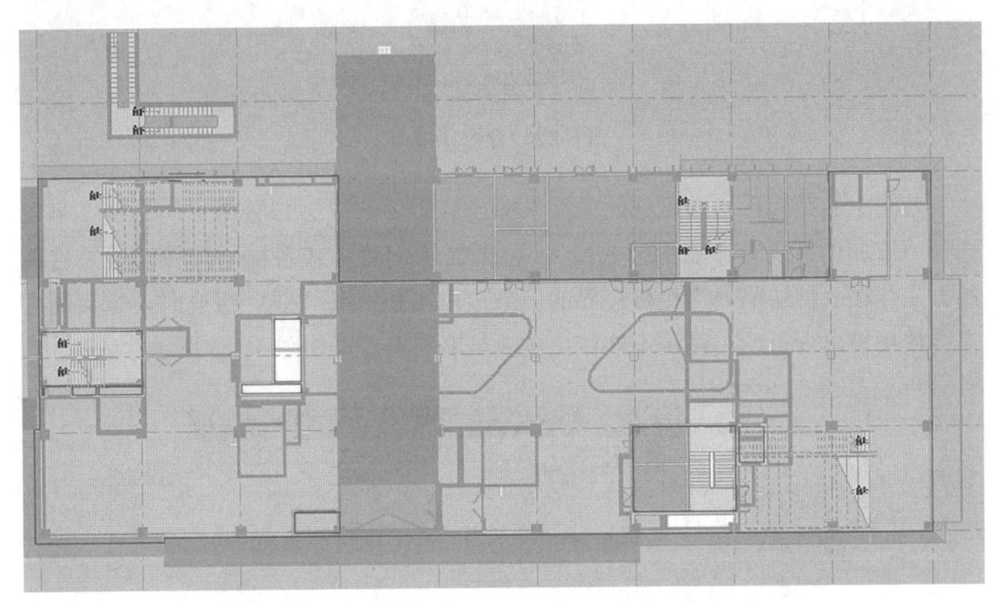

图6-3-3　编辑楼板边界（以广州大学创新大楼B楼为例）

3. 楼板坡度

在Revit中，楼板的用处并不局限于其本身。通过定义楼板的坡度，可将其应用于坡道、屋顶的编辑中。下面介绍定义楼板坡度的两种方法。

（1）修改子图元

选中需要修改的楼板后，单击“修改子图元”选项，如图6-3-4所示，进入编辑子图元界面，如图6-3-5所示，选取要定义的高程点，输入所需的高程即可成功定义楼板坡度。

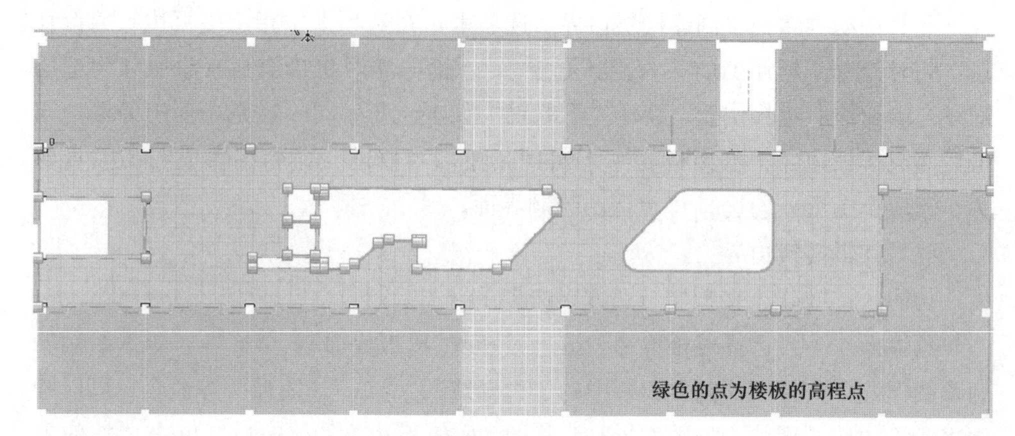

图 6-3-4　修改楼板子图元

图 6-3-5　修改楼板点

若图中的高程点不满足修改的需求抑或只需要修改一部分楼板的高程，可以选择“添加点”或者“添加分割线”，根据需求创建各式各样的楼板。但是这样的方法存在一种缺陷，当楼板边界的一条边由不止一条“线”组成时，定义高程点会使楼板出现折线，甚至不能保持楼板与墙的连接，如图 6-3-6 所示。

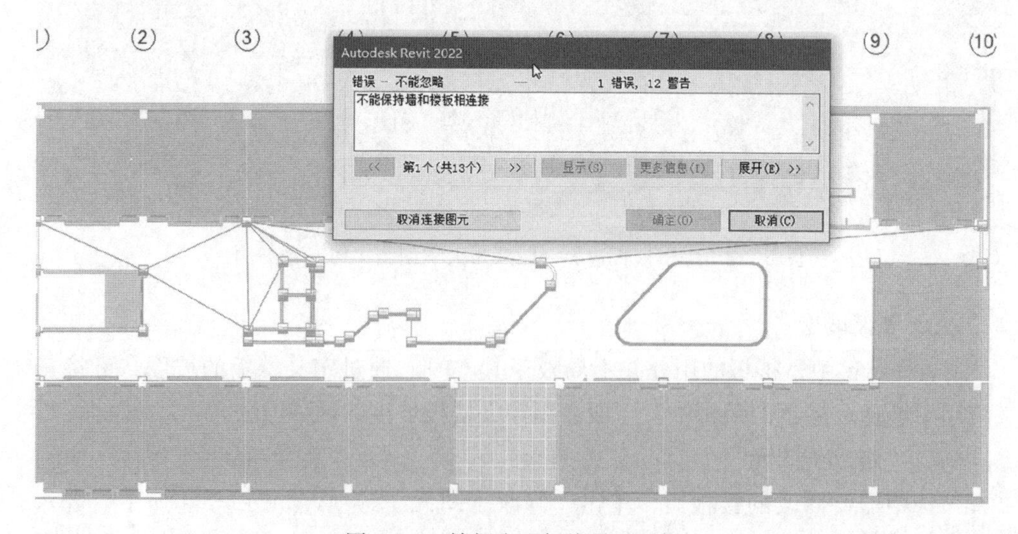

图 6-3-6　楼板出现折线后果示例

（2）定义楼板边坡度

1）设置楼板边的坡度（只能定义一个楼板边的坡度）。完成绘制楼板轮廓后，选择需要定义坡度的楼板边，定义坡度后的轮廓线会出现一个“◺”，修改坡度值即可，或修改属性栏中“尺寸标注”中的坡度，如图6-3-7所示。

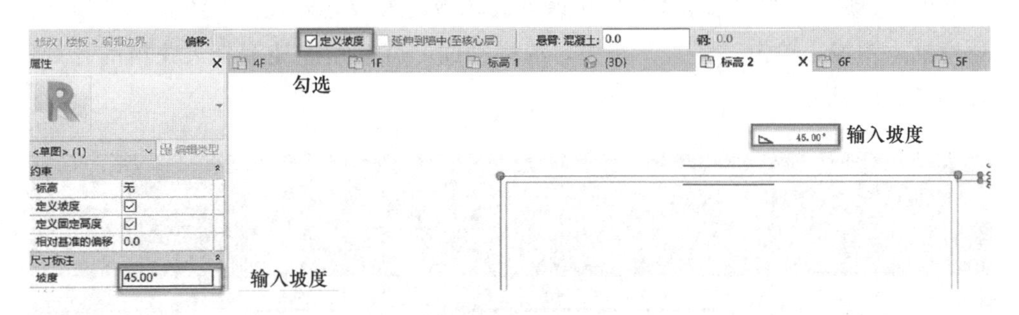

图6-3-7　定义楼板边坡度

2）设置坡度箭头。在完成绘制楼板轮廓后，单击 坡度箭头，根据需要将箭头布置在楼板范围内，在属性栏中如图6-3-8所示界面输入相应的参数。

约束	
指定	尾高
最低处标高	默认
尾高度偏移	300.0
最高处标高	默认
头高度偏移	0.0

图6-3-8　设置坡度箭头参数

6.3.2　天花板的构建与编辑

与屋顶不一样，天花板是建筑物室内顶部表面的部分。在Revit中，有两种绘制天花板的方法，如图6-3-9所示。操作方法为：单击“建筑”→“天花板”→“自动创建天花板”/“绘制天花板”→“修改|创建天花板边界”（如果选择“绘制天花板”）。

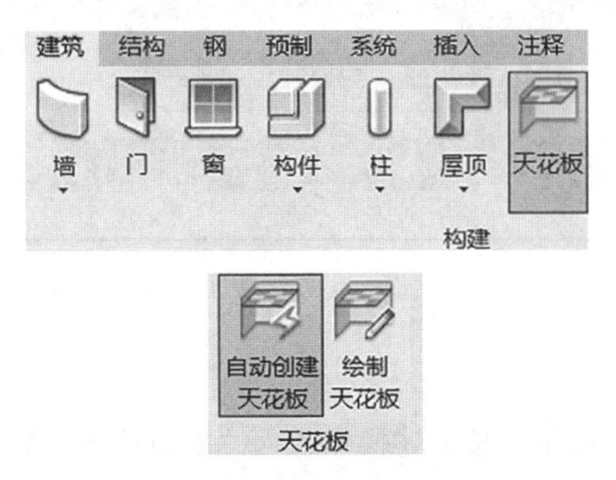

图6-3-9　“绘制天花板”选项卡

（1）自动创建天花板

如果要自动创建天花板，首先需要创建好房间建筑的墙壁以及房间的隔墙，跳转到对应的视图，单击“自动创建天花板”，将鼠标放在墙体形成的房间中，系统就会自动选中区域形成天花板，如图 6-3-10、图 6-3-11 所示。同时，可在“属性”选项卡中的“编辑类型”中调整天花板的参数与外观，如图 6-3-12 所示，通过插入图像，单击“场景”按钮，选择平面，就能正确地渲染天花板的外观，如图 6-3-13 所示。

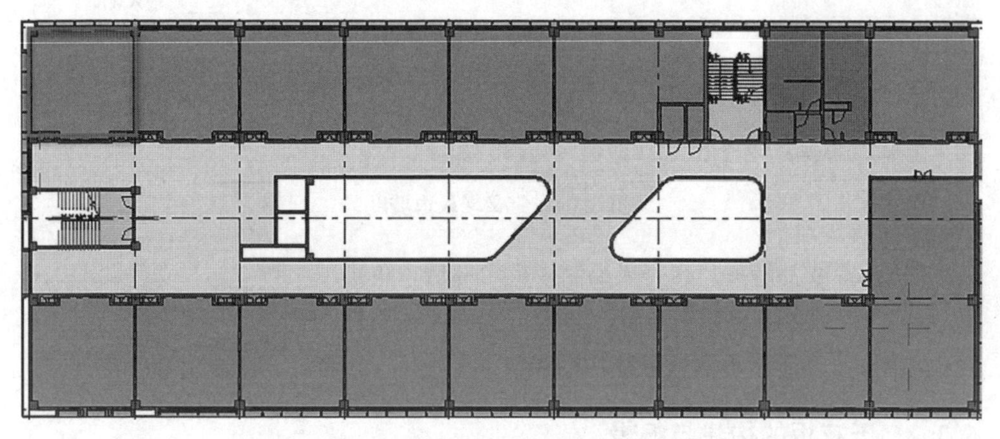

图 6-3-10　系统自动生成天花板示例 1（以广州大学创新大楼 B 楼为例）

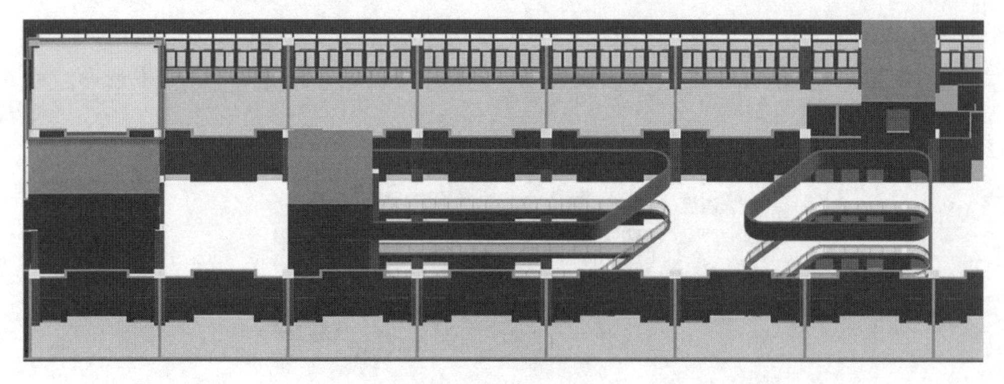

图 6-3-11　系统自动生成天花板示例 2（以广州大学创新大楼 B 楼为例）

（2）绘制天花板

若要手动绘制天花板，按上述操作进入“编辑草图”界面后，使用“绘制”选项卡中的工具绘制所需要的形状。若要调整参数、外观，操作方法与自动绘制天花板的相同。绘制完成后，单击✔完成绘制，如图 6-3-14 所示。

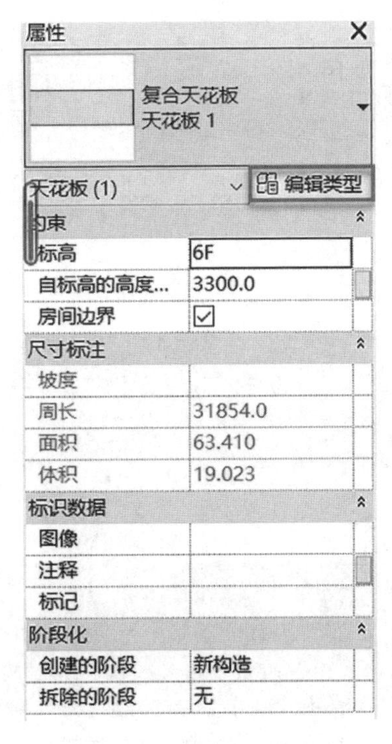

图 6-3-12 调整天花板参数

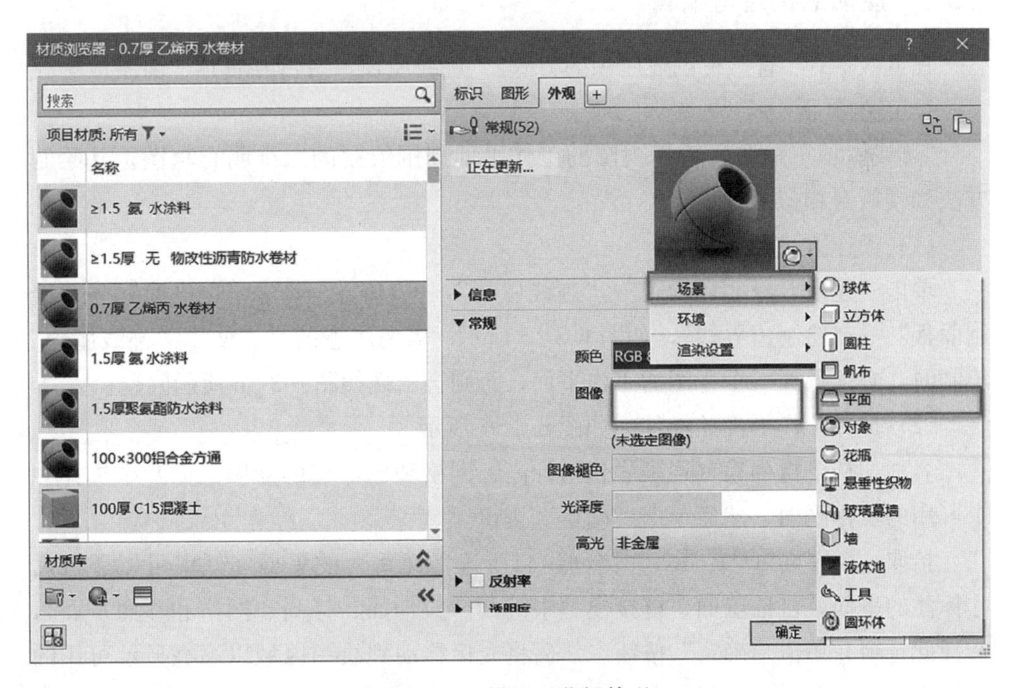

图 6-3-13 设置天花板外观

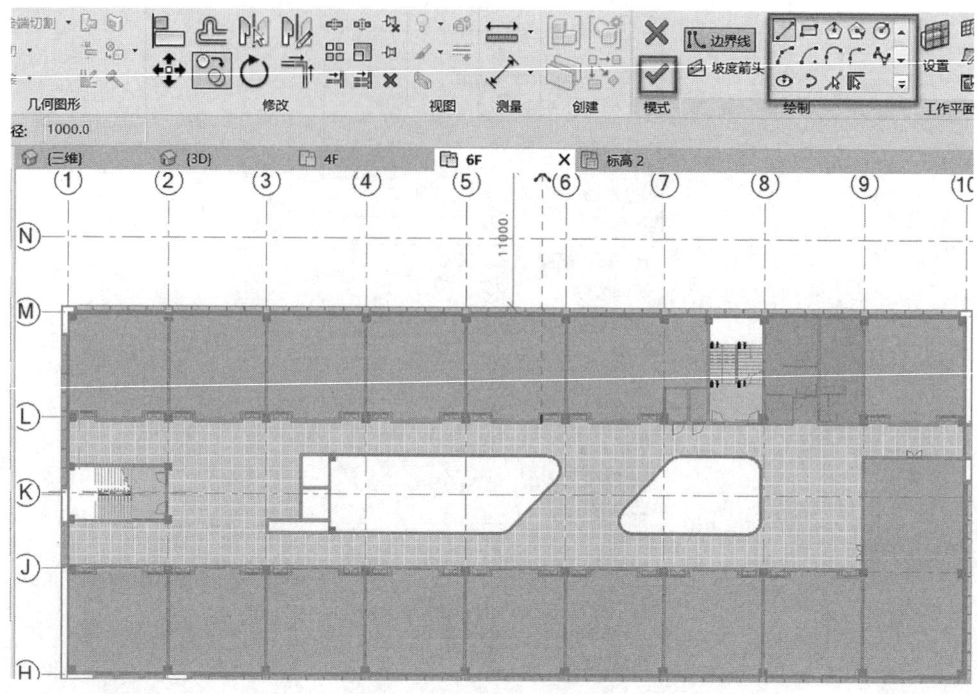

图 6-3-14　绘制天花板形状

6.3.3　屋顶的构建与编辑

在 Revit 中，有三种创建屋顶的方式：“迹线屋顶”“拉伸屋顶”“面屋顶”。

1. 迹线屋顶

“迹线屋顶”是在所选择视图的工作平面周围绘制的二维闭合草图，其绘制方法和楼板有相似之处。

（1）操作方法

单击“建筑”→“屋顶”→“迹线屋顶”→“修改|创建屋顶迹线”→“绘制面板”→“绘制边界线”，如图 6-3-15 所示。需要注意的是，使用“迹线屋顶”绘制时，必须选择一个视图的工作平面，否则会出现如图 6-3-16 所示问题。

（2）选择工作平面的操作，如图 6-3-17 所示

名称：从下拉列表（列表中包括标高、网格和已命名的参照平面）中选择一个可用的工作平面，然后单击“确定”按钮。

拾取一个平面（P）：Revit 会创建与所选平面重合的平面（任何可以进行尺寸标注的平面，包括墙面、链接模型中的面、拉伸面、标高、网格和参照平面），选择此选项并单击“确定”按钮。然后将光标移动到绘图区域以高亮显示可用的工作平面，再单击以选择所需的平面。

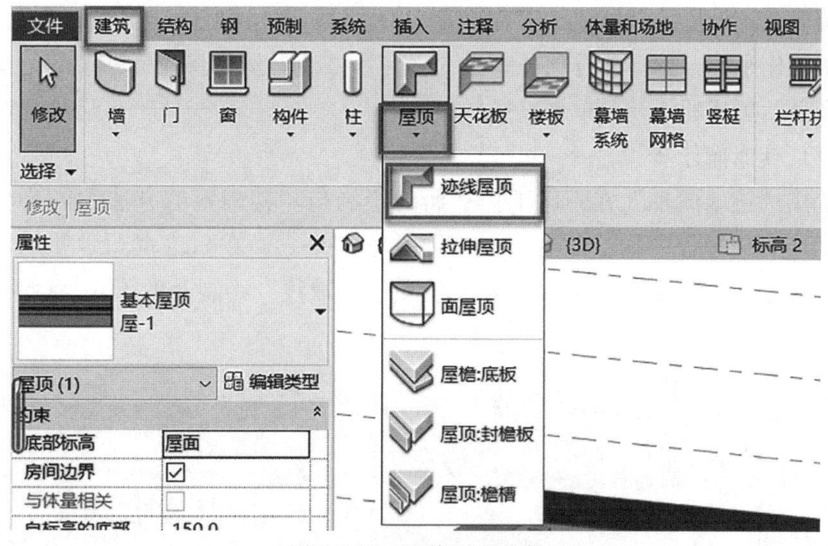

图 6-3-15　迹线屋顶绘制

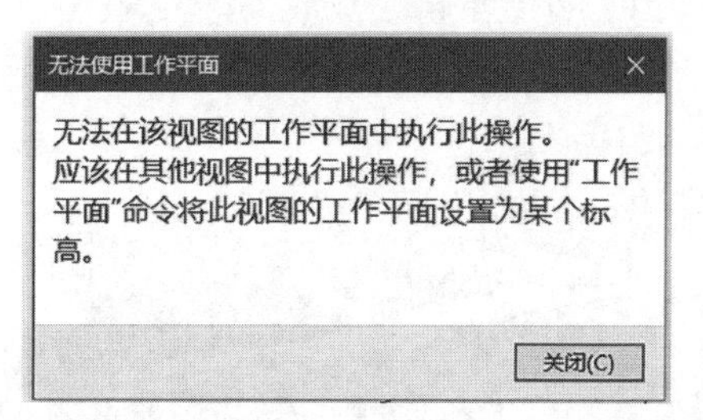

图 6-3-16　没有可以绘制迹线屋顶的工作平面报错示例

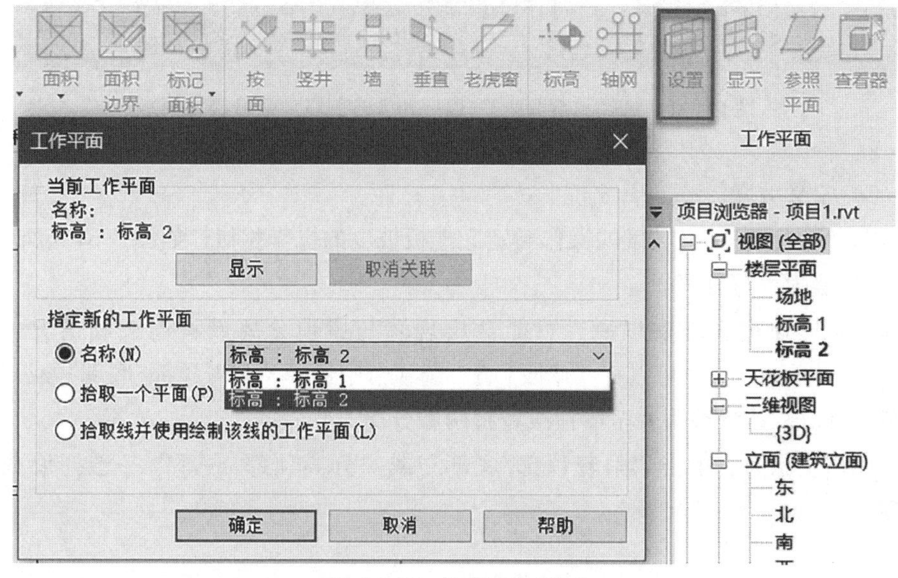

图 6-3-17　选择工作平面

拾取线并使用绘制该线的工作平面（L）：Revit 可创建与选定线的工作平面共面的工作平面，选择此选项并单击“确定”按钮。然后将光标移动到绘图区域以高亮显示可用的线，再单击以选择。

（3）具体操作步骤

使用“迹线屋顶”在不同工作平面的绘制与“楼板”的方法大同小异，都是在功能区选择需要的绘制选项。需要注意的是，当在三维视图中使用“迹线屋顶”绘制时，为了方便绘制，建议使用“拾取线”绘制，如图 6-3-18 所示。

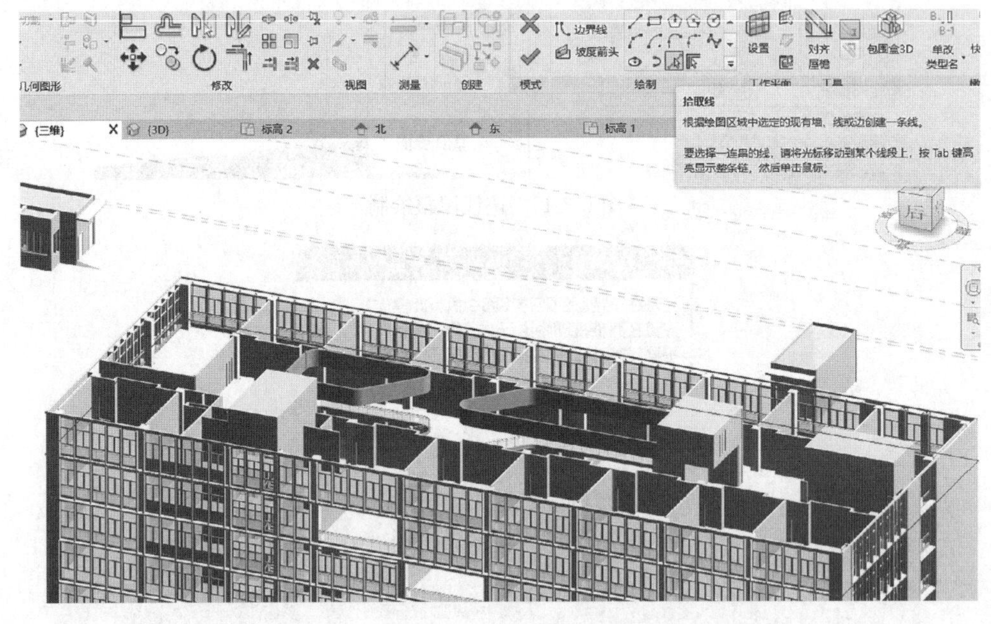

图 6-3-18　选择“拾取线”（以广州大学创新大楼 B 楼为例）

1）定义坡度。

“迹线屋顶”定义坡度的操作与定义楼板坡度的操作相似，如图 6-3-19 所示。

2）墙附着与分离。

在给屋顶定义坡度以后，可能会出现墙与屋顶分离或者连接的情况，如图 6-3-20 所示，这时可以在“修改|墙”选项卡中选择“附着顶部/底部”或“分离顶部/底部”，将墙附着至屋顶或者将两者分离。

操作步骤为：单击“附着顶部/底部”或“分离顶部/底部”→选择墙或者屋顶。

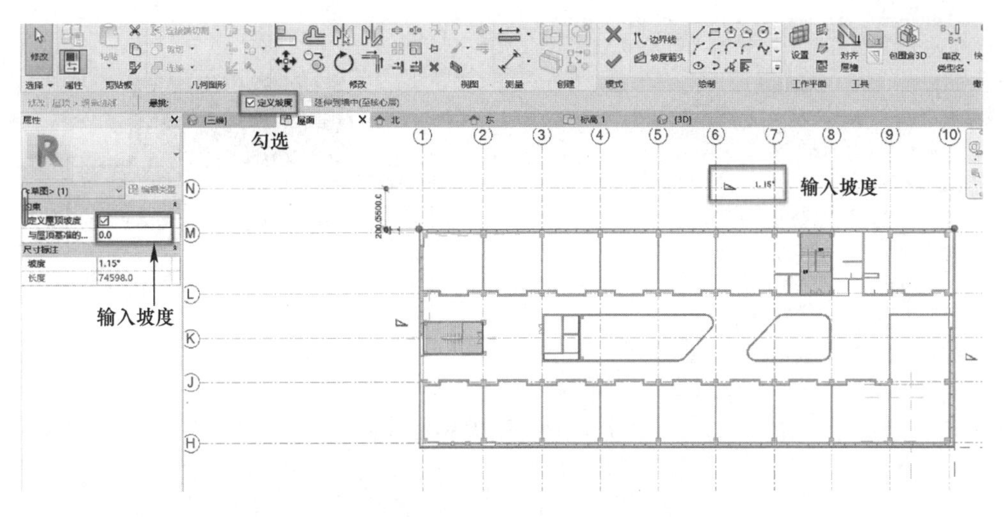

图 6-3-19　定义坡度

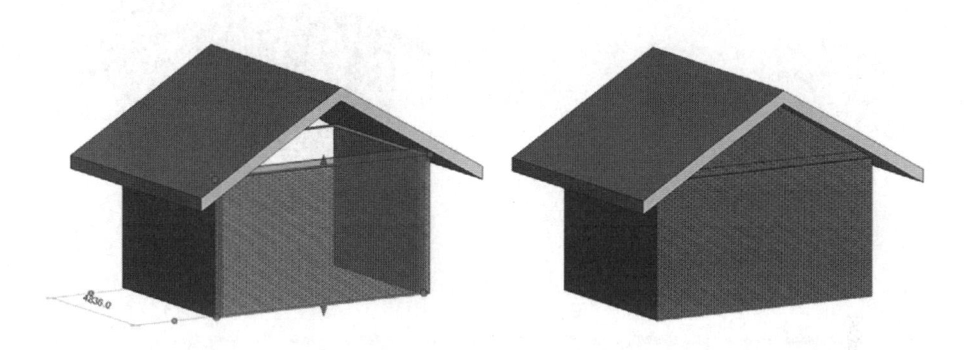

图 6-3-20　墙与屋顶附着与分离示例

2. 拉伸屋顶

“拉伸屋顶”是屋顶轮廓的开放环草图，是需要在立面视图中进行操作的。拉伸是将绘制的二维轮廓从所在立面视图水平向前拉伸成三维轮廓的操作。例如，在东立面视图中使用“拉伸屋顶”绘制如图 6-3-22 所示二维轮廓，单击“确定”按钮，在三维视图中可以看到此二维轮廓从“东”→“西”拉伸成了三维轮廓，如图 6-3-21～图 6-3-23 所示。

在介绍“拉伸屋顶”的具体操作方法前，需要了解“拉伸起点”和“拉伸终点”这两个重要概念。以图 6-3-21～图 6-3-23 为例，“拉伸起点”指的是以所拾取的平面为分界线，“拉伸起点”越过分界线向东的数值为负、向西的数值为正。当“拉伸起点”＝0 时，“拉伸屋顶”的起点正好位于所拾取的平面，如图 6-3-24 所示；当“拉伸起点”＝－5000 时，“拉伸屋顶”的起点位于所拾取平面向东

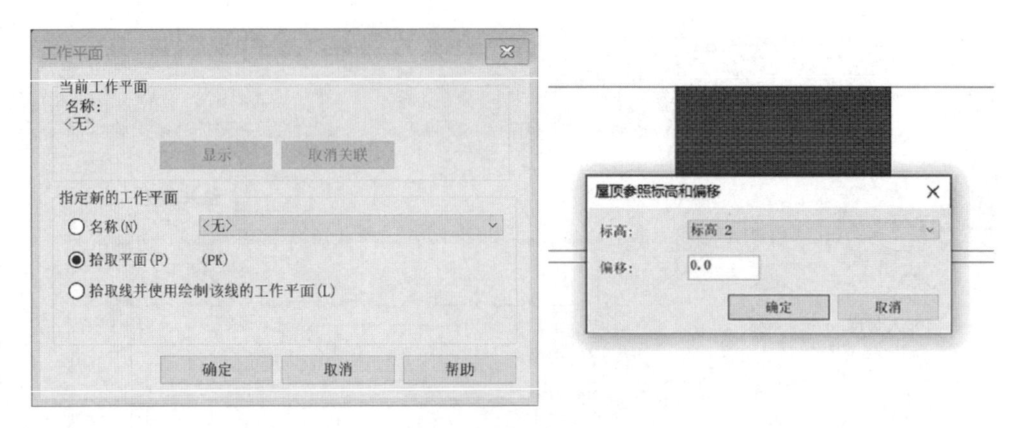

图 6-3-21　绘制拉伸屋顶 1

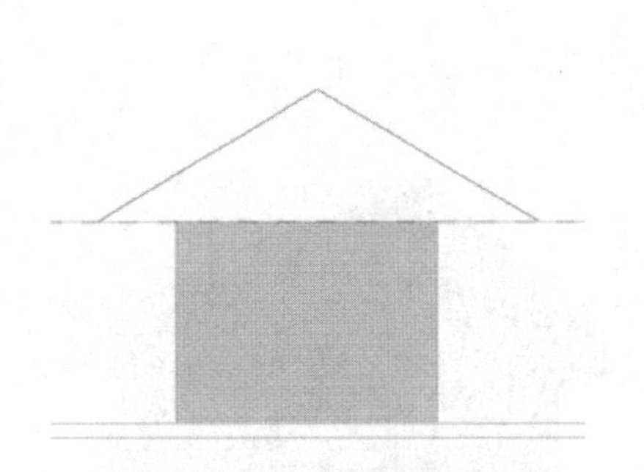

图 6-3-22　绘制拉伸屋顶 2

图 6-3-23　绘制拉伸屋顶 3

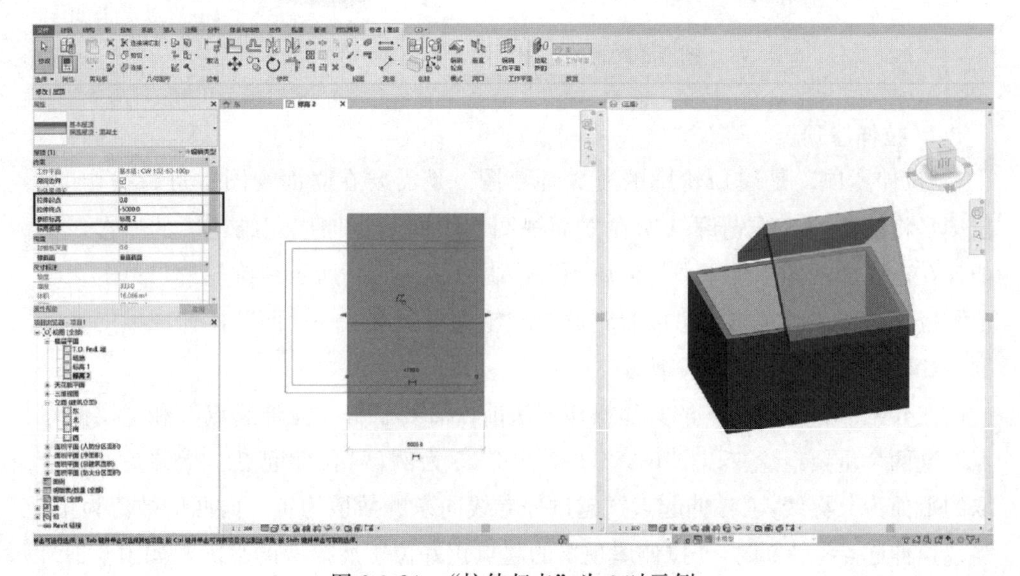

图 6-3-24　“拉伸起点”为 0 时示例

－5000处，如图6-3-25所示；当“拉伸起点”＝5000时，“拉伸屋顶”的起点位于所拾取平面向西5000处，如图6-3-26所示。

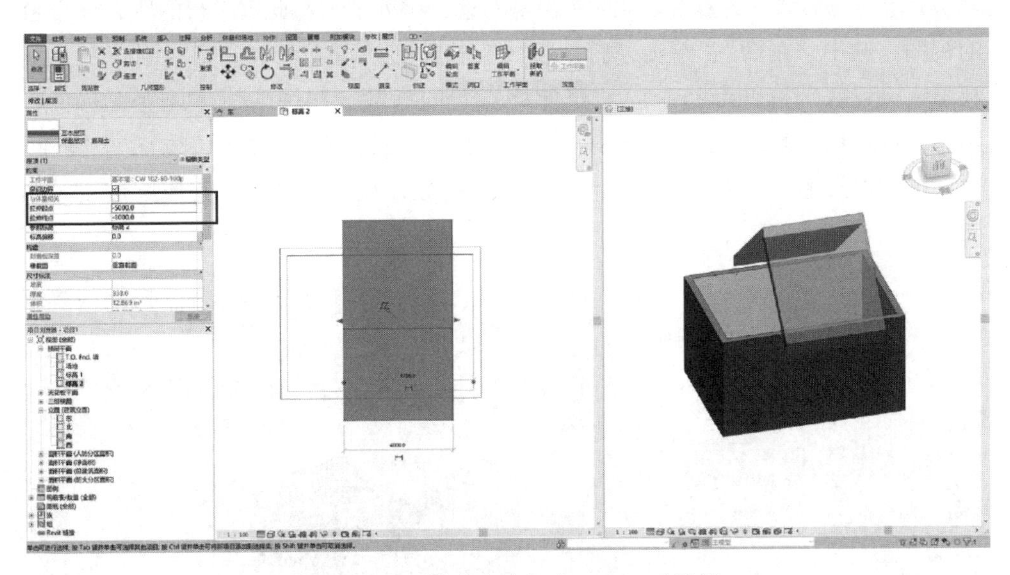

图6-3-25　“拉伸起点”为－5000时示例

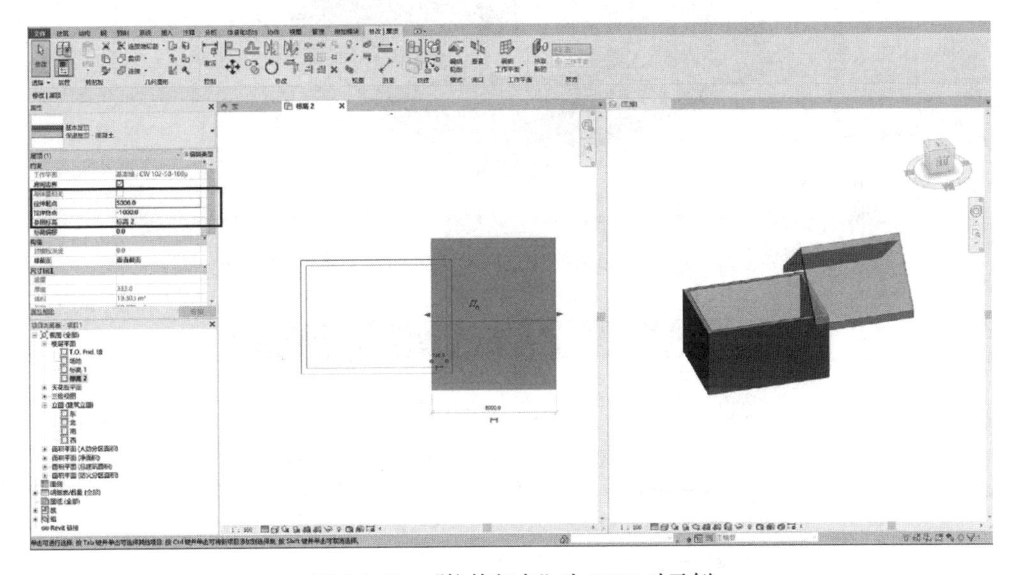

图6-3-26　“拉伸起点”为5000时示例

下面介绍“拉伸屋顶”的具体操作方法。

操作方法为：单击“建筑”→“屋顶”→“拉伸屋顶”→“立面图”→“绘制屋顶轮廓”。

具体操作为：首先，单击“建筑”面板→“屋顶”选项→“拉伸屋顶”选项，弹出“工作平面”对话框，选择一个绘制屋顶的视图，如图 6-3-27、图 6-3-28 所示。其次，单击一面墙作为基准，此时弹出的对话框中列举了与此墙平行的所有已命名的视图，选中“立面”，单击“打开视图”软件切换至立面，确定绘制标高及偏移量，设置好“拉伸起点”与“拉伸终点”的参数，如图 6-3-29、图 6-3-30 所示。然后，用“起点-终点-半径弧”工具创建“拉伸屋顶”的轮廓，在“属性”对话框中设置屋顶约束、构造、尺寸标注等参数。最后，单击“完成”按钮，如图 6-3-31 所示。

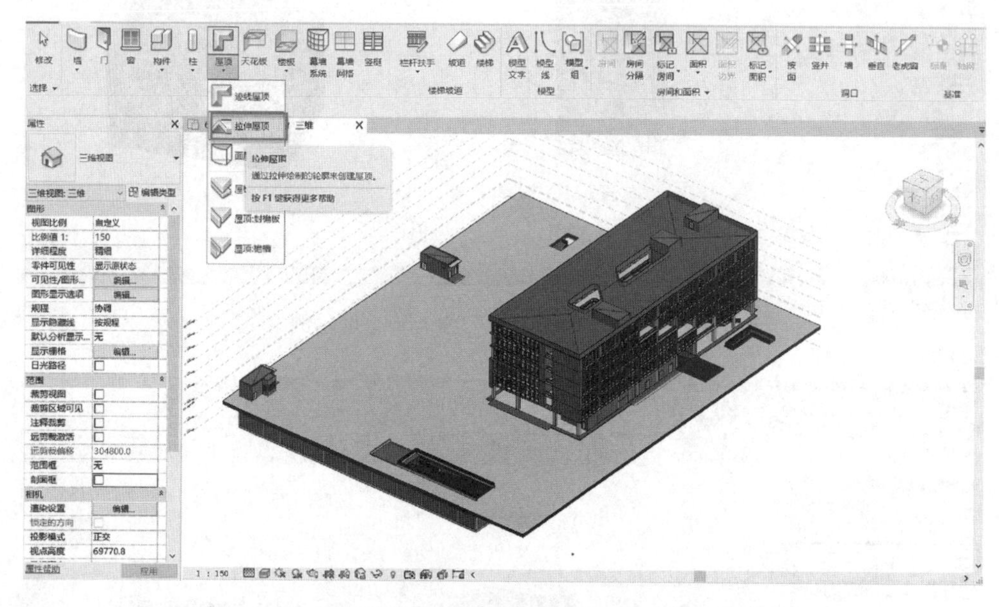

图 6-3-27　选择拉伸屋顶（以广州大学创新大楼 B 楼为例）

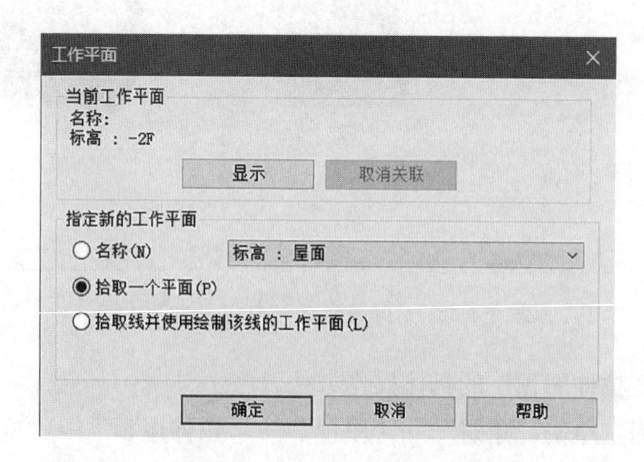

图 6-3-28　拾取一个平面

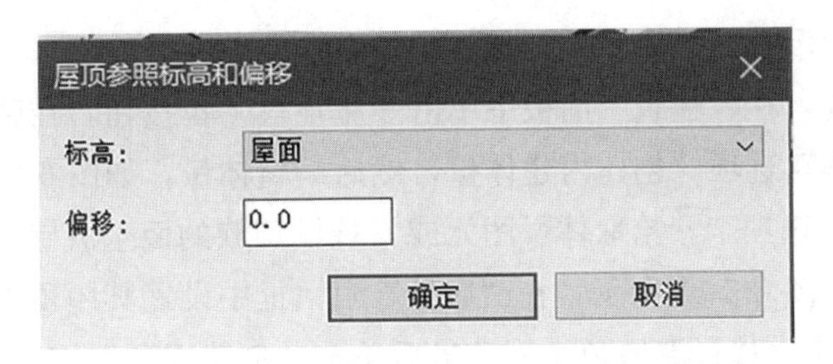

图 6-3-29　设置屋顶标高

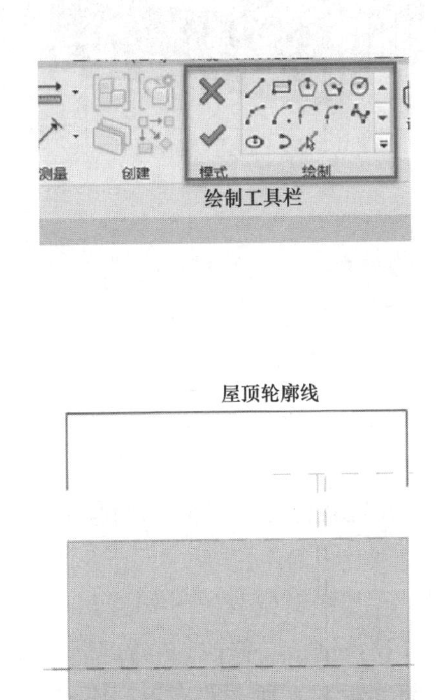

图 6-3-30　绘制屋顶轮廓线

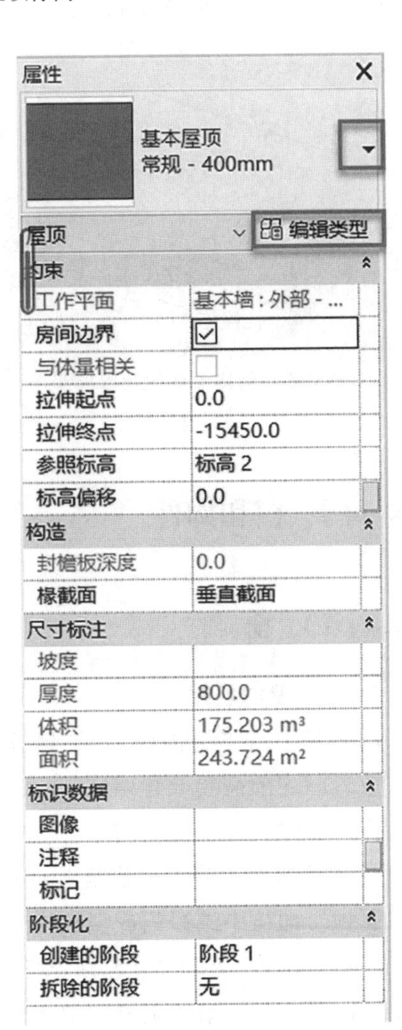

图 6-3-31　设置屋顶参数

3. 面屋顶

操作方法为：单击“建筑”→“屋顶”→“面屋顶”→“属性”→“选择体

量面”→“创建屋顶”。

具体操作为：在“建筑”面板中单击“屋顶”下拉按钮，在弹出的下拉列表中选择“面屋顶”选项，创建内建体量，然后编辑体量，如图 6-3-32 所示。单击“放置|面屋顶”选项卡，拾取体量图元或常规模型族的面生成屋顶。选择需要放置的体量面，如图 6-3-33 所示，在“属性”对话框中设置其屋顶的相应属性，在“类型选择器”中直接设置屋顶类型，最后单击“创建屋顶”按钮完成“面屋顶”的创建，如图 6-3-33 所示。

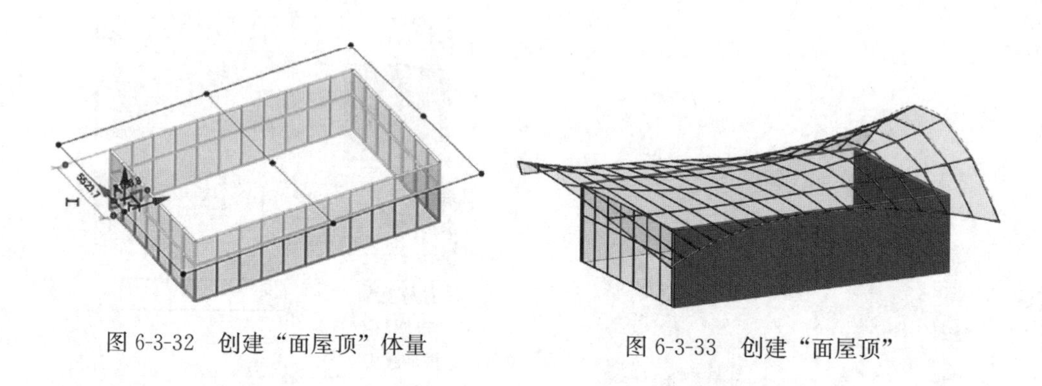

图 6-3-32　创建“面屋顶”体量　　　图 6-3-33　创建“面屋顶”

6.4　门、窗和构件

6.4.1　门、窗

1. 门、窗的创建

门是基于墙体的构件，即门只能基于墙体放置且随墙体的移动而移动。所以，放置门之前需要放置墙体。

操作步骤为：单击“门”/“窗”→“属性”/“编辑类型”→放置门。

具体操作为：单击“建筑”选项卡中的“门”，进入“修改|放置门”界面，在“属性”面板中选择门或窗的样式与类型，将光标放在所需要布置门窗的墙体上，墙体会出现门窗的布置预览图。若想将门窗放置在墙体中间，输入“SM”命令，门窗会自动拾取到墙的中心位置；如若想调整门的朝向，将光标靠近目标朝向的墙体侧即可，如图 6-4-1 所示，调整朝向之后，单击墙体，完成放置。放置之后，单击所布置的门窗，可单击 或按“空格键”调整门窗的朝向，可修改临时尺寸标注来调整门窗位置。

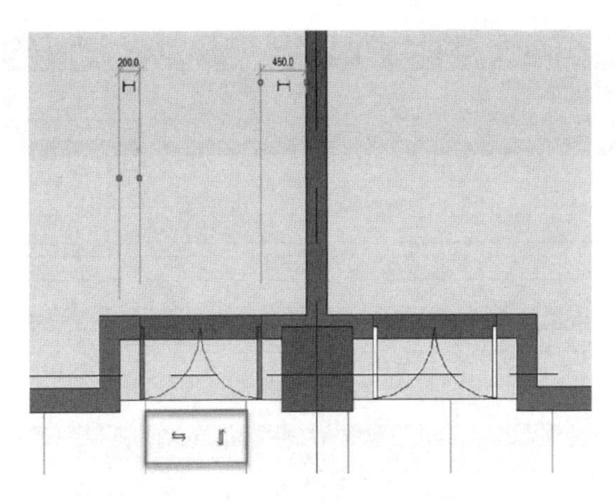

图 6-4-1　通过光标调整门朝向示例

2. 门、窗的属性

(1) 门的属性

单击“族”右侧的下拉列表，可选择所需要的门族，如图 6-4-2 所示。

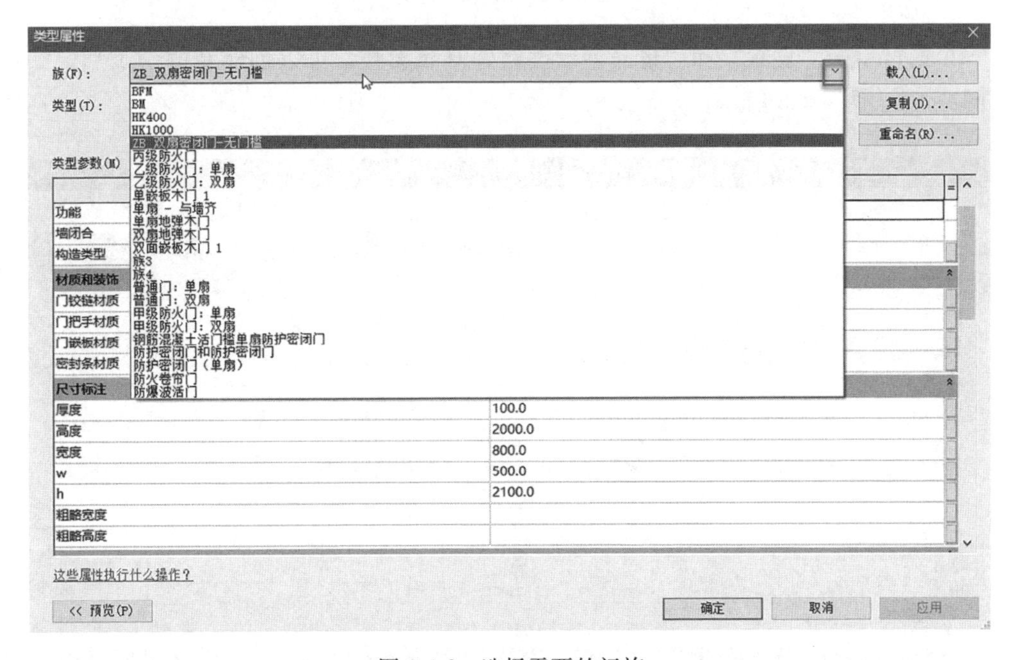

图 6-4-2　选择需要的门族

选择所需要的门族后，单击“类型”右侧的下拉列表，可选择所需要的门类型，如图 6-4-3 所示。

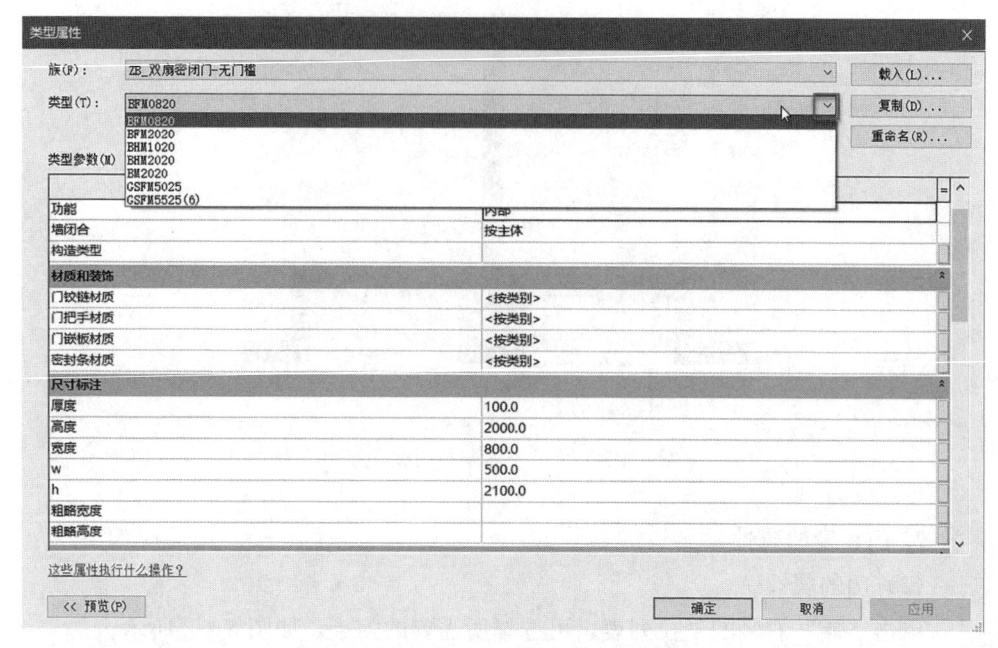

图 6-4-3　选择门类型

通过单击“复制”和“重命名”按钮并修改参数，可以创建新的门类型，如图 6-4-4、图 6-4-5 所示。

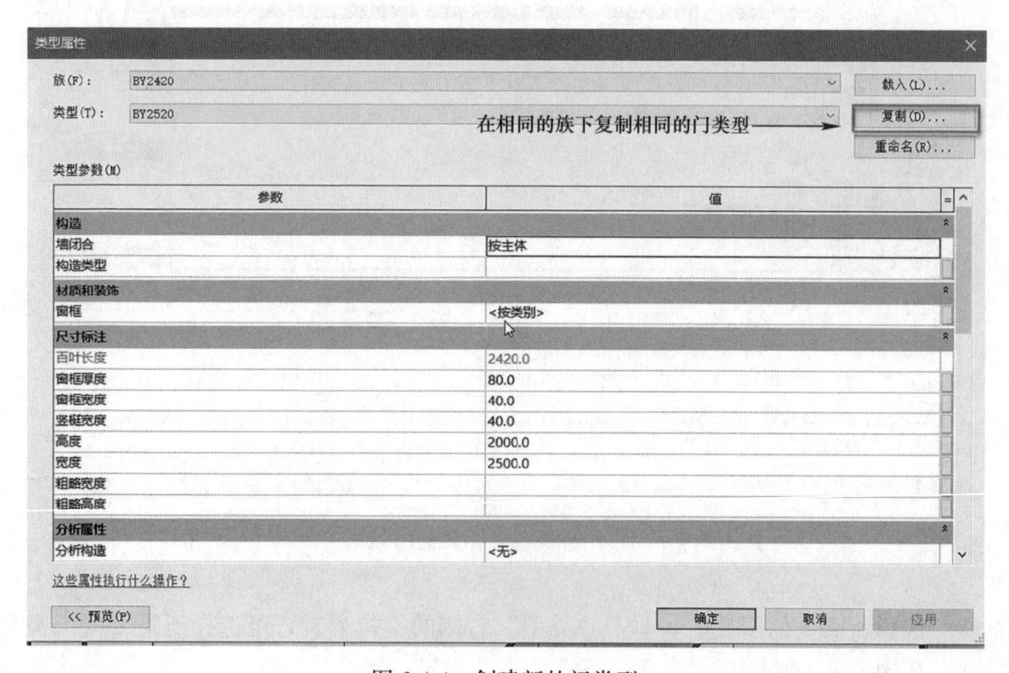

图 6-4-4　创建新的门类型

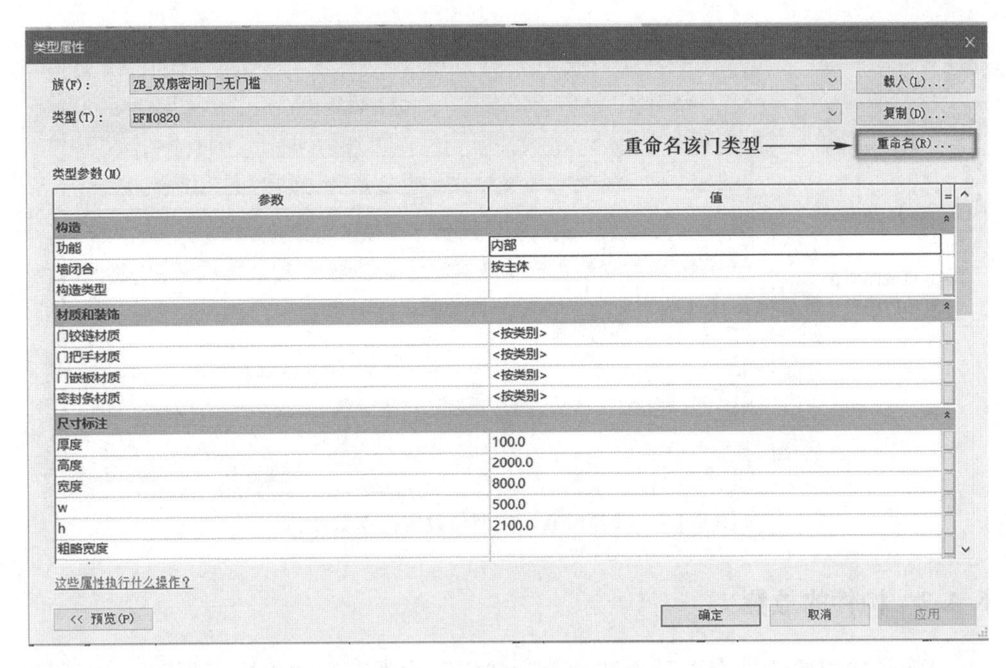

图 6-4-5　对新建的门类型命名

选择门完毕后，可在“典型属性”面板调整门的参数，如图 6-4-6 所示。

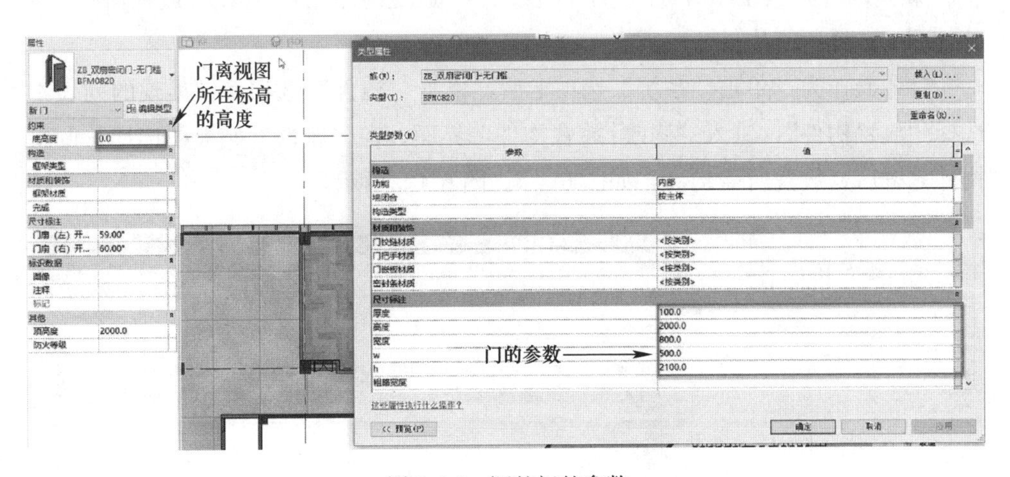

图 6-4-6　调整门的参数

（2）窗的属性

窗的属性调整同门，如图 6-4-7 所示。

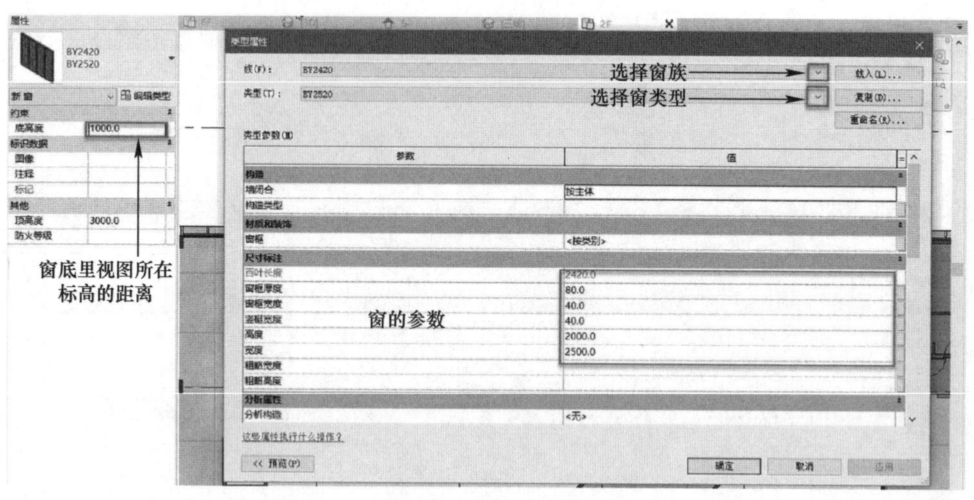

图 6-4-7　选择窗族、类型与设置窗参数示例

6.4.2　构件的放置

Revit 中放置构件有两种方法，分为“放置构件”和“内置模型”。“内置模型”涉及融合、放样等操作，后面的章节会详细介绍操作方法，在此先介绍“放置构件”。

操作步骤为：单击“系统”→“构件”→“放置构件”→“修改|放置构件”→“属性”（选择所需构件）→放置。

具体操作为：单击“系统”选项卡后，单击“构件”选项，在出现的列表中选择“放置构件”，进入“修改|放置构件”界面，在“属性”面板中选择并调整构件完毕后，放置所需构件，如图 6-4-8、图 6-4-9 所示。

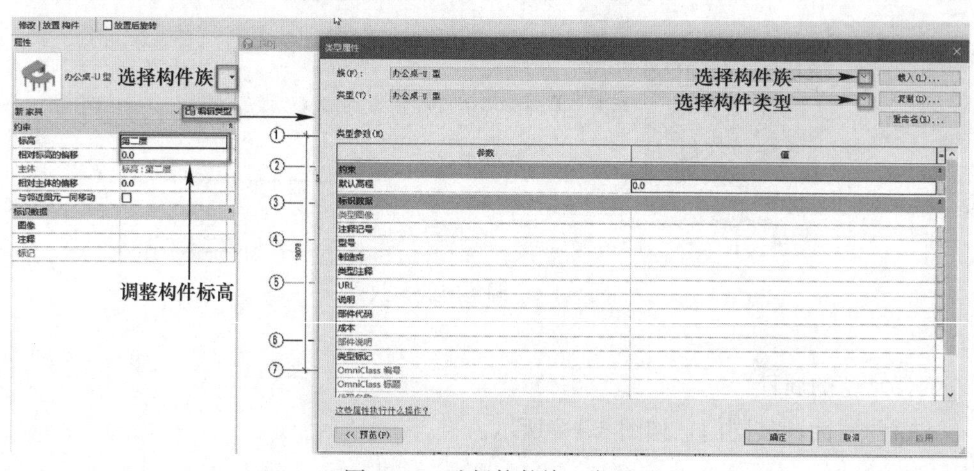

图 6-4-8　选择构件族、类型

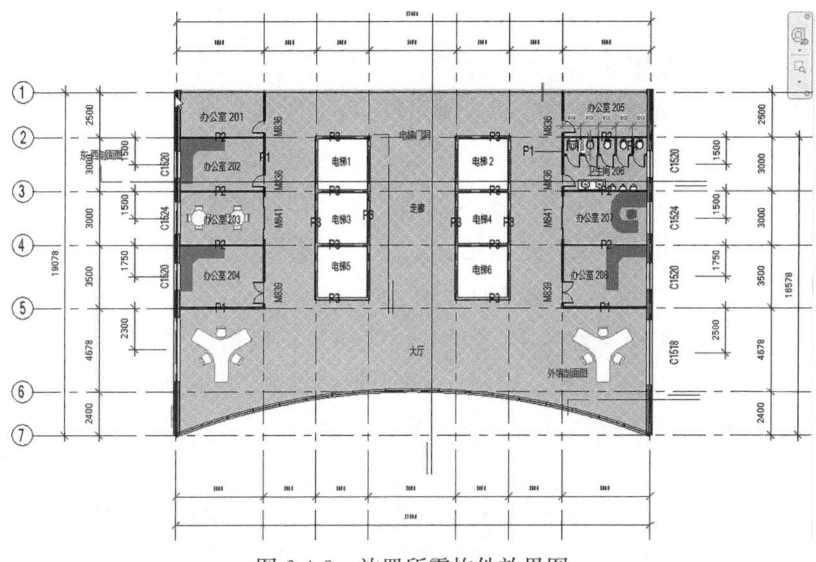

图 6-4-9　放置所需构件效果图

6.5　楼梯、坡道和栏杆

6.5.1　楼梯

1. 楼梯的类型

在 Revit 中，楼梯构件由两部分组成，即梯段和平台。楼梯类型有三种，分别为现场浇筑楼梯、预浇筑楼梯、组合楼梯。平时建模时，一般选择现场浇筑楼梯，如图 6-5-1 所示。

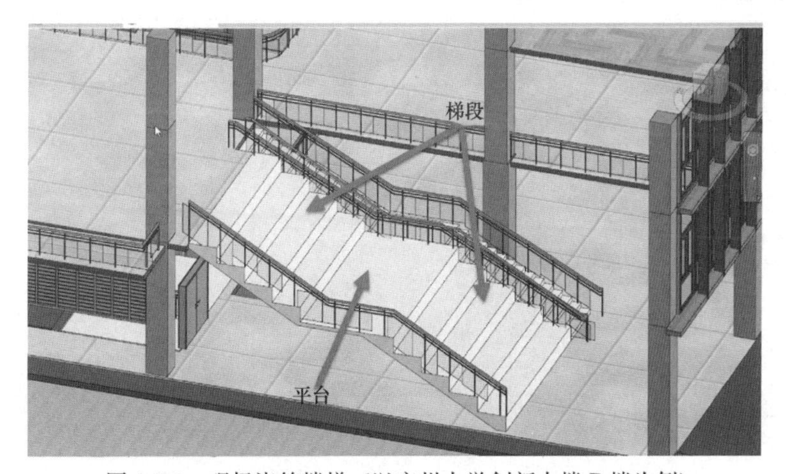

图 6-5-1　现场浇筑楼梯（以广州大学创新大楼 B 楼为例）

2. 楼梯的创建

(1) 创建楼梯草图

操作步骤为：单击“建筑”→“楼梯”→“梯段”→“创建草图”→“边界”→“踢面”→“楼梯路径”。

具体操作为：首先，单击“建筑”选项卡→“楼梯”选项，进入“修改|创建楼梯”面板，单击“梯段”选项选择“创建草图”工具，转至“修改|创建楼梯-绘制梯段”面板。其次，单击面板中“边界”，在选项栏中设置楼梯偏移量，如图 6-5-2 所示，在“属性”对话框中设置约束、构造、尺寸标注等参数，如图 6-5-3 所示。绘制楼梯边界，如图 6-5-4 所示，再单击“踢面”选项，在草图中绘制楼梯踏步线，单击✓完成楼梯的绘制。

图 6-5-2　设置楼梯偏移量

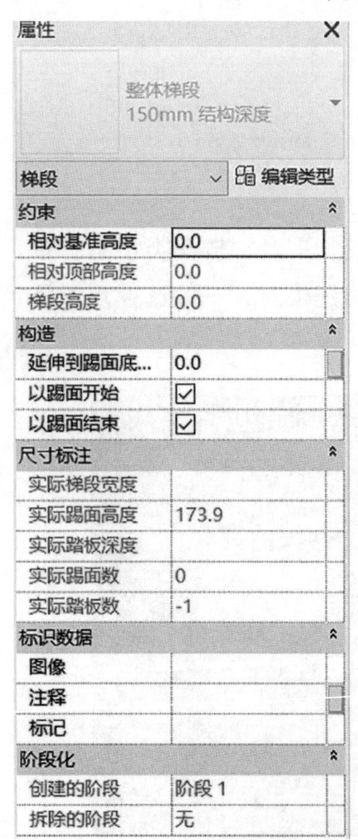

属性

整体梯段
150mm 结构深度

梯段 | 编辑类型

约束	
相对基准高度	0.0
相对顶部高度	0.0
梯段高度	0.0
构造	
延伸到踢面底...	0.0
以踢面开始	☑
以踢面结束	☑
尺寸标注	
实际梯段宽度	
实际踢面高度	173.9
实际踏板深度	
实际踢面数	0
实际踏板数	-1
标识数据	
图像	
注释	
标记	
阶段化	
创建的阶段	阶段 1
拆除的阶段	无

图 6-5-3　设置楼梯参数

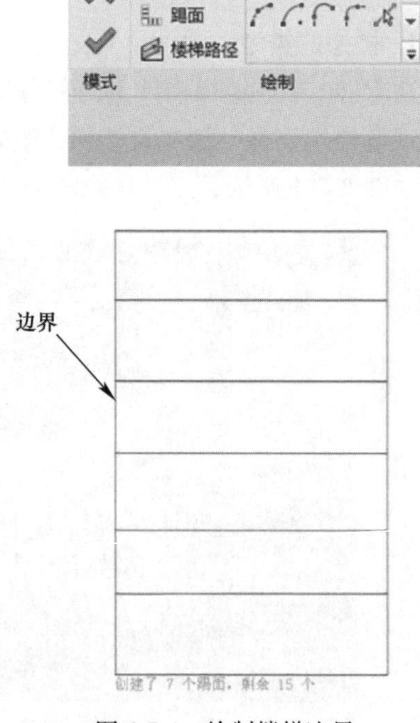

图 6-5-4　绘制楼梯边界

需要注意的是，当草图下方提示“剩余 0 个”时，表示楼梯“跑”到了预定层高位置。

（2）按构件绘制楼梯

操作步骤为：单击“楼梯”→“修改 | 创建楼梯”→“梯段”→“定位线: 梯段: 中心”→设置楼梯参数→选择绘制方式→。

具体操作为：首先，单击“建筑”选项卡→“建筑”，进入“修改 | 创建楼梯”面板，单击“梯段”选择工具，选择楼梯定位线后，在“属性”面板下方设置楼梯参数，选择绘制方式，绘制完成后，单击完成绘制，如图 6-5-5 所示。

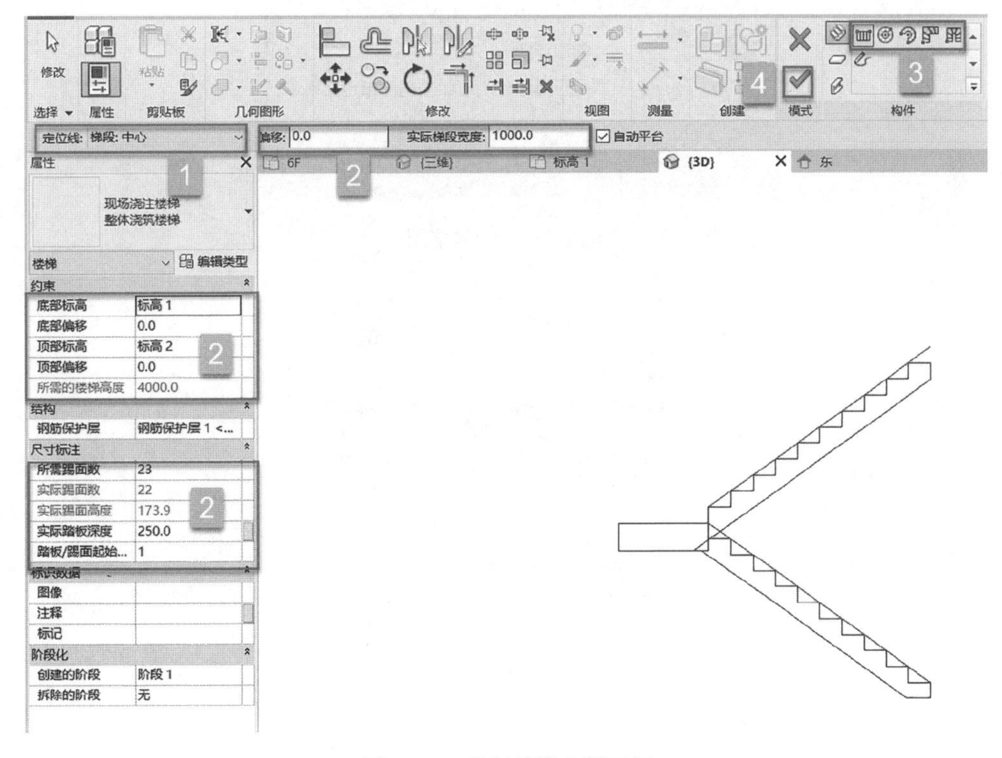

图 6-5-5　绘制楼梯步骤示例

（3）创建楼梯平台

楼梯平台的绘制方法有“拾取两个梯段”和“创建草图”两种。

若所需要绘制的楼梯平台形状比较规则，可以选择“拾取两个梯段”完成，如图 6-5-6、图 6-5-7 所示。

操作步骤为：单击“平台”→“拾取两个梯段”→依次拾取两个梯段，楼梯平台生成，如图 6-5-8 所示。

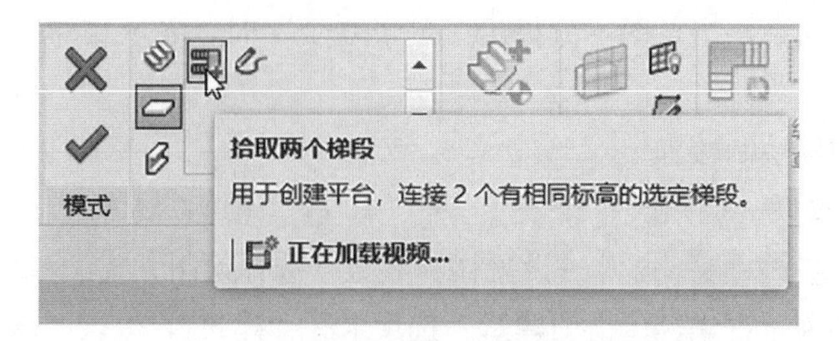

图 6-5-6　拾取两个梯段

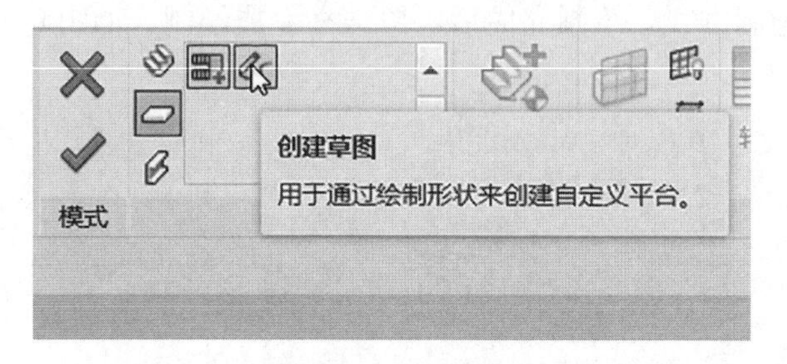

图 6-5-7　创建草图

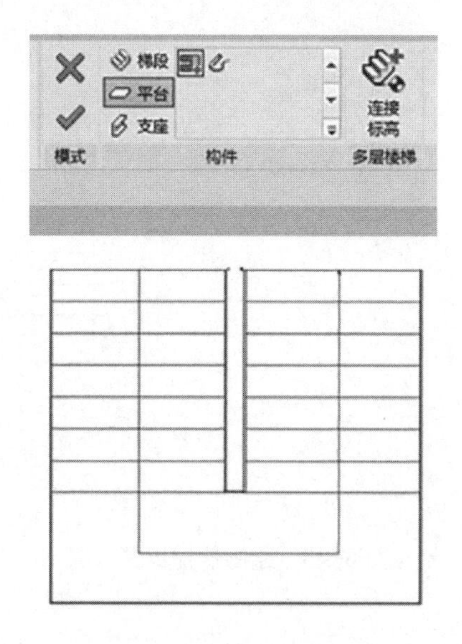

图 6-5-8　生成楼梯平台

对于一些形状比较复杂的平台，可以采取绘制草图的方法完成。

操作步骤为：单击“平台”→“绘制草图”→“修改|创建楼梯>绘制平台”→选择合适的绘制形状→✔，如图 6-5-9 所示。

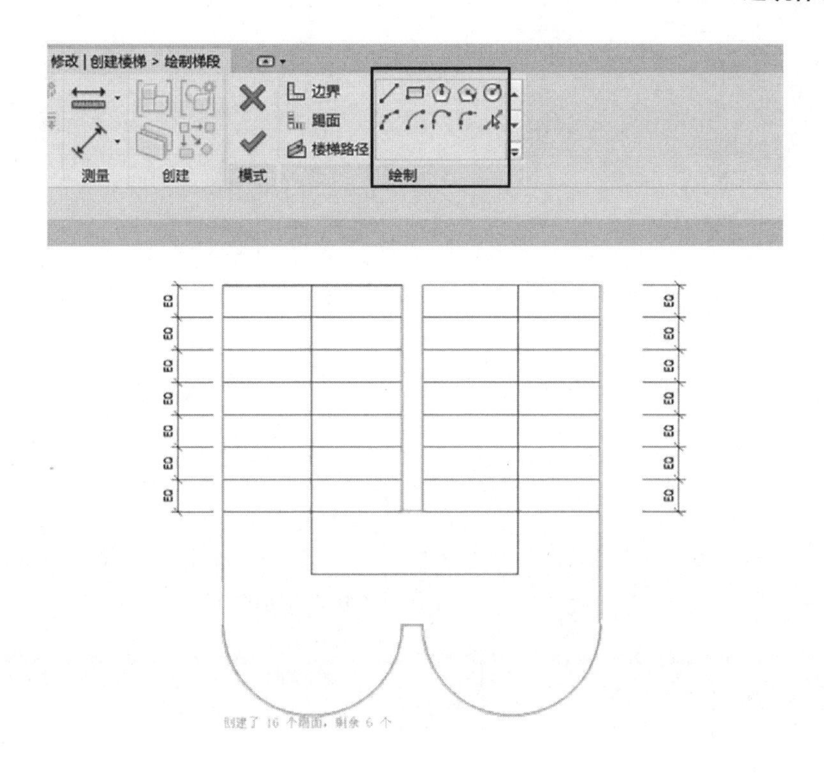

图 6-5-9　选择绘图工具

6.5.2　坡道的创建

在 Revit 中创建坡道的方法有五种，分别是使用“坡道”“内建模型（族）”“内建体量”“楼板”“屋顶”命令创建。最常用的绘制方法是使用“坡道”命令、“楼板”命令、“屋顶”命令创建。在前面已经介绍过用楼板创建坡道的方法，所以在此介绍的是使用“坡道”命令创建坡道。

首先进入将要绘制的坡道所在的平面视图（三维视图或平面视图），操作步骤为：单击“建筑”→“坡道”→“边界”→“踢面”→“编辑类型”→ 。

具体操作为：单击“建筑”选项卡中的“坡道”命令，进入“修改|坡道草图”面板后，单击“边界”，如图 6-5-10 所示。使用绘制工具绘制所需坡道的边界后，单击“踢面”，如图 6-5-11 所示。同理，使用绘制工具绘制踢面形状，单击“编辑类型”修改坡道参数，如图 6-5-12 所示。单击 完成绘制。

某些情况下，绘制完坡道后会提示“坡道长度不足”的情况，如图 6-5-13 所示。这时需要了解坡道的两个重要属性，分别是最大斜坡长度和坡道最大坡度

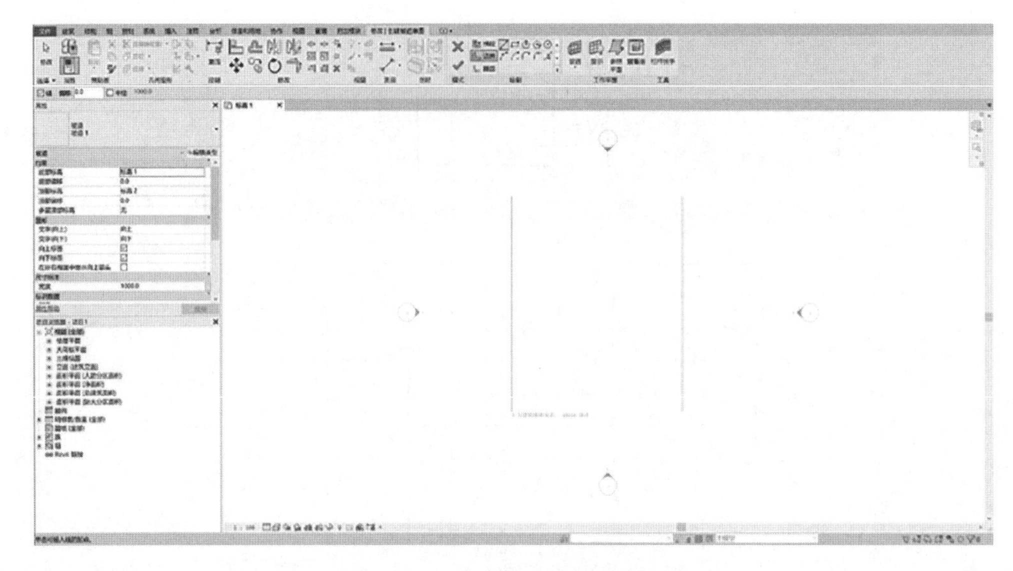

图 6-5-10　单击边界绘制坡道边界

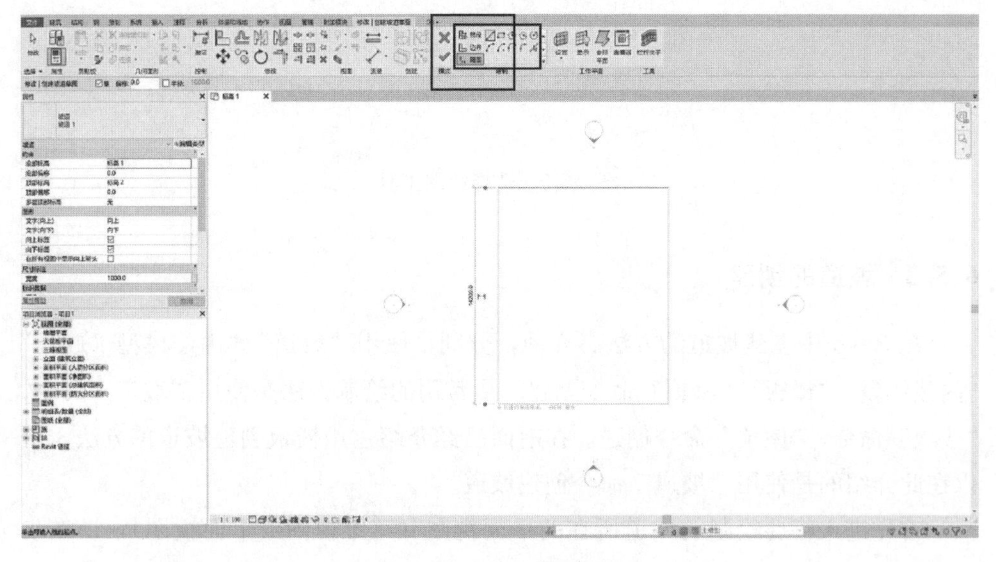

图 6-5-11　绘制坡道踢面

(1/x)。坡道最大坡度，顾名思义，指的是坡道坡度的最大值，1/x 是坡道斜率 x 的倒数，坡道最大坡度（1/x）＝斜坡的水平投影长度/坡道的高度。而最大斜坡长度为坡道所能绘制的最大长度，且需满足所设置的坡道高度和坡度。即最大斜坡长度＝坡道高度×坡道最大坡度（1/x）。若要将坡度顶部绘制至标高 2，那么需在满足上述公式的前提下增加坡道长度或修改坡度。已知坡道最大坡度（1/x）＝12.000，坡道高度＝4000，则最大斜坡长度＝12.000×4000＝48000，在平面视图中绘制长度为 48000 的边界，如图 6-5-14 所示，单击 ✔，转到立面视图，可以看到坡道顶部已达到标高 2。

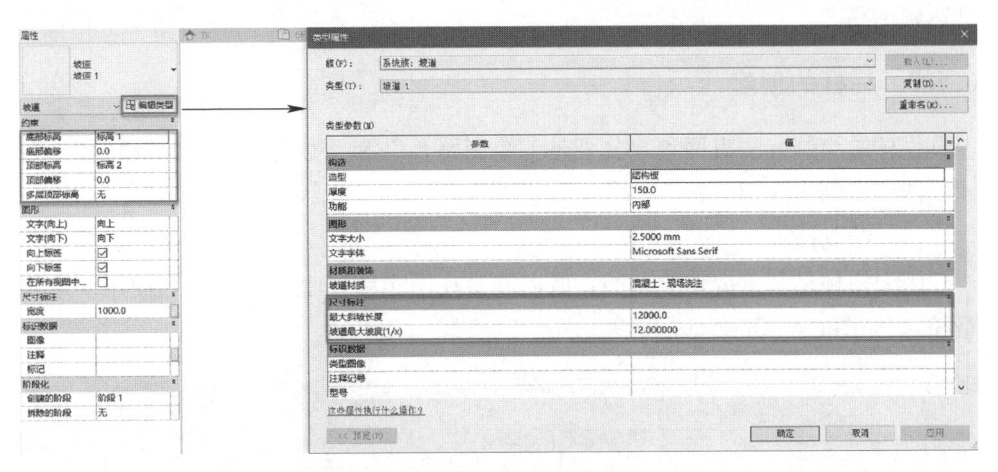

图 6-5-12　设置坡道参数

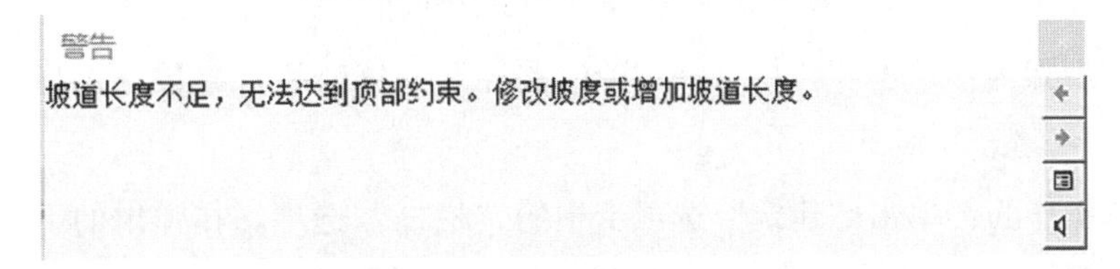

图 6-5-13　坡道长度不足示例

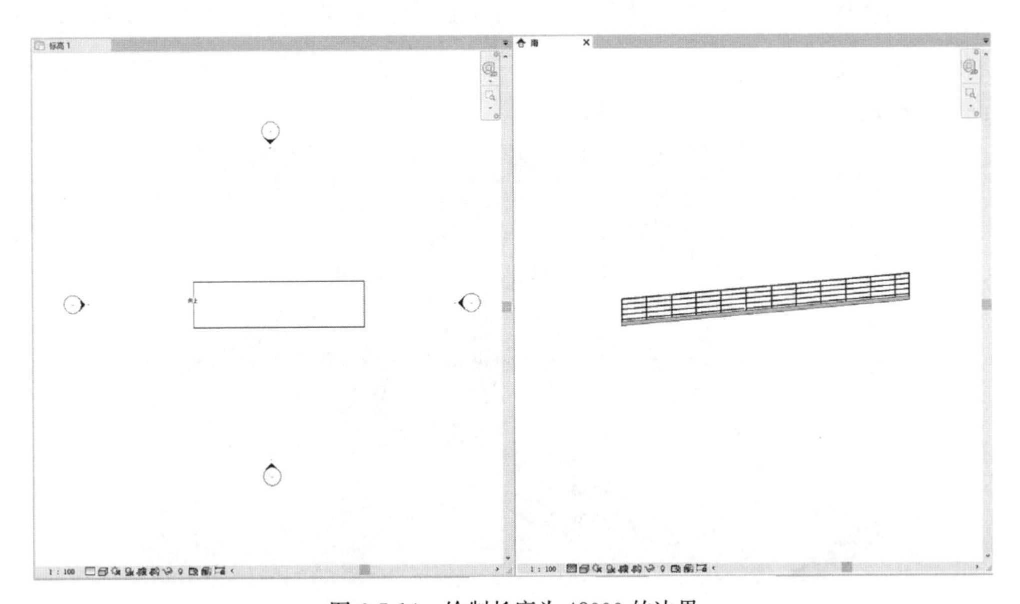

图 6-5-14　绘制长度为 48000 的边界

若已确定坡道长度＝24000，则坡道最大坡度（$1/x$）＝24000/4000＝6.000，将坡道最大坡度（$1/x$）修改为6，单击，转到立面视图，可以看到坡道顶部已达到标高2。

6.5.3 栏杆的创建

栏杆的绘制方法有两种，分别是“绘制路径”和“放置在楼梯/坡道上”。下面以两个实例来介绍。

（1）绘制路径

因为栏杆是基于墙体绘制的，所以需要在图示路径上绘制栏杆，使用“绘制路径”，如图6-5-15所示。

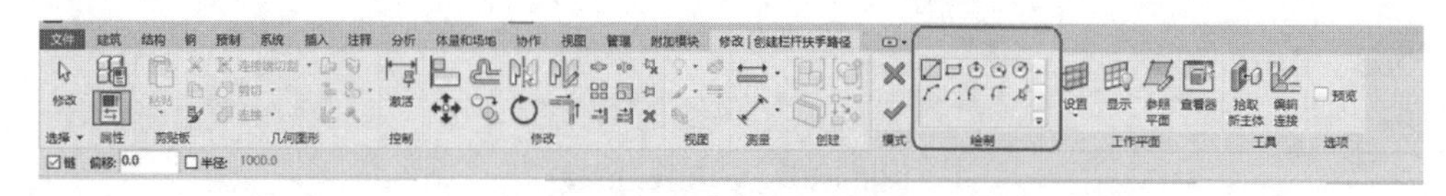

图6-5-15 栏杆绘制路径

操作步骤为：单击“栏杆”→“绘制路径”→修改栏杆参数→选择绘制工具绘制栏杆→。

具体操作为：单击“建筑”选项卡中的“栏杆”选项，在弹出的下拉列表中单击“绘制路径”，进入“修改|创建栏杆扶手路径”界面。在“偏移”栏中设置好路径的偏移量；“链”表示选定某样绘制工具，如图6-5-15所示，Revit会自动选择上一条路径的结束点，若想绘制一条连续不断的路径，选择“链”会方便许多，绘制路径效果如图6-5-16所示。

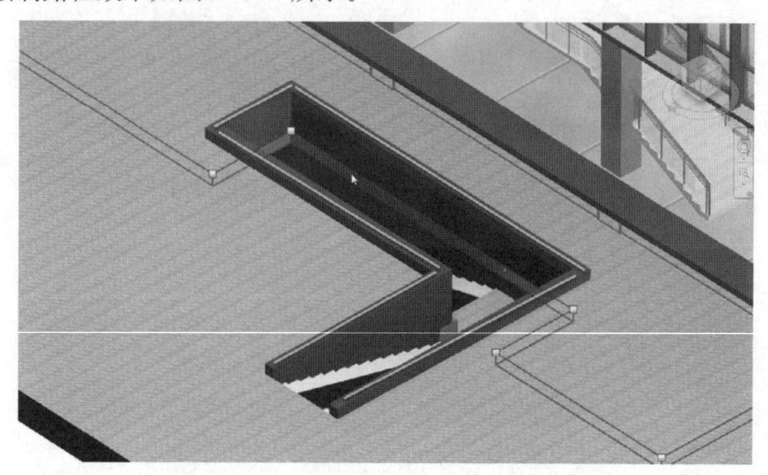

图6-5-16 栏杆路径绘制完成效果示例

单击“编辑类型”，进入“编辑扶手（非连续）”界面，在该界面可以修改任意一根栏杆的参数与位置，或者插入新的栏杆。单击“插入”按钮，按顺序或不按顺序修改新建栏杆的参数，修改完成后单击“确定”按钮退出界面，如图 6-5-17 所示。

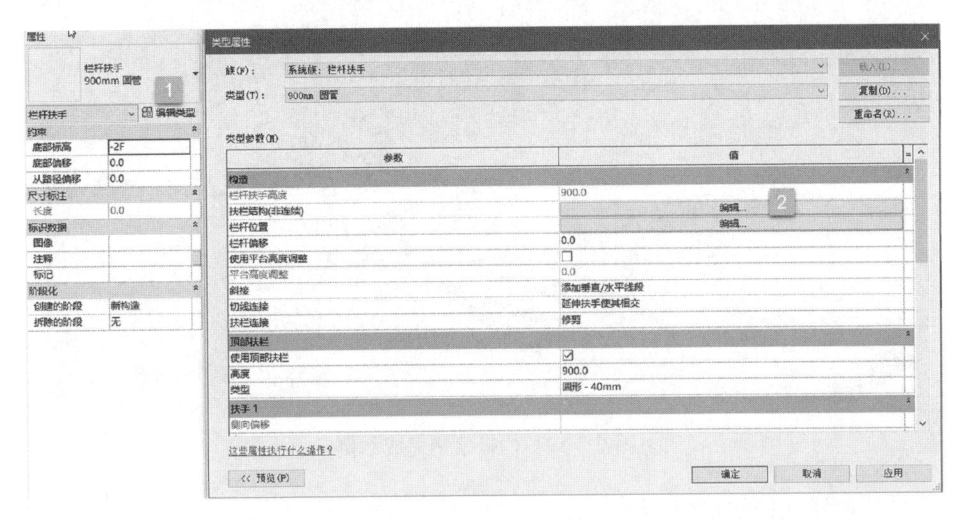

图 6-5-17　编辑栏杆参数

在绘制工具栏选择，勾选“链”，绘制栏杆，如图 6-5-18 所示，绘制完成后单击退出绘制界面，效果如图 6-5-19 所示。

图 6-5-18　绘制栏杆

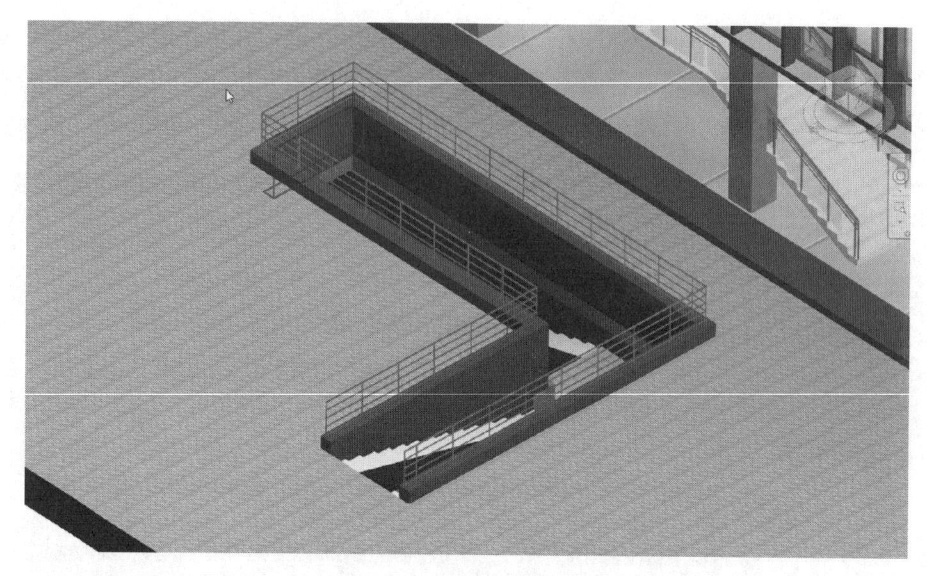

图 6-5-19　栏杆绘制完成示例

（2）放置在楼梯/坡道上

这种绘制方法比较简单，只需设置好栏杆参数，选择需要添加栏杆的楼梯/坡道即可。

操作步骤为：单击“栏杆”→“放置在楼梯/坡道上”→修改栏杆参数→“踏板”/“梯边梁”→选择楼梯→ ✔ ，如图 6-5-20 所示。

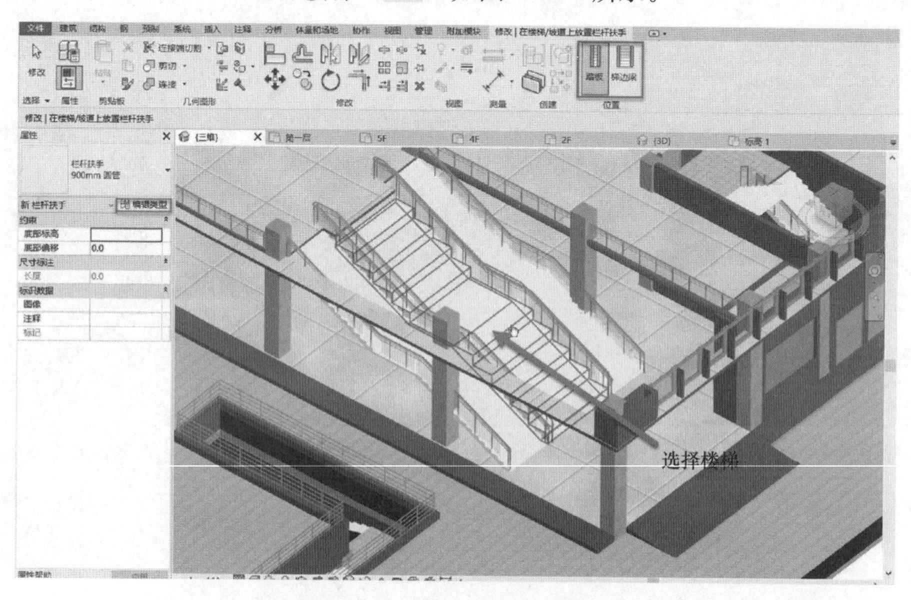

图 6-5-20　栏杆绘制完成示例

具体操作为：单击“栏杆”，在下拉列表中选择“放置在楼梯/坡道上”，进入“修改|楼梯栏杆扶手”界面，在“属性”面板和“类型属性”面板中修改栏杆参数，单击“踏板”/“梯边梁”，选择楼梯完成绘制。

（3）栏杆的位置

操作步骤为：单击“属性”→“类型属性”→“栏杆位置”→进入“编辑栏杆位置”界面，如图 6-5-21、图 6-5-22 所示。

“编辑栏杆位置”界面的各属性含义，如图 6-5-23、图 6-5-24 所示。

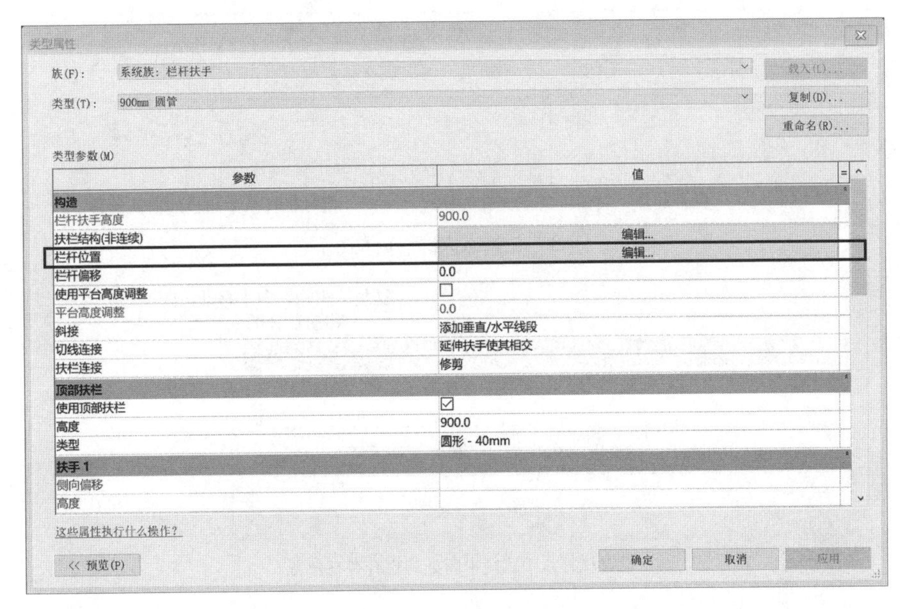

图 6-5-21　设置栏杆位置

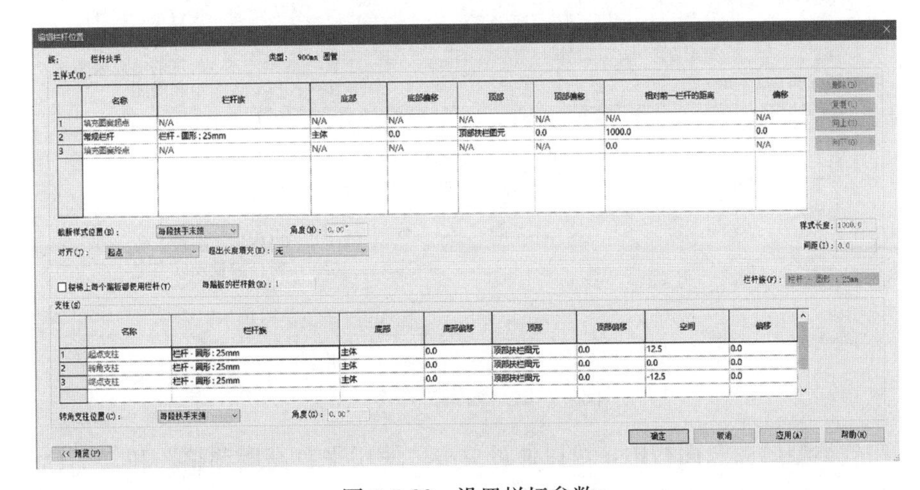

图 6-5-22　设置栏杆参数

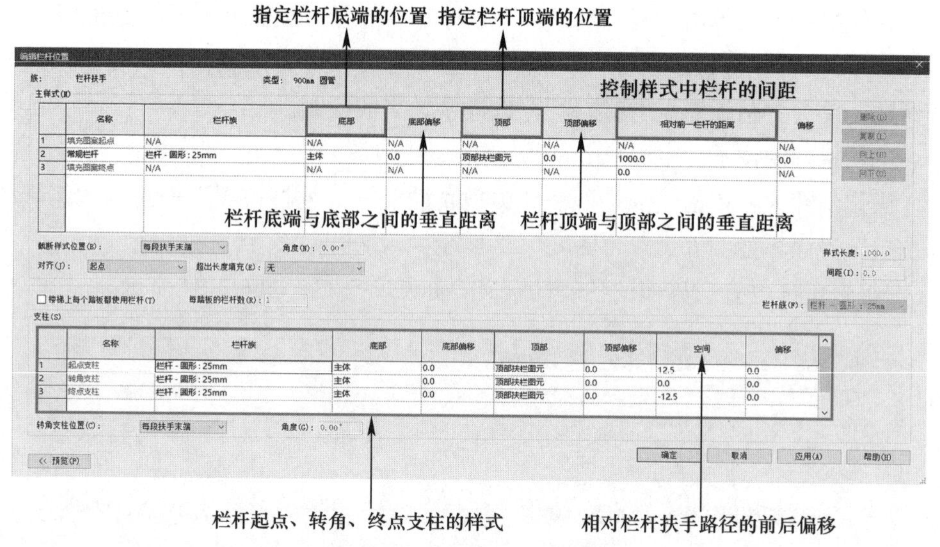

图 6-5-23　编辑栏杆样式 1

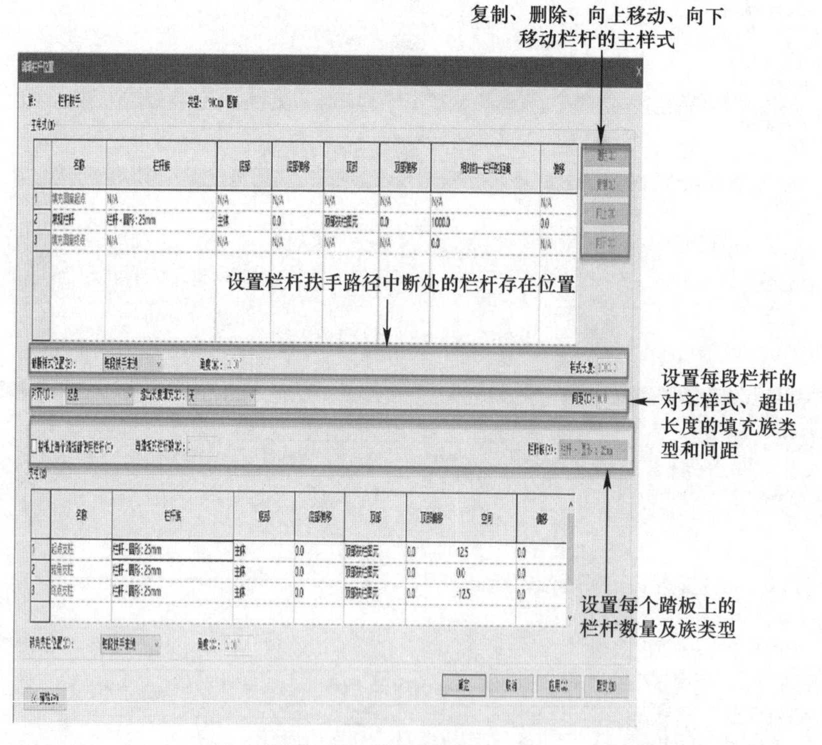

图 6-5-24　编辑栏杆样式 2

在“类型属性”面板中，可以通过单击“使用平台高度调整”和“平台高度调整”使拉杆扶手基于平台提高或降低，如图 6-5-25 所示。

也可以通过“斜接”来设置两段栏杆扶手在平面中相交成一定角度但没有垂直连接时，是断开连接抑或创建连接，如图 6-5-26～图 6-5-28 所示。

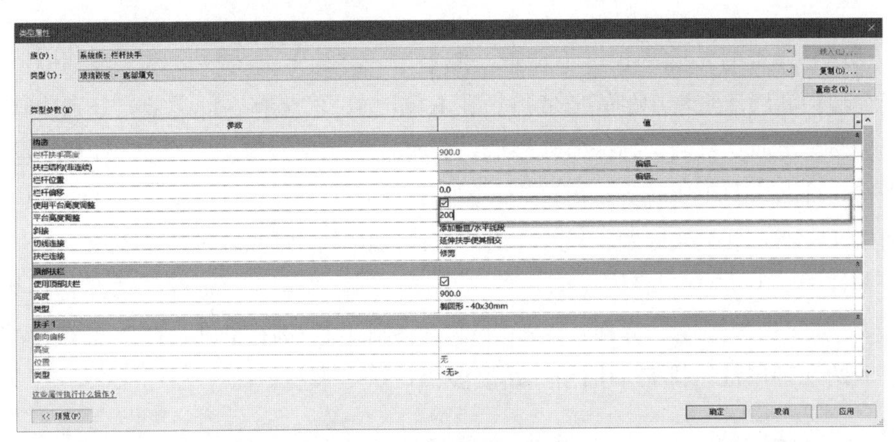

图 6-5-25　调整栏杆平台

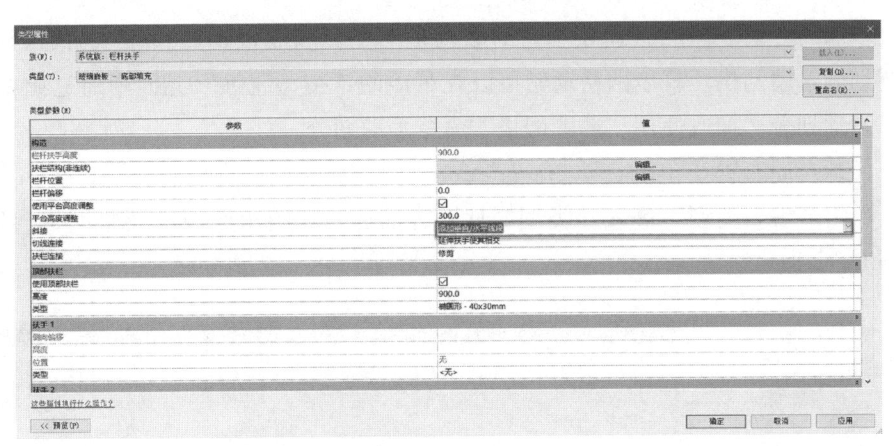

图 6-5-26　设置斜接

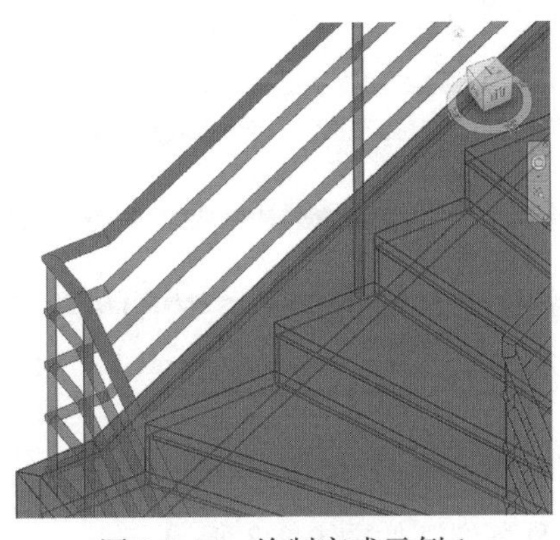

图 6-5-27　绘制完成示例 1

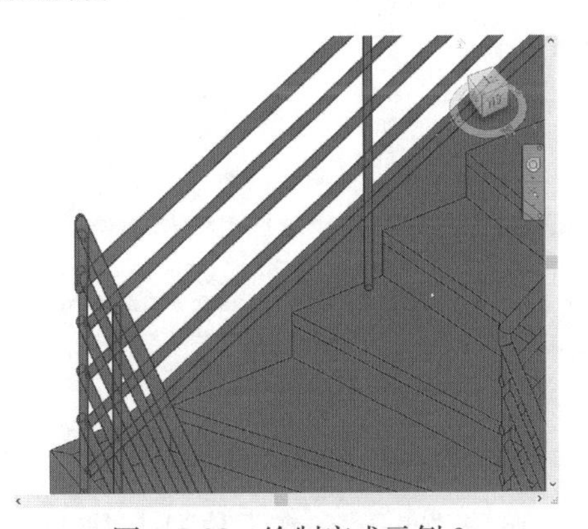

图 6-5-28　绘制完成示例 2

6.6 幕墙

幕墙是建筑的外墙围护，不承重，像幕布一样挂上去，故又称“帷幕墙”，是现代大型和高层建筑常用的轻质墙体。在 Revit 中，幕墙有三种类型，分别为幕墙、外部玻璃、店面。幕墙，指一整块玻璃，没有预设网格或竖挺；外部玻璃，具有预设网格，且网格间距比较大，可以修改网格规则以匹配个性化需求；店面，具有预设网格和竖挺，且网格间距比较小，可以修改网格规则以匹配个性化需求。

幕墙的绘制方法与墙体类似，单击“墙”，在“属性”面板中选择幕墙类型后进入“修改|放置墙”界面，选择合适的绘制工具绘制即可。在此重点介绍的是幕墙的几种属性，即幕墙网格、幕墙竖挺、幕墙嵌板。

6.6.1 幕墙网格

幕墙与普通墙体的区别在于它的结构是由竖挺和嵌板构成。在添加竖挺前，需要划分幕墙网格。幕墙网格通常可以在幕墙的“类型属性”界面中通过调整参数以自动划分，抑或使用“幕墙网格”命令手动划分。

（1）自动布置

单击“编辑类型”进入“类型属性”界面后，在图示区域内调整网格参数，如图 6-6-1 所示。

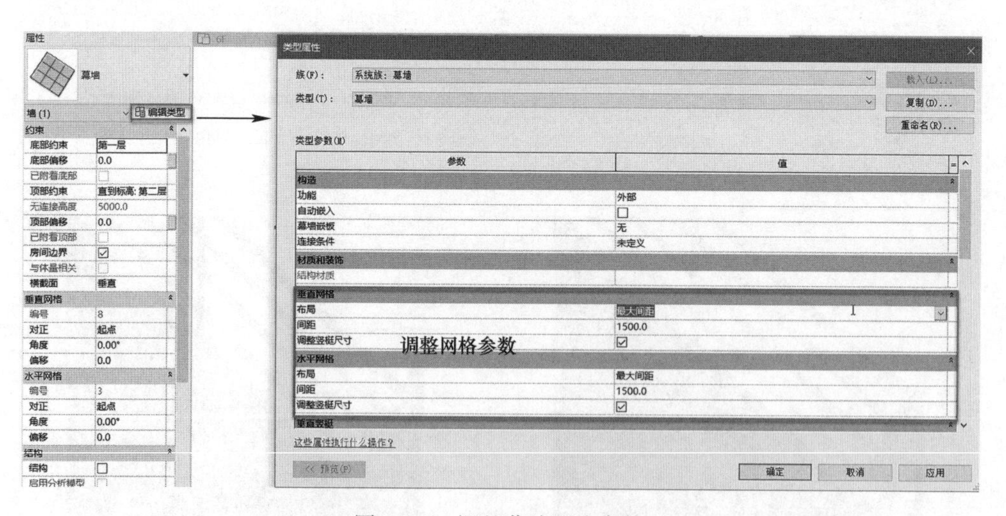

图 6-6-1　调整幕墙网格参数

单击“布局”，在下拉列表中出现四种参数类型，如图 6-6-2 所示。

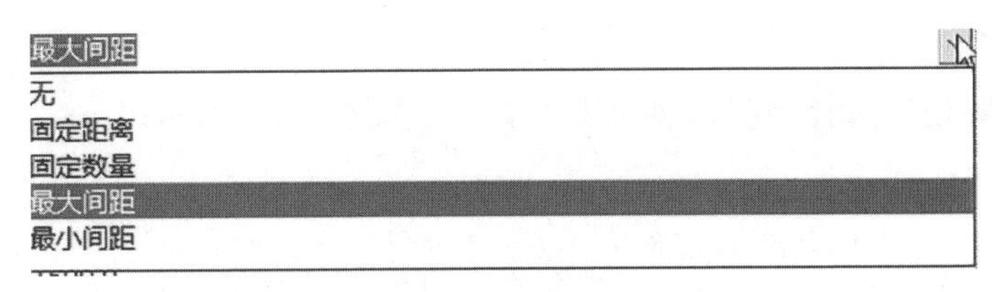

图 6-6-2　幕墙网格布局类型

固定距离：网格数量会随着幕墙尺寸的变化而自动调整，网格间距则保持不变。

固定数量：网格间距会随着幕墙尺寸变化而自动调整（等距离），网格数量则保持不变。

最大/最小间距：在一定的固定尺寸内，网格间距等距离自动划分。

（2）手动划分

在布置完幕墙后，在窗口绘制幕墙图元，调出三维视图，单击“建筑”选项卡→“构建”面板→“幕墙网格”，进入“修改|放置幕墙网格”界面，当光标移动到幕墙上时，幕墙上会出现网格线的预览，单击即可放置网格，如图 6-6-3 所示。可通过修改网格临时尺寸标注以调整网格位置。

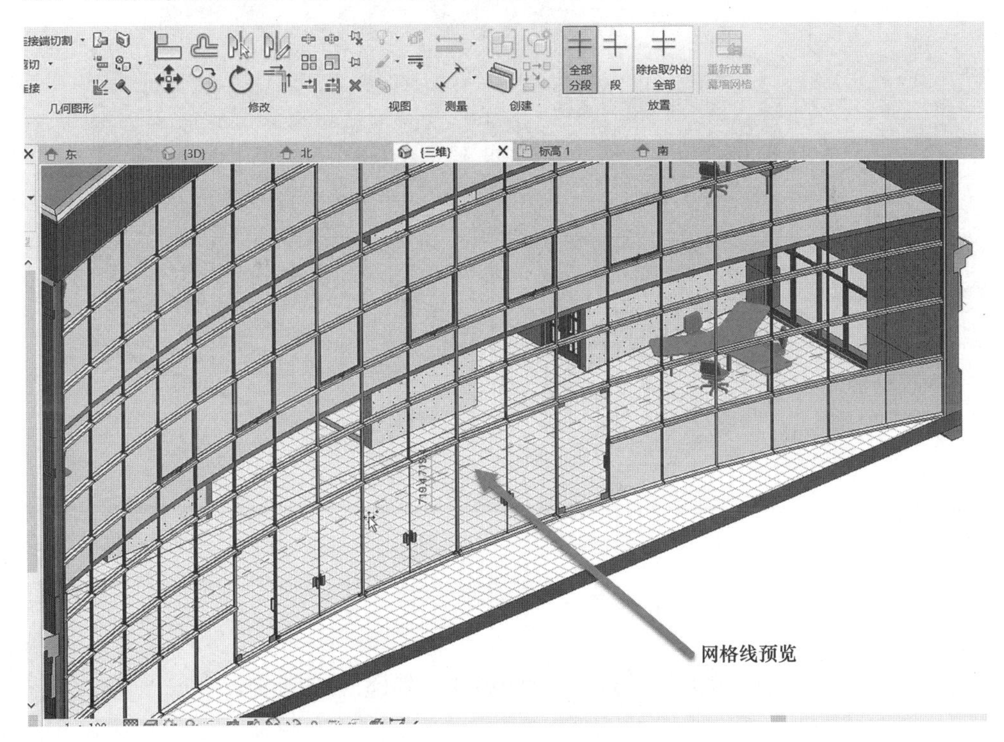

图 6-6-3　放置幕墙网格线示例

(3) 选择工具

根据实际情况选择绘制幕墙网格的工具，如图 6-6-4 所示。

图 6-6-4　绘制幕墙网格的工具

全部分段：绘制一条连接幕墙左右端或上下端的网格线，如图 6-6-5 所示。

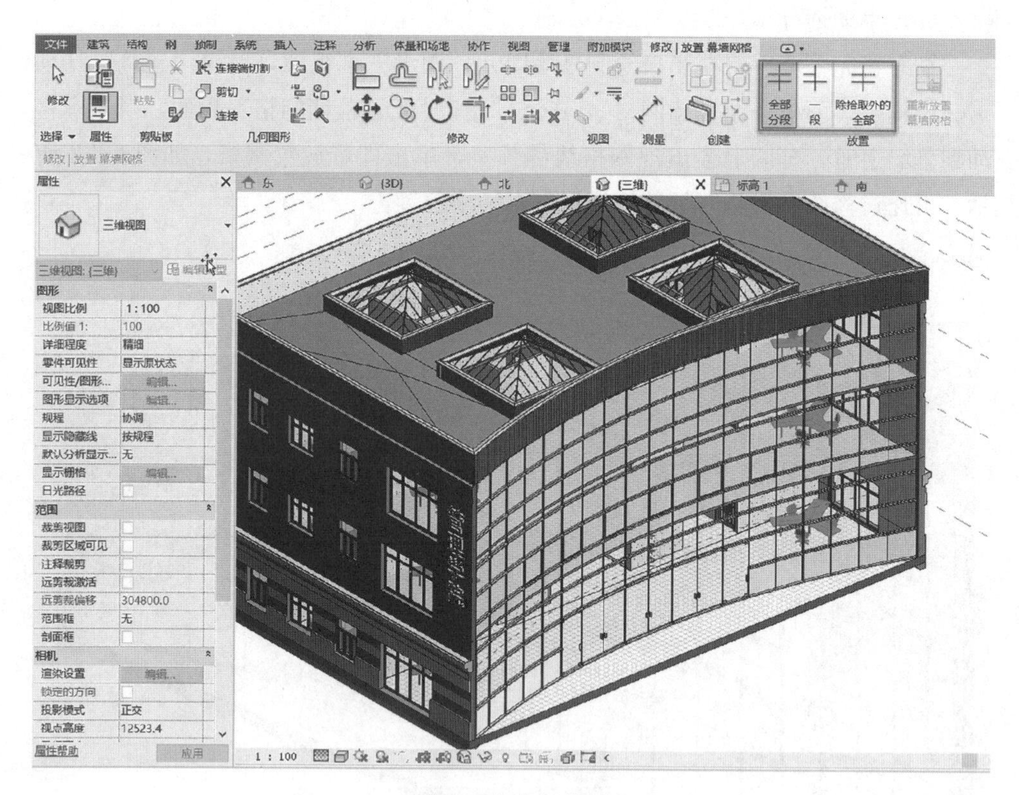

图 6-6-5　全部分段

一段：在一个幕墙网格内绘制一条网格线，如图 6-6-6 所示。

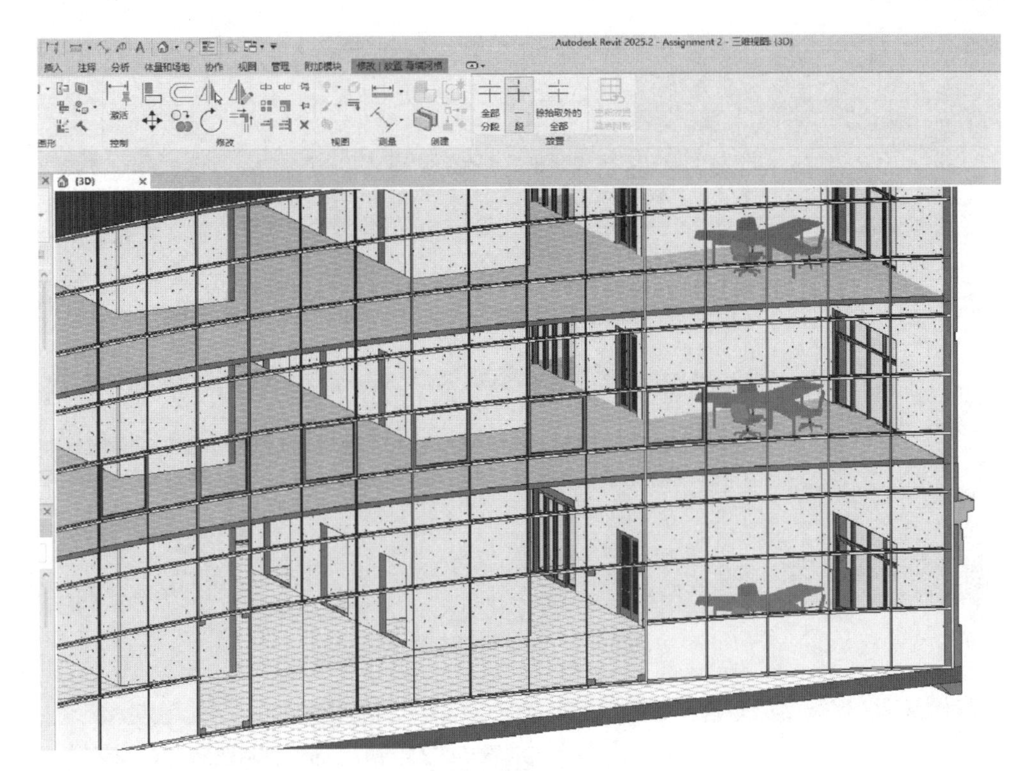

图 6-6-6　绘制一段网格线

6.6.2　幕墙竖挺

竖挺的布置与网格类似，既可手动布置也可自动布置。

（1）自动布置

当绘制完幕墙之后，单击“属性”面板中的“编辑类型”进入“类型属性”界面，如图 6-6-7 所示，在垂直竖挺与水平竖挺处调整参数，如图 6-6-8～图 6-6-10 所示。

边界类型与内部类型所代表的实例如图 6-6-11 所示。

（2）手动布置

首先单击“建筑”选项卡中的“竖挺”，进入“修改|放置 竖挺”界面，在“类型属性”中选择竖挺类型并编辑竖挺轮廓与材质，如图 6-6-12 所示。

设置好竖挺之后，根据实际情况拾取网格线，单击即可放置竖挺，如图 6-6-13 所示。

网格线：拾取一条完整的网格线。

单段网格线：拾取网格线至网格相交处。

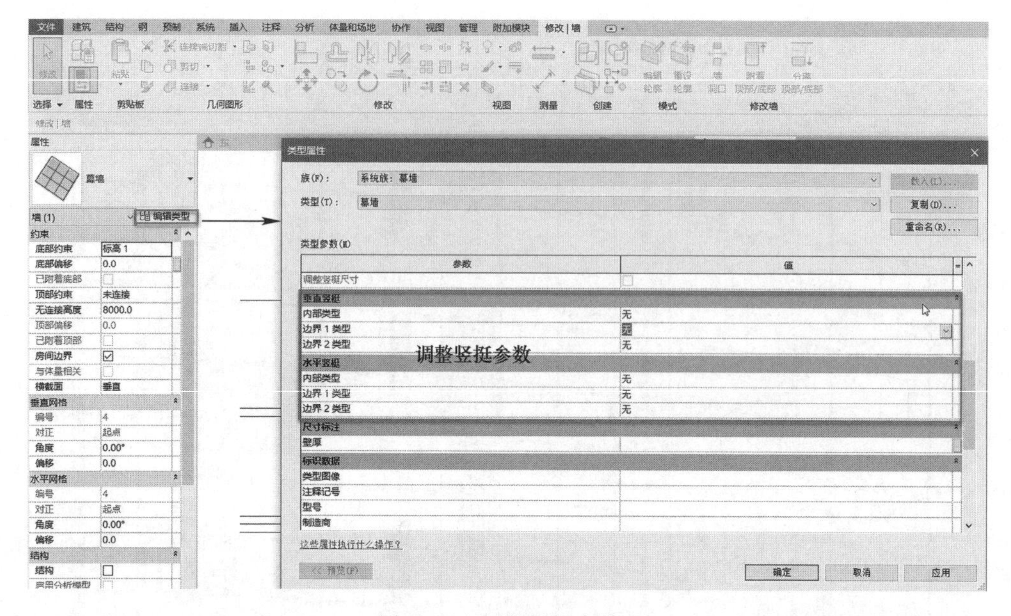

图 6-6-7　调整竖梃参数 1

垂直竖梃	
内部类型	无
边界 1 类型	无 圆形竖梃：圆形竖梃 1 矩形竖梃：矩形竖梃 1
边界 2 类型	
水平竖梃	
内部类型	无
边界 1 类型	无
边界 2 类型	无

图 6-6-8　调整竖梃参数 2

垂直竖梃	
内部类型	无
边界 1 类型	无
边界 2 类型	无 L 形角竖梃：L 形竖梃 1 V 形角竖梃：V 形竖梃 1 四边形角竖梃：四边形竖梃 1 圆形竖梃：圆形竖梃 1 梯形角竖梃：梯形竖梃 1
水平竖梃	
内部类型	
边界 1 类型	
边界 2 类型	

图 6-6-9　调整竖梃参数 3

垂直竖梃	
内部类型	无
边界 1 类型	无
边界 2 类型	无
水平竖梃	无 L 形角竖梃：L 形竖梃 1 V 形角竖梃：V 形竖梃 1 四边形角竖梃：四边形竖梃 1 圆形竖梃：圆形竖梃 1 梯形角竖梃：梯形竖梃 1
内部类型	
边界 1 类型	
边界 2 类型	
尺寸标注	

图 6-6-10　调整竖梃参数 4

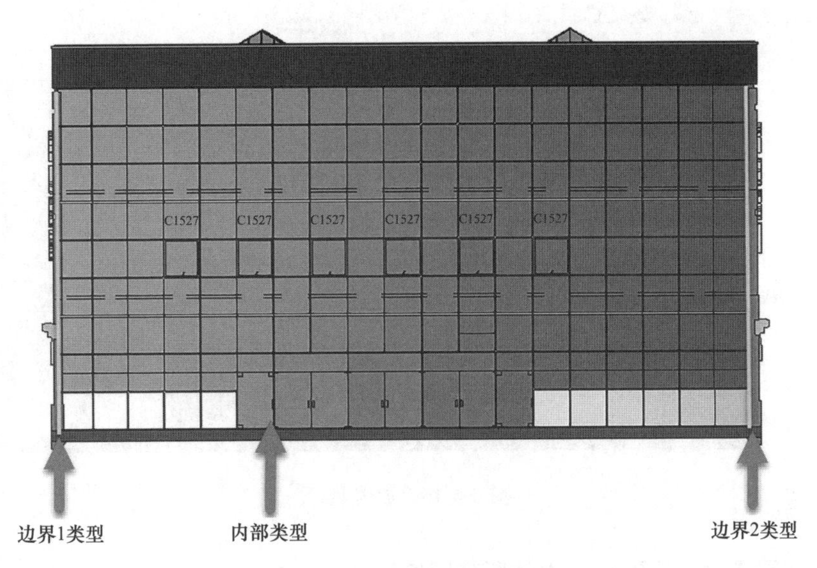

图 6-6-11　边界类型示例

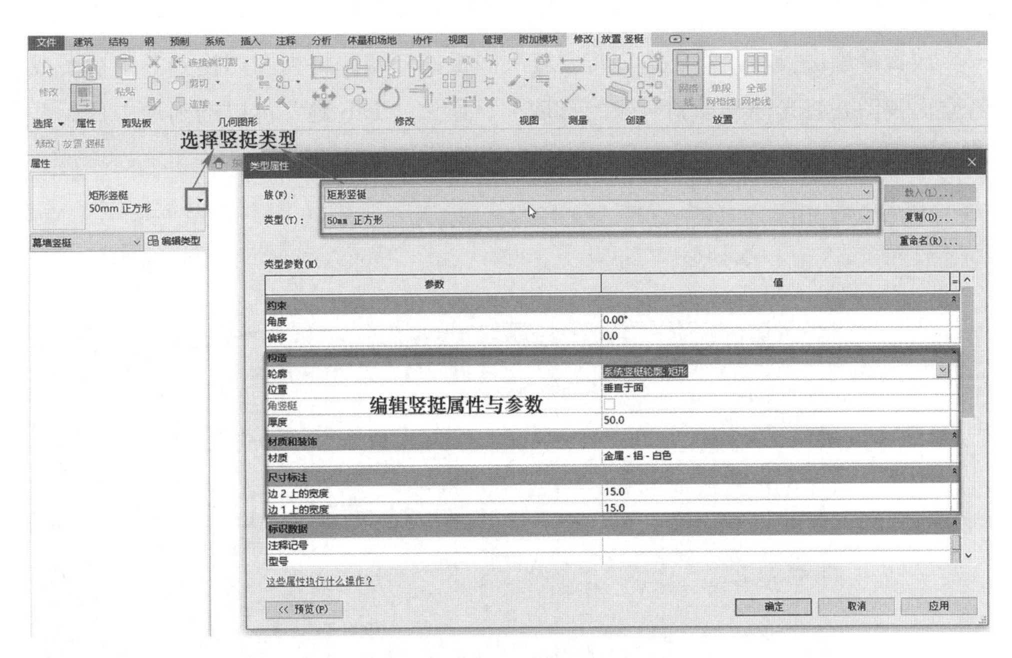

图 6-6-12　选择并设置竖挺轮廓与材质

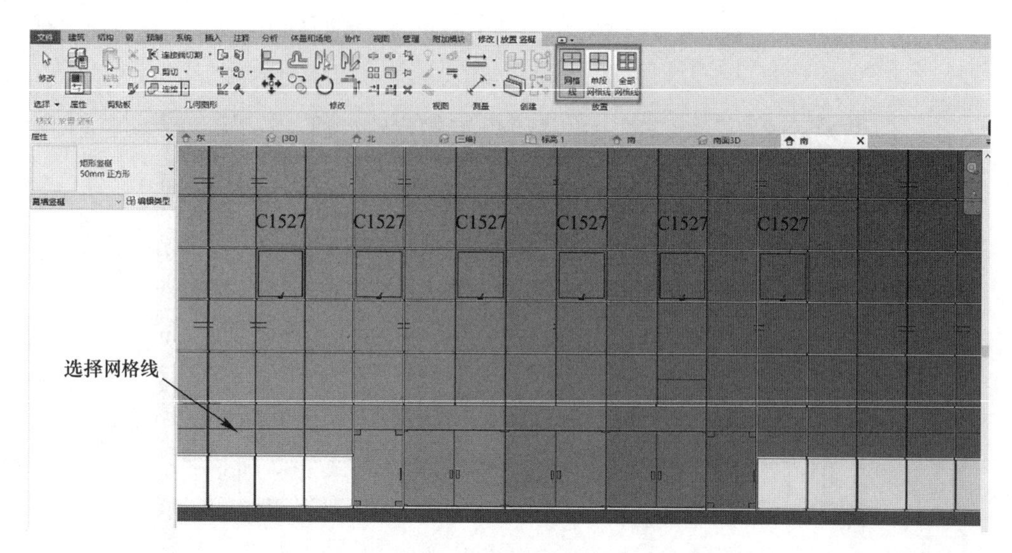

图 6-6-13　放置竖挺

全部网格线：拾取幕墙内的所有网格线。

6.6.3　幕墙嵌板

放置幕墙嵌板前，需要选定将要载入嵌板的幕墙。将视图切换到三维视图或者立面视图并将光标移动到对应的幕墙上，通过“Tab 键”可以准确选中目标幕墙，如图 6-6-14 所示。

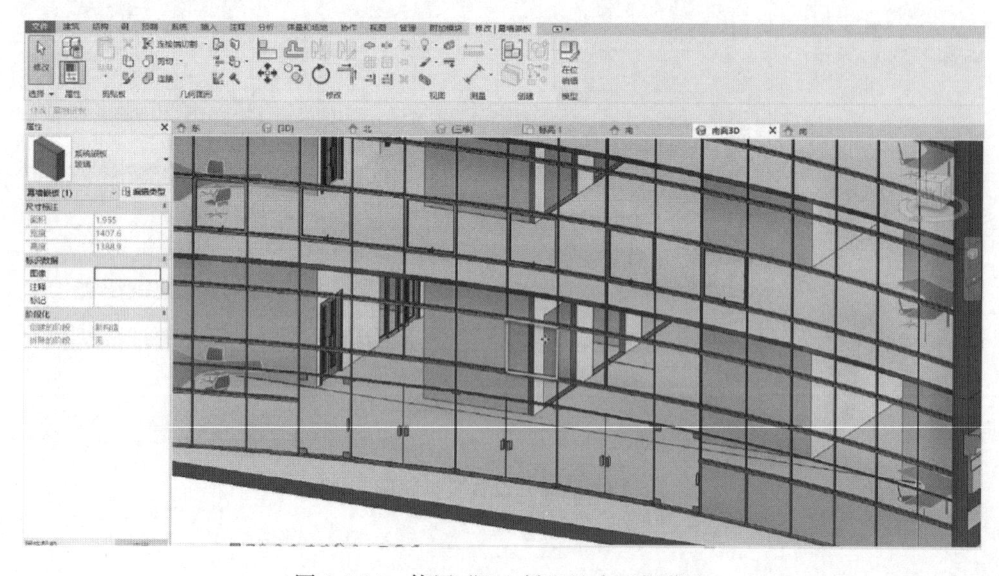

图 6-6-14　使用“Tab 键”选中目标幕墙

选中幕墙之后，可在“属性”面板或“类型属性”选项卡中选择嵌板类型。可选择的嵌板有系统嵌板、墙体、门窗嵌板。也可以单击“载入”进入族库选择所需要的嵌板并载入；载入嵌板之后，在“类型属性”选项卡中调整嵌板材质与参数。

以载入门嵌板为例。在键盘上按住“Tab 键”，单击选中幕墙图元上的嵌板，如图 6-6-15 所示。单击“载入”进入族库选择所需要的嵌板，并载入或者在“属性”面板中选择所需的门嵌板。最后，在“类型属性”选项卡下拉列表选择门嵌板，完成幕墙上插入门，如图 6-6-16 所示。

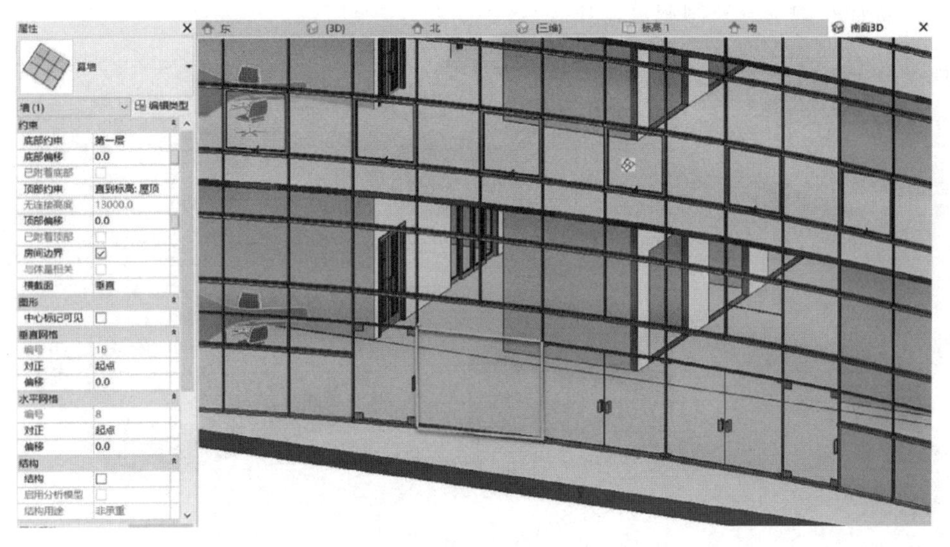

图 6-6-15　选中目标门嵌板

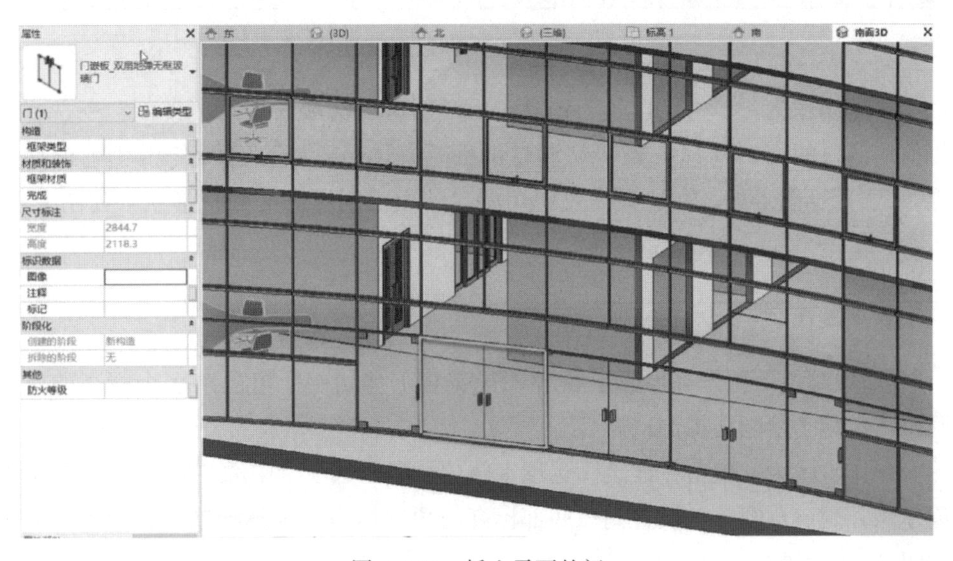

图 6-6-16　插入需要的门

6.7 洞口

6.7.1 面洞口

“面洞口”主要用于剪切一个垂直于楼板、屋顶、天花板选定面的洞口。

操作步骤为：单击“建筑”选项卡→“按面”选项卡→选择需要剪切洞口的面→选择绘制工具绘制洞口形状→✔，如图 6-7-1 所示。

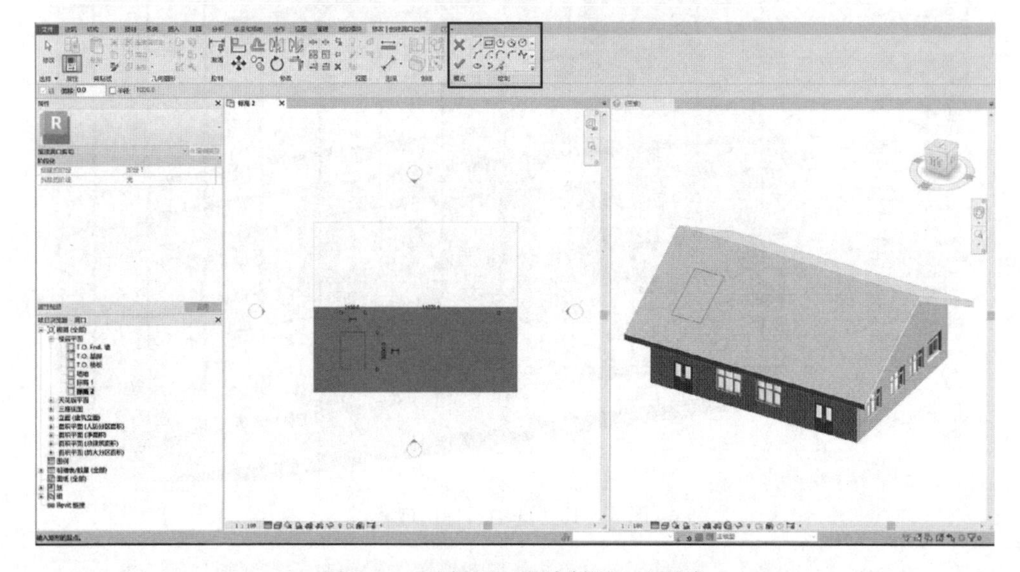

图 6-7-1 选择屋面和绘制洞口边界线

具体操作为：单击“建筑”选项卡→“洞口”选项卡中的“按面”→选择需要剪切洞口的面。选择需要剪切洞口的面后，Revit 会进入“修改|创建洞口边界”；选择绘制工具，在选择需要剪切洞口的面绘制所需的洞口形状，如图 6-7-2 所示，单击✔完成绘制。

6.7.2 竖井洞口

“竖井洞口”用于在屋顶、楼顶、天花板上剪切一个可以跨多个标高的垂直洞口，常用于绘制楼梯洞口。

操作步骤为：单击“建筑”选项卡→“洞口”选项卡中的“竖井”→“修改|创建竖井洞口草图”→设置洞口底部标高与顶部标高→选择绘制工具绘制→✔，如图 6-7-3、图 6-7-4 所示。

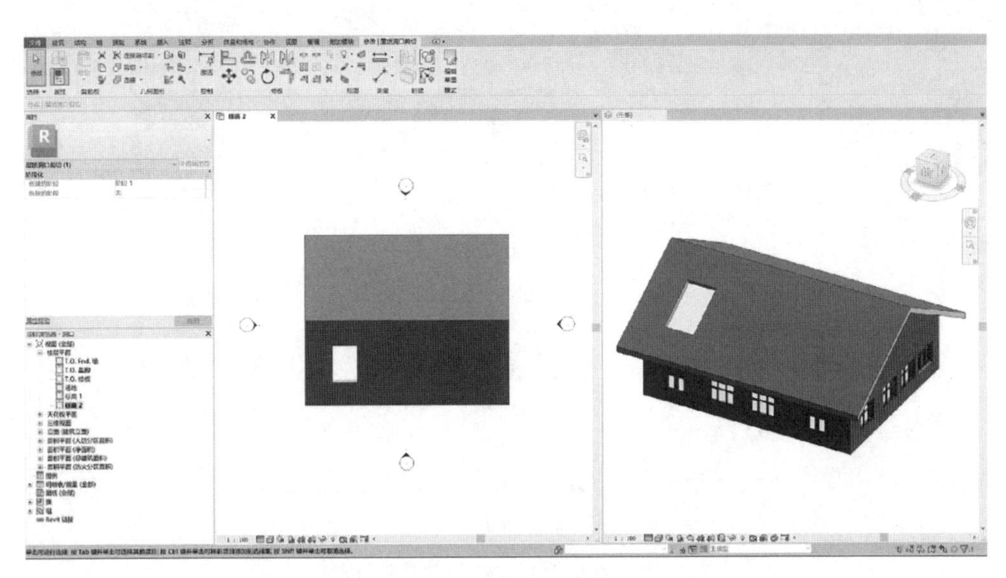

图 6-7-2　按面洞口效果图

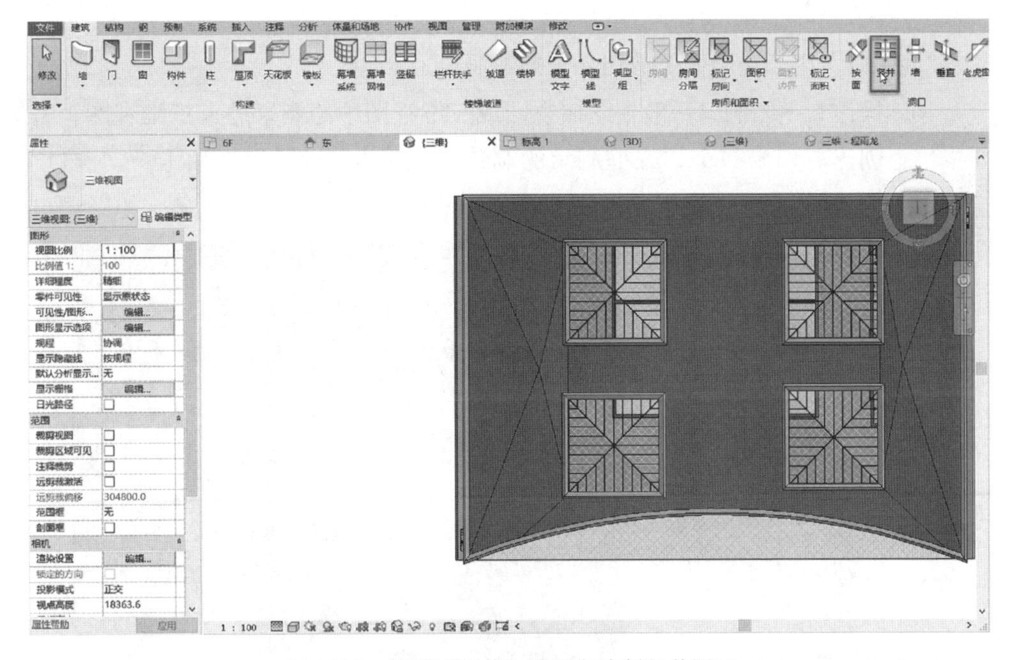

图 6-7-3　使用“竖井”选项卡绘制竖井洞口

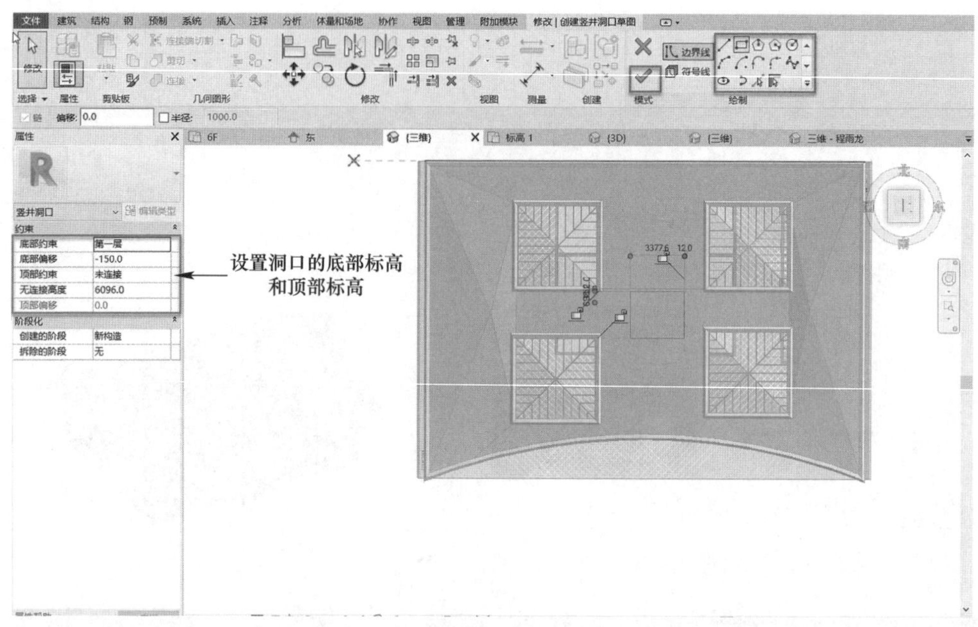

图 6-7-4　选择绘制方式并设置洞口参数

6.7.3　墙洞口

“墙洞口”用于在墙体上剪切一个矩形洞口。

具体操作为：墙洞口一般在立面视图或三维视图中绘制。进入三维视图，若要在墙上创建剪切出一个如红框所示的洞口，可单击“建筑”选项卡→“洞口”选项卡中的“墙”，选择要创建洞口的墙，如图 6-7-5 所示。在墙上确定矩形洞口

图 6-7-5　选择目标墙 1（以广州大学创新大楼 B 楼为例）

的起点后，移动光标至矩形洞口对角线的位置并单击，即可绘制出矩形洞口。调整洞口的临时尺寸与位置，可在图中的临时尺寸标注中输入修改后的参数，如图 6-7-6 所示，或者进入该洞口对应的立面视图修改，如图 6-7-7 所示。

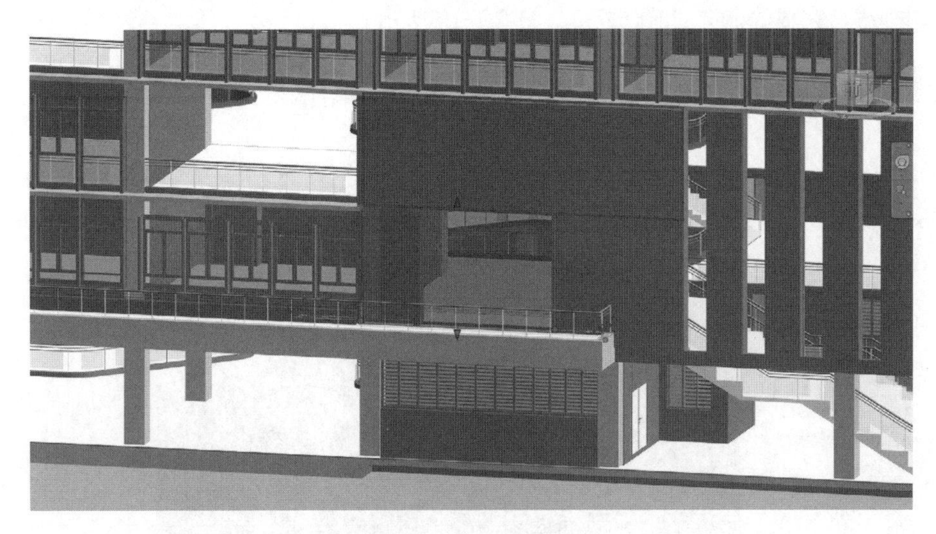

图 6-7-6　选择目标墙 2

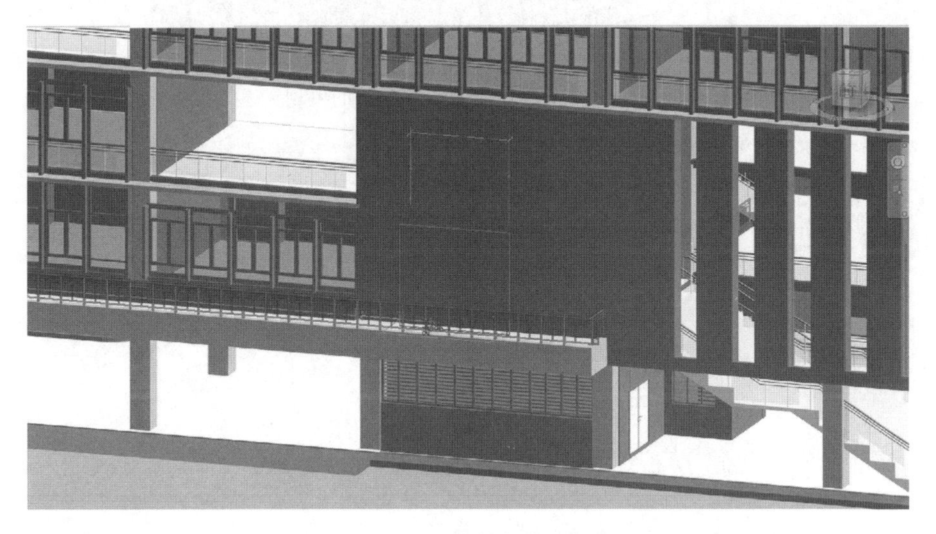

图 6-7-7　绘制完成示例

6.7.4　垂直洞口

“垂直洞口”与“竖井洞口”类似，都是在楼板、屋顶、天花板上剪切洞口，区别在于“垂直洞口”无法跨越多个标高。

具体操作为：单击“建筑”选项卡→“洞口”选项卡中的“垂直”→选择要剪切洞口的楼顶，如图 6-7-8 所示，进入“修改|创建洞口边界”界面。在此界面，在绘制工具栏中选择“矩形”，在黑线框内绘制一个矩形洞口，绘制完成后单击 ✔，完成绘制，如图 6-7-9、图 6-7-10 所示。

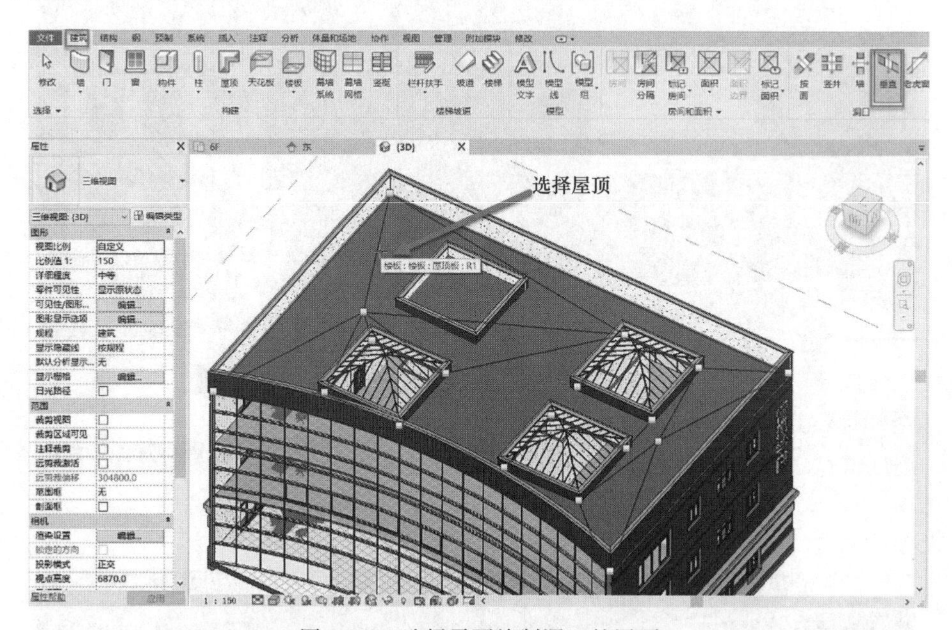

图 6-7-8　选择需要绘制洞口的屋顶

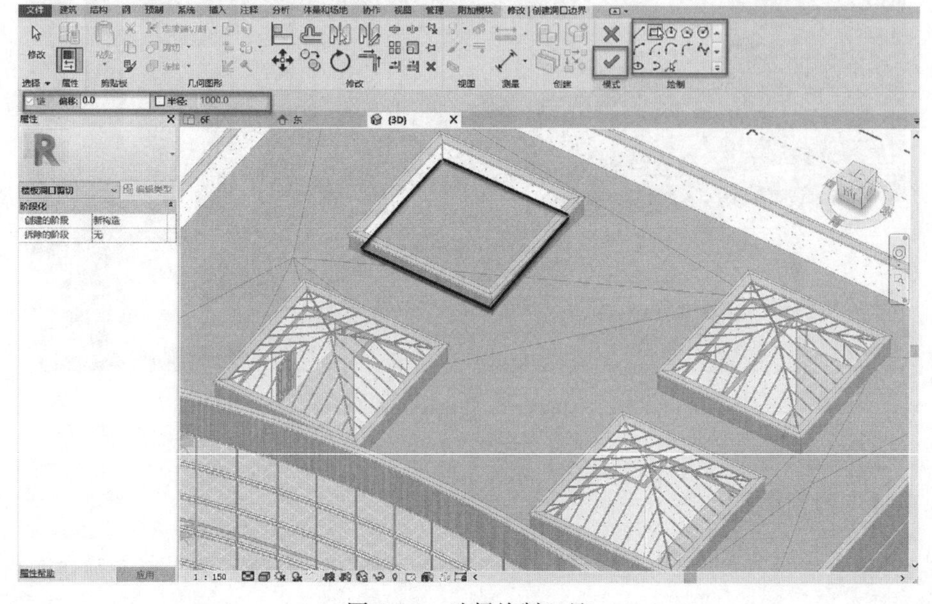

图 6-7-9　选择绘制工具

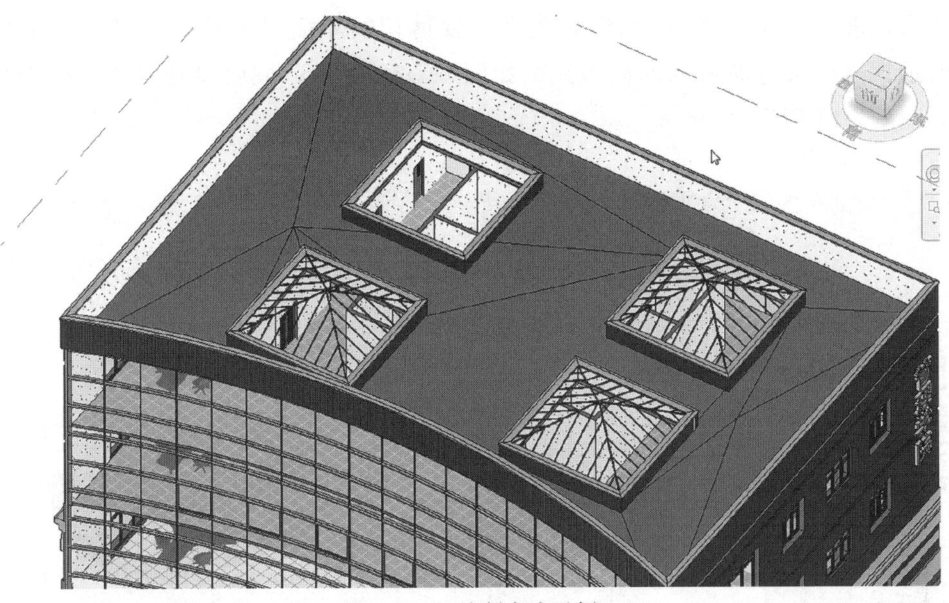

图 6-7-10　绘制完成示例

6.7.5　老虎窗洞口

“老虎窗洞口”常用作绘制房屋顶部的采光口和通风口，老虎窗由顶板、正立面墙、两侧墙及窗体等构件组合而成。

具体操作为：老虎窗洞口一般在三维视图中绘制。首先平铺水平视图窗口和三维视图窗口，单击“建筑”选项卡→“洞口”选项卡中的“老虎窗”，如图 6-7-11

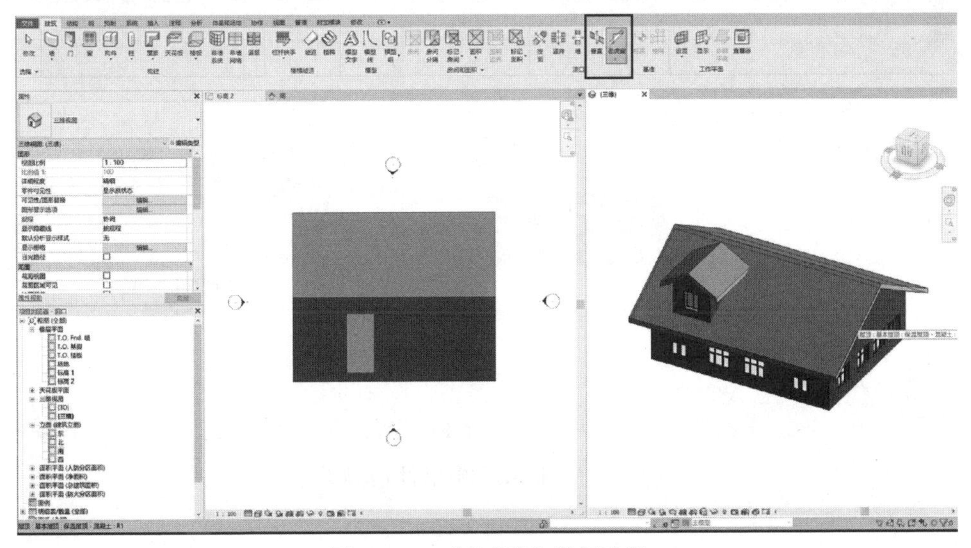

图 6-7-11　“老虎窗”按钮选择

所示，进入“修改|编辑草图”，先选中要剪切的屋面（大屋面），如图 6-7-12 所示；再拾取老虎窗的四周边线，如图 6-7-13 所示；最后单击完成绘制，如图 6-7-14 所示。

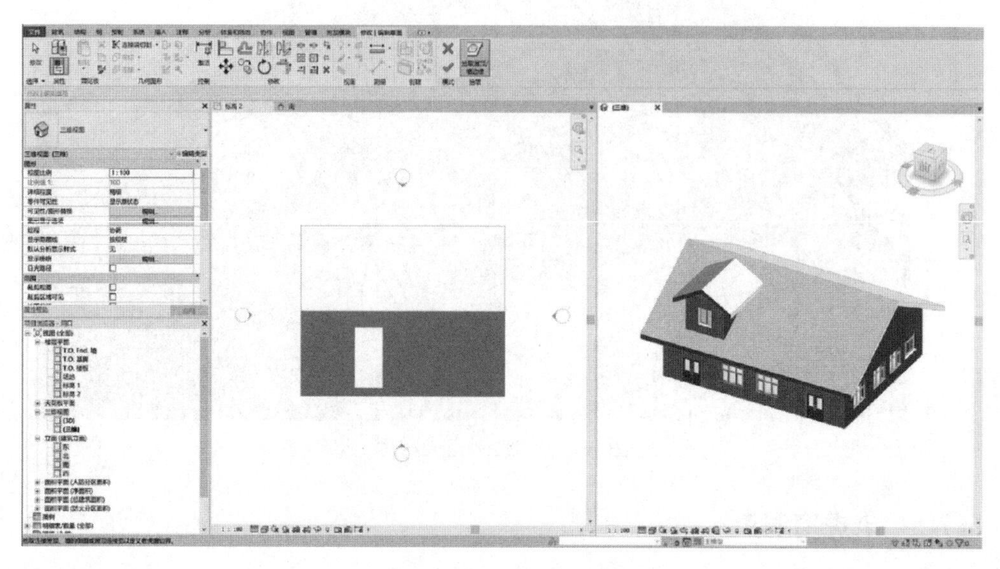

图 6-7-12　选中要剪切的屋面

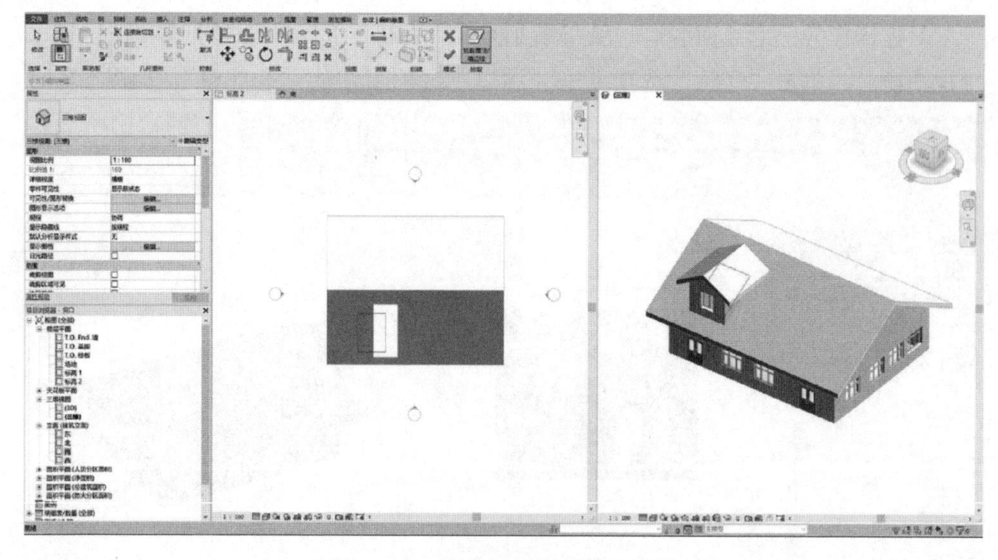

图 6-7-13　拾取屋顶或者墙边缘线

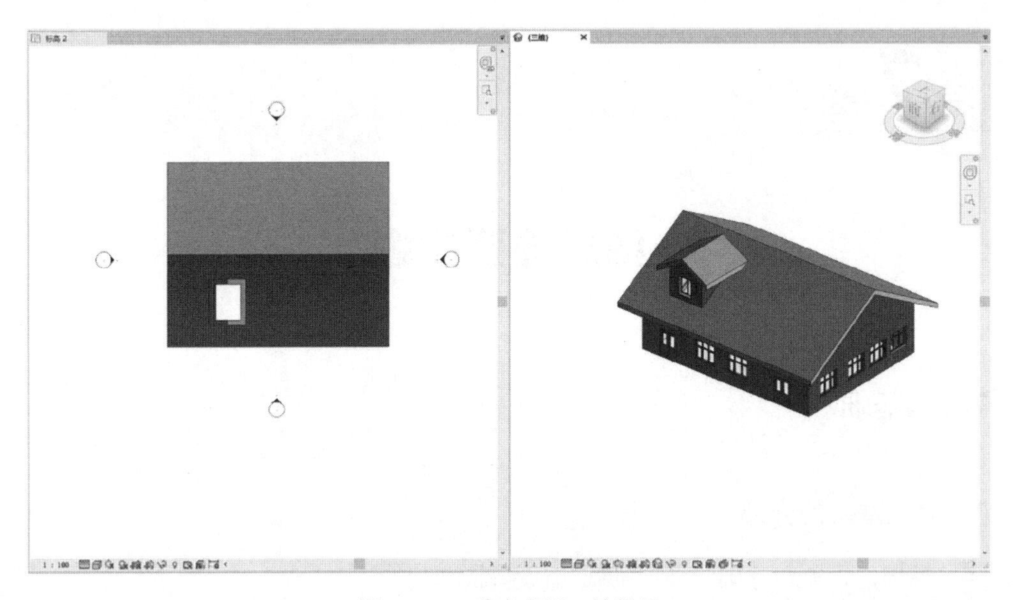

图 6-7-14　老虎窗洞口效果图

第7章

结构体系建模

7.1 基础

7.1.1 基础的介绍

基础包含独立基础、条形基础和板基础。

独立基础：单独设于柱下的基础，形式有台阶形、锥形、杯形等。

条形基础：呈连续的带形基础，包括墙下条形基础和柱下条形基础，如图 7-1-1 所示。

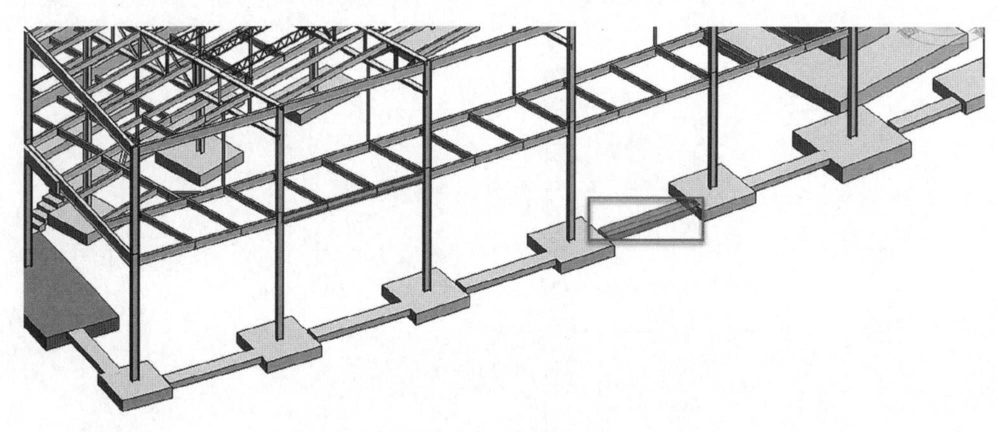

图 7-1-1　条形基础

板基础：支承整个建筑物或构筑物的大面积整体钢筋混凝土平板或由加肋的平板构成的基础。

7.1.2 基础的创建

1. 独立基础

操作步骤为：单击“结构”→“基础”→“独立”→“载入结构基础族”→“属性”→“独立基础类型”→“约束”→“材质和装饰”→“结构”。

具体操作为：首先，单击“结构”选项卡➤“基础”面板➤“独立”按钮，弹出“是否载入结构基础族”提示框，如图 7-1-2 所示，单击“是”，自动弹出“载入族”对话框，选择载入的独立基础族。其次，从“属性”面板中设置其约束、材质和装饰、结构等相应属性，如图 7-1-2 所示。最后，单击“修改|放置独立基础”→“多个”面板“在轴网处”按钮，选择该轴网，然后单击✔完成，如图 7-1-3 所示。

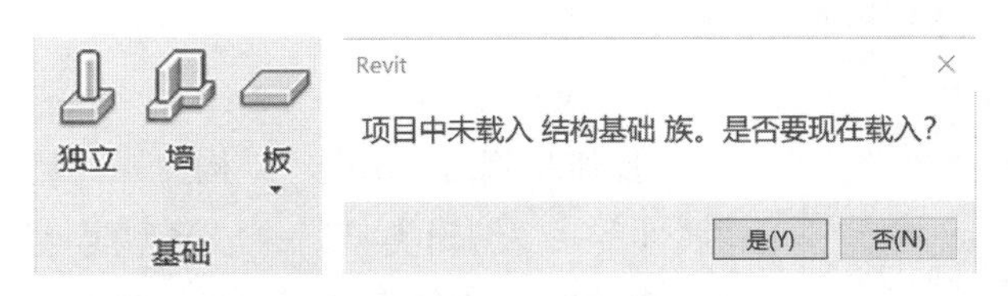

图 7-1-2　载入结构基础族

图 7-1-3　放置基础

若要创建新独立基础的类型，按以下步骤操作：选中已有独立基础，单击“编辑类型”，创建新类型。

具体操作为：首先，选择“结构”→“基础”选项卡→“独立”，单击面板中“属性”，打开“类型属性”对话框。其次，单击“复制”按钮，复制一个新的独立基础类型，这时，弹出“名称”对话框，输入新类型的名称，然后单击“确定”按钮。最后，返回“类型属性”对话框，对新建基础的结构、尺寸、几何图形、标识等参数进行设置，单击“确定”按钮，完成创建新的独立基础类型。

2. 条形基础

操作步骤为：单击“结构”→“基础”→“墙”→“属性”→“编辑类型”→“类型属性”→“复制”→“重命名”→“编辑类型属性参数”。

具体操作为：首先，单击“结构”面板→“基础”选项卡→“墙”，单击“属性”面板→“编辑类型”，如图 7-1-4 所示，打开“类型属性”对话框。其次，单击“复制”按钮，复制一个新的条形基础类型，自动弹出“名称”对话框，输入新类型的名称，然后单击“确定”按钮。最后，返回“类型属性”对话框，设置该基础的结构、尺寸、几何图形、标识等属性参数，如图 7-1-5 所示，单击“确定”按

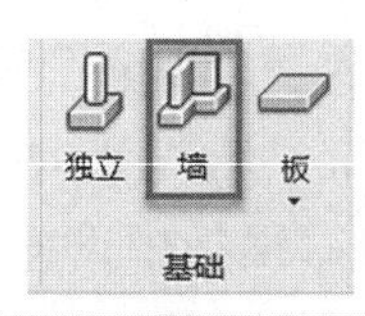

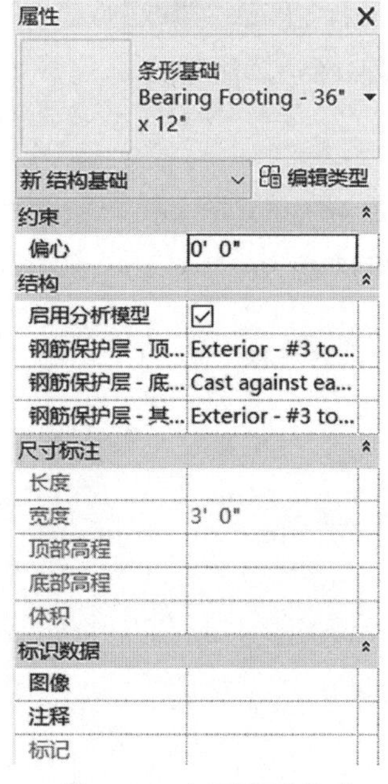

图 7-1-4 打开条形基础“属性”对话框

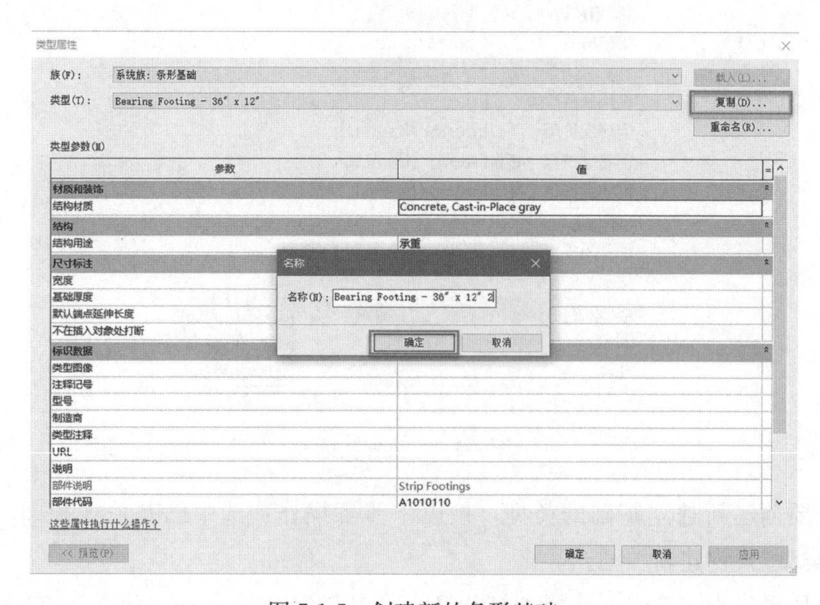

图 7-1-5 创建新的条形基础

钮，完成创建新的条形基础类型，如图 7-1-6 所示。

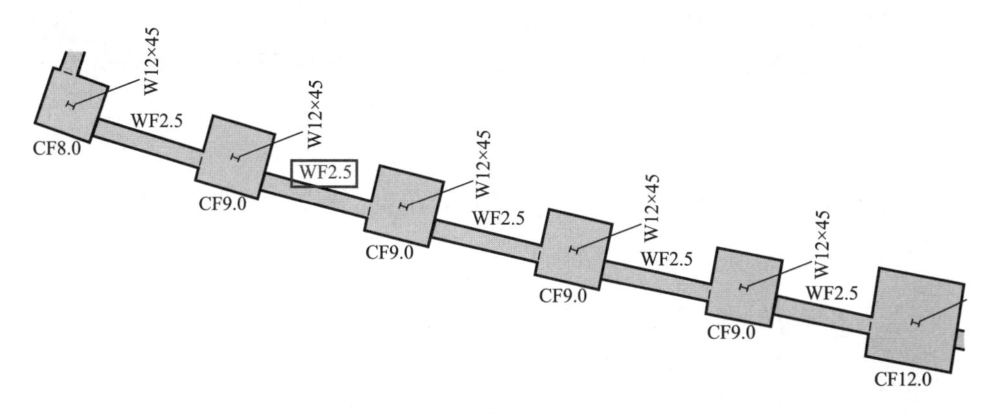

图 7-1-6　条形基础示例

3. 基础底板

（1）绘制板基础

操作步骤为：单击“结构”→“基础”→“板”→“绘制”→“属性”→“编辑类型”→“类型属性”→“编辑类型属性参数”。

具体操作为：首先，单击“结构”选项卡→“基础”面板→“底板”按钮，从“类型选择器”中指定基础底板类型，如图 7-1-7 所示。其次，单击“修改｜创建楼层边界”选项卡→“绘制”面板→“边界线”，使用“绘制”面板中的绘制工具，在草图模式下绘制板成闭合区域的边界，如图 7-1-8 所示。最后，在选项栏的“偏移”文本框中指定楼板边缘的偏移，单击“模式”面板→✔完成板基础的绘制，如图 7-1-9 所示。

图 7-1-7　指定基础底板类型

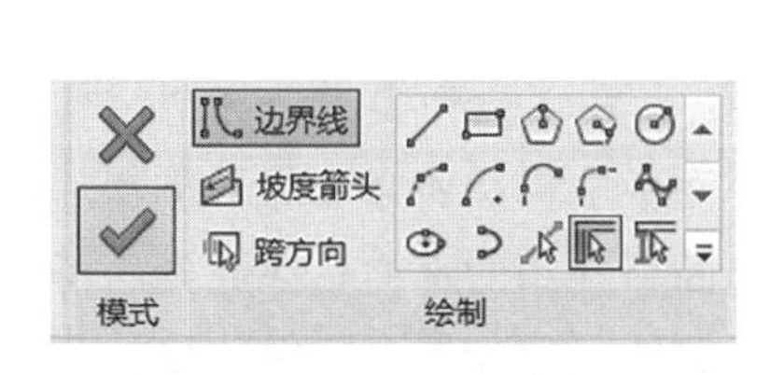

图 7-1-8　选择工具绘制边界

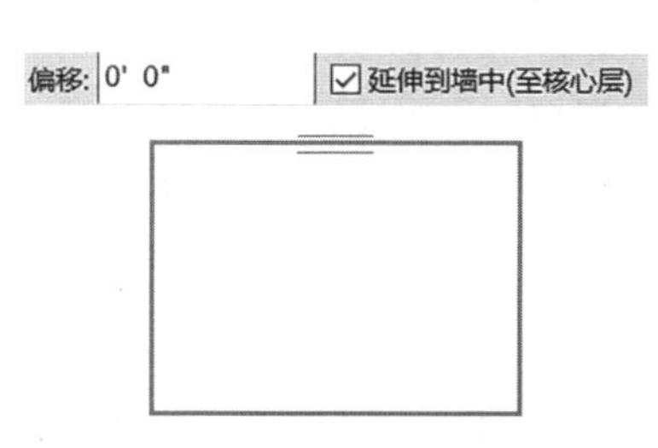

图 7-1-9　绘制完成示例

（2）创建新板基础类型

操作步骤为：单击“结构”→“基础”→“板”→“绘制”→“属性”→

“编辑类型”→“类型属性”→“编辑类型属性参数”。

具体操作为：首先，单击“结构”选项卡→“基础”面板→“底板”按钮▱，从“类型选择器”中指定基础底板类型。其次，单击“修改|创建楼层边界”选项卡→“绘制”面板→“边界线”，使用“绘制”面板中的绘制工具，如图 7-1-10 所示，在草图模式下绘制板成闭合区域的边界。最后，在选项栏的“偏移”文本框中指定楼板边缘的偏移，如图 7-1-11 所示，单击“模式”面板→✔完成板基础的绘制。

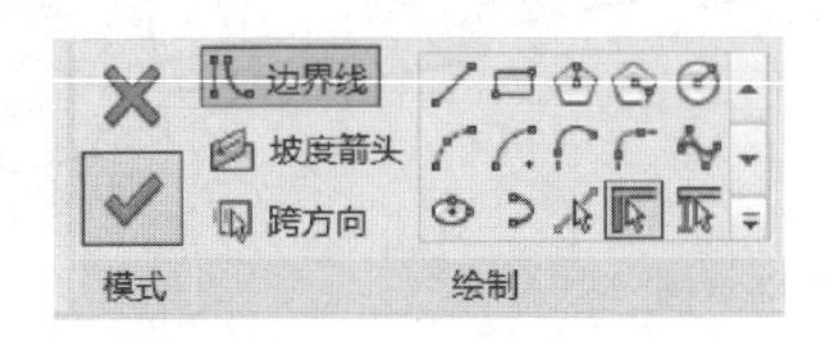

图 7-1-10 选择工具绘制边界

图 7-1-11 编辑偏移量

7.2 结构柱

7.2.1 结构柱的介绍

在第 5 章建筑柱中介绍了建筑柱和结构柱的区别。结构柱主要用于承重，自身的材质不会受到与其连接的墙体材质的影响；建筑柱用于砖混结构的墙垛、墙上凸出等结构，其属性与墙体相同，修改粗略比例、填充样式无法影响与墙体连接的建筑柱。

7.2.2 结构柱的创建

操作步骤为：单击“建筑”→“柱”→“结构柱”→“修改|放置 结构柱”→选择柱类型、修改柱属性→绘制。

具体操作为：单击“建筑”选项卡→“柱”，在下拉列表中选择“结构柱”，进入“修改|放置 结构柱”界面。在“属性”面板中选择所需要的柱类型后，单击“编辑类型”进入“类型属性”界面。如上面所介绍的那样，在此界面可以通过单击“复制”按钮和“重命名”按钮，修改高度、宽度等参数来创建新的结构柱类型。若没有所需要的结构柱类型，可以单击“插入”选项卡，在族库中载入结构柱的族。

编辑完成，在图示栏中选择结构柱的绘制方式，与建筑柱的绘制方式相同。

7.3 梁和桁架

7.3.1 梁和桁架的介绍

（1）梁

承受竖向荷载，以受弯为主的构件。梁一般水平放置，用来支承板并承受板传来的各种竖向荷载和梁的自重，梁和板共同组成建筑的楼面和屋面结构。

（2）桁架

一种由杆件彼此在两端用铰链连接而成的结构。由直杆组成的桁架一般具有三角形单元的平面或空间结构，桁架杆件主要承受轴向拉力或压力，从而能充分利用材料的强度，在跨度较大时比实腹梁节省材料，减小自重和增大刚度。

7.3.2 梁的创建

（1）常规梁

操作步骤为：单击“结构”→“桁架”→“载入结构桁架族”→“载入结构基础族”→“绘制”→“放置平面”→“属性”→“桁架类型”。

具体操作为：单击“结构”选项卡→“梁”，进入“修改|放置梁”界面，在“属性”面板中单击选择所需要的梁类型或单击“编辑类型”进入“类型属性”界面，单击“载入”按钮进入族库载入梁的族文件。

选择好所需要的梁后，可在“类型属性”中修改梁的参数，如图 7-3-1 所示。

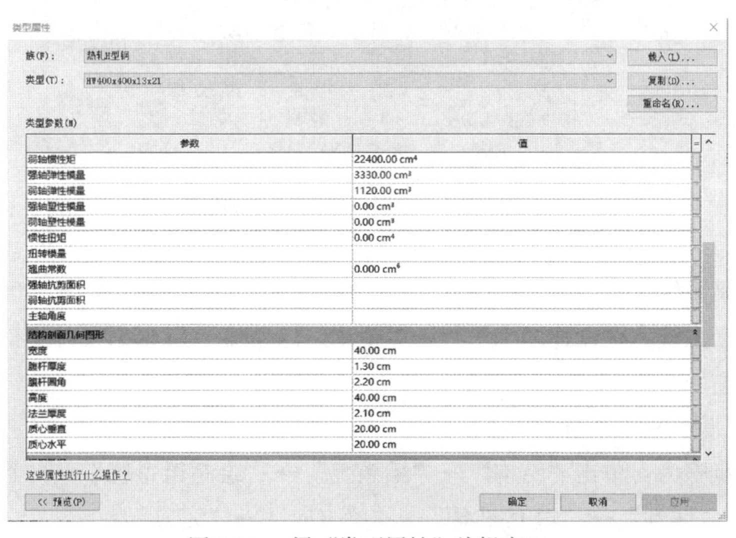

图 7-3-1 梁“类型属性”编辑窗口

首先，从“绘制”选项卡中选择绘制工具，如图 7-3-2 所示。其次，在“修改|放置梁”选项卡中选择梁的放置平面，从“结构用途”下拉列表中选择梁的结构用途或让其处于自动状态进行绘制。或可也使用“轴网”命令，拾取轴网线或框选轴网线，单击“完成”按钮，系统自动在柱、结构墙和其他梁之间放置梁，如图 7-3-3 所示。最后，可在“属性”框中设置梁的结构参数，在几何图形位置中可以设置梁两端垂直偏移量，结构单元中可以设置梁的端点连接方式及结构用途，如图 7-3-4 所示。

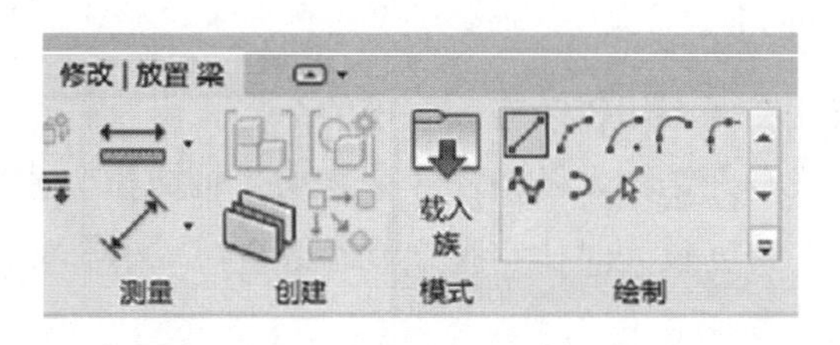

图 7-3-2　梁“绘制”选项卡

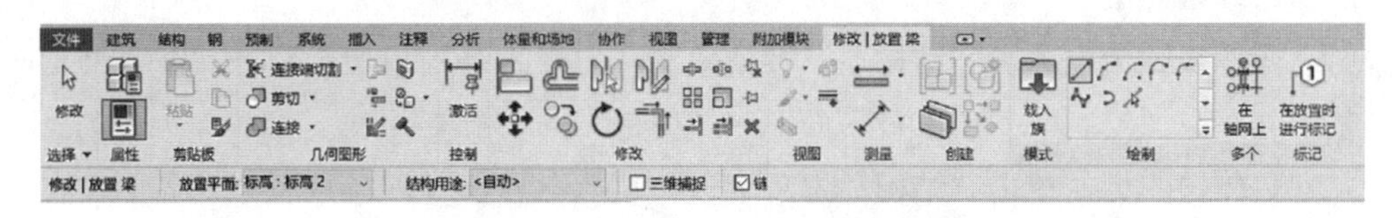

图 7-3-3　梁放置和用途参数设置

图 7-3-4　梁端点连接方式编辑

（2）梁系统

结构梁系统允许创建多个平行的等距梁，这些梁可以根据设计中的修改进行参数化调整。

1）手动绘制梁系统。

操作步骤为：单击“结构”→“梁系统”→“绘制梁系统”→“边界线”→“绘制”→“属性”→“填充图案”→“梁方向”→“完成”。

具体操作为：首先，选择“结构”选项卡→“梁系统”，如图 7-3-5 所示，“绘制梁系统”面板如图 7-3-6 所示，打开“绘制”面板，如图 7-3-7 所示。其次，用绘制工具在草图模式中绘制添加梁系统的区域，如图 7-3-8 所示，单击面板中“属性”，在“填充图案”下，选择“梁类型”“布局规则”以定义梁系统间距要求等参数。最后，单击“模式”面板→“完成”按钮，即可生成梁系统，如图 7-3-9 所示。

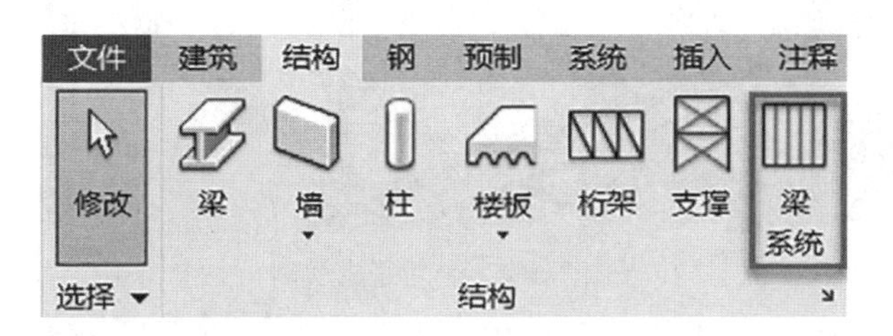

图 7-3-5 选择梁系统

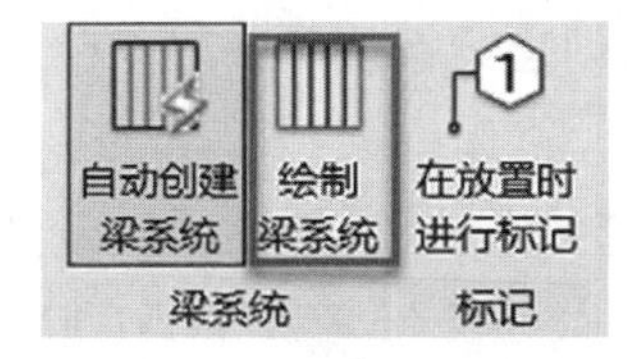

图 7-3-6 “绘制梁系统”面板

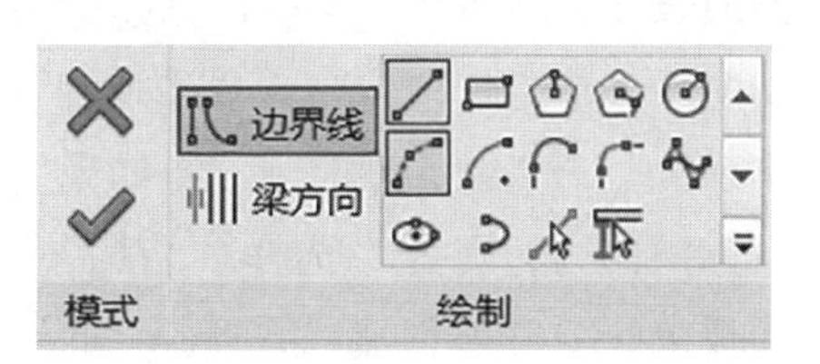

图 7-3-7 选择绘制工具

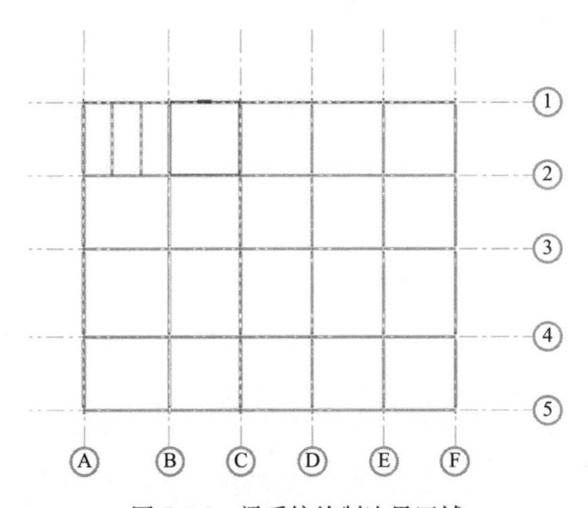

图 7-3-8 梁系统绘制边界区域

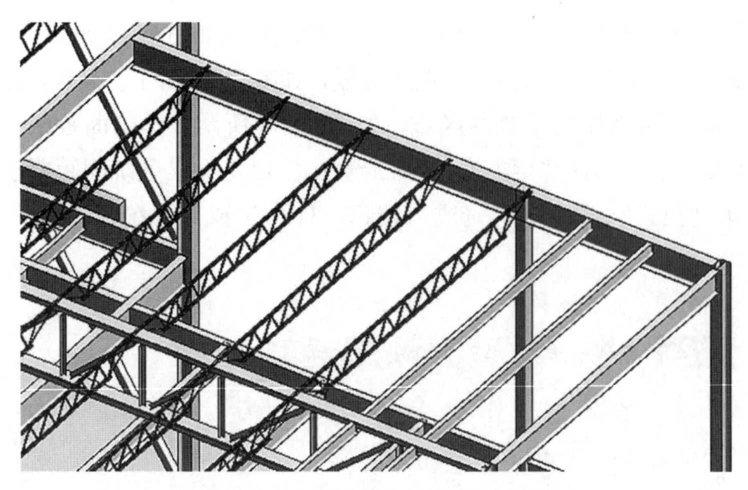

图 7-3-9　绘制完成示例

2）自动创建梁系统。

在含有草图平面的平面视图或天花板视图中，已经绘制了支撑图元（墙或梁）的闭合环，能通过一次单击创建梁系统。

功能区：单击“结构”→“梁系统”→“自动创建梁系统”→“修改|放置结构梁系统”→“梁类型”→“布局规则”。

具体操作为：首先，选择“结构”选项卡→“梁系统”，如图 7-3-10 所示，单击面板中的“自动创建梁系统”，如图 7-3-11 所示。其次，在“修改|放置 结构梁系统”选项卡下拉列表中选择“梁类型”“布局规则”“间距”等参数，确定系统梁的布局规则，如图 7-3-12 所示。最后，单击支撑图元（墙或梁）的闭合区域，系统自动在该区域中放置梁，如图 7-3-13 所示。

图 7-3-10　创建梁系统

图 7-3-11　自动创建梁系统

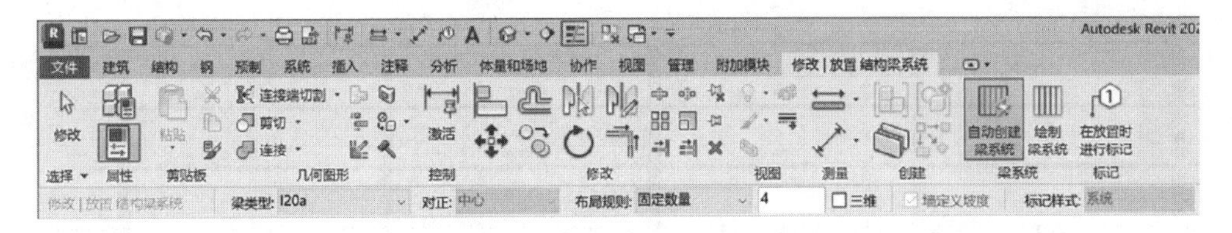

图 7-3-12　设置梁系统布局参数

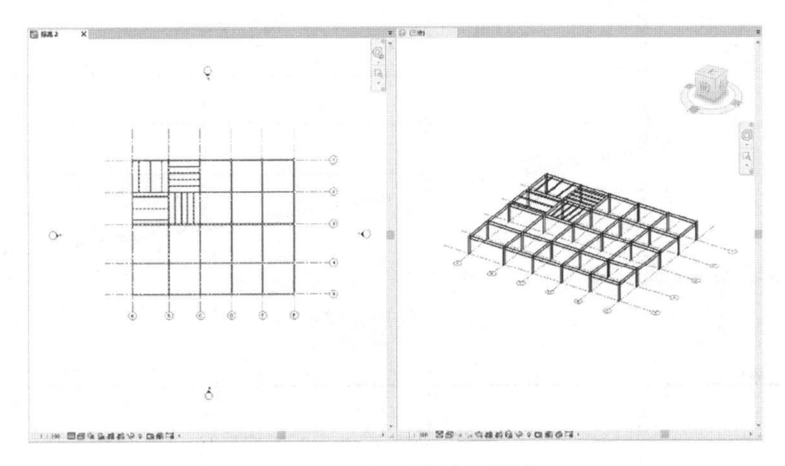

图 7-3-13　梁系统放置效果

需要注意的是，梁系统中可供选择的梁类型取决于载入梁的类型。

（3）添加结构支撑

操作步骤为：单击“结构”→“支撑”→选择支撑类型→修改支撑参数→拾取放置起点、终点。

具体操作为：选择一个平面视图或立面视图，单击“结构”选项卡→“支撑”，如图 7-3-14 所示。然后，在“类型选择器”下拉列表中选择所需要的支撑类型或者在“类型属性”界面单击“载入”按钮进入族库中，载入所需要的族文件。选择完支撑类型后，拾取放置起点和终点，支撑会将其附着到梁和柱上，如图 7-3-15、图 7-3-16 所示。

图 7-3-14　单击“支撑”选项卡进入“类型选择器”

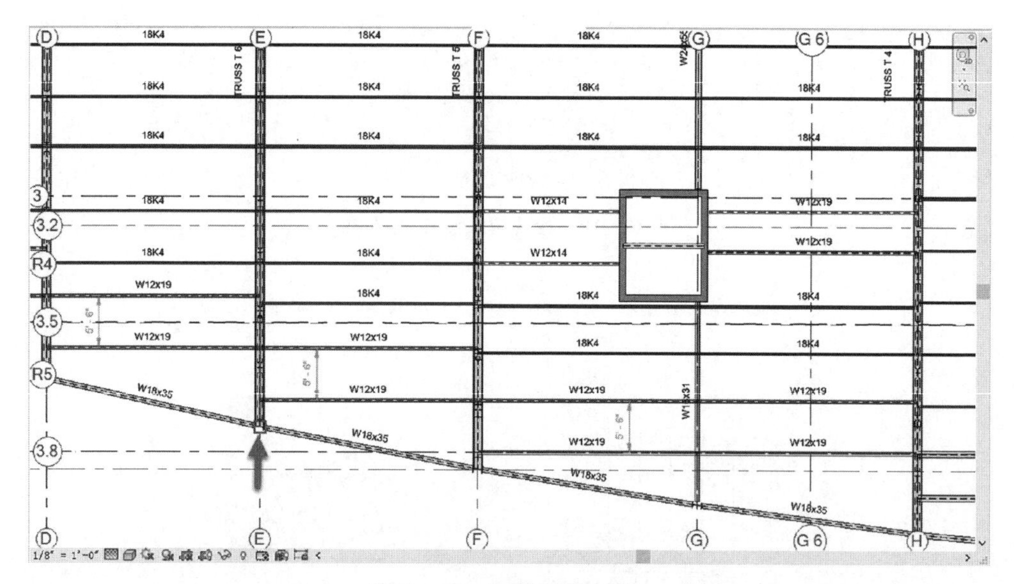

图 7-3-15　绘制完成示例 1

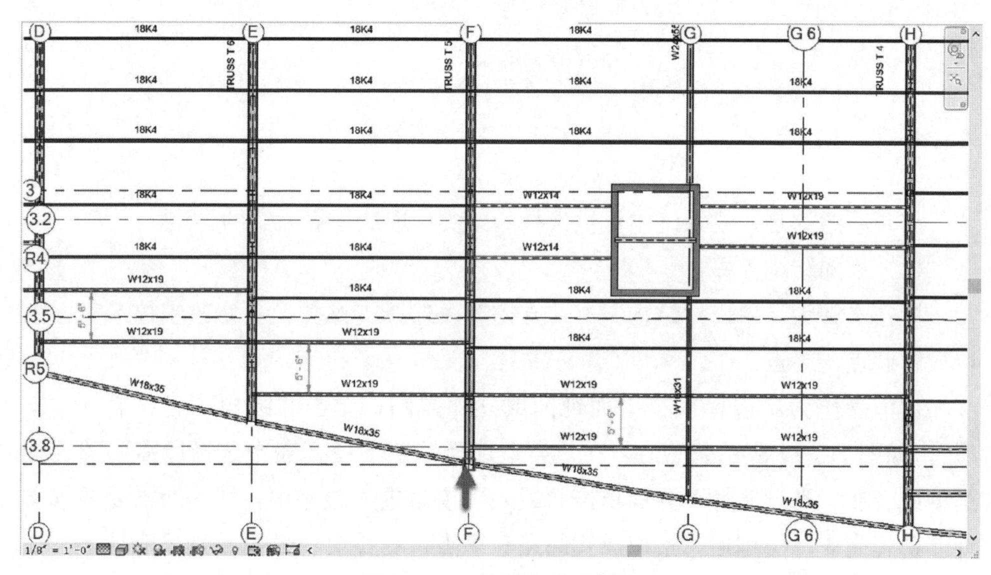

图 7-3-16　绘制完成示例 2

需要注意的是，由于在 Revit 中默认“详细程度”为“粗略”，所以所绘制的支撑显示的是单线。若需要显示支撑的厚度，将“详细程度”改为“精确”即可。

7.3.3　桁架的创建

（1）桁架的绘制

功能区：单击“结构”→“桁架”→“载入结构桁架族”→“载入结构基础

族”→“绘制”→“放置平面”→“属性”→“桁架类型”。

具体操作为：首先，单击“结构”选项卡→“结构”面板→“桁架”按钮，弹出是否载入结构桁架族提示框，如图 7-3-17 所示，单击“是”按钮，自动弹出“载入族”对话框，选择载入的结构桁架族，如图 7-3-18 所示。其次，从“绘制”选项卡中选择绘制方式及放置平面，如图 7-3-18 所示。最后，单击“修改|放置桁架”→“放置平面”按钮，选择标高完成，如图 7-3-19 所示。

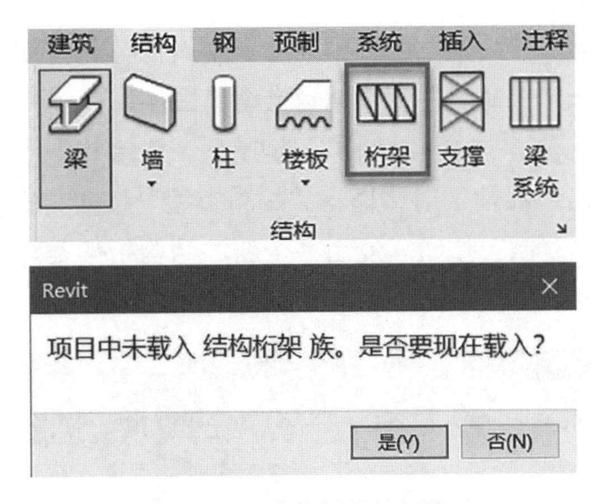

图 7-3-17　载入结构桁架族 1

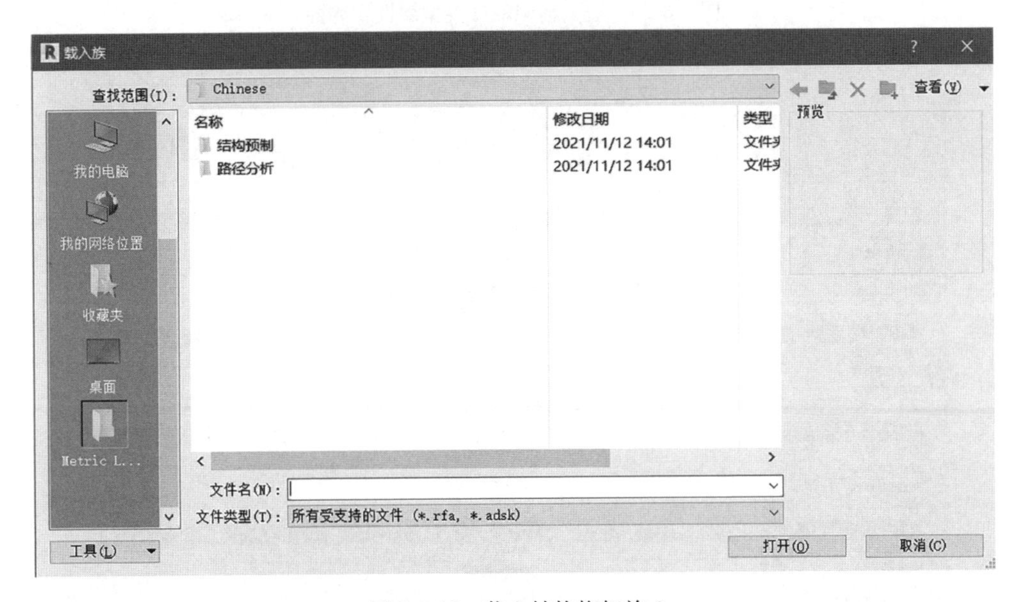

图 7-3-18　载入结构桁架族 2

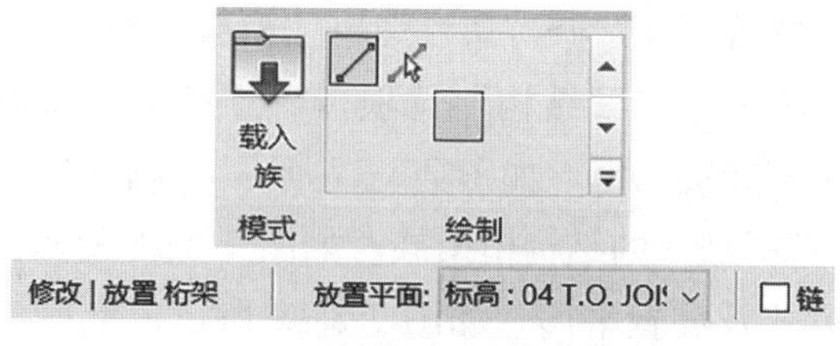

图 7-3-19　选择绘制方式及放置平面

（2）创建新桁架类型

操作步骤为：单击“结构”→“桁架”→“属性”→“编辑类型”→“类型属性”→“复制”→“重命名”→“编辑类型属性参数”→“结构框架类型”。

具体操作为：首先，选择“结构”选项卡→“结构”面板→“桁架”，如图 7-3-20 所示，单击“属性”对话框→“编辑类型”按钮，打开“类型属性”对话框。其次，单击“复制”按钮，复制一个新的结构桁架类型，弹出“名称”对话框，输入新类型的名称，单击“确定”按钮，如图 7-3-21 所示。最后，返回“类

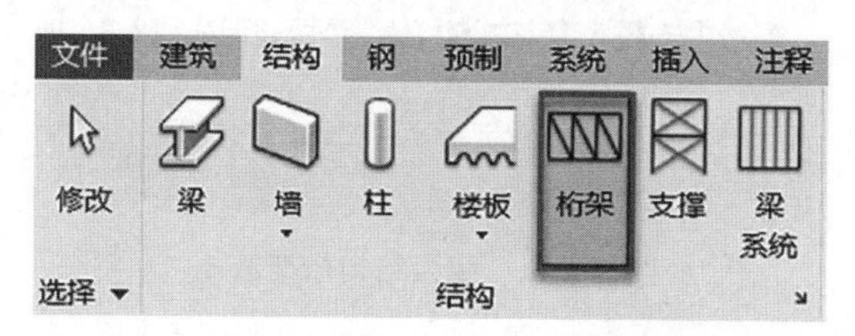

图 7-3-20　进入桁架的“类型属性”界面

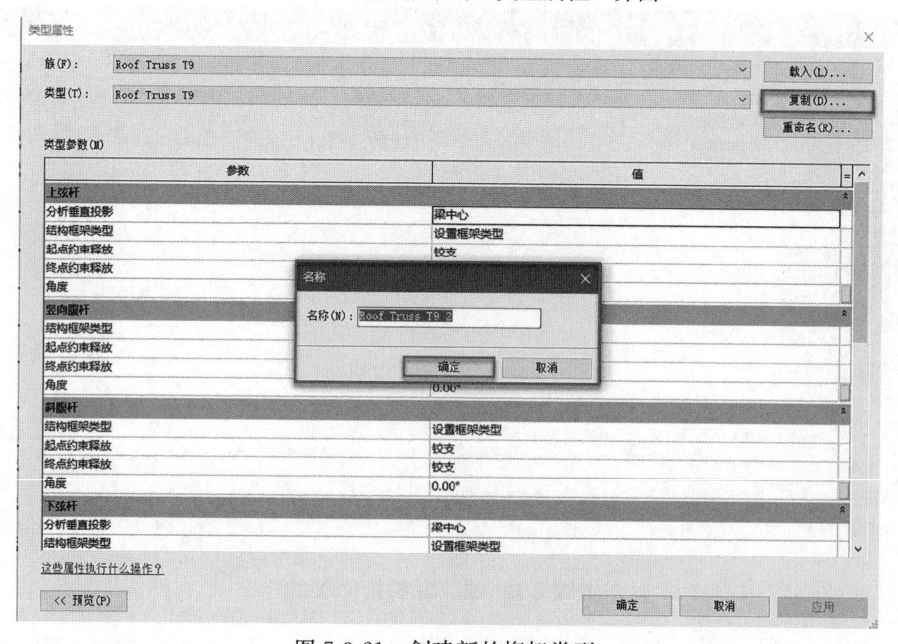

图 7-3-21　创建新的桁架类型

型属性”对话框，对新建结构桁架的上弦杆、竖向腹杆、斜腹杆、下弦杆、构造、标识等参数进行设置，单击“确定”按钮，完成创建新的结构桁架类型。

需要注意的是，结构类型选项取决于梁族载入情况。

（3）编辑桁架族

功能区：单击“修改 | 结构桁架”→“编辑族”→“创建”→“详图”→“载入到项目”。

具体操作为：首先，选择图中结构桁架图形，如图 7-3-22 所示，单击“修改 | 结构桁架”选项卡→“模式”面板→“编辑族”按钮，如图 7-3-23 所示。其次，在弹出的新页面下“创建”选项卡中的“详图”上单击“腹杆”按钮，在组编辑器页面下进行绘制，如图 7-3-24、图 7-3-25 所示。最后，单击“族编辑器”面板→“载入到项目”完成桁架族的编辑，如图 7-3-26 所示。

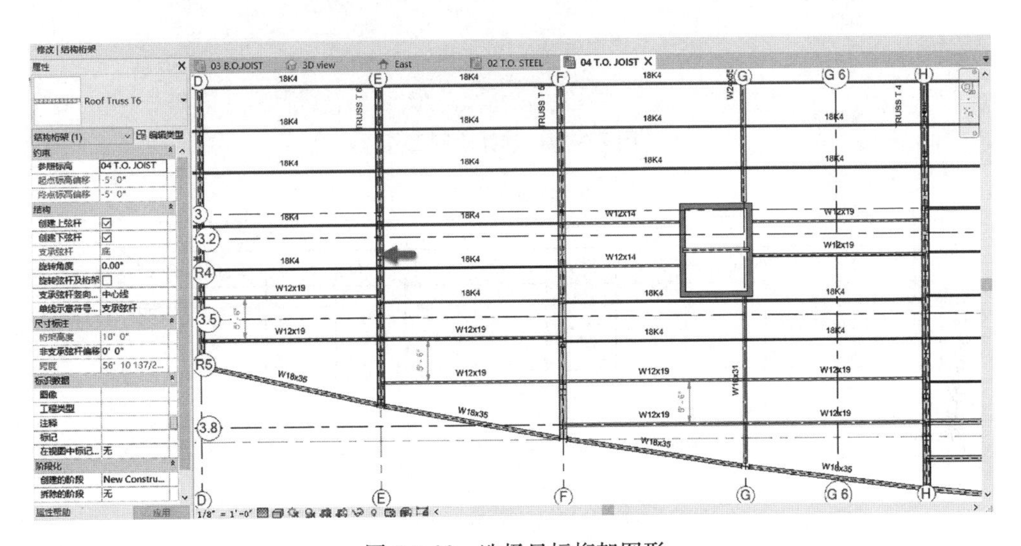

图 7-3-22　选择目标桁架图形

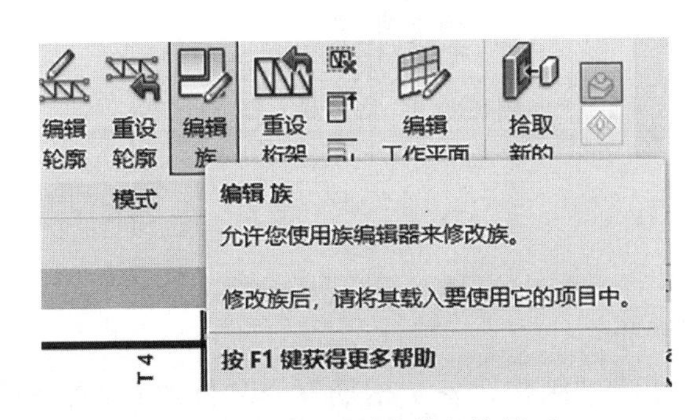

图 7-3-23　进入编辑桁架族界面

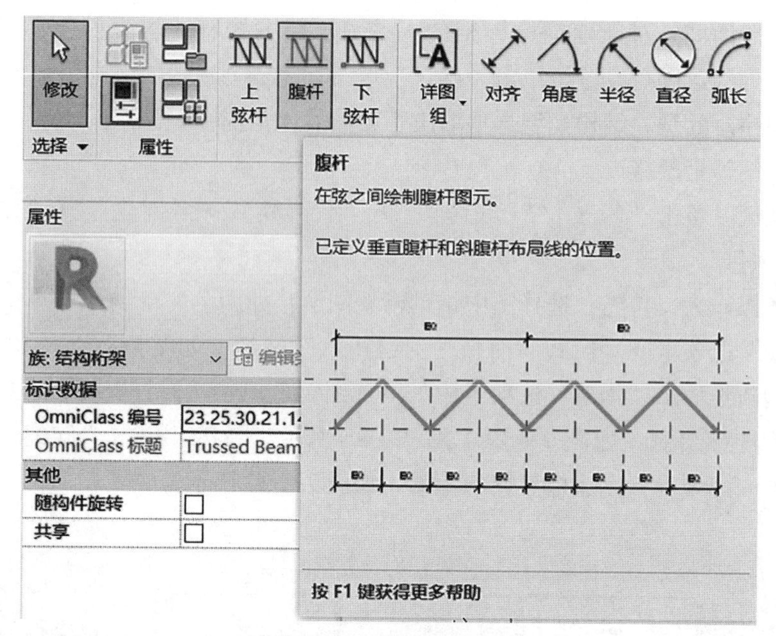

图 7-3-24　选择绘制工具

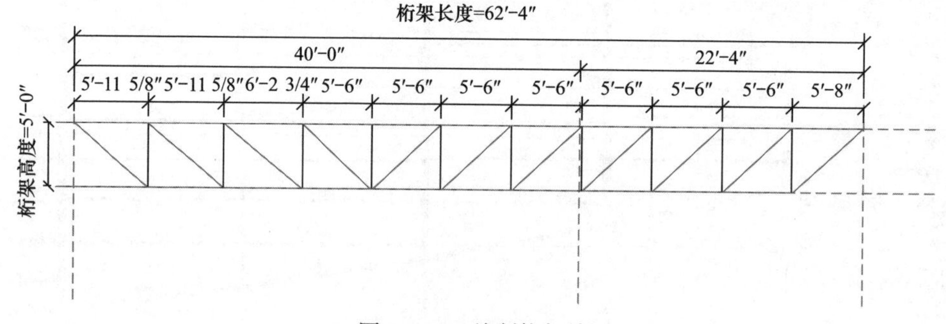

图 7-3-25　绘制桁架族

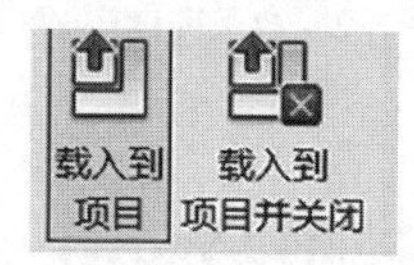

图 7-3-26　将族载入到项目

7.4　钢筋

（1）手动绘制钢筋

操作步骤为：单击“结构”→“钢筋”→“修改|放置 钢筋”→“绘制钢筋”→“拾取图元”→“绘制”。

具体操作为：首先，单击“结构”选项卡→“钢筋”面板→“绘制钢筋”按钮，如图 7-4-1 所示，拾取图形窗口上的目标图元，如图 7-4-2 所示，自动跳转到“修改|创建钢筋草图”选项卡。其次，在“绘制”面板中，使用“线”形状在目标图元上绘制钢筋，如图 7-4-3 所示。最后，单击“模式”面板中的✔结束钢筋的绘制，如图 7-4-4 所示。

图 7-4-1　单击“钢筋”选项卡开始绘制

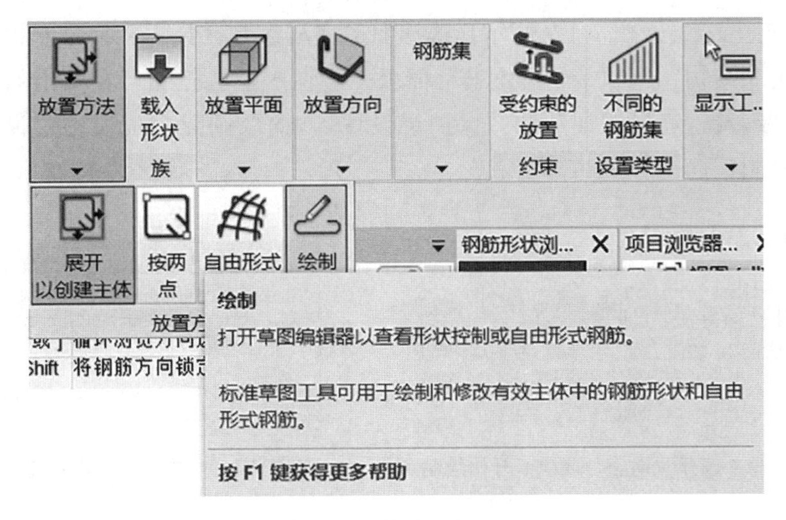

图 7-4-2　选择绘制方式

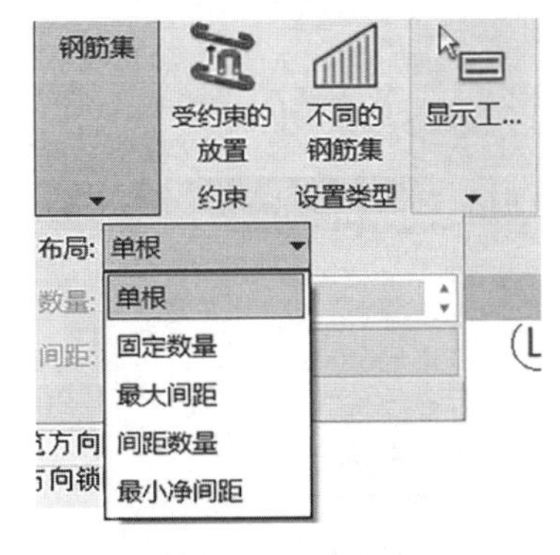

图 7-4-3　设置布局 1

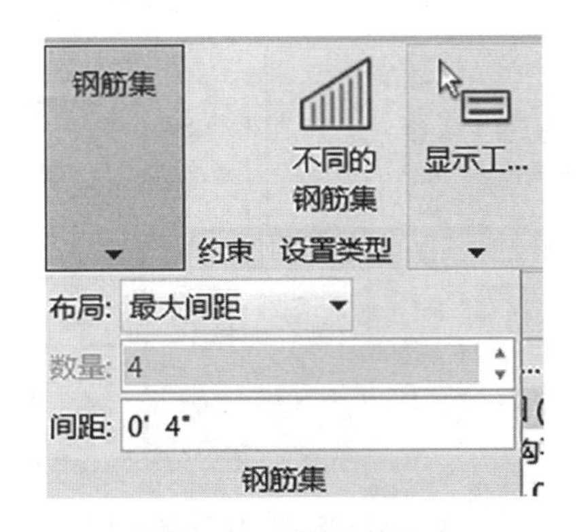

图 7-4-4　设置布局 2

(2) 自动绘制钢筋

操作步骤为：单击“结构”→“钢筋”→“修改|放置 钢筋”→“远保护层参照”→“平行于工作平面”→“布局”→“间距”→“绘制”→“结构”→“钢筋”→“保护层”。

具体操作为：首先，单击“结构”选项卡→“钢筋”面板→“钢筋”按钮，弹出“钢筋形状定义”提示框，如图 7-4-5 所示，单击“确定”按钮，自动弹出是否载入“钢筋形状”族提示框，如图 7-4-6 所示，单击“是”，选择载入的“钢筋形状”族，可在“钢筋形状浏览器”选择需要的钢筋类型。其次，自动跳转到“修改|放置 钢筋”选项卡，在“放置平面”面板中选择“远保护层参照”，如图 7-4-7 所示 ，在“放置方向”面板中选择“平行于工作平面”，在“钢筋集”面板中选择钢筋“布局”“最大间距”，在“间距”中输入“300.0 mm”，如图 7-4-8、图 7-4-9 所示，选择图形完成绘制并推出钢筋绘制模式。最后，单击“结构”选项卡→“钢筋”面板→“保护层”按钮，在弹出的选项卡中设置“编辑钢筋保护层”和“保护层设置”，拾取图元完成保护层设置，完成自动绘制钢筋。

图 7-4-5 选择“钢筋”选项卡开始绘制

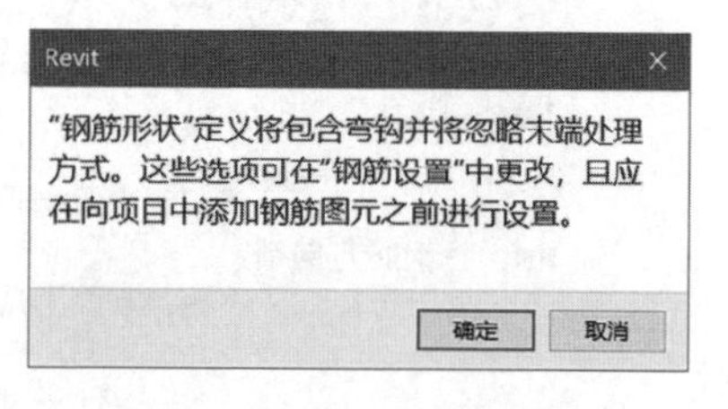

图 7-4-6 载入“钢筋形状”族

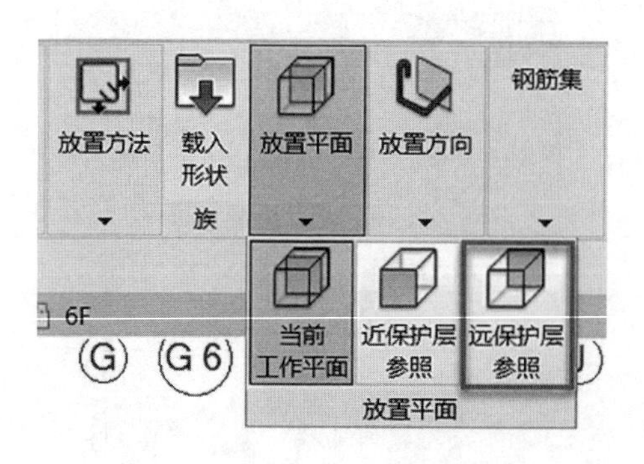

图 7-4-7 选择“远保护层参照”

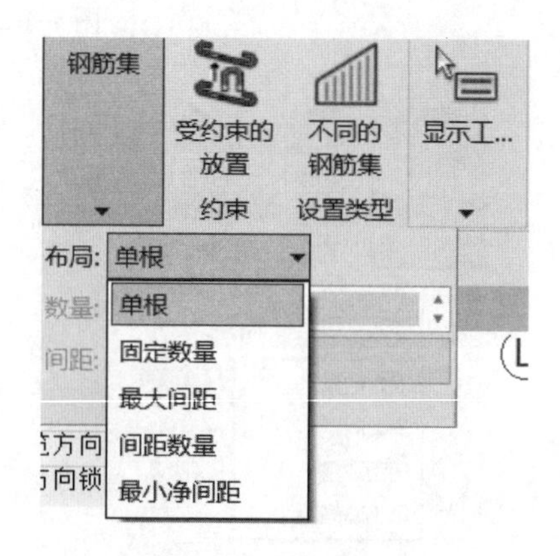

图 7-4-8 设置布局 3

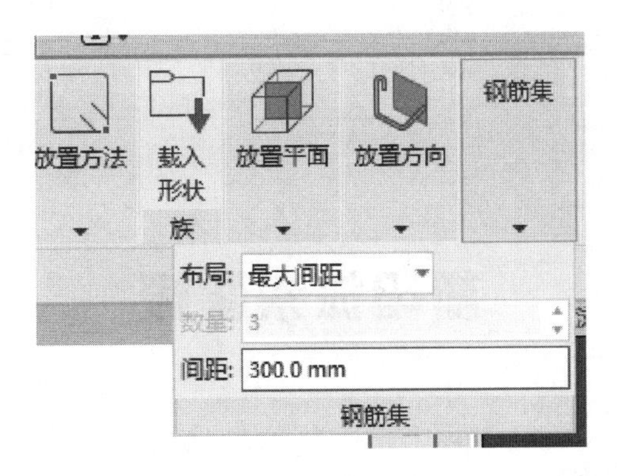

图 7-4-9　设置布局 4

第8章

机电体系建模

8.1 创建机械样板

扫码阅读

8.2 暖通空调系统

8.2.1 系统设置

1. 风管类型创建

系统内置了三大类风管，分别是圆形、椭圆形和矩形。为满足建模的需要，可以通过复制现有风管类创建所需要的新风管类型。

(1) 风管复制

在“项目浏览器”中依次选择“族”→“风管”→“圆形风管”→“T形三通”，鼠标右键单击，在弹出的菜单栏选择“复制”，创建“T形三通2”，如图8-2-1所示。

(2) 风管重命名

选择“T形三通2”，鼠标右键单击，在弹出的菜单栏选择“重命名”，修改为“回风风管”并单击“确定”按钮，完成新风管的创建，如图8-2-2所示。

2. 风管的布管系统配置

进行布管系统设置的目的是提前对该风管道上使用的弯头、四通等风管管件进行指定，在绘制过程中，自动生成的管道连接件将按照布管系统设置的类型创建。

1) 在“项目浏览器”中依次选择“族”→“风管”→“回风风管”，鼠标右键单击，在弹出的菜单栏中选择“类型属性”对话框，如图 8-2-3 所示。

2）单击“布管系统配置”界面中的“编辑”按钮，进入“布管系统配置”对话框，在对话框中可以设置各种连接方式，设置完成后连续单击“确定”按钮完成所有操作，如图 8-2-4 所示。“布管系统配置”的各选项说明如下。

弯头：设置风管改变方向用的弯头的默认类型。

首选连接类型：设置风管支管连接的默认类型。

连接：设置风管两段相连接时的接头类型。

四通：设置风管四通的默认类型。

过渡件：设置风管变径所用的管件默认类型。

多形状过渡件：设置不同轮廓风管间（圆形、矩形、椭圆形）的默认连接方式。

活接头：设置风管活接头的默认连接方式。

管帽：设置风管末端堵头的默认类型。

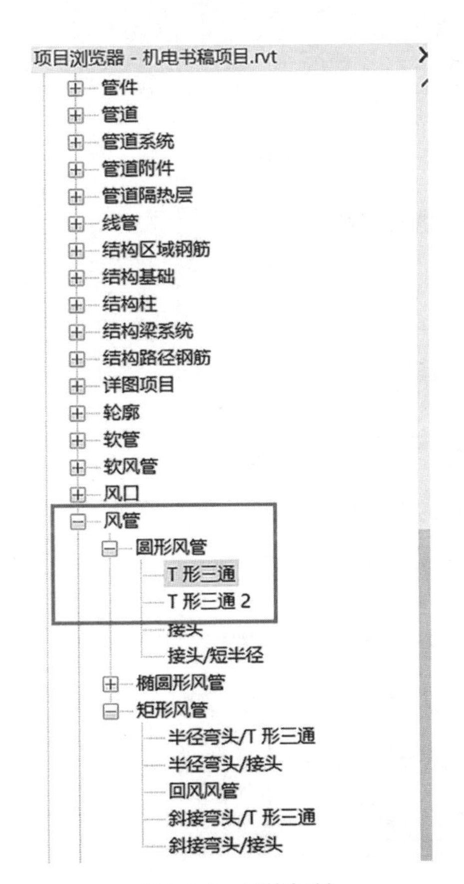

图 8-2-1　风管复制

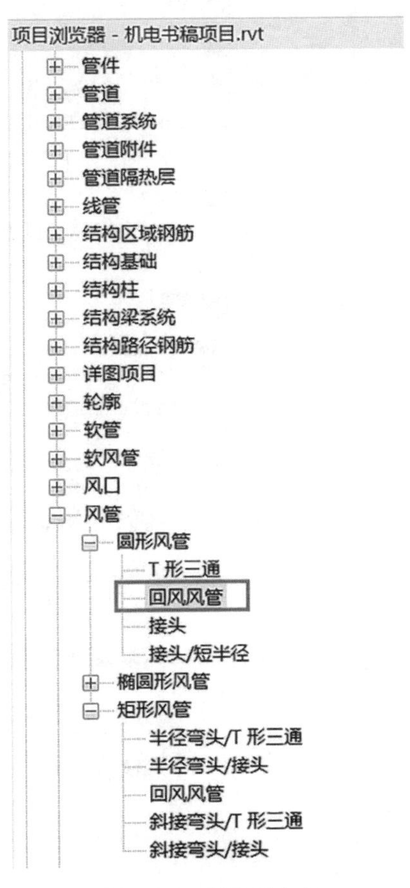

图 8-2-2　风管重命名

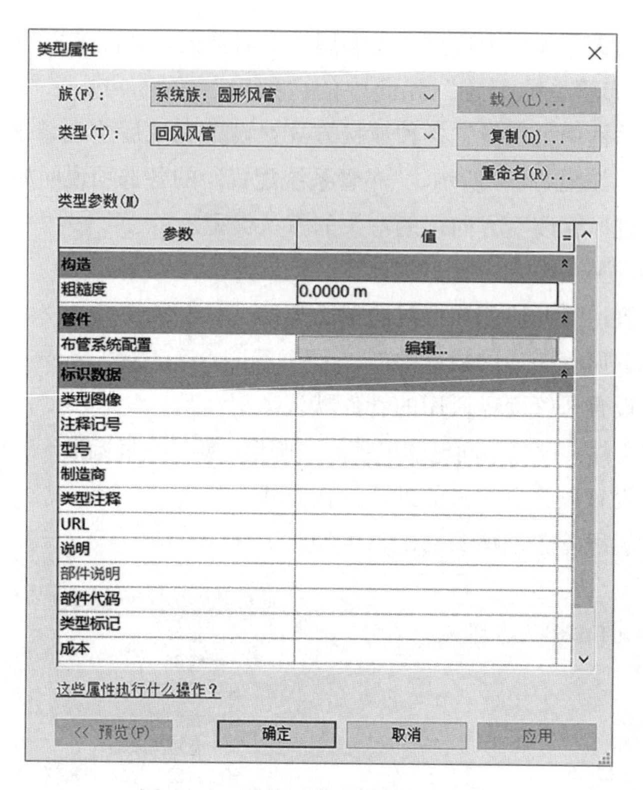

图 8-2-3　风管“类型属性”对话框

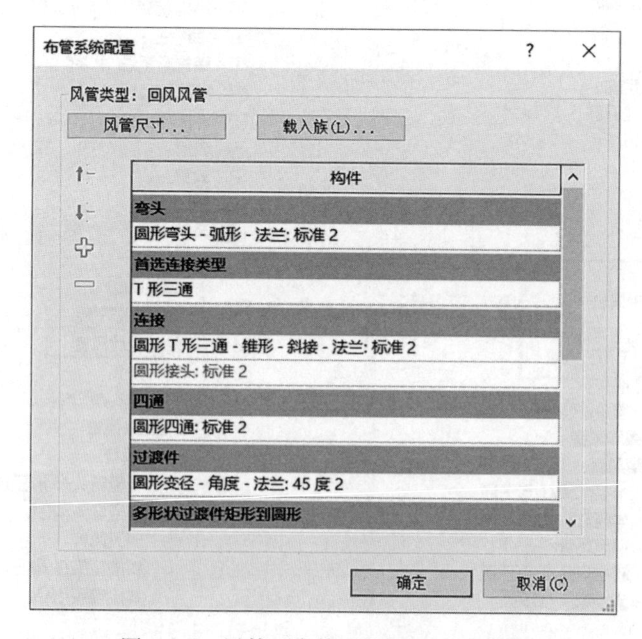

图 8-2-4　风管“布管系统配置”对话框

3. 风管系统类型的创建

系统内置了三种风管系统，分别是回风、排风、送风，通过复制现有的风管系统创建所需要的风管系统类型。在进行复制创建时，新系统类型所属的系统分类将与所选系统类型的系统分类一致。例如，选择“回风”系统进行复制，创建新的“机械回风”系统，那么“机械回风”系统的系统分类与“回风”的系统类别一致。

（1）系统复制

在“项目浏览器”中依次选择“族”→“风管系统”→“回风”，鼠标右键单击，在弹出的菜单栏选择“复制”按钮，创建“回风 2”，如图 8-2-5 所示。

（2）系统重命名

选择“回风 2”，鼠标右键单击，在弹出的菜单栏选择“重命名”，修改为“新风回风”并单击“确定”按钮，完成新的风管系统的创建，如图 8-2-6 所示。

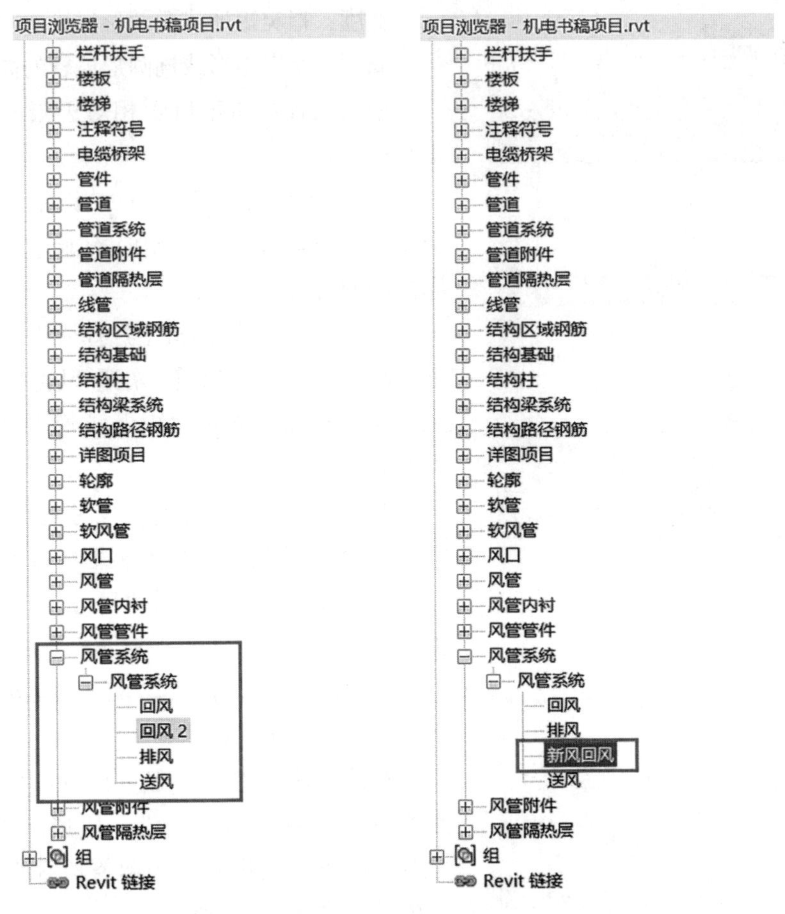

图 8-2-5　风管系统复制　　　图 8-2-6　风管系统重命名

8.2.2 风管

1. 绘制风管

（1）绘制水平风管

1）依次单击“系统”→“风管”，自动打开“修改|放置 风管”选项卡。“修改|放置 风管”选项卡和选项栏中的各项说明如下。

对正：打开“对正设置”对话框，设置水平对正、水平偏移和垂直对正。

自动连接：在开始或结束风管管段时，捕捉构件后可以自动连接上。该选项可用于连接不同高程的管段。

继承高程：继承捕捉到的图元的高程。

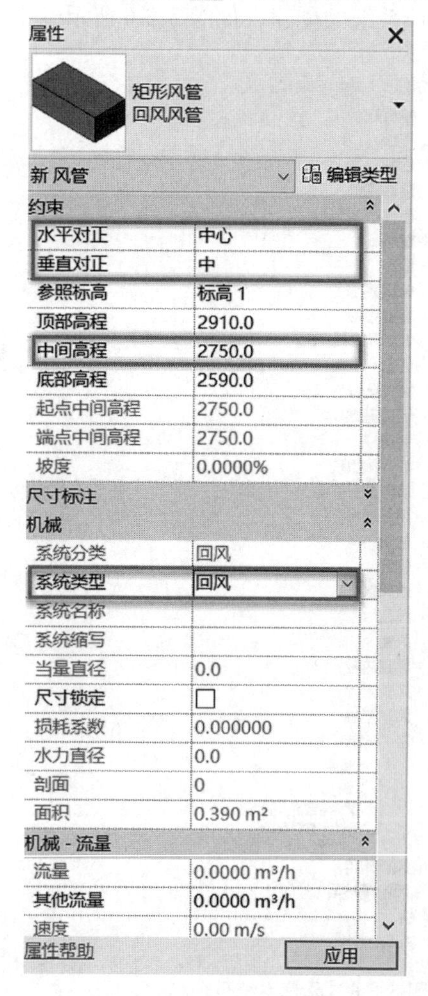

图 8-2-7 “属性”面板

继承大小：继承捕捉到的图元的大小。

宽度：指定矩形或椭圆形风管的宽度。

高度：指定矩形或椭圆形风管的高度。

中间高程：指定风管相对于当前标高的垂直高程。

锁定/解锁指定高程：锁定后，管段会始终保持原高程，绘制时不能连接处于不同高程的管段。

2）在“属性”面板中选择所需的风管类型，默认的有圆形风管、矩形风管和椭圆形风管，在此选择创建“矩形风管 回风风管”类型。

3）在“属性”面板“尺寸标注”中的“宽度”和“高度”下拉列表框中选择风管尺寸，也可以直接输入所需的尺寸。在“属性”面板中依次设置好“水平对正”“参照标高”“中间高程”。在“系统类型”下拉列表中选择好对应的系统，如图 8-2-7 所示。

在绘制区域中单击起点位置，移动鼠标到终点位置并单击，完成一段风管的绘制。继续绘制下一段风管，当两管段垂直时可自动连接，如图 8-2-8 所示。

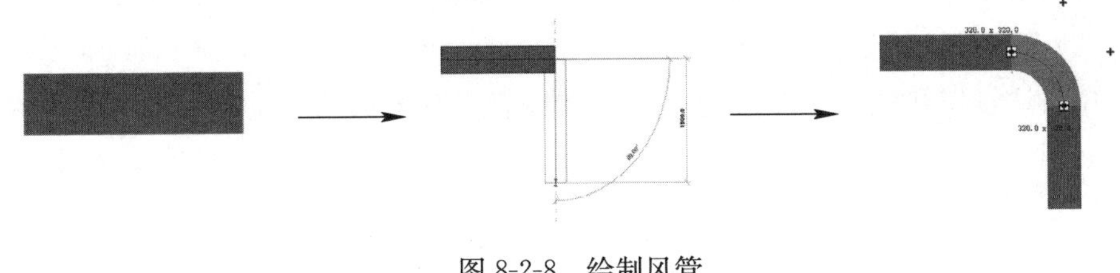

图 8-2-8　绘制风管

（2）绘制垂直风管

单击“系统”选项卡→“暖通空调”面板→“风管”按钮，在选项卡中输入矩形管道的宽度、高度和中间高程值，绘制一段水平风管。

绘制完成第一段横管后，进行偏移高度数值修改，修改完成后继续绘制第二段横管，两管段的高度差处会自动生成立管连接，由此完成立管绘制。第二段横管偏移数值小于第一段横管高度为向下翻弯，大于则向上翻弯，如图 8-2-9 所示。

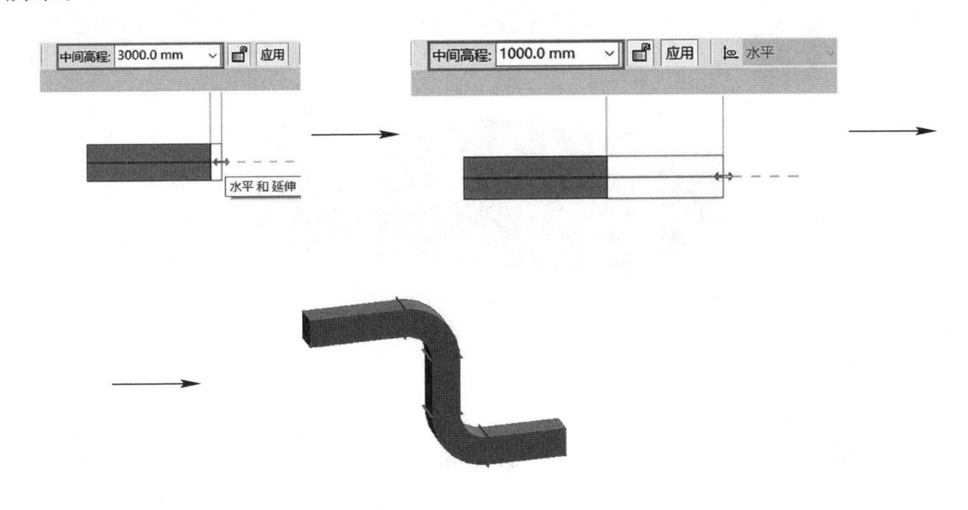

图 8-2-9　绘制垂直风管

2. 编辑风管

选择风管，单击“修改 1 风管”选项卡。选项卡面板中提供了编辑风管的工具，如“对正”“添加隔热层”“宽度”“高度”“偏移”等。

（1）对正

单击“编辑”面板→“对正”按钮。“对正”提供了多种对正方式，可以在系统剖面中对齐管网、管道、电缆桥架及线管的顶部、底部或侧面。

默认情况下，在“对正”面板中选择“正中对齐”，在风管的中心线显示对齐箭头，可将选中的多段管线与正中心对齐，如图 8-2-10 所示。

（2）管帽开放端点

单击“管帽开放端点”按钮，可以在风管、管段或管件的开口端添加管帽，效果如图 8-2-11 所示。

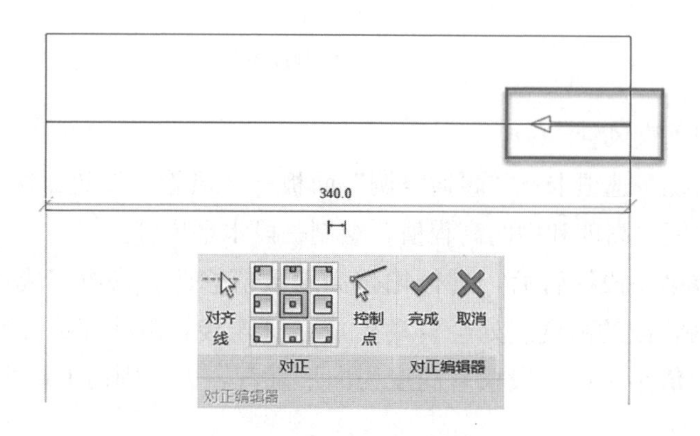

图 8-2-10　正中对齐

图 8-2-11　管帽效果图

（3）添加隔热层

在“风管隔热层”面板中单击“添加隔热层”按钮，在弹出的对话框中选择类型并设置厚度，如图 8-2-12 所示。单击“确定”按钮生成风管隔热层，如图 8-2-13 所示。

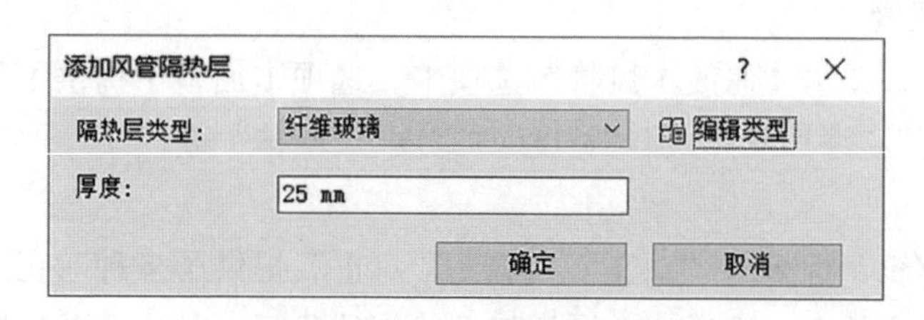

图 8-2-12　“添加风管隔热层”对话框

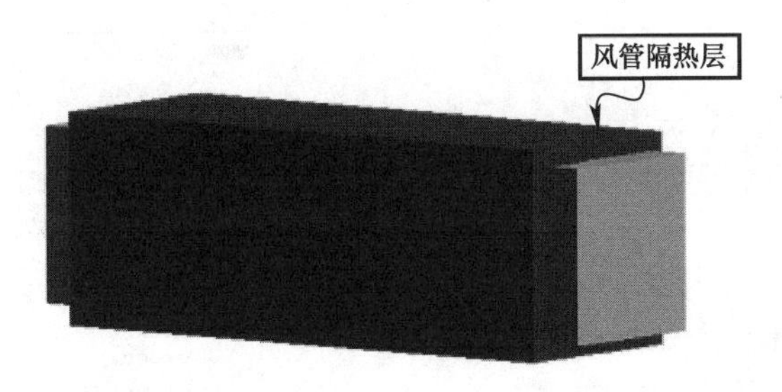

图 8-2-13　风管隔热层

（4）添加内衬

在“风管内衬”面板中单击“添加内衬”按钮，在弹出的对话框中设置类型和厚度，单击“确定”按钮生成风管内衬，如图 8-2-14 所示。

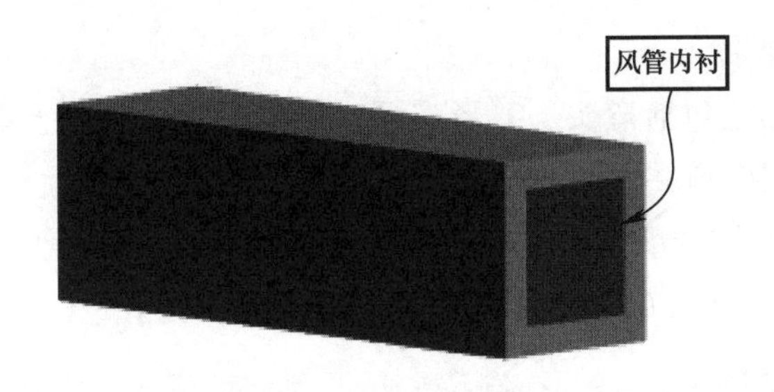

图 8-2-14　风管内衬

（5）调整风管/管道大小

选择风管，单击“调整风管/管道大小”按钮，弹出“调整风管大小”对话框，如图 8-2-15 所示。“调整大小方法”选项卡的下拉列表中包含四种调整方法，分别为“比摩阻”“速度”“相等比摩阻”和“静态恢复”。选择不同的调整方法，可以激活不同的选项进行设置。

图 8-2-15　风管大小参数设置

在“约束”栏中单击“调整支管大小”栏，在弹出的列表中显示三种调整方法，分别为“仅计算大小”“匹配连接件大小”和“连接件和计算值之间的较大者”，如图 8-2-16 所示。

默认情况下，“限制高度”和“限制宽度”列表未被激活。选中“限制高度”或“限制宽度”复选框，激活参数选项。单击选项，弹出参数列表，如图 8-2-17 所示。在列表中选择选项，指定“限制高度”或“限制宽度”参数。

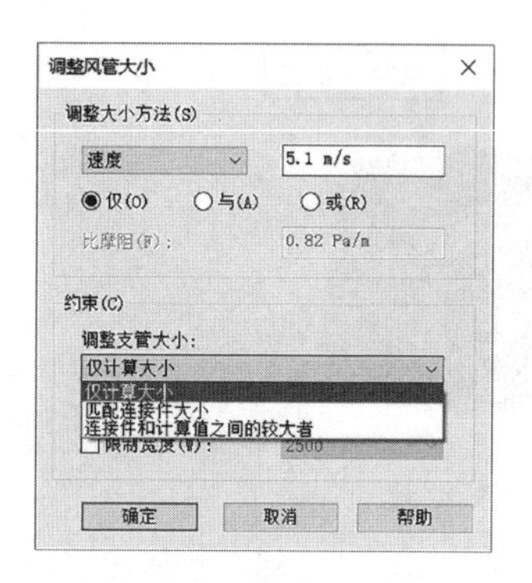

图 8-2-16　风管约束参数设置

图 8-2-17　风管限制调度和宽度设置

8.2.3　风管管件

1. 放置风管管件

风管管件的类型包括弯头、T 形三通、Y 形三通、四通及其他类型的管件。风管管件能够捕捉管道并插入放置，并且能继承管道的管径大小。

1）单击“系统”选项卡，单击“暖通空调”面板→“风管管件”，如图 8-2-18 所示，自动弹出“修改|放置 风管管件”选项卡，如图 8-2-19 所示。

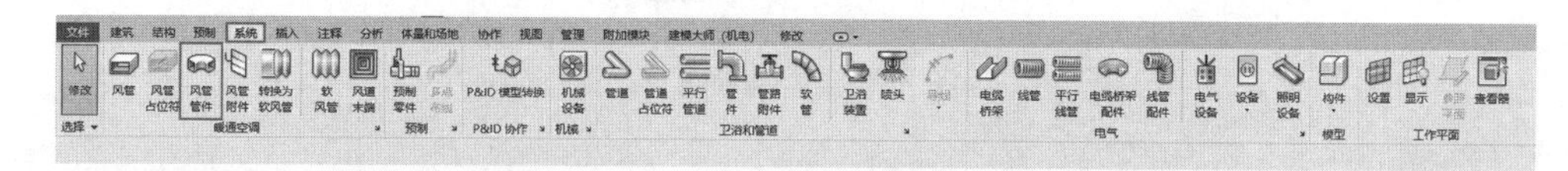

图 8-2-18　“系统”选项卡

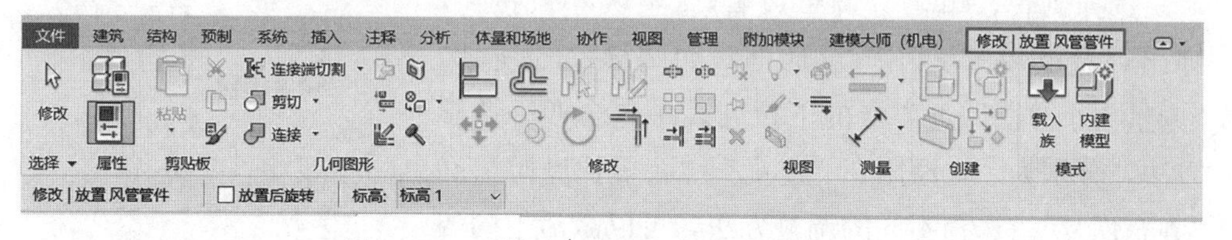

图 8-2-19　“修改|放置 风管管件”选项卡

2）在“属性”面板选中所需要的管件类型，设置管件的尺寸和高程，若直接利用捕捉风管工具放置则不用设置，如图 8-2-20 所示。

3）在视图中合适位置放置。在视图中靠近风管，捕捉后单击以放置管件，如图 8-2-21 所示。

2. 编辑风管管件

（1）激活控制柄

单击风管管件，管件周围会显示一组控制柄，此为激活控制柄操作。激活控制柄后可以进行绘制风管、移动管件、旋转管件、修改尺寸等操作，如图 8-2-22 所示。

图 8-2-20 “属性”面板

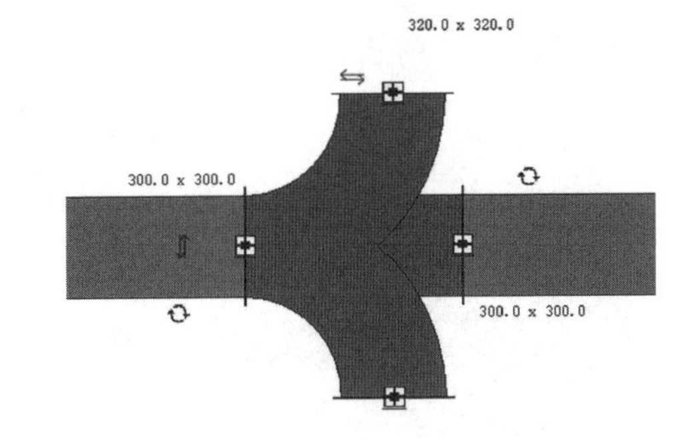

图 8-2-21 风管管件

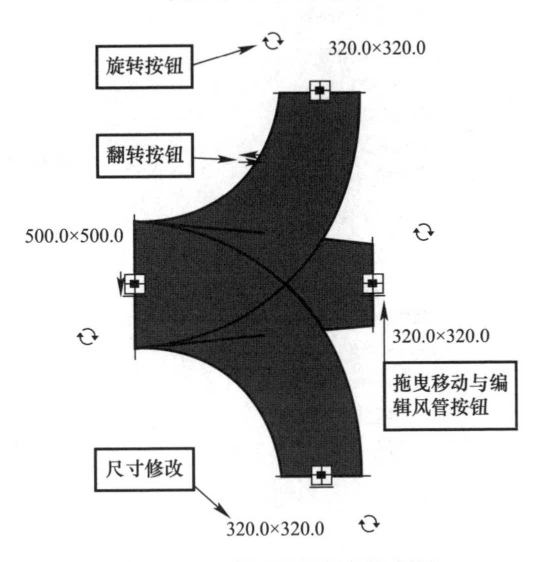

图 8-2-22 激活风管管件控制柄

（2）绘制风管

将光标放在“拖曳移动与编辑风管”按钮上，鼠标右键单击，在弹出的菜单栏中选择“绘制风管”，如图 8-2-23 所示，移动光标，指定风管的终点后单击，如图 8-2-24 所示。

（3）修改尺寸

单击尺寸，进入编辑模式，在文本框中输入新尺寸参数，单击文本框外的空白区域以确定修改，如图 8-2-25 所示。

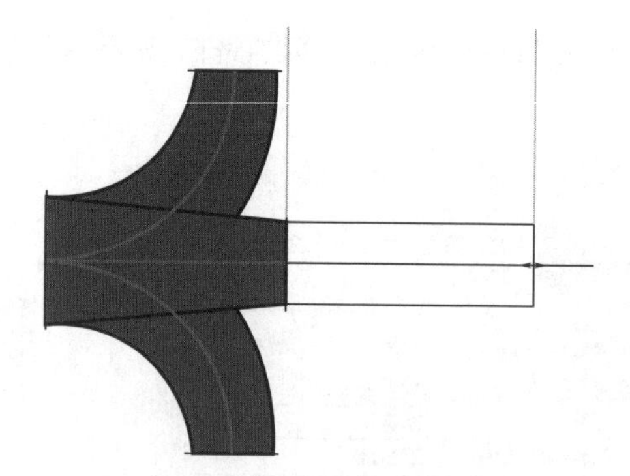

图 8-2-24　绘制风管

图 8-2-23　快捷菜单

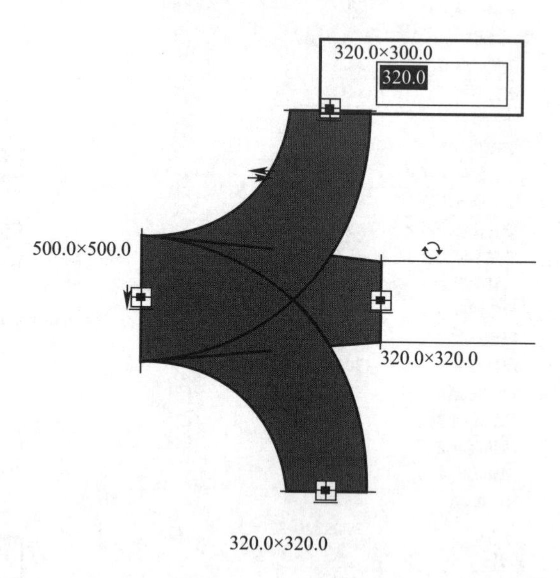

图 8-2-25　修改尺寸

（4）拖曳移动

按鼠标左键点击“拖曳移动与编辑风管”按钮不松手，移动光标以将管件放置在合适位置，如图 8-2-26、图 8-2-27 所示。

（5）翻转管件

单击“翻转”按钮，管件可进行水平翻转和垂直翻转，如图 8-2-28～图 8-2-30 所示。

8.2.4　风管附件

1. 放置风管附件

风管的附件包括阻尼器、风阀、送风口、回风口、散流器、烟雾探测器等。

风管附件被放置到风管上后，可以继承风管的尺寸。

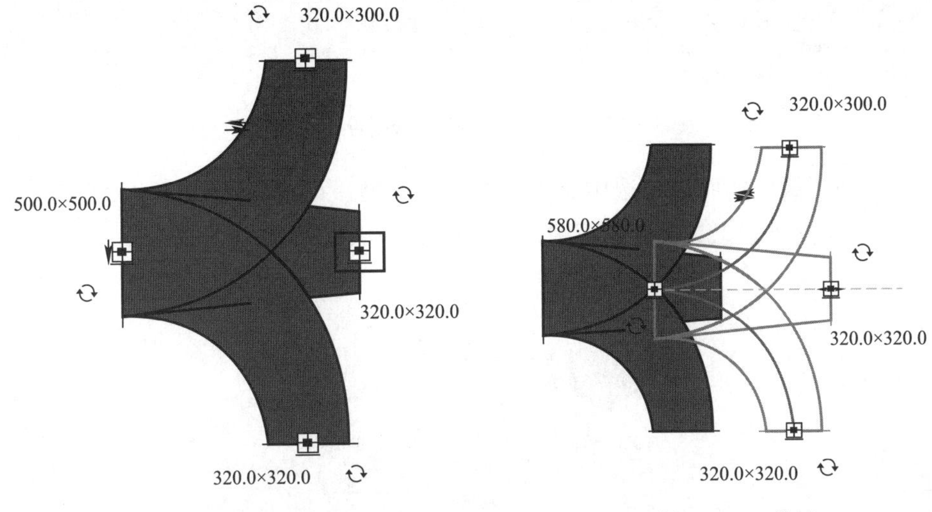

图 8-2-26　按住“拖曳移动与编辑风管”按钮

图 8-2-27　拖动

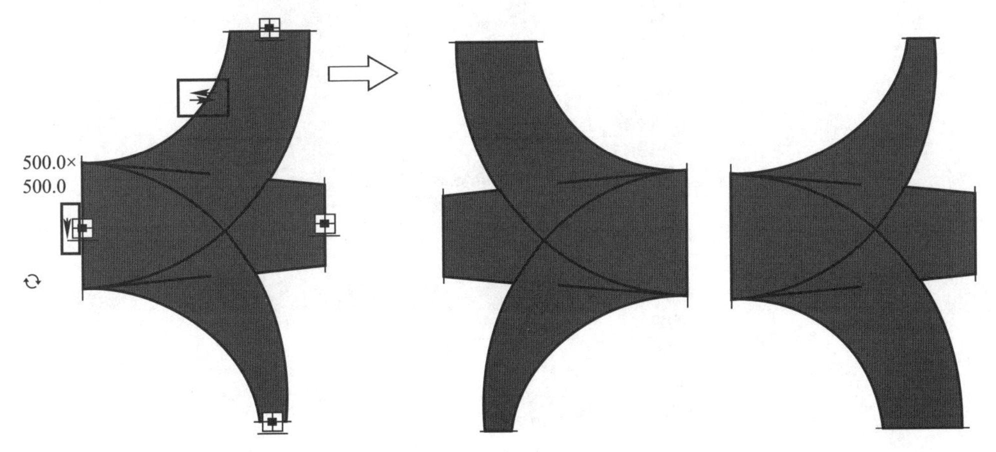

图 8-2-28　“翻转”按钮　　图 8-2-29　水平翻转效果　　图 8-2-30　垂直翻转效果

1）单击“系统”，在“暖通空调”面板单击“风管附件”，如图 8-2-31 所示，自动弹出“修改 | 放置 风管附件”选项卡，如图 8-2-32 所示。

图 8-2-31　“系统”选项卡

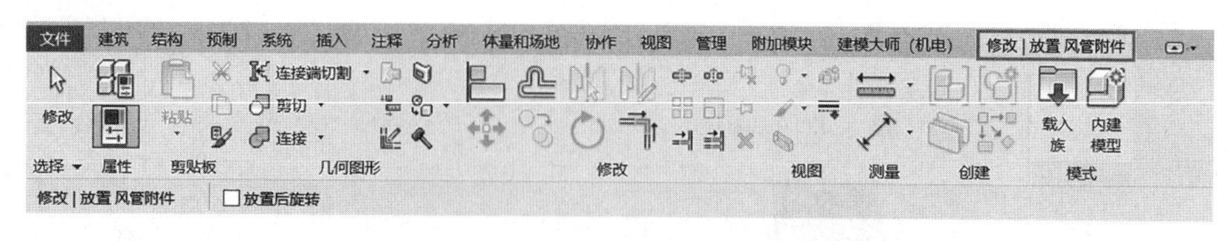

图 8-2-32　“修改 | 放置 风管附件”选项卡

2）在“属性”面板中选中所需要的附件类型，设置附件的尺寸和高程，若直接利用捕捉风管工具放置则不用设置，如图 8-2-33 所示。

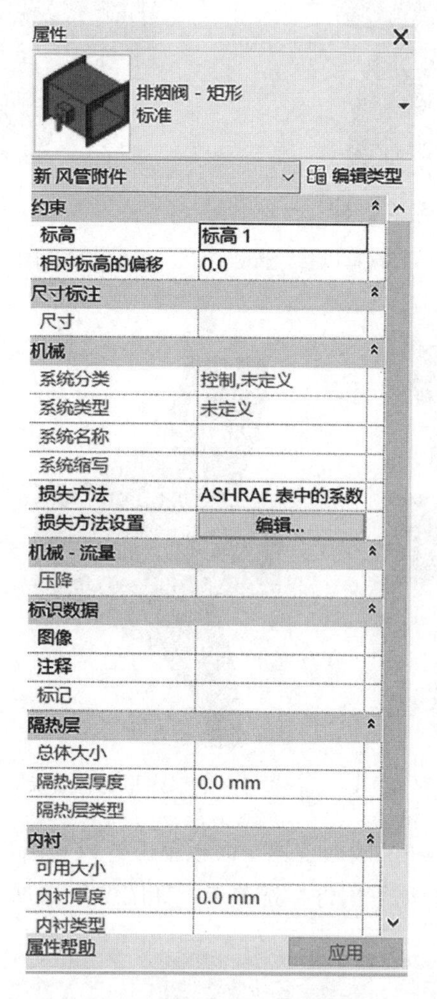

图 8-2-33　“属性”面板

3）在视图中合适的位置放置。或者在视图中靠近风管，捕捉后单击以放置附件，如图 8-2-34 所示。

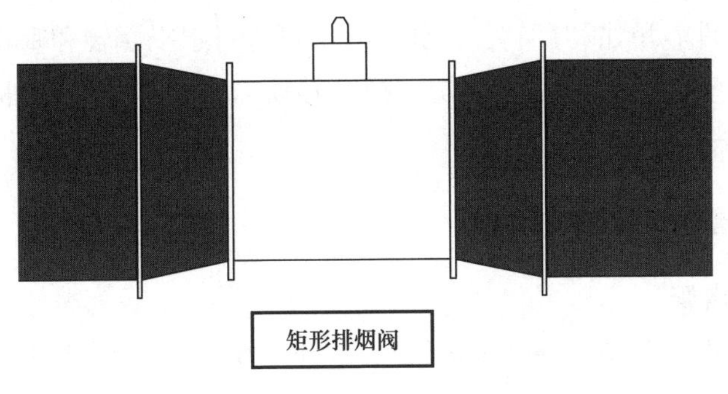

图 8-2-34　风管附件

2. 编辑风管附件

1）激活控制柄。单击风管附件，附件周围会显示一组控制柄，此为激活控制柄操作。激活控制柄后可以进行绘制风管、移动附件、旋转附件等操作，如图 8-2-35 所示。

2）创建风管。单击“创建风管”按钮，移动光标到合适位置后单击鼠标左键以确定放置，如图 8-2-36 所示。

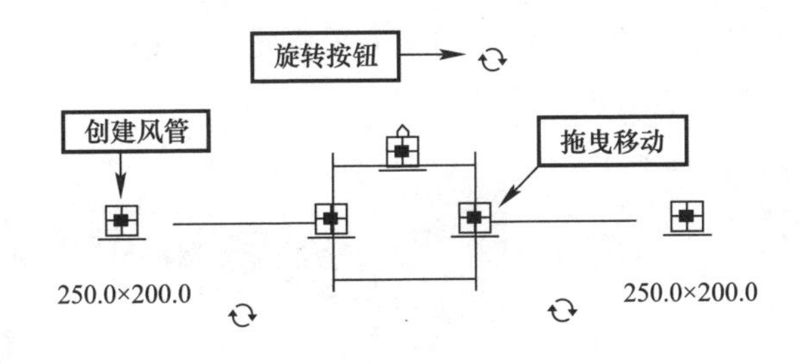

图 8-2-35　激活风管附件控制柄

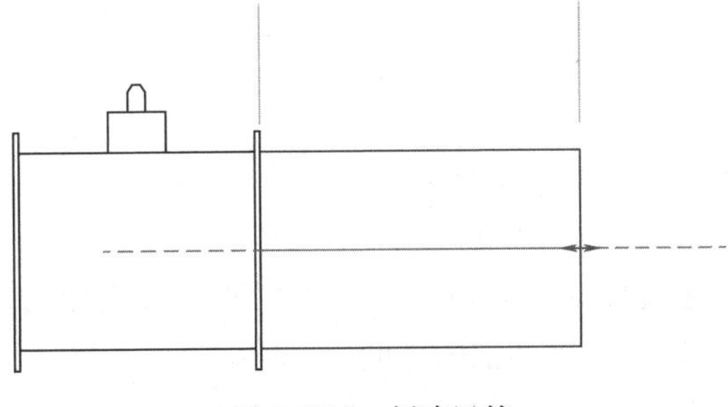

图 8-2-36　创建风管

3）翻转管件。单击“翻转”按钮，管件可进行水平翻转和垂直翻转。

4）拖曳移动。按鼠标左键点击“拖曳移动与编辑风管”按钮不松手，移动光标以将管件放置在合适位置。

8.2.5 软风管布置

1. 绘制软风管

1）依次单击“系统”→“软风管”，打开“修改 | 放置 软风管”选项卡，如图 8-2-37 所示。

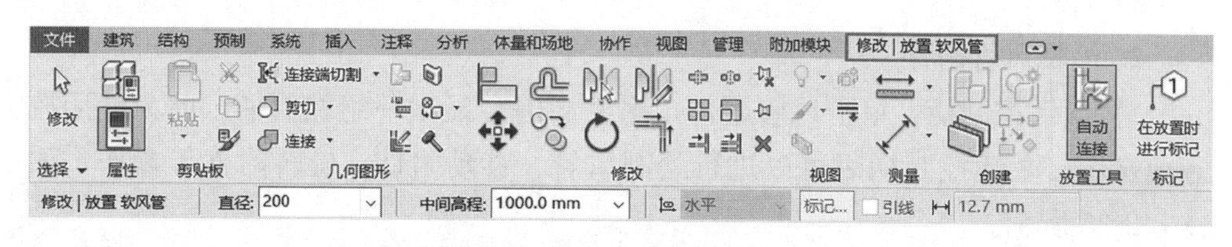

图 8-2-37 “修改 | 放置 软风管”选项卡

2）在“属性”面板中选择软管，在绘图区靠近管道，自动附着后单击以此设定起点，沿路径在软风管需要弯曲的地方单击定点，最后单击风道末端、管道或者设备以确定终点，如图 8-2-38 所示。

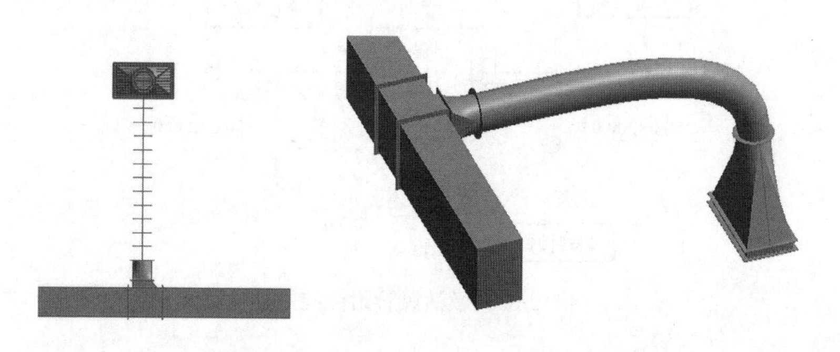

图 8-2-38 软风管绘制平面及三维效果

2. 编辑软风管

1）在绘图区单击软风管，能够显示软风管上的控制点，包括连接件、移动顶点、修改切点，如图 8-2-39 所示。

2）调整弯曲。通过移动“修改切点”可以调整接头处的软管弯曲，通过移动“移动顶点”可以调整软管中部的弯曲。

3）插入移动顶点。鼠标右键单击，选择“插入顶点”，可在软管的中部添加“移动顶点”从而能够更灵活地改变软管的弯曲，如图 8-2-40 所示。

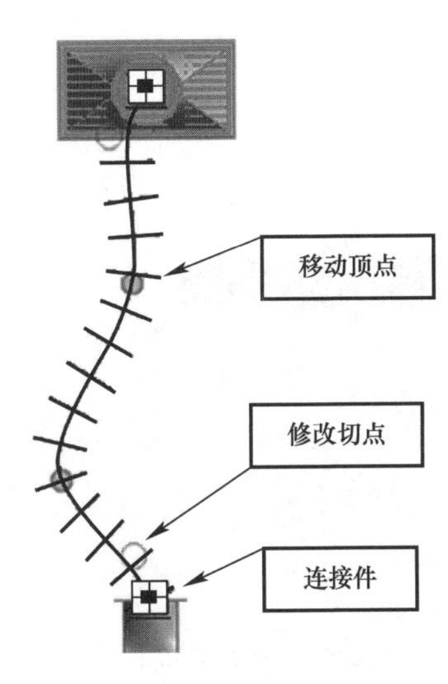

图 8-2-39　软风管控制点

图 8-2-40　插入移动顶点

3. 风管转换为软风管

将与风口连接的刚性风管利用“转换为软风管”功能修改成软风管。

1）单击“系统”→“转换为软风管”，如图 8-2-41 所示。

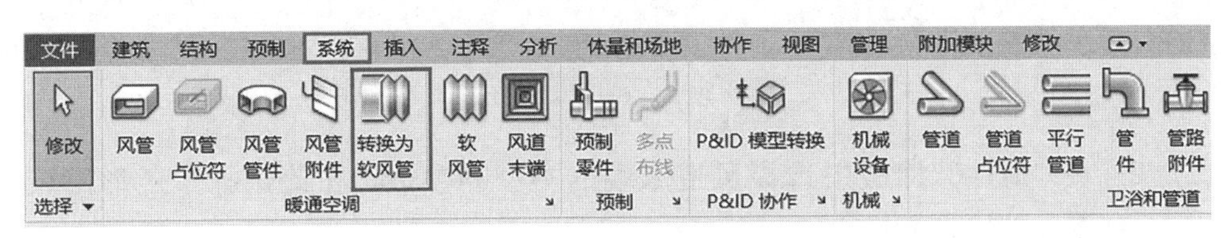

图 8-2-41　“转换为软风管”按钮

2）在选项卡设置好软风管的最大转换长度，如图 8-2-42 所示。

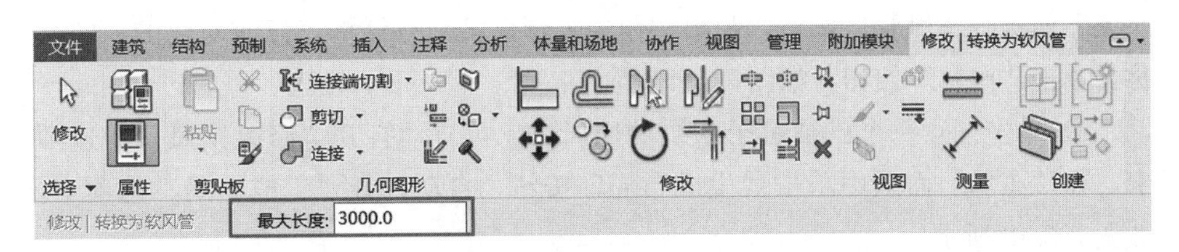

图 8-2-42　软风管最大长度修改

3）在视图中单击风口，则与之相连的刚性风管转换为软风管，如图 8-2-43 所示。

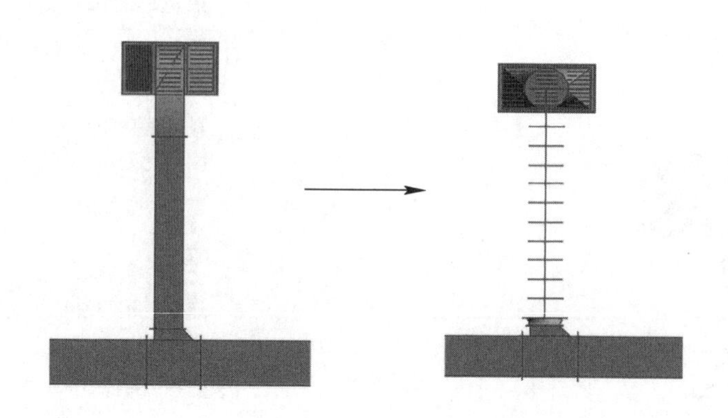

图 8-2-43　转换为软风管

8.2.6　风管系统布置

1. 创建风管系统

利用风管系统布置功能进行送风、回风、排风系统的一键布置，下面就以创建回风系统为例。

1）单击“系统”→“风道末端”，如图 8-2-44 所示。

图 8-2-44　风道末端功能

2）在“属性”面板中选择风道末端的类型和参数，在此选择“矩形回风口”，如图 8-2-45 所示。

3）在平面视图中选择适当位置放置“矩形回风口”，如图 8-2-46 所示。

4）全选平面图中的矩形回风口，弹出“修改 | 风口”选项卡，单击“创建系统”面板→“风管”按钮，弹出“创建风管系统”对话框，修改对应的系统名称，单击“确定”按钮，如图 8-2-47 所示。

5）单击任意一个已被赋予系统的回风口，再自动打开“修改 | 风口”选项卡，在“布局”面板中单击“生成布局”按钮，自动打开“生成布局”选项卡，如图 8-2-48 所示。

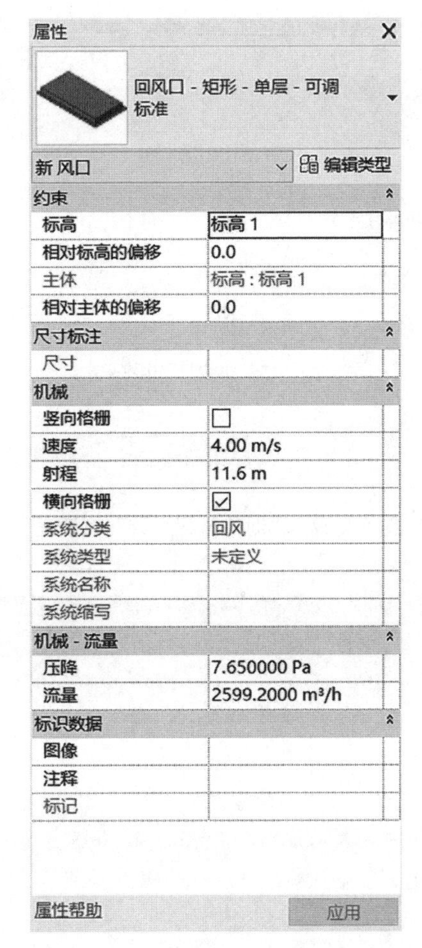

图 8-2-45　风道末端“属性”面板

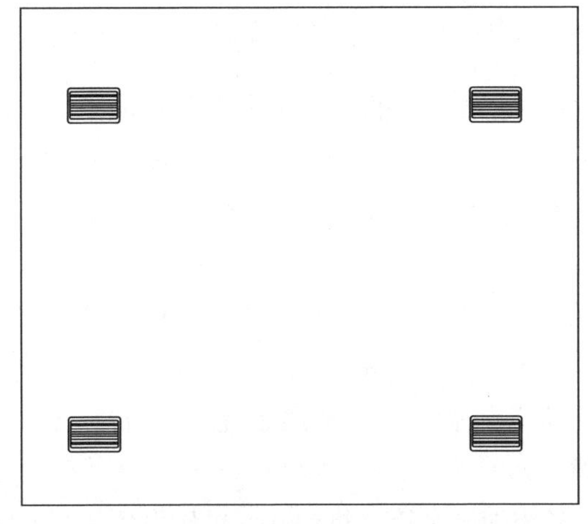

图 8-2-46　放置矩形回风口

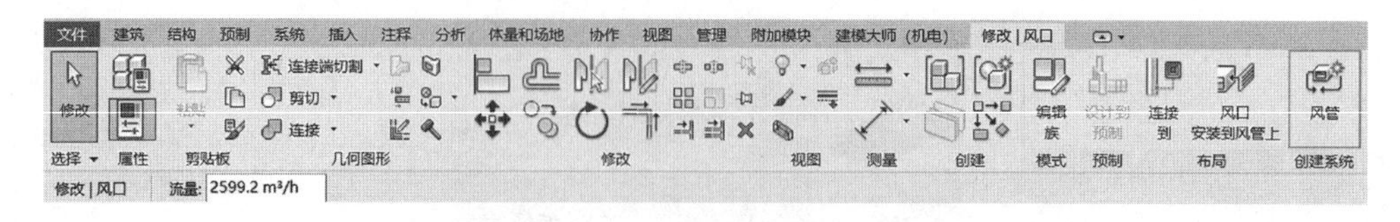

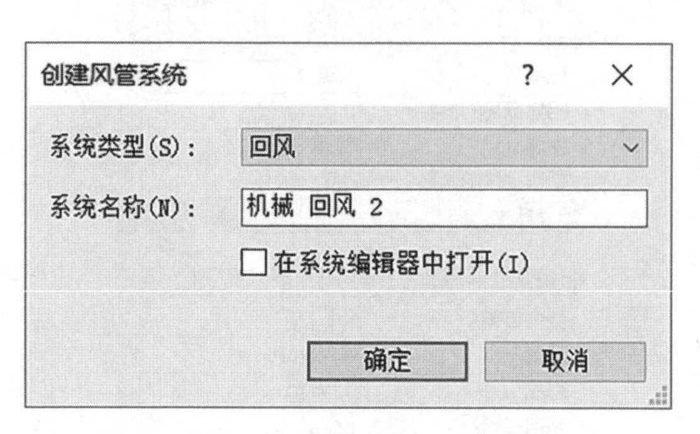

图 8-2-47 “创建风管系统”对话框

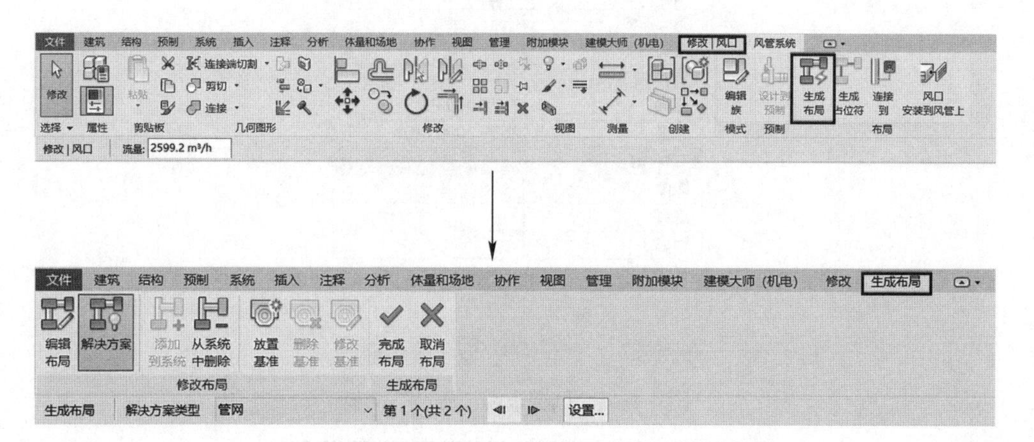

图 8-2-48 打开“生成布局”选项卡

6）在“生成布局”选项卡中的“解决方案”功能下，系统会自动创建管道的布置，如图 8-2-49 所示。一个方案类型下有多种布置方法，如图 8-2-49、图 8-2-50 所示。不同的布置可通过单击“下一个” ⧐ 按钮进行切换，如图 8-2-51 所示。

7）如果系统提供的“解决方案”不合要求，可以单击“编辑方案”按钮进行布置方法自定义，如图 8-2-52 所示。

8）单击“完成布局”按钮，生成回风系统，如图 8-2-53 所示。

2. 编辑风管系统

将构件或机械设备添加进系统、将构件或机械设备从系统中删除。

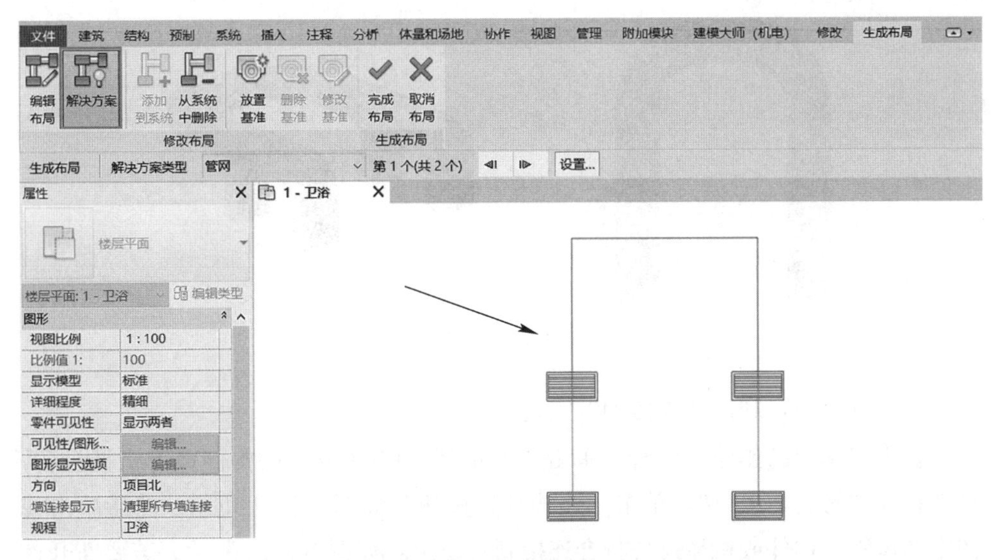

图 8-2-49　生成布局 1

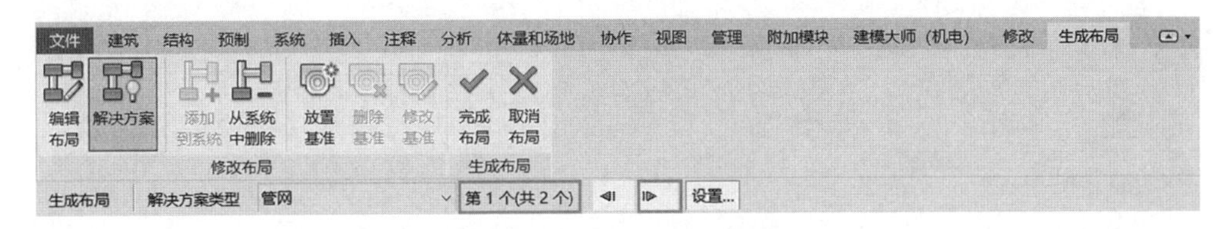

图 8-2-50　生成布局 2

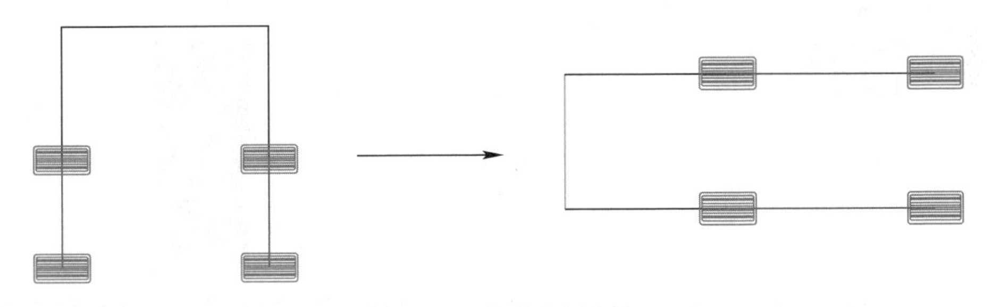

图 8-2-51　切换布置方法

图 8-2-52　编辑布局方案

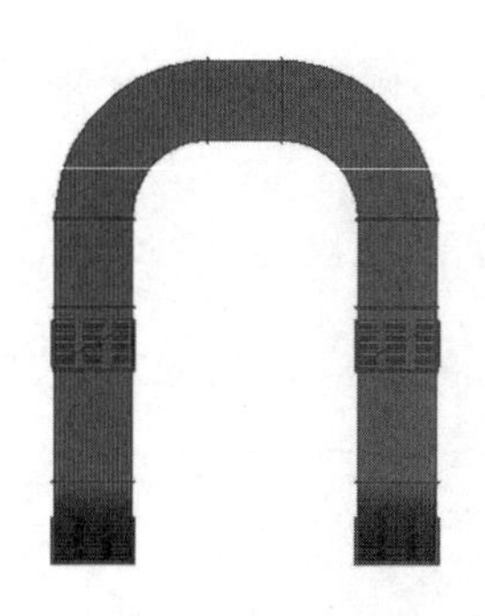
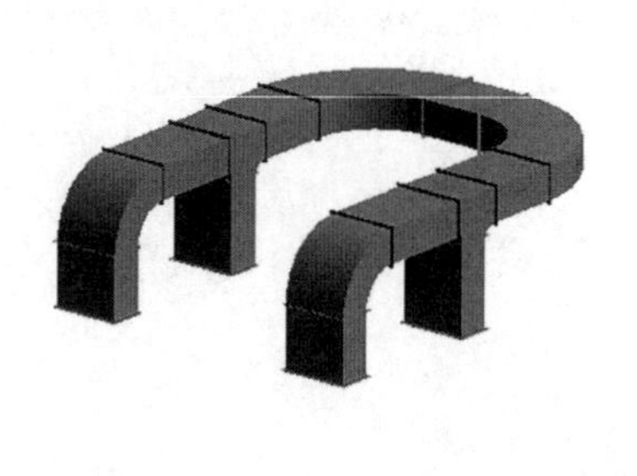

图 8-2-53　回风系统

（1）方法一：利用“连接到”工具

首先视图中已创建了风管，单击“连接到” 新放置的构件或者机械设备，自动打开“修改 | 风口”，单击“连接到”按钮，如图 8-2-54 所示。然后单击视图中的风管，构件或机械设备将会连接到管道上，如图 8-2-55 所示。若要断开连接，直接选中管道，将管道删除即可。

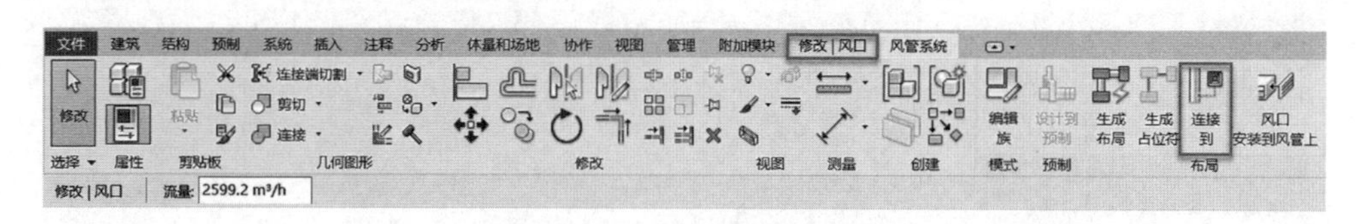

图 8-2-54　“连接到”按钮

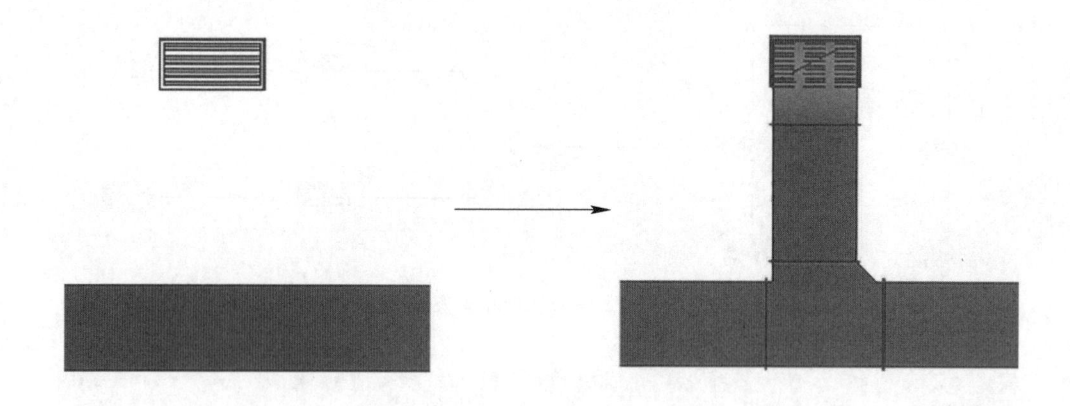

图 8-2-55　连接效果

（2）方法二：利用风管系统编辑的添加、删除功能

1）构件添加。首先，单击已有系统的构件，单击“风管系统”→“编辑系统”→“添加到系统”，如图 8-2-56 所示。然后，单击需要添加到系统的构件，

被选中者从浅色变成深色即可完成添加。最后，单击“完成编辑系统”结束操作，如图 8-2-57 所示。

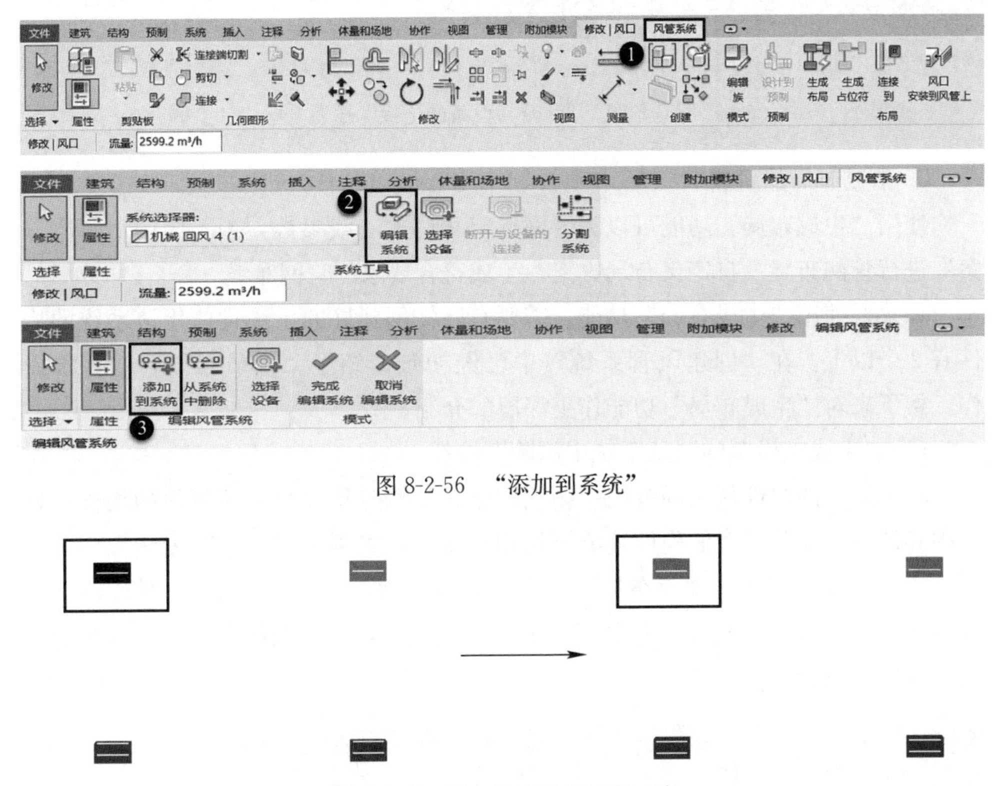

图 8-2-56 “添加到系统”

图 8-2-57 添加到系统的构件颜色

2）删除构件。单击“从系统中删除”按钮，然后单击构件，构件由深色变浅色即删除成功。

3）添加设备。单击已有系统的构件，单击“风管系统”→“选择设备”，单击需要的机械设备，如图 8-2-58 所示。

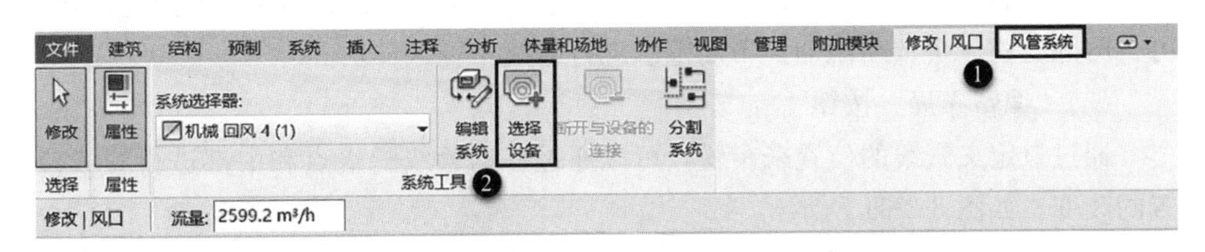

图 8-2-58 “选择设备”按钮

4）删除设备。单击“风管系统”→“断开与设备的连接”→机械设备，即可将设备从系统中删除，如图 8-2-59 所示。

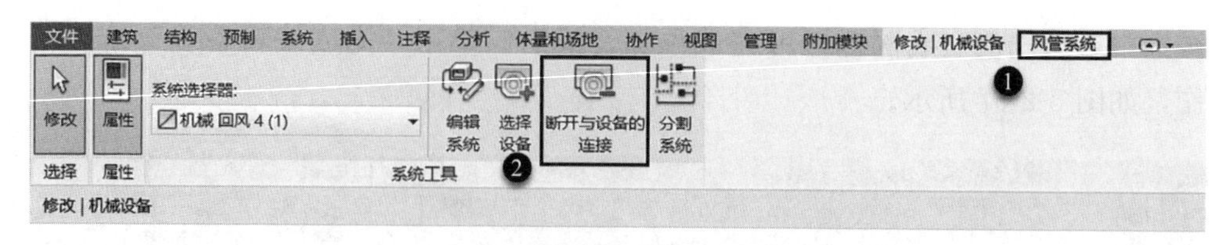

图 8-2-59 “断开与设备的连接”按钮

3. 生成布局的编辑

使用“生成布局”功能可以为管网指定相应的布线参数，用不同的“解决方案”进行管网布置及自定义布局方案，生成符合要求的管网布线。

如果要使用“生成布局”功能，需要有已经创建好的系统且使用该系统的构件有 2 个以上。在“创建风管系统”中已经初步介绍了“生成布局”的基本操作，接下来对“生成布局”功能作更深层的介绍。

（1）“生成布局”的“从系统中删除”按钮

将不需要的构件从布局范围中删除，布置管线时将不会考虑删除的构件。系统中必须有 3 个及以上的构件才能够使用该功能，否则是“灰色”无法操作，如图 8-2-60 所示，因为“生成布局”中系统至少需要 2 个构件。单击“修改布局”面板中的“从系统中删除”按钮，在视图中单击不需要的构件，此时构件变灰色，即删除成功。

图 8-2-60 “生成布局”的“从系统中删除”按钮为灰色

（2）“生成布局”的“添加到系统”按钮

“添加到系统”按钮是使用“从系统中删除”按钮删除构件后才会起作用，可将删除的构件再重新添加到布局范围进行管线布置。

（3）“编辑布局”按钮

通过自定义管线的位置来布置，可以通过移动管线的端点和中部进行管线位置的改变，如图 8-2-61 所示。

（4）“解决方案”按钮

系统提供的“解决方案”的类型一共有三个，分别是管网、周长、交点。每种解决方案类型下根据构件数量的不同会提供不同的布置方法，如图 8-2-62 所示。

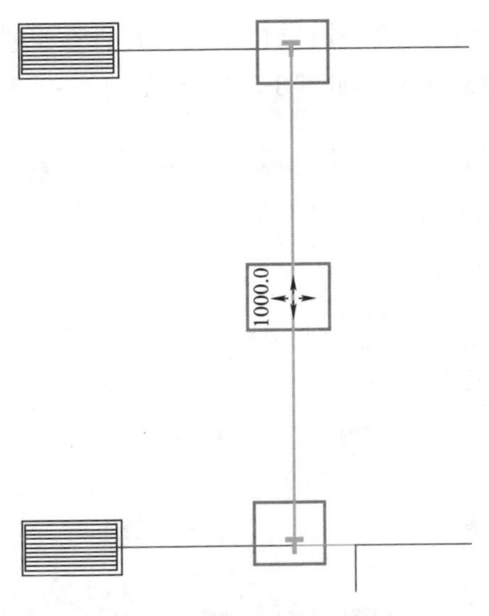

图 8-2-61　可移动的三个点

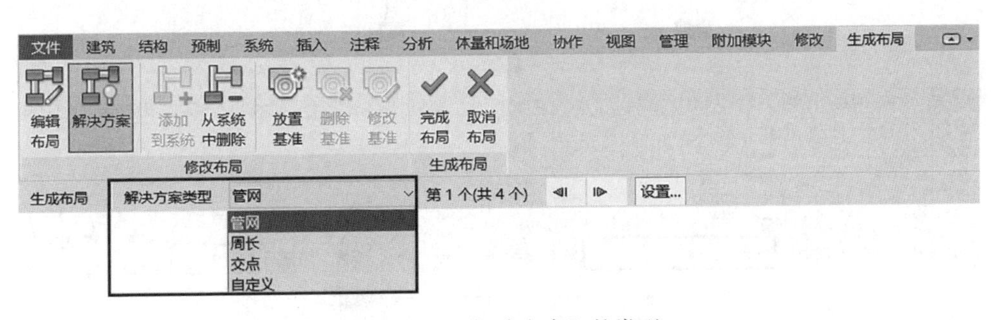

图 8-2-62　“解决方案”的类型

1）管网。在所有构件大致中心的位置创建干管，然后用支管将各构件连接在一起，如图 8-2-63 所示。

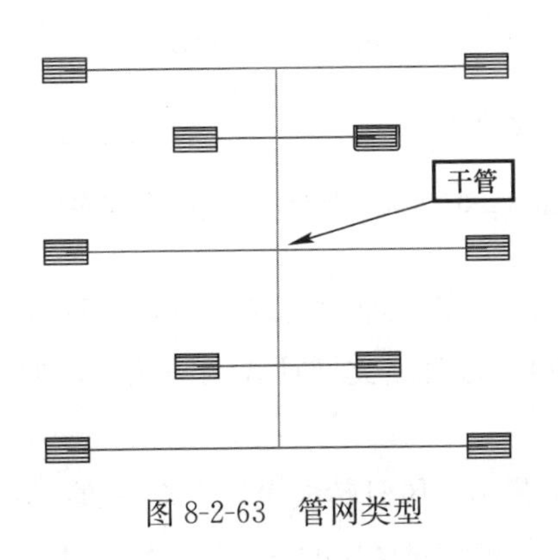

图 8-2-63　管网类型

2）周长。沿着所有构件绕一周进行布线，并且在选项卡中输入嵌入值用以表示管线相对于构件的偏移量，如图 8-2-64 所示。

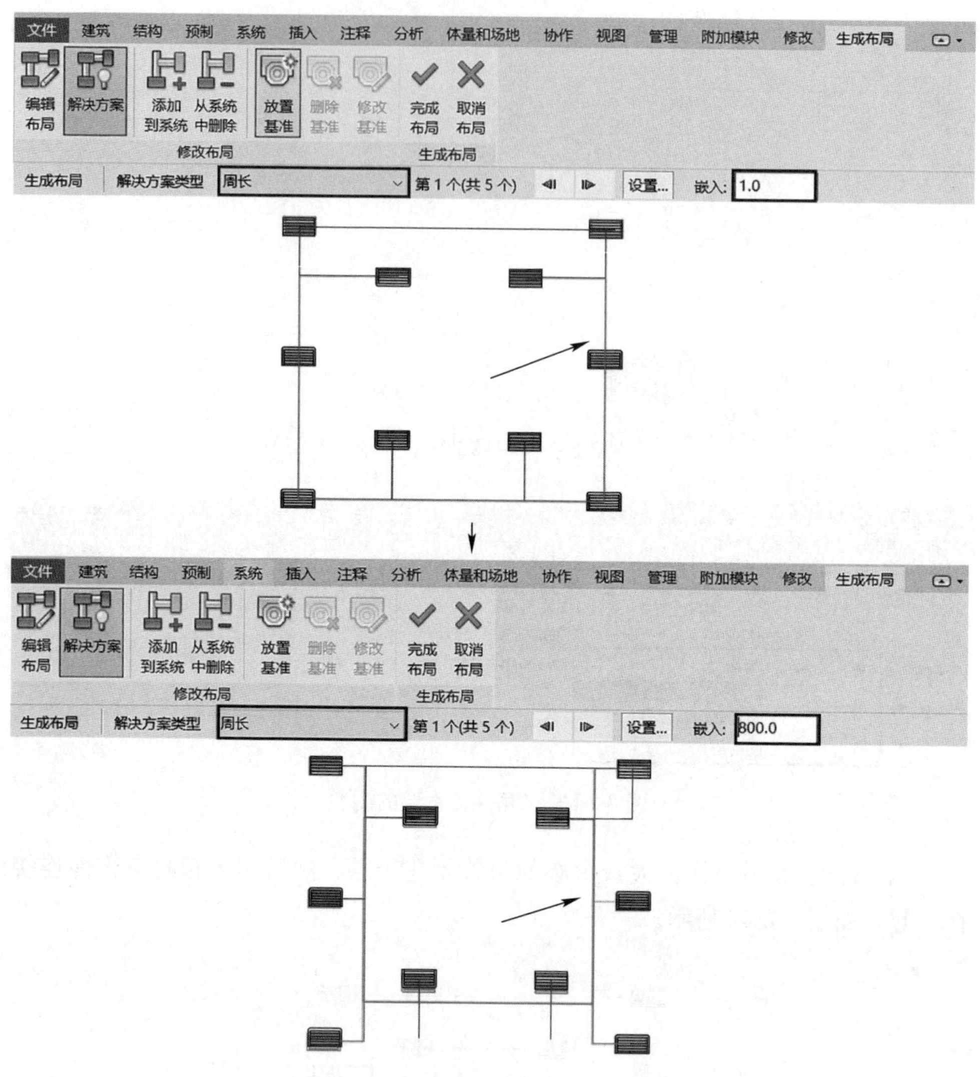

图 8-2-64　周长类型下不同嵌入值的效果

3）交点。沿着所有构件中心进行走线排布，与周长类型的嵌入值较小时的布线情况类似，与之不同的是交点类型管线无法偏移，如图 8-2-65 所示。

（5）“设置”按钮

单击“设置”按钮，弹出“风管转换设置”对话框，可进行风管的干管和支管的设置，包括管道类型、管道相对楼层的偏移量、软管是否设置，如图 8-2-66 所示。

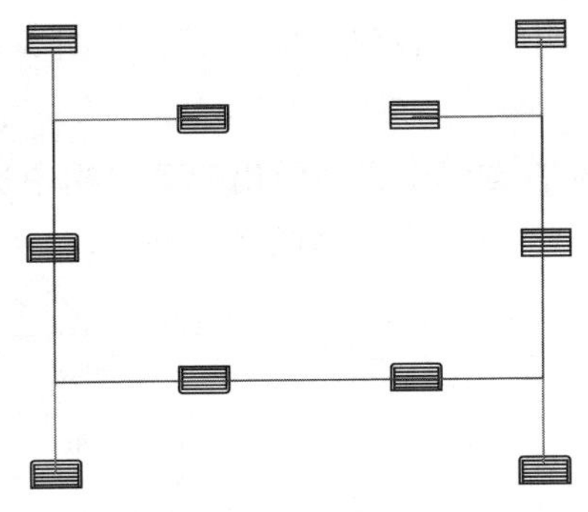

图 8-2-65　交点类型

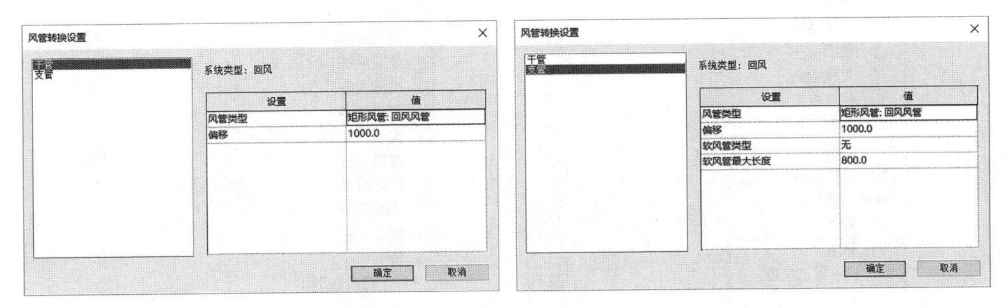

图 8-2-66　“风管转换设置”对话框

(6) 注意区分

“生成布局”的“从系统中删除”按钮与“编辑系统”的“从系统中删除”按钮的作用不同，前者是将构件从布局中删除，使布置管线时不会考虑删除的构件，并不会删除该构件被赋予的系统，但是后者是删除构件被赋予的系统，恢复成“独立状态”。

“生成布局”的“添加到系统”按钮只能够添加用“生成布局”的“从系统中删除”操作删除的构件，而“编辑系统”的“添加到系统”按钮可以将其他不属于本系统的任一构件添加到本系统。

8.3　给排水系统

8.3.1　系统设置

1. 管道类型创建

(1) 管道复制

在“项目浏览器”中依次选择“族”→“管道”→“标准”，鼠标右键单击，在弹出的菜单栏中选择“复制”，创建“标准 2”，如图 8-3-1 所示。

（2）管道重命名

选择“标准 2”，鼠标右键单击，在弹出的菜单栏中选择“重命名”，修改为“给水管”并单击“确定”按钮，完成新的管道创建，如图 8-3-2 所示。

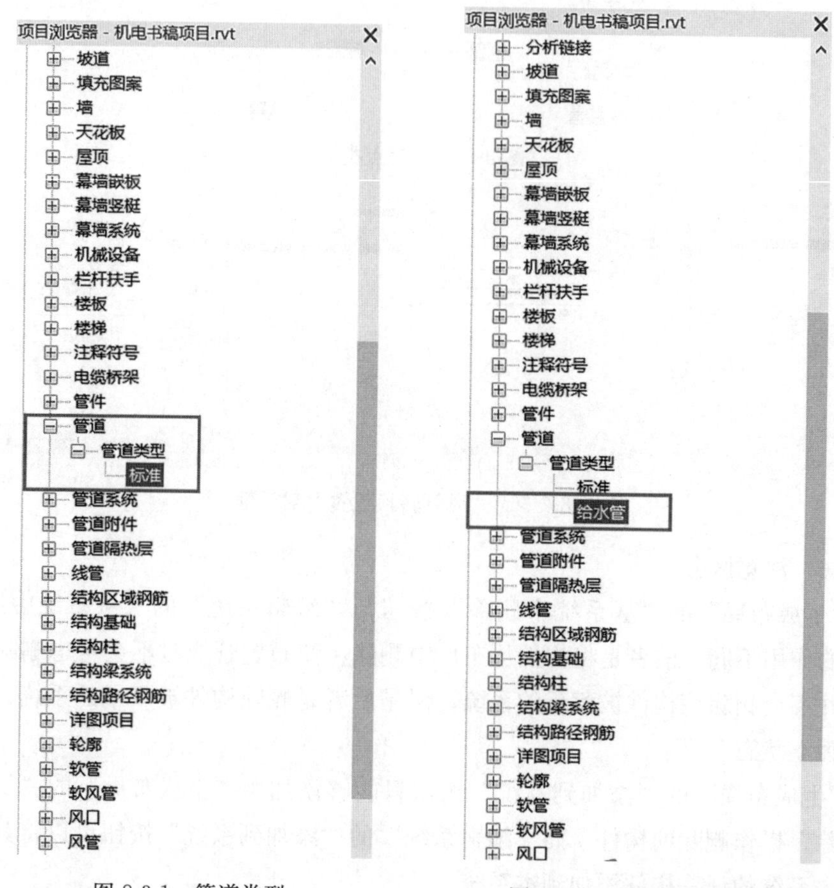

图 8-3-1　管道类型　　　　图 8-3-2　“给水管”创建

2. 管道的布管系统配置

进行布管系统设置的目的是提前对管道上使用的弯头、四通等风管管件进行指定，在绘制过程中，自动生成的管道连接件将按照布管系统设置的类型创建。

1）在“项目浏览器”中依次选择“族”→“管道”→“给水管”，鼠标右键单击，在弹出的菜单栏中选择“类型属性”，弹出“类型属性”对话框，如图 8-3-3 所示。

2）单击“布管系统配置”栏的“编辑”按钮，进入“布管系统配置”对话框，在对话框中可以设置各种连接方式，设置完成后连续单击“确定”按钮完成所有操作，如图 8-3-4 所示。“布管系统配置”的各选项说明如下。

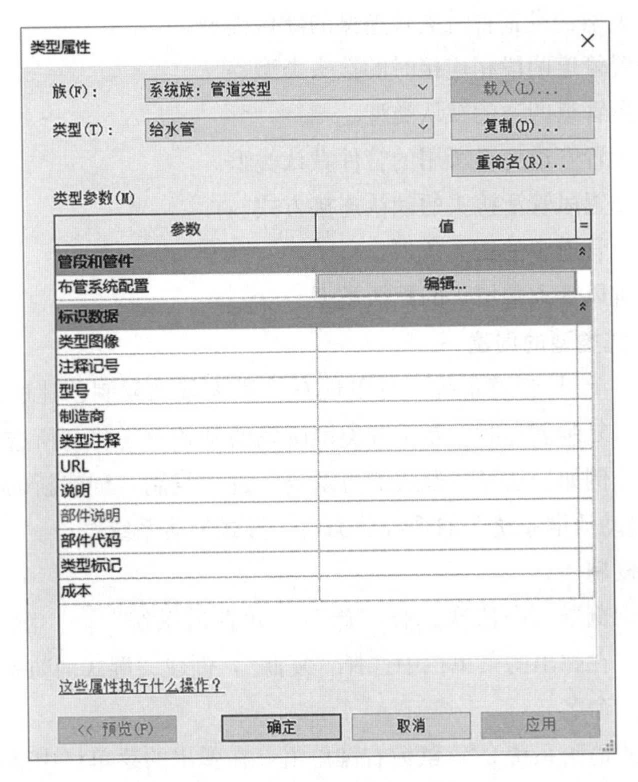

图 8-3-3　管道“类型属性”

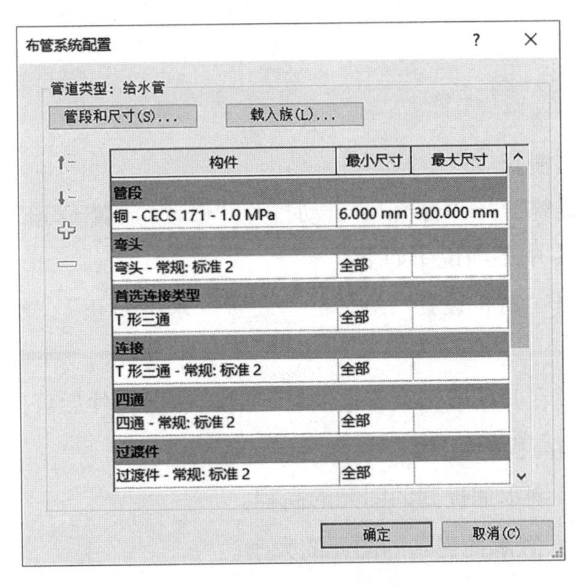

图 8-3-4　管道布管系统配置

弯头：设置管道改变方向用的弯头的默认类型。

首选连接类型：设置管道支管连接的默认类型。

连接：设置管道两段相连接时的接头类型。

四通：设置管道四通的默认类型。

过渡件：设置管道变径所用的管件默认类型。

活接头：设置风管活接头的默认连接方式。

法兰：设置管道中的法兰类型。

管帽：设置风管末端堵头的默认类型。

3. 管道系统类型的创建

系统内置了11种管道系统，可以现有管道为基础复制创建所需要的管道系统类型。在进行复制创建时，新系统类型所属的系统分类将与所选的系统类型的系统分类一致。例如，选择“湿式消防系统”进行复制，创建新的“自动喷淋系统”，那么“自动喷淋系统”的系统分类为“湿式消防系统”。

(1) 系统复制

在“项目浏览器”中依次选择“族”→“管道系统”→“湿式消防系统”，鼠标右键单击，在弹出的菜单栏中选择“复制”，创建“湿式消防系统2”。

(2) 系统重命名

选择“湿式消防系统2”，鼠标右键单击，在弹出的菜单栏中选择“重命名”，修改为“自动喷淋系统”并单击“确定”按钮，完成新的管道系统创建。

8.3.2 管道

1. 绘制管道

(1) 绘制管道横管

依次单击“系统”→“管道”，自动打开“修改|放置 管道”选项卡。“修改|放置 管道”选项卡中各项说明如下。

对正：打开“对正设置”对话框，设置“水平对正”“水平偏移”和“垂直对正”。

自动连接：在开始或结束管道的管段时，捕捉构件后可以自动连接。该选项可用于连接不同高程的管段。

继承高程：继承捕捉到的图元的高程。

继承大小：继承捕捉到的图元的大小。

添加垂直：使用当前坡度值连接倾斜管道。

更改坡度：绘制时忽略坡度值直接连接倾斜管道。

禁用坡度：绘制不带坡度的管道。

向上坡度：绘制向上倾斜的管道。

向下坡度：绘制向下倾斜的管道。

坡度值：指定绘制倾斜管道时的坡度值。

显示坡度工具提示：在绘制倾斜管道时实时显示坡度信息。

直径：指定管道的直径大小。

中间高程：指定风管相对于当前标高的垂直高程。

锁定/解锁指定高程：锁定后，管段会始终保持原高程，绘制时不能连接处于不同高程的管段。

在“属性”面板中选择所需的管道类型。依次设置好“水平对正”“参照标高”“系统类型”，如图 8-3-5 所示。

在选项卡的“中间高程”和“直径”中输入数据，如图 8-3-6 所示。

在绘制区中单击起点位置，移动鼠标至终点位置并单击，完成一段管道的绘制。继续绘制下一段管道，当两管段垂直时可自动连接，如图 8-3-7 所示。

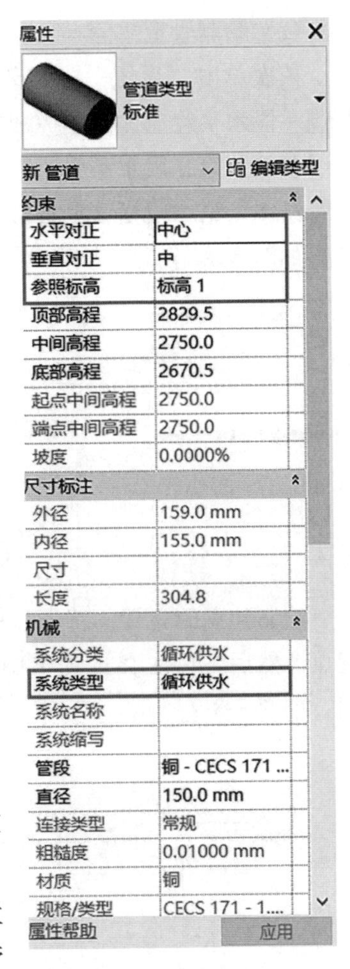

图 8-3-5　管道“属性”面板

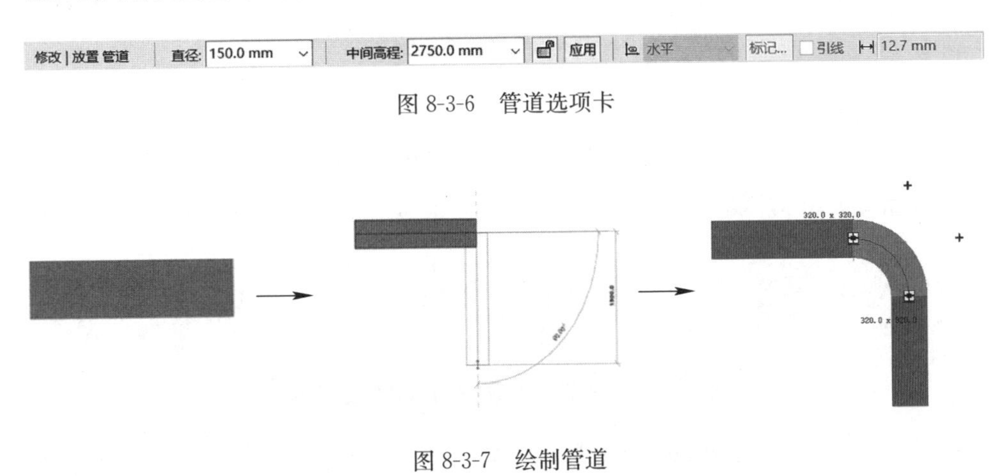

图 8-3-6　管道选项卡

图 8-3-7　绘制管道

（2）绘制管道立管

依次单击“系统”→“管道”，在选项卡中输入管道的直径和中间高程值，绘制一段水平管道。绘制完成第一段横管后，进行偏移高度数值修改，修改完成后继续绘制第二段水平管道，两管段的高度差处会自动生成立管连接，由此完成立管绘制。第二段横管偏移数值小于第一段横管高度为向下翻弯，大于则向上翻弯，如图 8-3-8 所示。

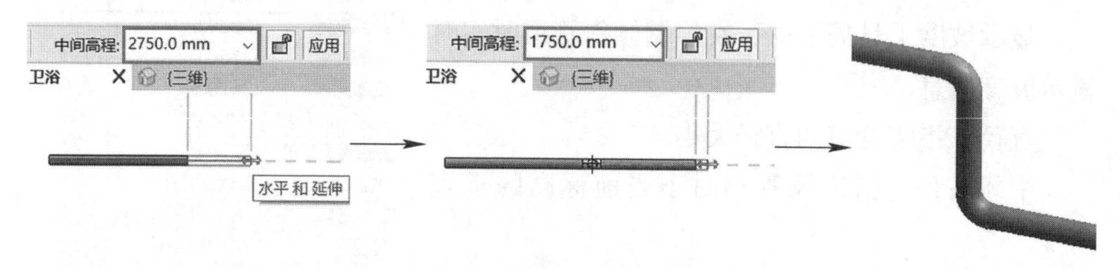

图 8-3-8　绘制管道立管 1

绘制独立的立管。首先，在选项栏设置好起点的高程后在绘制区单击以确定起点。然后，再次在选项卡中输入终点高程，单击“应用”按钮，完成立管绘制，如图 8-3-9 所示。

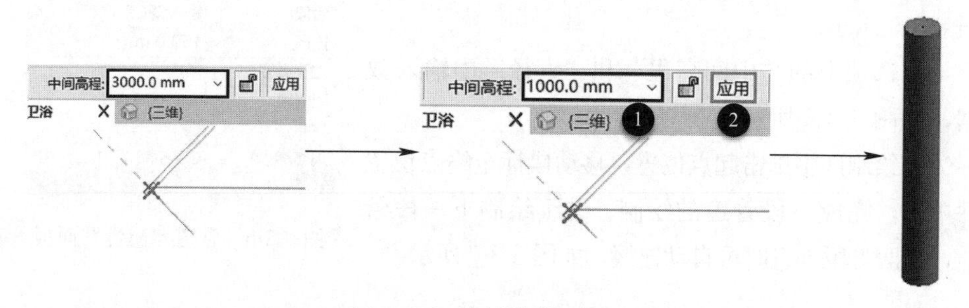

图 8-3-9　绘制管道立管 2

（3）绘制平行管道

依次单击“系统”→“平行管道”，自动打开“修改 | 放置 平行管道”选项卡，如图 8-3-10 所示。

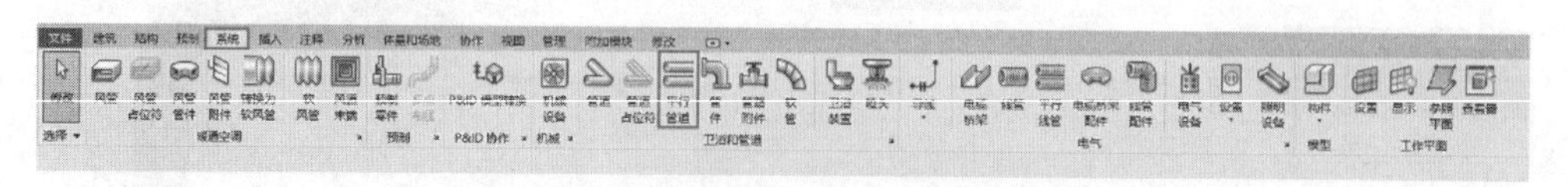

图 8-3-10　“修改 | 放置 平行管道”选项卡

在“平行管道”面板的“水平数”中输入“5”，“水平偏移”中输入“300”，其他默认，如图 8-3-11 所示。

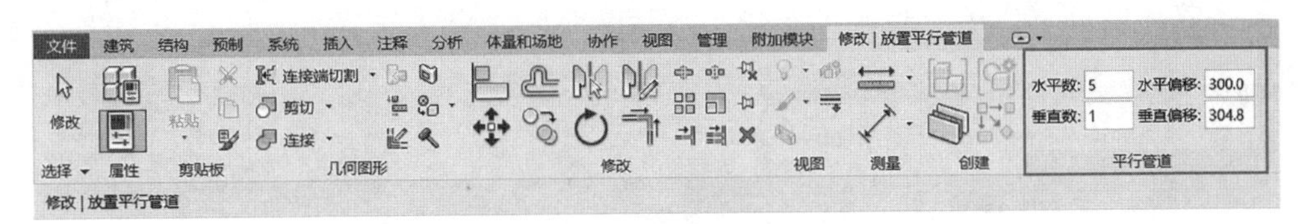

图 8-3-11 “平行管道”面板

在绘图区中，将鼠标移至现有的水平管道以高亮显示，将出现平行管道的轮廓，如图 8-3-12 所示。

按“Tab 键”以选取整个管路的管道，如图 8-3-13 所示；单击以放置平行管道，如图 8-3-14 所示。

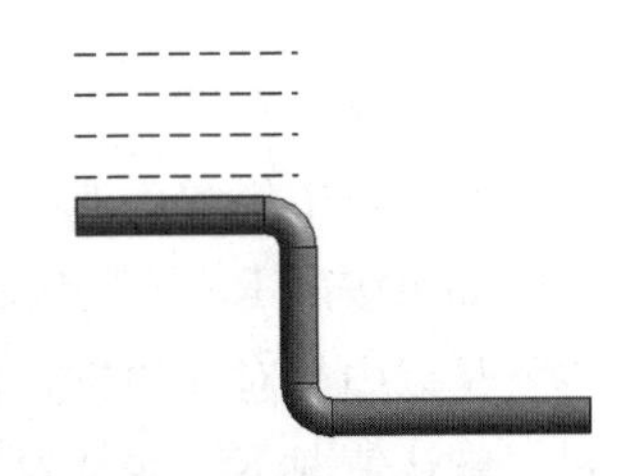

图 8-3-12 平行管道的轮廓

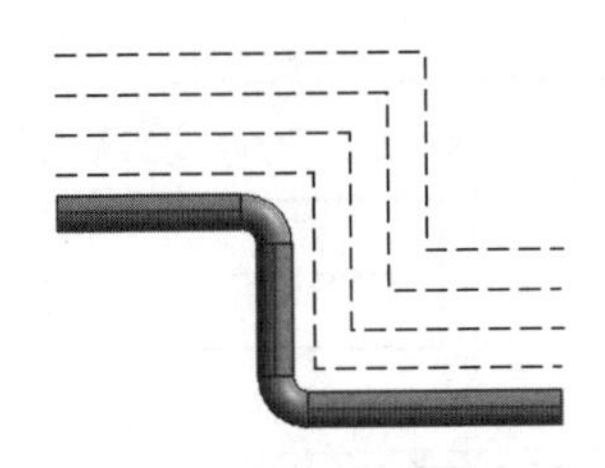

图 8-3-13 整个管路的平行管道轮廓

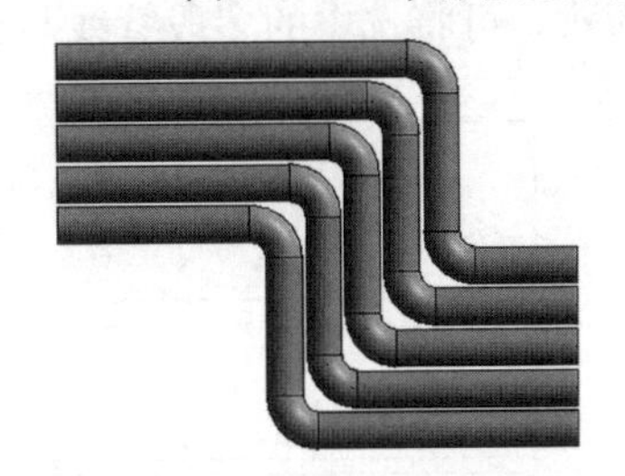

图 8-3-14 平行管道绘制效果

2. 编辑管道

选择一根管道，自动打开“修改 | 管道”选项卡。此选项卡面板中提供了编辑管道的工具，如“对正”“添加隔热层”“直径”“高程”等。

(1) 移动

选中一段管道，显示管道的控制柄，用鼠标点住控制柄不松开，可拉动改变管道的长度，如图 8-3-15 所示。

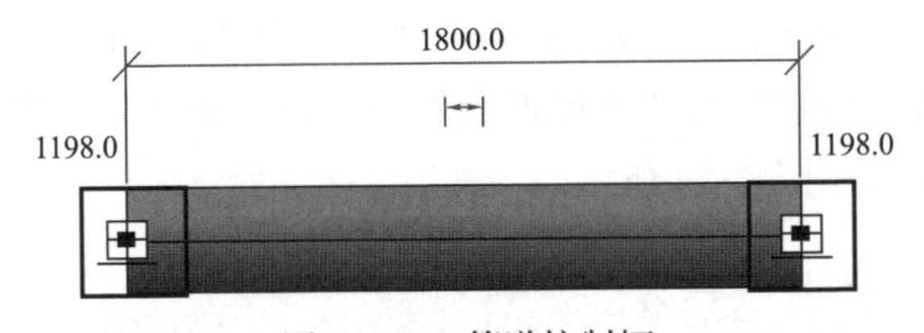

图 8-3-15 管道控制柄

(2) 参数修改

选择管道后，自动打开“修改|管道”选项卡，在选项卡中可以对选中管道

的直径、高程参数进行修改，如图 8-3-16 所示，还可以在“属性”面板中修改有关参数。

图 8-3-16　参数修改

（3）管道对正

在项目中经常会遇到不同管径的管线侧面对齐或者顶对齐等情况，在建模过程中如果按照 Revit 默认的变径方式，管线将会以中心线作为基准，那画出的管线就是以中心对齐的方式体现的，利用“对正”编辑器命令便能修改变其对齐方式。默认情况下，在“对正”面板中选择“正中对齐”，在风管的中心线显示对齐箭头，可将选中的多段管线与正中心对齐，如图 8-3-17 所示。

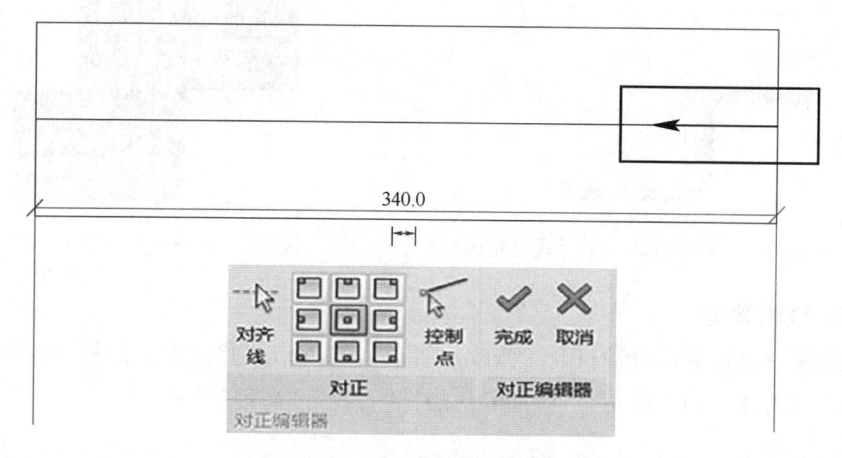

图 8-3-17　正中对齐

（4）设置坡度

选择管道，在“编辑”面板中单击“坡度”按钮，如图 8-3-18 所示，打开“坡度编辑器”选项卡，单击“坡度值”展开下拉菜单，显示坡度值列表，根据需要选择坡度值，如图 8-3-19 所示。

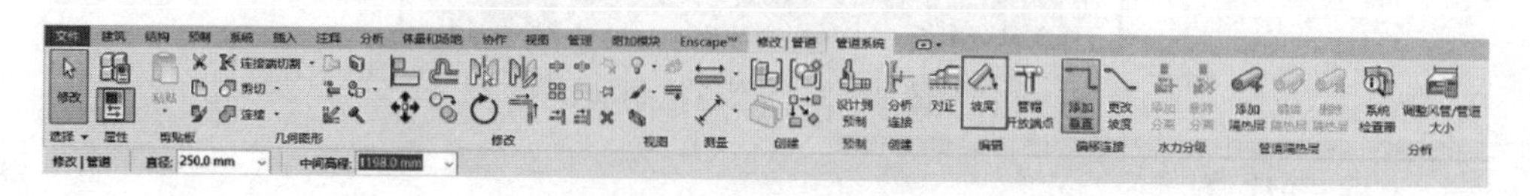

图 8-3-18　“坡度”按钮

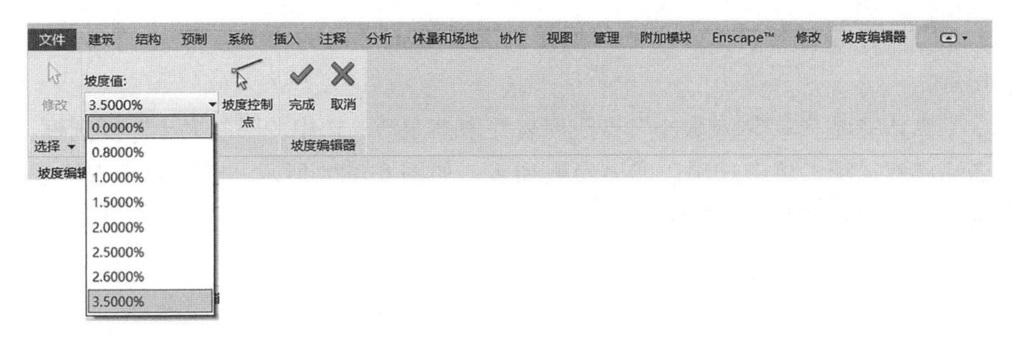

图 8-3-19 “坡度编辑器”

（5）管帽开放端点

单击“管帽开放端点”按钮，可以在风管、管段或管件的开口端添加管帽，效果如图 8-3-20 所示。

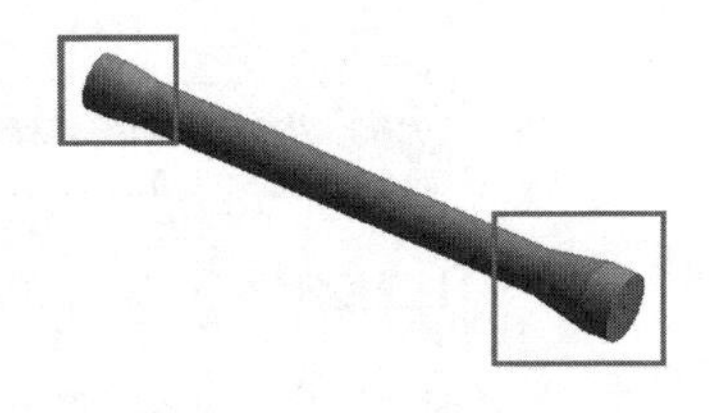

图 8-3-20 管帽效果图

（6）添加隔热层

在“管道隔热层”面板中单击“添加隔热层”按钮，在弹出的对话框中选择类型，并设置厚度，如图 8-3-21 所示。单击“确定”按钮生成管道隔热层。

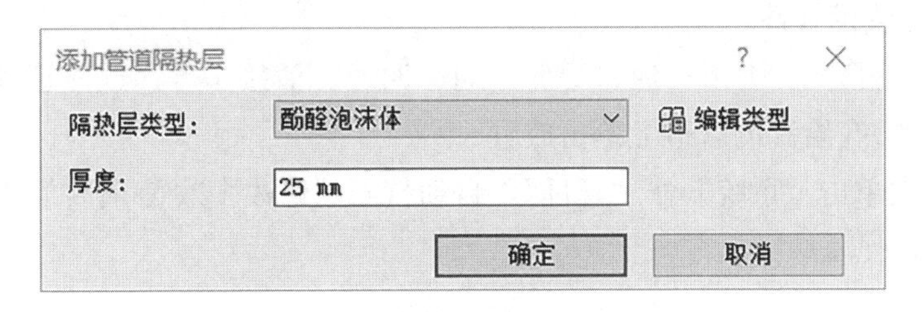

图 8-3-21 “添加管道隔热层”对话框

图 8-3-22 调整大小方法

（7）调整风管/管道大小

选择管道，单击“调整风管/管道大小”按钮，弹出“调整管道大小”对话框，如图 8-3-22 所示。在“调整大小方法”选项组的下拉列表中包含 4 种调整方法，分别是“比摩阻”“速度”“相等比摩阻”和“静态恢复”。选择不同的调整方法，可以激活不同的选项进行设置。

在“约束”选项组中单击“调整支管大小”栏，在弹出的列表中显示 3 种调整方法，分别是“仅计算大小”“匹配连接件大小”和“连接件和计算值之间的较大者”，如图 8-3-23 所示。

默认情况下，“限制大小”参数列表并未被激活。选中“限制大小”复选框，激活参数选项。单击选项，弹出参数列表，如图 8-3-24 所示。在列表中选择选项，指定“限制大小”参数。

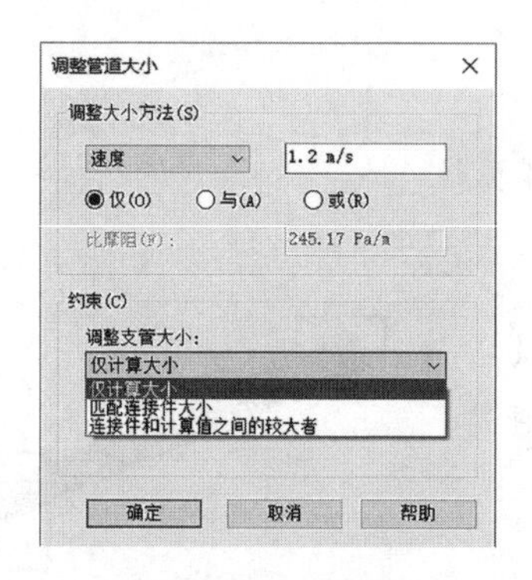

图 8-3-23　调整支管大小

图 8-3-24　指定“限制大小”参数

8.3.3　管道管件

1. 放置管道管件

管件包括弯头、T 形三通、Y 形三通、四通、活接头等，这些管件具有插入的特性，能够在绘制的管道上单击放置。

1）依次单击“系统”→“管件”，自动打开“修改 | 放置 管件”选项卡，如图 8-3-25 所示。

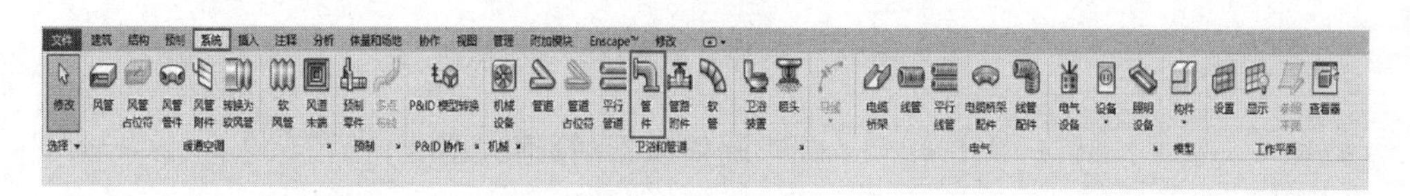

图 8-3-25　“修改 | 放置 管件”选项卡

2）在“属性”面板中选择所需的管件类型，设置管件的尺寸、高程等参数，如图 8-3-26 所示。

3）在绘制区单击以放置管件，如图 8-3-27 所示；也可以插入到现有的管道上，如图 8-3-28 所示。

2. 编辑管道管件

单击管件，有两处地方能够对管件进行编辑。

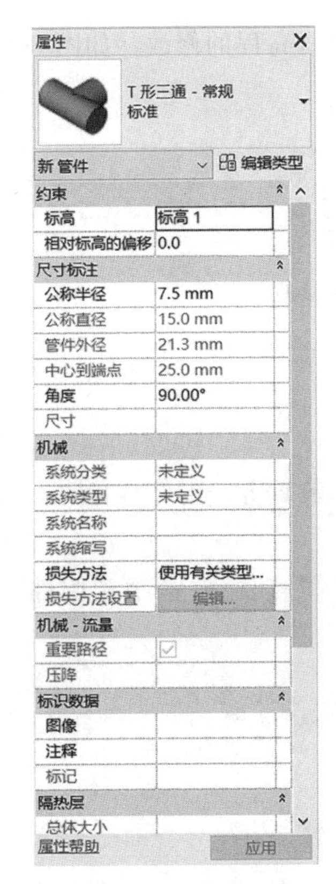

图 8-3-26　管件“属性”面板

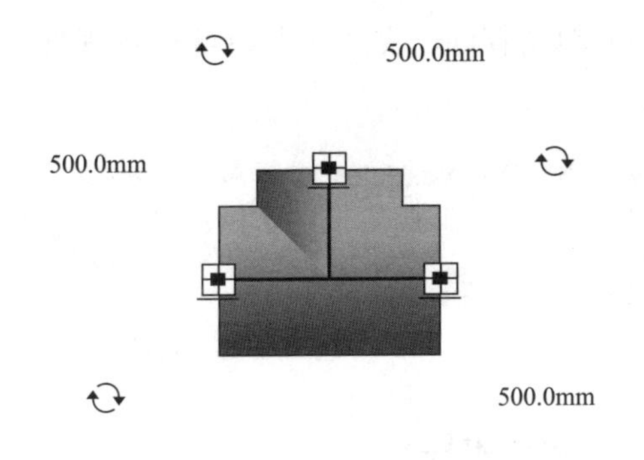

图 8-3-27　绘制管道管件

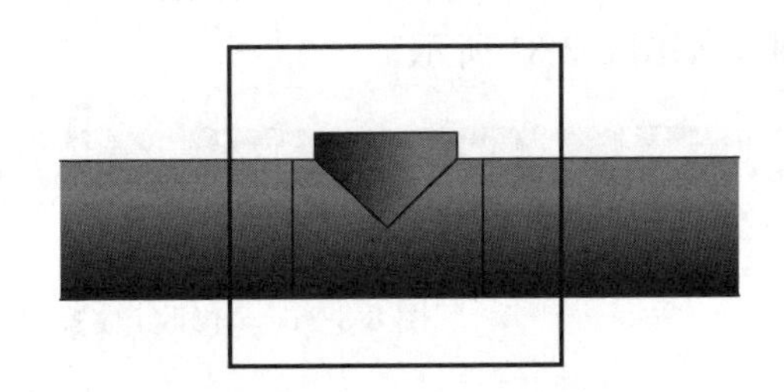

图 8-3-28　管件插入管道

1）单击管件，激活管件附近的控制柄，对管件进行旋转、移动、水平翻转等操作，如图 8-3-29 所示。

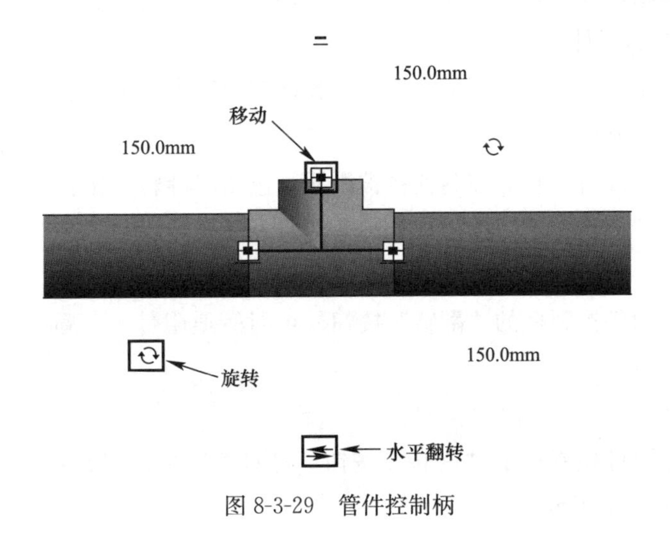

图 8-3-29　管件控制柄

2）单击管件，在选项卡中可进行管件直径和中间高程的修改，如图 8-3-30 所示。

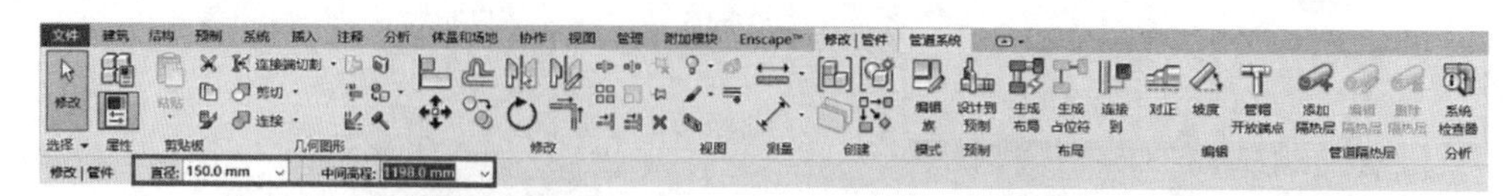

图 8-3-30　管件直径和中间高程的修改

8.3.4　管道附件

1. 放置管道附件

管道附件包括连接件、阀门、水嘴、水表、泄水装置等。附件具有插入的特性，能够捕捉管道后将管道附件插入管道。

1）依次单击“系统”→“管路附件”，自动打开“修改|放置 管道附件”选项卡，如图 8-3-31 所示。

图 8-3-31　“修改|放置 管道附件”选项卡

2）在“属性”面板中选择所需要的管道附件类型，设置好相关参数，如图 8-3-32 所示。

3）在绘图区中单击以放置管道附件，如图 8-3-33 所示。或者靠近管道捕捉后单击将管道附件插入管道，如图 8-3-34 所示。

2. 编辑管道附件

选择管道附件，可以对管道附件执行各种编辑操作，包括翻转、旋转等。

（1）激活控制柄

选择管道附件后，它的控制柄将被激活，包括“翻转”按钮、“旋转”按钮、“拖曳”按钮、“创建管道”按钮，如图 8-3-35 所示。

（2）翻转

单击管道附件控制柄的“翻转”按钮，可对管道附件上下翻转，如图 8-3-36 所示。

（3）旋转

单击管道附件控制柄的“旋转”按钮，可对管道附件以每次 90°的角度进行转动，如图 8-3-37 所示。

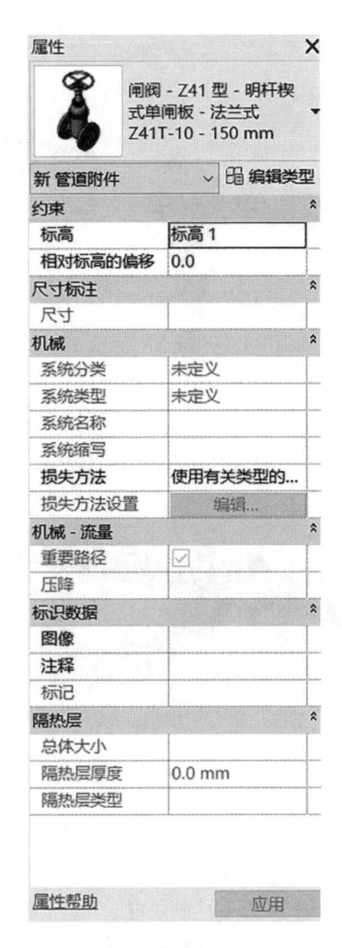

图 8-3-32　管道附件的“属性”面板

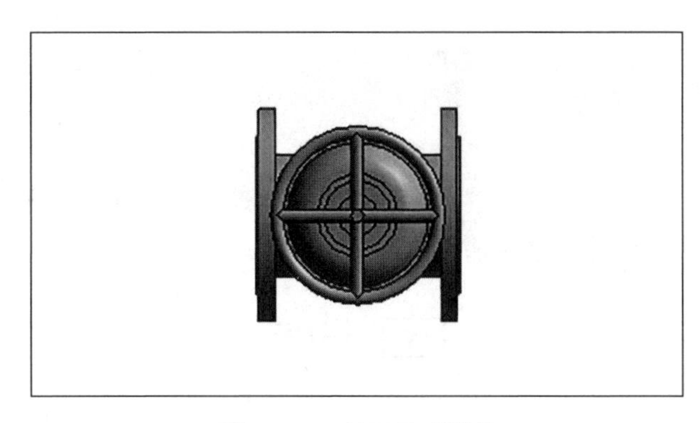

图 8-3-33　放置管道附件

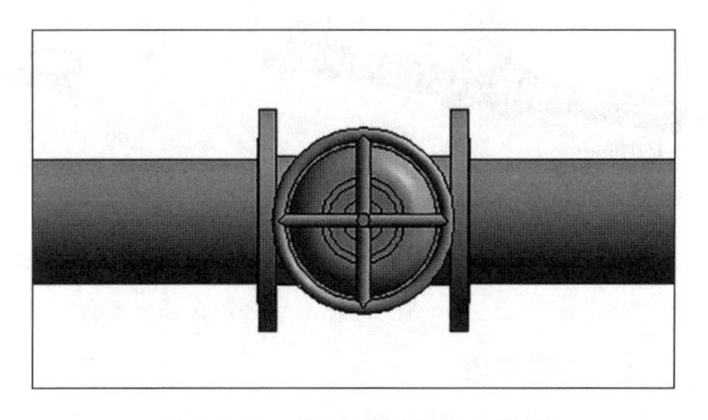

图 8-3-34　将管道附件插入管道

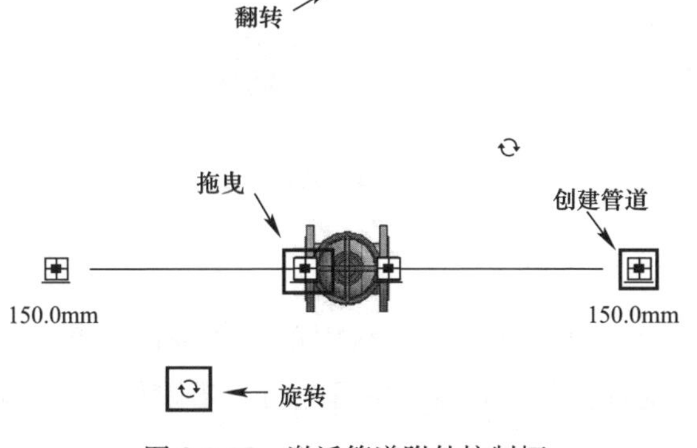

图 8-3-35　激活管道附件控制柄

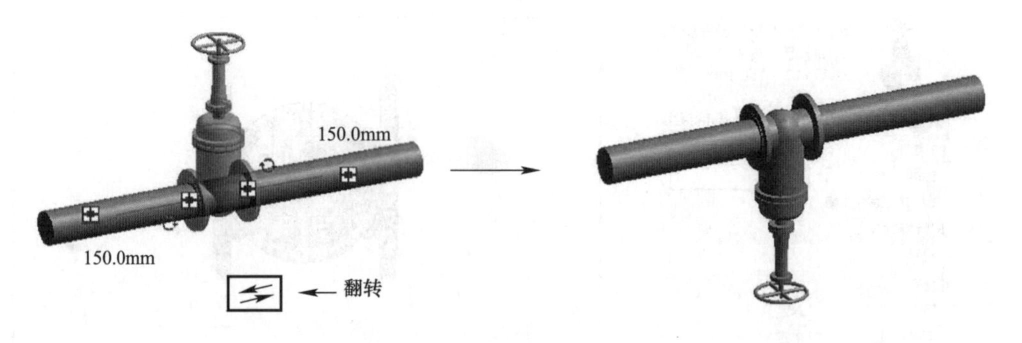

图 8-3-36　翻转效果

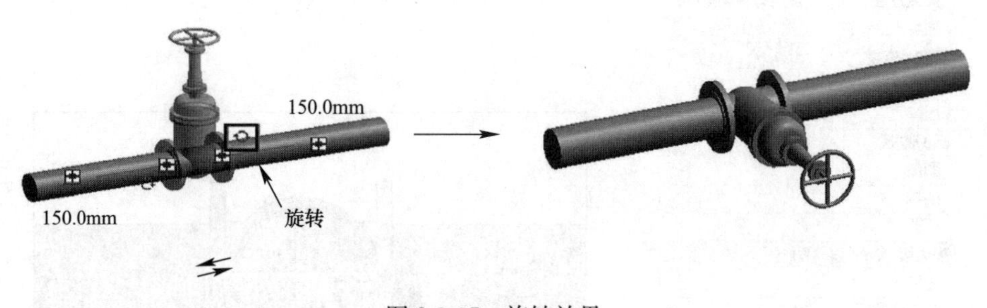

图 8-3-37　旋转效果

(4) 创建管道

单击管道附件控制柄的“创建管道”按钮，拖动管道至适当位置，再次单击完成管道的创建，如图 8-3-38 所示。

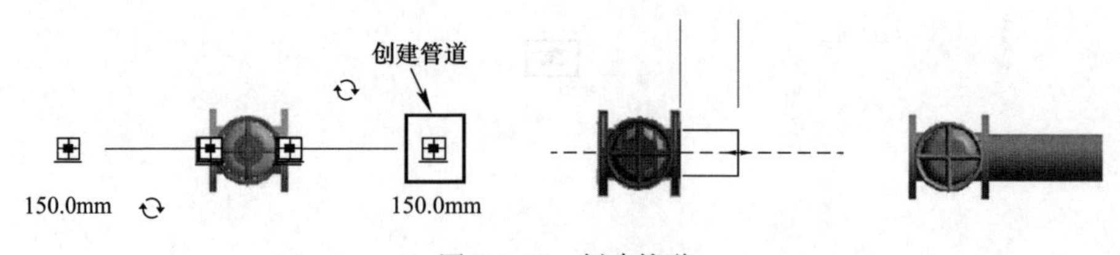

图 8-3-38　创建管道

(5) 编辑类型

选择管道附件后，在“属性”面板中单击“编辑类型”，如图 8-3-39 所示，弹出“类型属性”对话框，在对话框中可进行管道附件参数的修改，如图 8-3-40 所示。

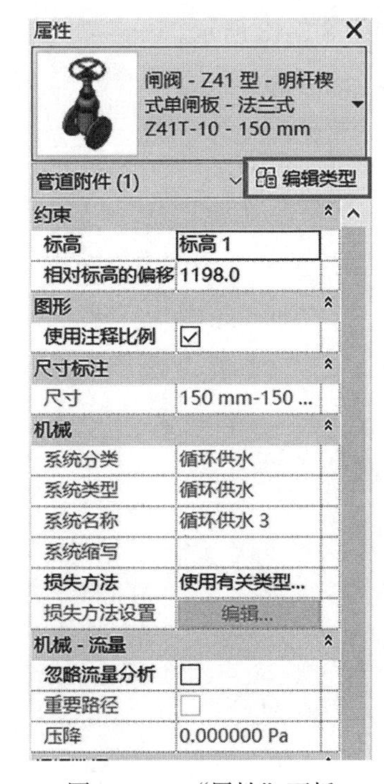

图 8-3-39 “属性”面板

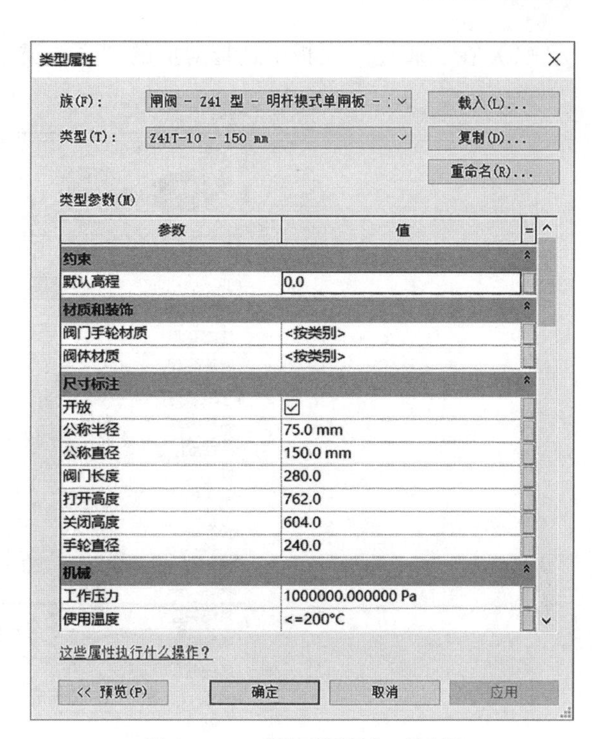

图 8-3-40 “类型属性”对话框

8.3.5 软管布置

1. 绘制软管

1）依次单击“系统”→“软管”，自动打开“修改|放置 软管”选项卡，如图 8-3-41 所示。

图 8-3-41 “软管”按钮

2）在“修改|放置 软管”选项卡中设置“直径”为“150.0mm”，“偏移”为“1198.0mm”，如图 8-3-42 所示。

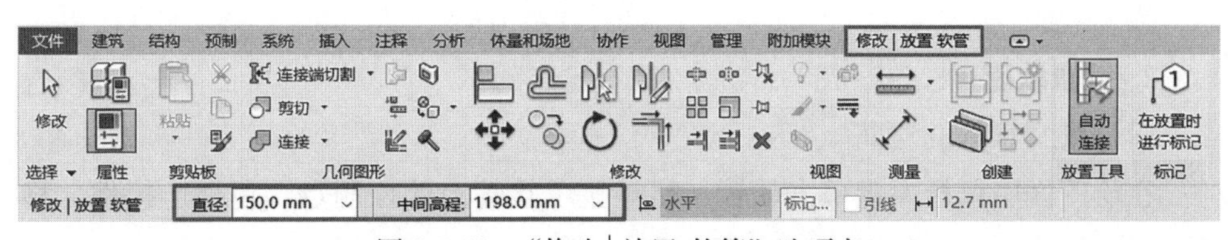

图 8-3-42 “修改|放置 软管”选项卡

3）在“属性”面板中选择对应的“系统类型”，如图 8-3-43 所示。

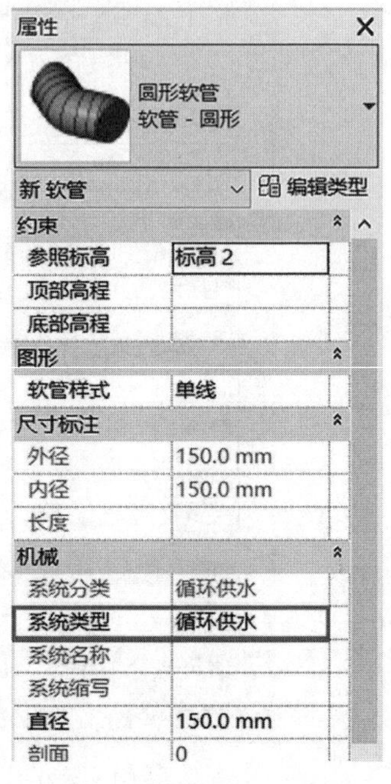

图 8-3-43 选择“系统类型”

4）在绘图区中鼠标左键单击以确定起点，在软管需要弯曲的地方再次单击以确定顶点，在软管结束位置单击以确定终点，绘制效果如图 8-3-44 所示。

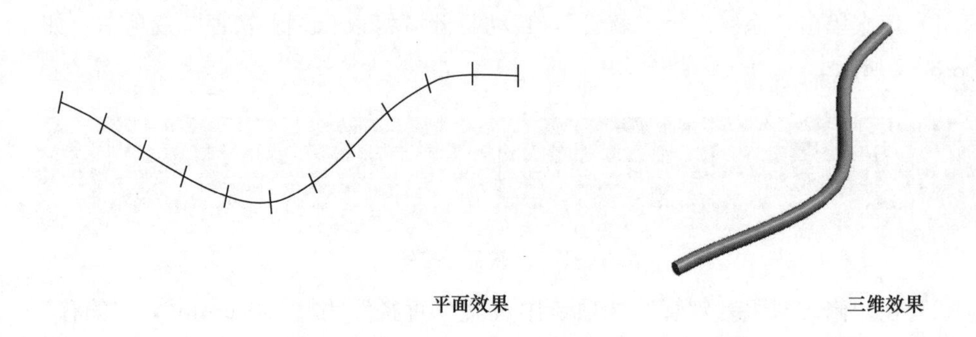

图 8-3-44 软管绘制效果

2. 编辑软管

（1）改变软管的弯曲

在绘图区中鼠标左键单击软管，能够显示软管上的控制点，包括连接件、移动顶点、修改切点，如图 8-3-45 所示。

调整弯曲度。通过移动“修改切点”可以调整接头处的软管弯曲度，通过移动“移动顶点”可以调整软管中部的弯曲度。

插入移动顶点。鼠标右键单击，选择“插入顶点”，可在软管的中部添加“移动顶点”，能够更灵活地改变软管的弯曲度，如图 8-3-46 所示。

图 8-3-45　插入移动顶点

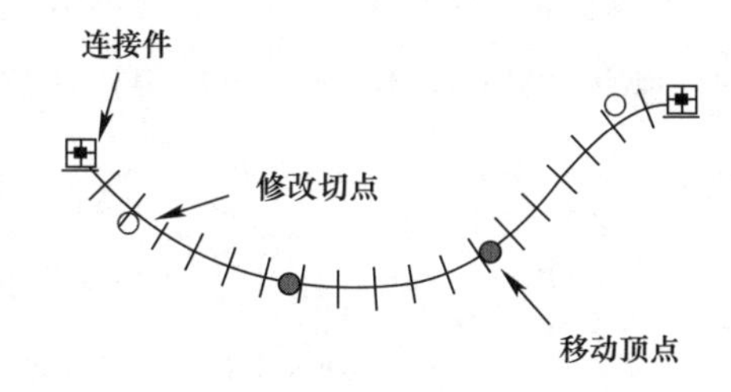

图 8-3-46　软管控制点

（2）改变软管平面显示样式

默认情况下，软管的样式为“单线”，如图 8-3-47 所示。可以根据需求更换软管的平面显示样式，系统提供的样式有“圆形”“椭圆形”等。

选择软管，在“属性”面板中的图形选项组找到“软管样式”，如图 8-3-48 所示，单击下拉列表选取样式，在此选择“椭圆形”，效果如图 8-3-49 所示。

8.3.6　管道系统布置

1. 创建卫浴系统

1）单击“系统”→“卫浴装置”。弹出“当前项目中未载入卫浴装置族，是否现在载入?”对话框，单击“是”按钮，如图 8-3-50 所示。

2）打开“载入族”对话框，选择“China”→“MEP”→“卫生器具”→“浴盆”→“浴盆-亚克力 . rfa”，单击“打开”按钮进行载入。如图 8-3-51 所示，将浴盆在卫生间合适位置进行放置。

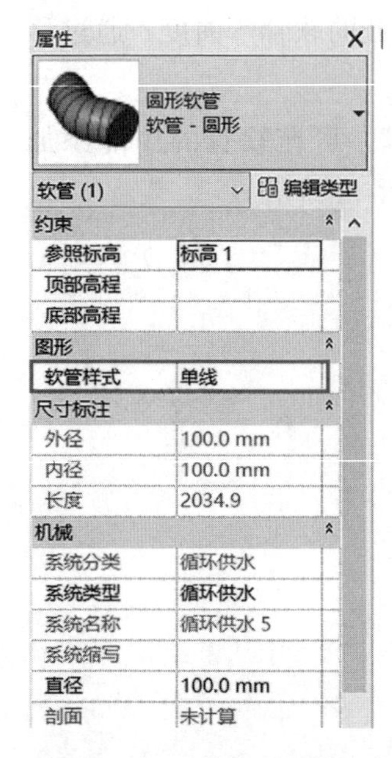

图 8-3-47　默认“单线”

图 8-3-48　下拉列表

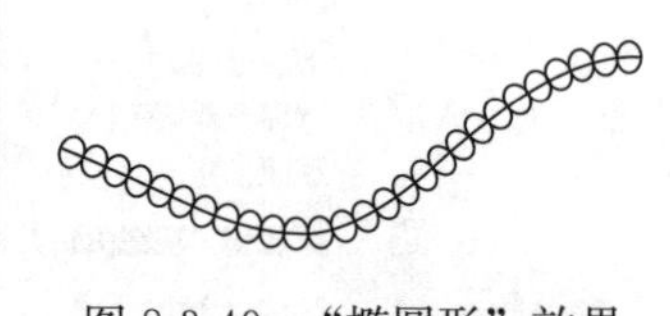

图 8-3-49　“椭圆形”效果

图 8-3-50　“卫浴装置”按钮

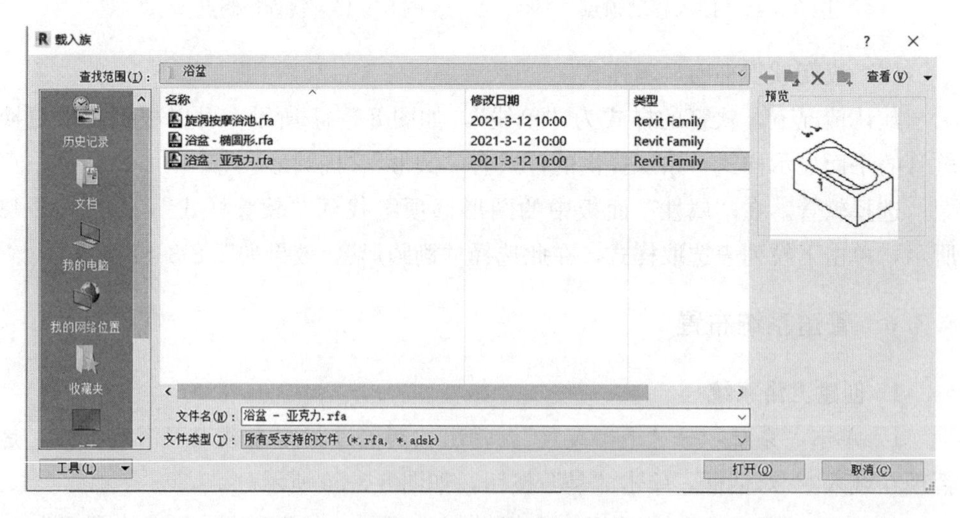

图 8-3-51　载入浴盆

3）继续载入“China”→“MEP”→“卫生器具”→“大便器”→“抽水马

桶-静音冲洗箱 . rfa”，并在合适位置进行放置。

4）选取“浴盆”和“马桶”，自动转到“修改|卫浴装置”选项卡，单击“创建系统”面板中的“管道”按钮，如图 8-3-52 所示。

5）弹出“创建管道系统”对话框，输入系统名称为“卫生系统”，单击“确定”按钮，如图 8-3-53 所示。

6）自动弹出“修改|卫浴装置”选项卡，单击“生成布局”按钮，打开“生成布局”选项卡，如图 8-3-54 所示。

7）选择合适的解决方案进行布局，若不合意，可以单击“编辑布局”按钮以自定义布局方案，最后单击“完成布局”按钮以确定方案，效果如图 8-3-55 所示。

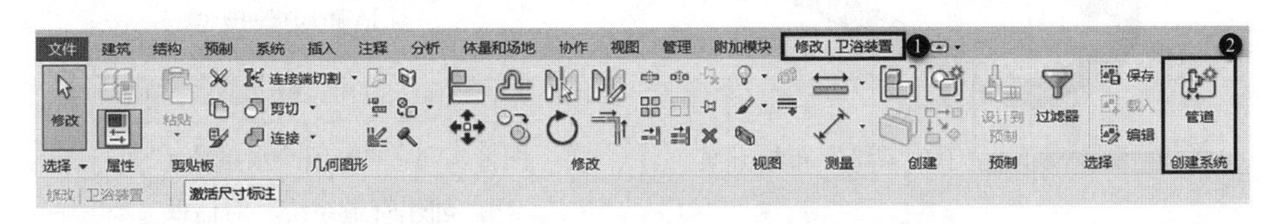

图 8-3-52 “修改|卫浴装置”选项卡

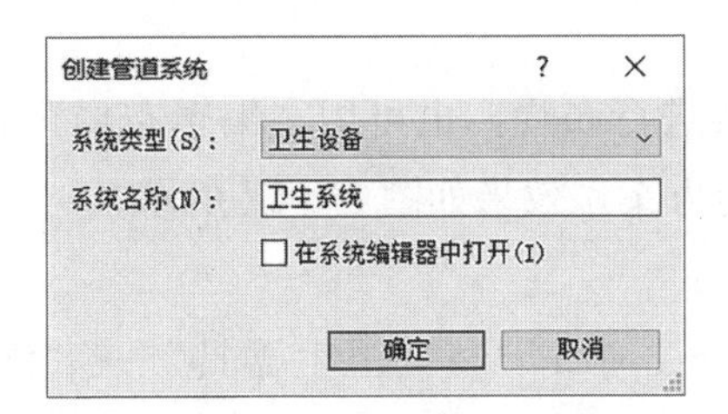

图 8-3-53 卫生系统“创建管道系统”对话框

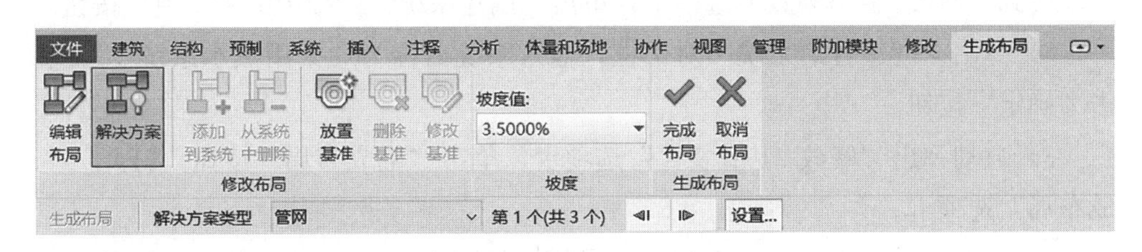

图 8-3-54 “生成布局”选项卡

2. 创建冷水系统

1）选取卫浴系统中的“浴盆”和“马桶”，自动转到“修改|卫浴装置”选项卡，单击“创建系统”面板中的“管道”按钮。

2）弹出“创建管道系统”对话框，输入系统名称为“家用冷水系统 1”，单击“确定”按钮，如图 8-3-56 所示。

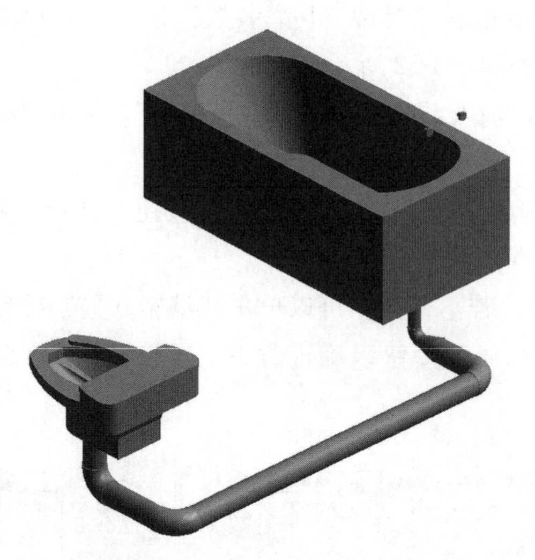

图 8-3-55 “卫生系统”布局方案

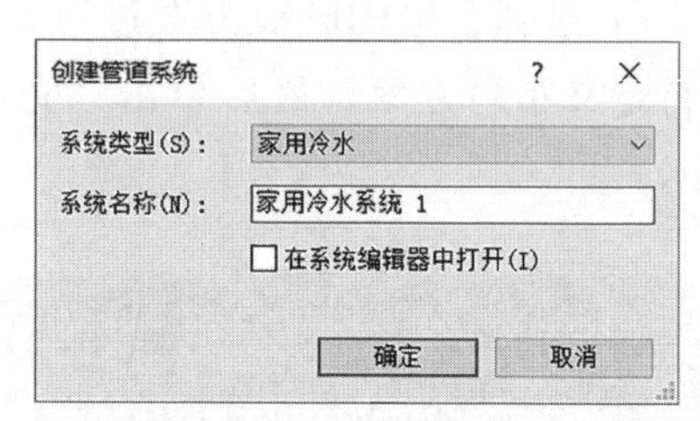

图 8-3-56 “家用冷水系统 1”的“创建管道系统”对话框

3）自动弹出“修改|卫浴装置”选项卡，单击“生成布局”按钮，打开“生成布局”选项卡。

4）选择合适的方案进行布局，也可用“编辑布局”自定义方案，最后单击“完成布局”按钮以确定方案，效果如图 8-3-57 所示。

3. 创建热水系统

1）载入“China”→“MEP”→“卫生器具”→“洗脸盆”→“洗脸盆-梳妆台 . rfa”，并在卫生间的合适位置放置“洗脸盆”，选取“浴盆”和“洗脸盆”，自动转到“修改|卫浴装置”选项卡，单击“创建系统”面板中的“管道”按钮。

2）弹出“创建管道系统”对话框，输入系统名称为“家用热水系统 1”，单击“确定”按钮。

3）自动弹出“修改|卫浴装置”选项卡，单击“生成布局”按钮，打开“生成布局”选项卡。

4）选择合适的方案进行布局，也可用“编辑布局”自定义方案，最后单击“完成布局”按钮以确定方案，效果如图 8-3-58 所示。

4. 将新构件连接到现有管道系统

在热水系统中的“洗脸盆”尚未连接到卫浴系统的排水管网中，通过以下操作将“洗脸盆”构件与卫浴系统管道连接。

1）选中“洗脸盆”，自动转到“修改|卫浴装置”选项卡，单击“连接到”

按钮，如图 8-3-59 所示。

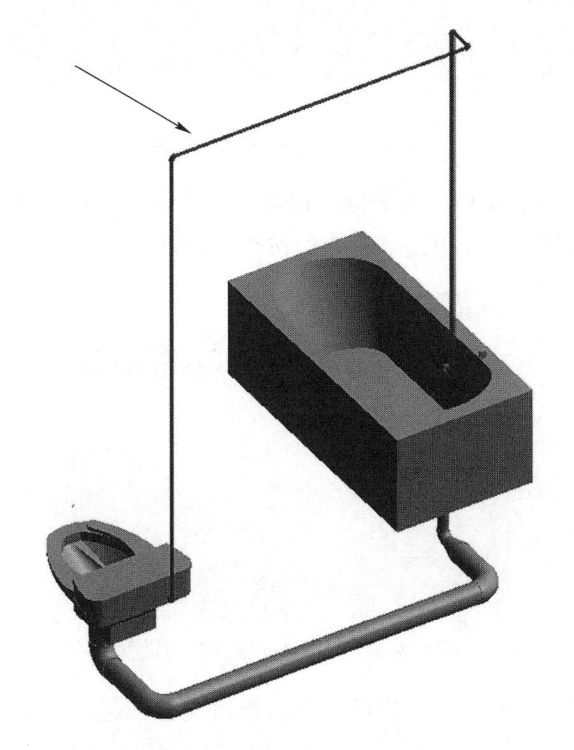

图 8-3-57 “家用冷水系统 1”的布局方案

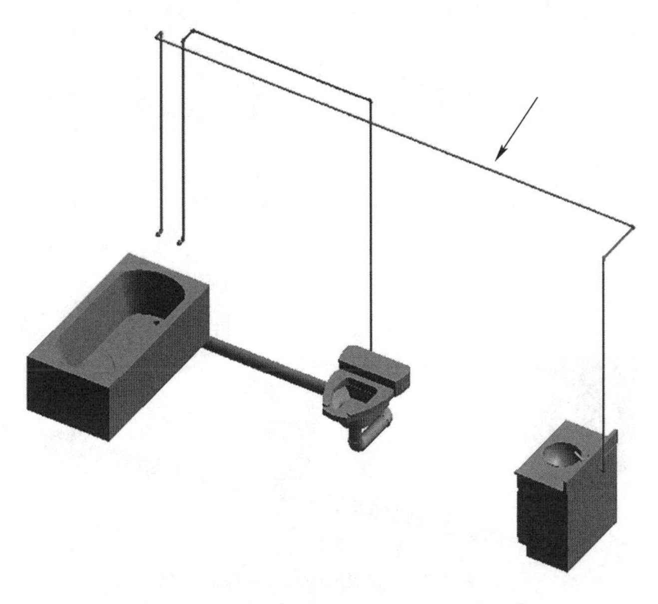

图 8-3-58 “家用热水系统 1”布局方案

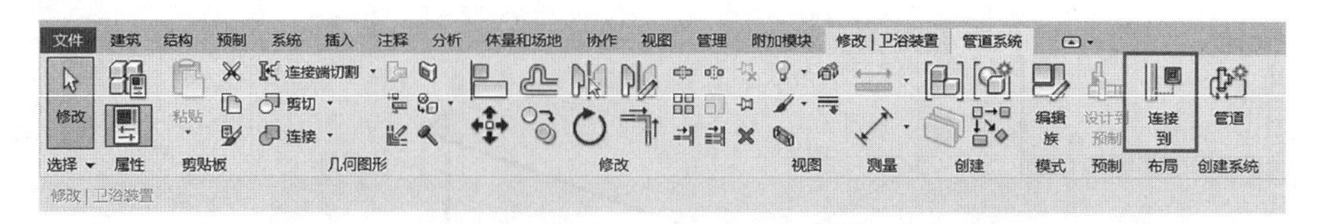

图 8-3-59 “连接到”按钮

2）弹出“选择连接件”对话框，选择“连接件 3：卫生设备：圆形：32mm 出：流动方向（出）”，并单击“确定”按钮，如图 8-3-60 所示。

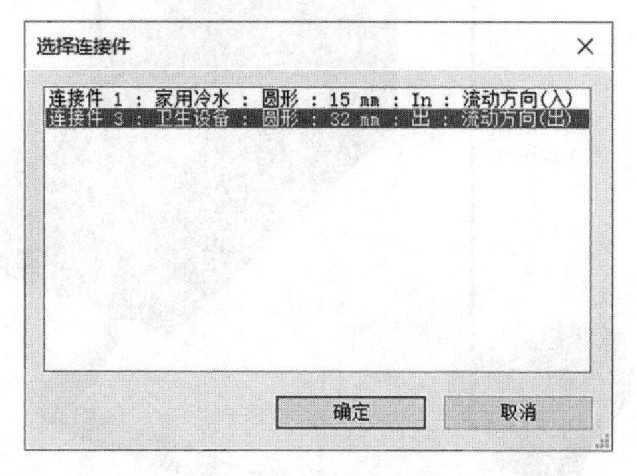

图 8-3-60 “选择连接件”对话框

3）单击需要连接的管道，构件将会与管道连在一起，成为该系统的一部分，如图 8-3-61 所示。

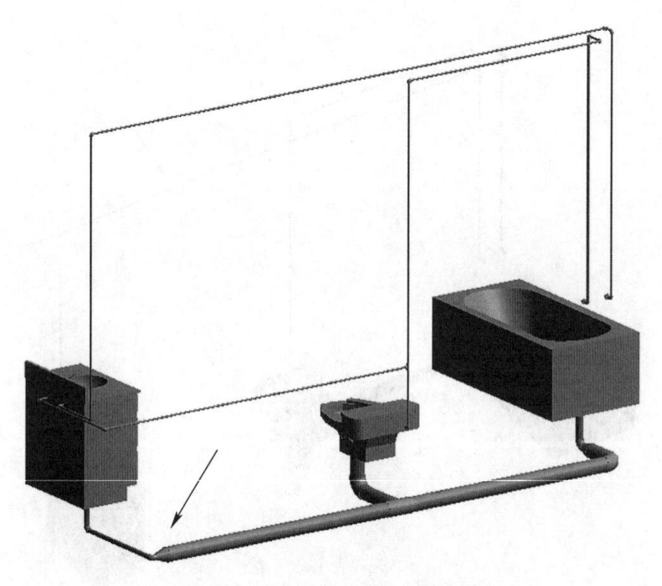

图 8-3-61 新构件连接到管道系统

8.4 电气系统

8.4.1 系统设置

电气系统的系统设置：单击“系统”选项卡→“电气”面板，单击↘按钮，如图8-4-1所示；或者单击“管理”选项卡→“MEP设置”下拉列表中的“电气设置”按钮，如图8-4-2所示；打开“电气设置”对话框，如图8-4-3所示。在“电气设置”对话框中可以设置“配线参数”“电压定义”“配电系统”“电缆桥架设置”“线管设置”“负荷计算”和“配电盘明细表”。

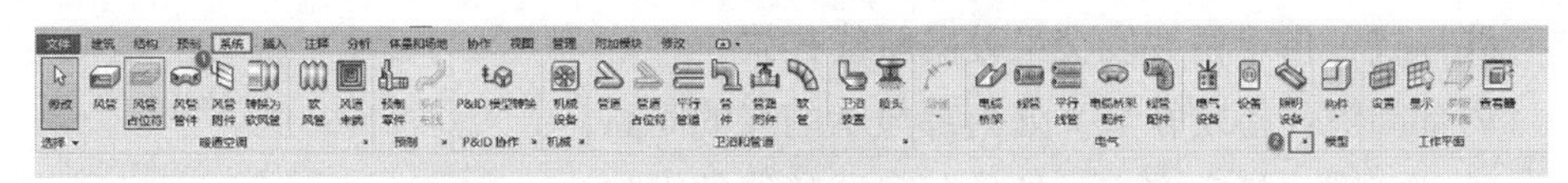

图8-4-1　电气设置打开方式1

图8-4-2　电气设置打开方式2

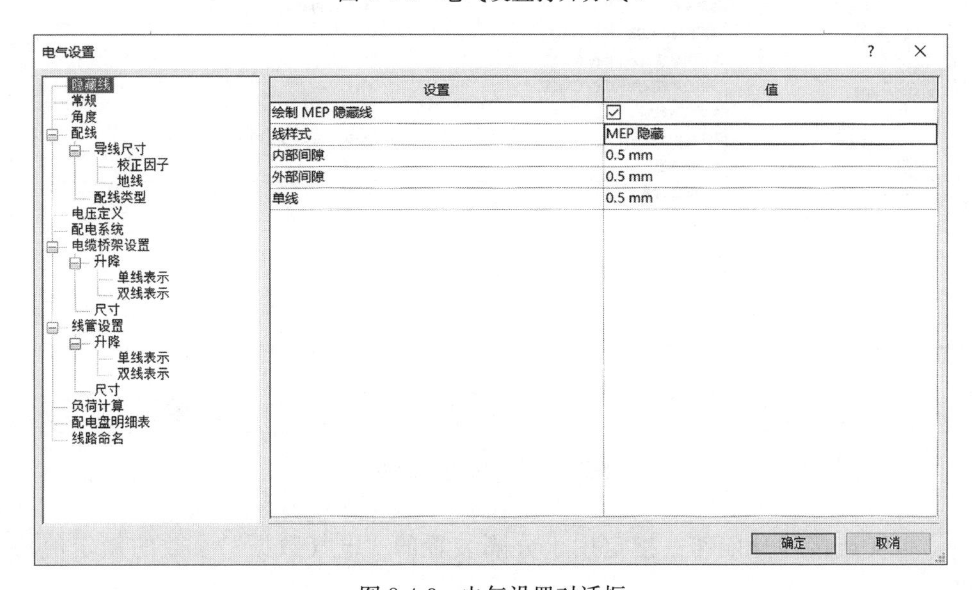

图8-4-3　电气设置对话框

1. 隐藏线

“隐藏线”设置面板如图 8-4-4 所示。

设置	值
绘制 MEP 隐藏线	☑
线样式	MEP 隐藏
内部间隙	0.5 mm
外部间隙	0.5 mm
单线	0.5 mm

图 8-4-4　“隐藏线”设置面板

绘制 MEP 隐藏线：设置是否按指定的隐藏线的线样式和间隙来绘制电缆桥架和线管。

线样式：指定桥架段交叉处隐藏线样式。

内部间隙：指定在交叉处内部显示的线的间隙。

外部间隙：指定在交叉处外部显示的线的间隙。

单线：指定在桥架段交叉处隐藏线的间隙。

2. 常规

“常规”面板如图 8-4-5 所示。

设置	值
电气连接件分隔符	-
电气数据样式	连接件说明电压/极数 – 负荷
线路说明	480V-3P/30A
按相位命名线路 - 相位 A 标签	A
按相位命名线路 - 相位 B 标签	B
按相位命名线路 - 相位 C 标签	C
大写负荷名称:	从源参数
线路序列:	数值 (1,2,3,4,5,6,7,8,9,10,11,12)
线路额定值	20 A
线路路径偏移	2750

图 8-4-5　“常规”面板

电气连接件分隔符：指定用于分隔装置的“电气数据”参数的额定值的符号。

电气数据样式：为电气构件“属性”选项板中的“电气数据”参数指定样式，包括“连接件说明电压/极数-负荷”“连接件说明电压/相位负荷”“电压/极数负荷”“电压/相位负荷”。

线路说明：指定导线实例属性中的“线路说明”参数的格式。

按相位命名线路-相位 A（B/C）标签：只有在使用“属性”选项卡，为配电盘指定按相位命名的线路时才使用这些值。

大写负荷名称：指定线路实例属性中的“负荷名称”参数的格式。

线路序列：指定创建电力线的序列，以便能够按阶段分组创建线路。

线路额定值：指定在模型中创建回路时的默认额定值。

线路路径偏移：指定生成线路路径时的默认偏移。

3. 配线

“配线”面板如图 8-4-6 所示。配线影响着项目中导线的尺寸、计算方式及平面显示方式。

图 8-4-6 “配线”面板

环境温度：指定配线所在环境的温度。

配线交叉间隙：指定用于显示相互交叉的未连接导线的间隙的宽度。

火线（地线/零线）记号：指定相关导线显示的记号样式。对话框中默认没有记号，单击“插入”选项卡→“载入族”按钮，打开“载入族”对话框，选择“Chinese 图书馆”→“注释”→“标记”→“电气”→“记号”文件夹。系统提供了四种导线记号，选择一个或多个记号族文件，单击“打开”按钮，载入导线记号。然后在“配线”面板中对话框的“值”列表中选择记号样式。

横跨记号的斜线：指定是否将导线的记号显示为横跨其他导线的记号的对角线。

显示记号：指定始终显示记号、从不显示记号或只为回路显示记号。

分支线路导线尺寸的最大电压降：指定分支线路允许的最大电压降的百分比。

馈线线路导线尺寸的最大电压降：指定馈线线路允许的最大电压降的百分比。

用于多回路入口引线的箭头：指定单个箭头或多个箭头是在所有线路导线上显示，还是仅在结束导线上显示。

入口引线箭头样式：指定回路箭头的样式，包括箭头角度和大小。

4. 电压定义

“电压定义”面板如图 8-4-7 所示。图中显示的是项目中配电系统所需要的电压，可以对列表进行添加和删除。

电气设置

隐藏线
常规
角度
配线
导线尺寸
校正因子
地线
配线类型
电压定义
配电系统
电缆桥架设置
升降
单线表示
双线表示
尺寸
线管设置
升降
单线表示
双线表示
尺寸
负荷计算
配电盘明细表
线路命名

	名称	值	最小	最大
1	10000	10000.00 V	10000.00 V	12000.00 V
2	120	120.00 V	110.00 V	130.00 V
3	208	208.00 V	200.00 V	220.00 V
4	220	220.00 V	210.00 V	240.00 V
5	240	240.00 V	220.00 V	250.00 V
6	277	277.00 V	260.00 V	280.00 V
7	380	380.00 V	360.00 V	410.00 V
8	480	480.00 V	460.00 V	490.00 V

添加(D)　删除(E)

确定　取消

图 8-4-7 “电压定义”面板

5. 配电系统

“配电系统”面板如图 8-4-8 所示。图中列表显示的是项目中可用的配电系统。

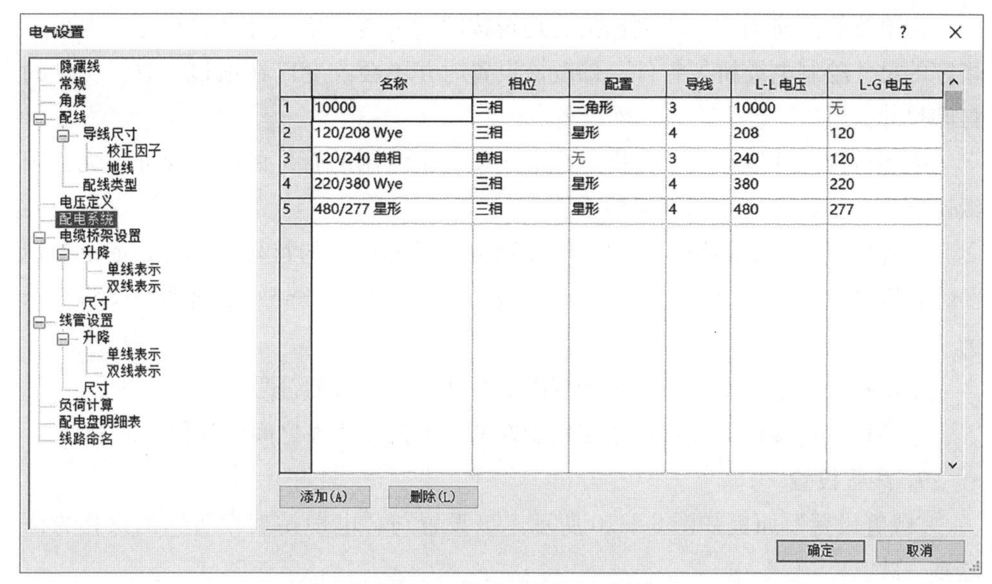

图 8-4-8 “配电系统”面板

L-L 电压：在选项中设置电压，以表示在任意两相之间测量的电压。此参数的规格取决于“相位”和“导线”选择。例如，“L-L 电压”不适用于单相二线系统。

L-G 电压：在选项中设置电压，以表示在相和地之间测量的电压。

6. 电缆桥架设置

“电缆桥架设置”面板如图 8-4-9 所示。

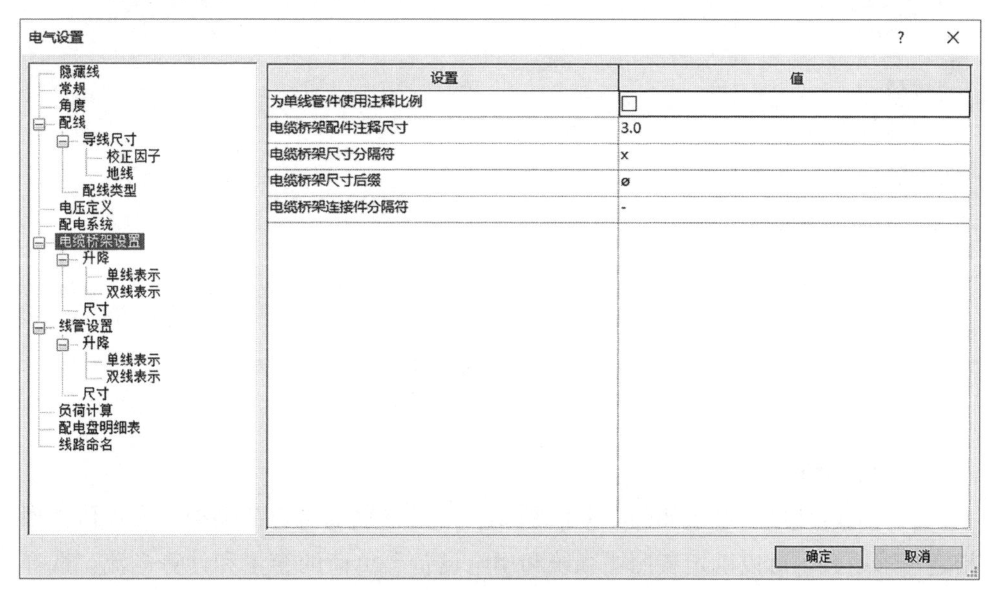

图 8-4-9 “电缆桥架设置”面板

为单线管件使用注释比例：指定是否按照“电缆桥架配件注释尺寸”参数所指定的尺寸绘制电缆桥架管件。修改该设置时并不会改变已在项目中放置构件的打印尺寸。

电缆桥架配件注释尺寸：指定在单线视图中绘制的管件的打印尺寸，无论图纸比例为多少，该尺寸始终保持不变。

电缆桥架尺寸分隔符：指定用于显示电缆桥架尺寸的符号。例如，如果使用“×”，则高度为18in（约合46cm）、深度为6in（约合15cm）的电缆桥架将显示为“18×6”。

电缆桥架尺寸后缀：指定附加到电缆桥架尺寸之后的符号。

电缆桥架连接件分隔符：指定用于在两个不同连接件之间分隔信息的符号。

7. 线管设置

“线管设置”面板如图8-4-10所示，该设置与“电缆桥架设置”的操作方法基本一致。

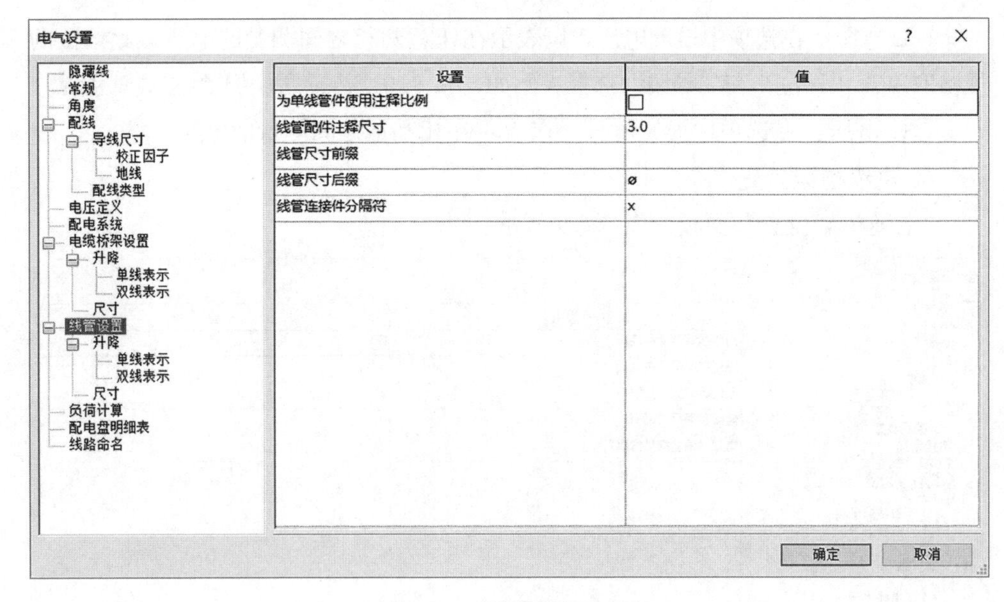

图8-4-10 “线管设置”面板

8. 负荷计算

1）“负荷计算”面板如图8-4-11所示。通过设置电气负荷类型、为负荷类型指定需求系数，可以确定各照明系统和用电设备等负荷的容量和计算电流，选择合适的配电箱。

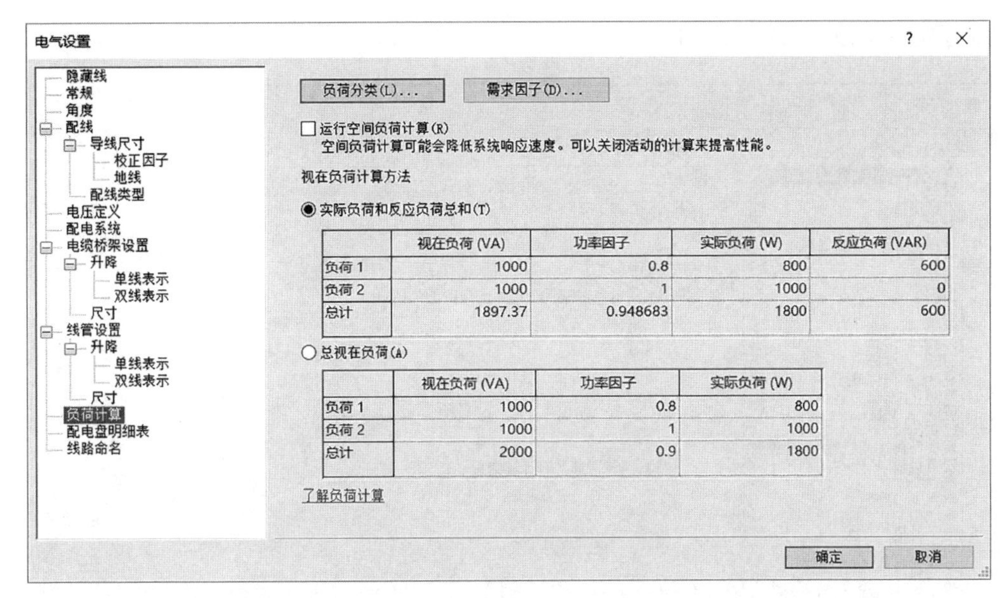

图 8-4-11 “负荷计算”面板

2）负荷分类：单击“负荷分类”按钮，打开“负荷分类”对话框，如图 8-4-12 所示。在此对话框中可以对连接到配电盘的每种类型的电气负荷进行分类，还可以新建、复制、重命名和删除负荷类型。

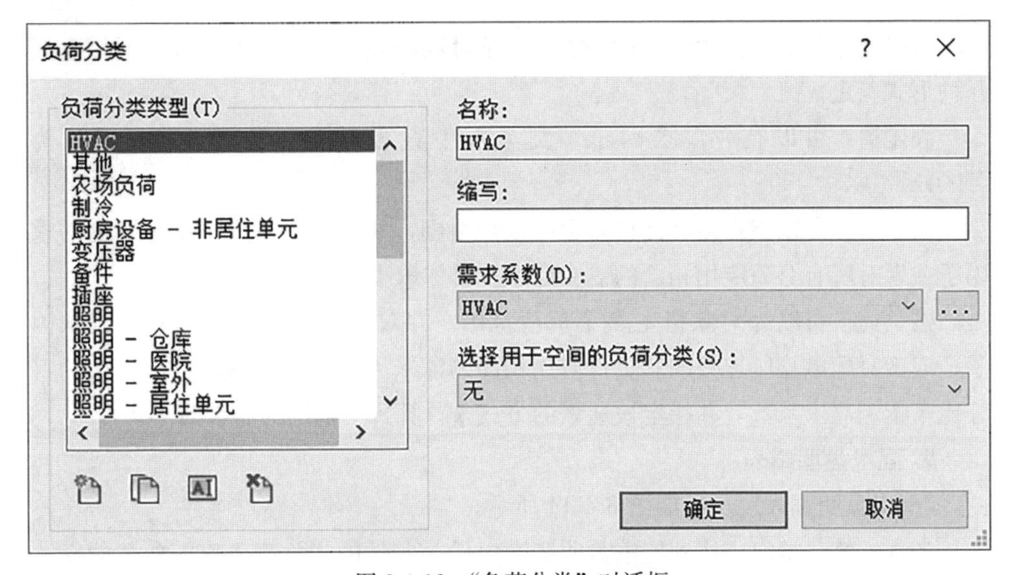

图 8-4-12 “负荷分类”对话框

3）需求因子：单击“需求因子”按钮，打开“需求因子”对话框，如图 8-4-13 所示。在此对话框中可以基于系统负荷为项目中的照明、电力、HVAC 或其他系统指定一个或多个需求因子。

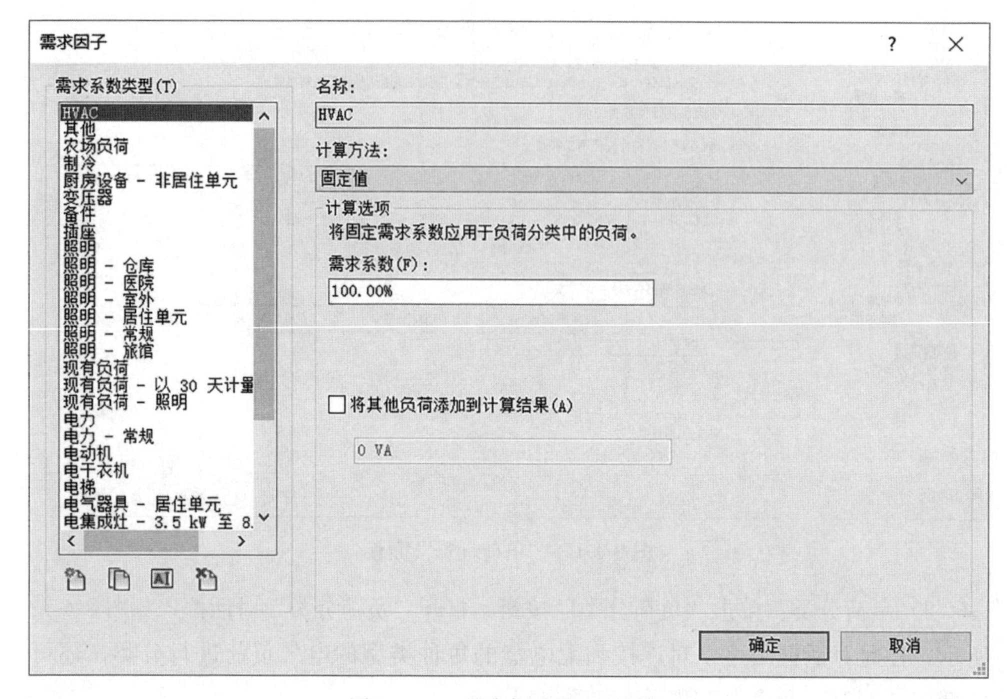

图 8-4-13 “需求因子”对话框

可以通过指定需求因子来计算线路的估计需用负荷，需求因子可以通过下列几种形式确定。

固定值：可以在“需求因子”文本框中直接输入需求系数值，默认为“100%”。

按数量：可以指定多个连接对象的数量范围，并对每个范围应用不同的需求因子或者对所有对象应用相同的需求因子，具体取决于所连接对象的数量。

按负荷：可以为对象指定多个负荷范围，并对每个范围应用不同的需求因子；或者对配电盘所连接的总负荷应用相同的需求因子。可以基于整个负荷的百分比来指定需求系数，并指定按递增的方式来计算每个范围的需求因子。

9. 配电盘明细表

“配电盘明细表”面板如图 8-4-14 所示。

备件标签：指定应用到配电盘明细表中任一备件的“负荷名称”参数的默认标签文字。

空间标签：指定应用到配电盘明细表中任一空间的“负荷名称”参数的默认标签文字。

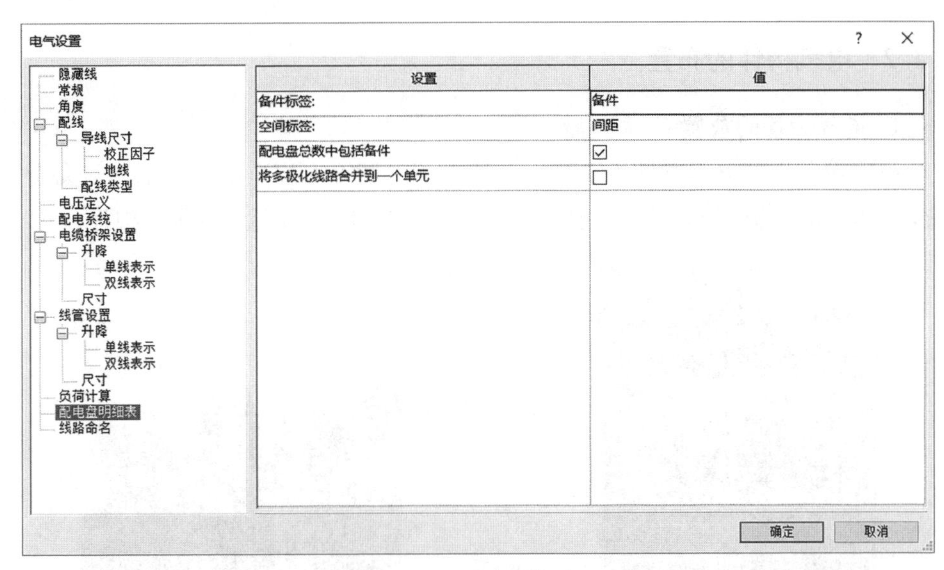

图 8-4-14 “配电盘明细表”面板

配电盘总数中包括备件：指定为配电盘明细表中的备件添加负荷值时，是否在配电盘总负荷中包括备件负荷值。

将多极化线路合并到一个单元：指定是否将二极或三极线路合并到配电盘明细表中的一个单元中。

10. 线路命名

“回路命名方案”对话框如图 8-4-15 所示，对电线回路的命名方式进行设定，以满足不同回路的命名需求。

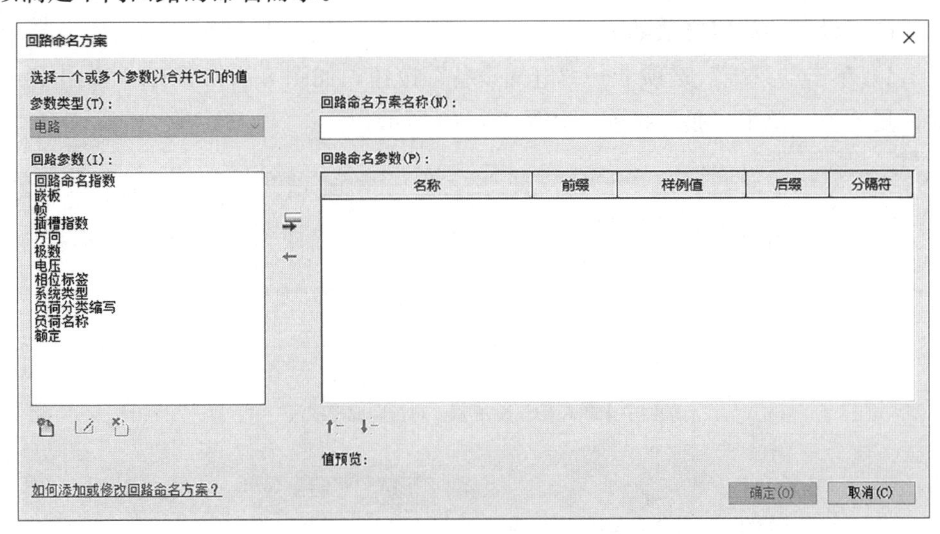

图 8-4-15 “回路命名方案”对话框

8.4.2 电气构件的布置

1. 电气设备的放置

电气设备由配电盘（图 8-4-16）及变电器（图 8-4-17）组成。电气设备分为基于主体（墙、板等）放置的构件和非基于主体（墙、板等）放置的构件。

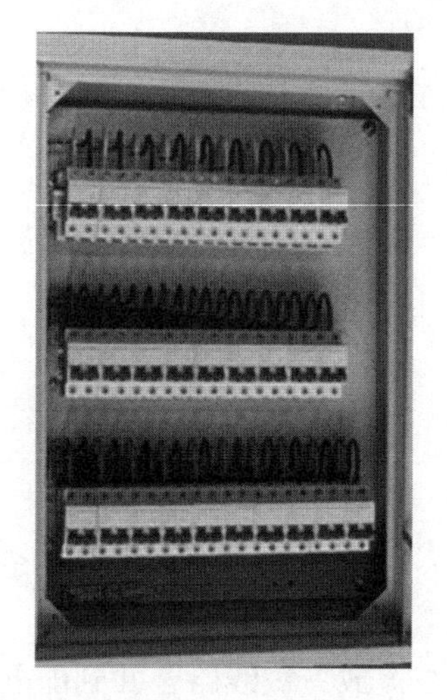

图 8-4-16 配电盘

图 8-4-17 变电器

配电盘通常由柜体、开关、保护装置、电能计量表等，以及其他二次元器件组成，其主要用途为：方便停电、送电，起到计量、保护的作用和功能，当发生电路故障时有利于检修。变电器是将电压升高或降低的设备，方便电力的运输和使用。

电气设备的放置方法如下。

1）单击“系统”选项卡→“电气设备”按钮，如图 8-4-18 所示，弹出 Revit 对话提示框，单击“是”按钮，如图 8-4-19 所示。

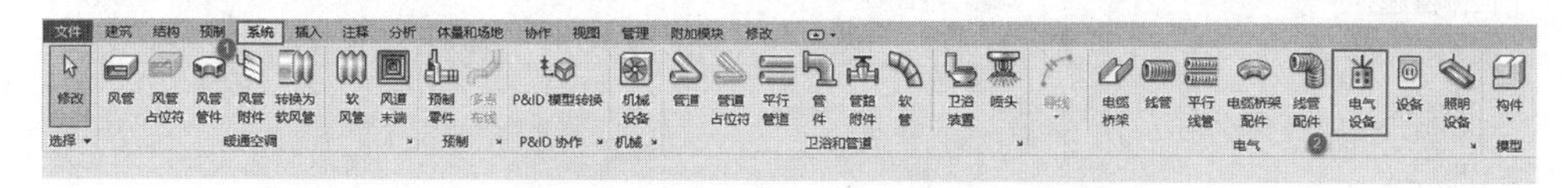

图 8-4-18 “电气设备”按钮

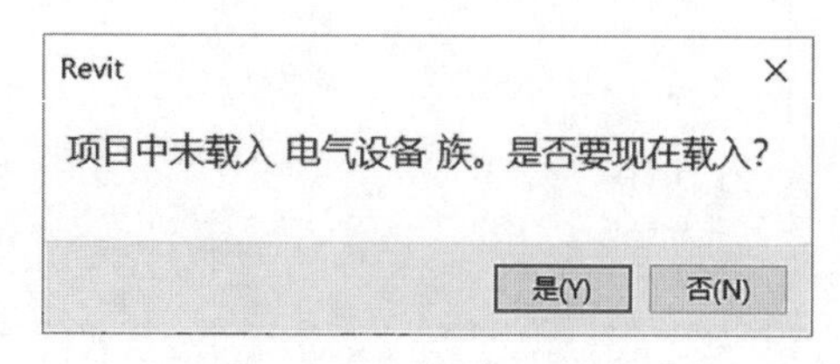

图 8-4-19 对话提示框

2）此时打开“载入族”对话框，单击“China”→“MEP”→“供配电”→“配电设备”→“箱柜”→“GCS型低压配电柜-MCC柜.rfa”，单击“打开”按钮进行载入，如图8-4-20所示。在合适位置进行放置。

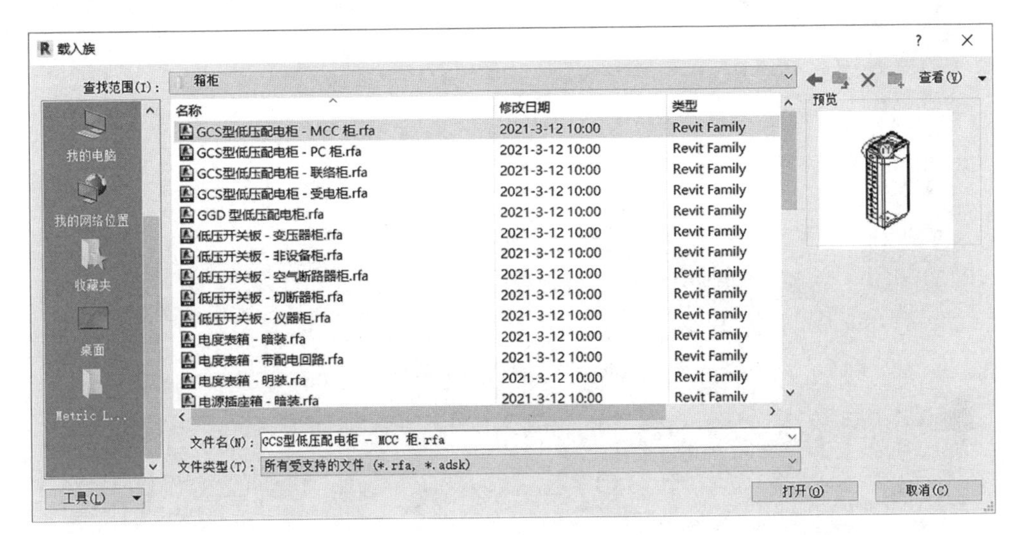

图8-4-20 选择配电柜

2. 照明设备的放置

照明设备分为基于主体（墙、板等）放置的构件和非基于主体（墙、板等）放置的构件，但大多数照明设备放置时都是基于主体放置的。

1）单击“系统”选项卡→“照明设备”按钮，如图8-4-21所示，弹出“未载入族”对话框，单击“是”按钮。

图8-4-21 “照明设备”按钮

2）此时打开“载入族”对话框，单击“China”→“MEP”→“照明”→“室内灯”→“轨道射灯”→“轨道射灯-类型1.rfa”，单击“打开”按钮进行载入，如图8-4-22所示。

3）在“修改|放置 设备”选项卡中，可以选择将照明设备“放置在垂直面上”“放置在面上”“放置在工作平面上”三种模式，如图8-4-23所示。

4）当选择“放置在垂直面上”模式时，在属性面板中可以设置照明设备的放置高度，如图8-4-24所示，放置效果如图8-4-25所示。

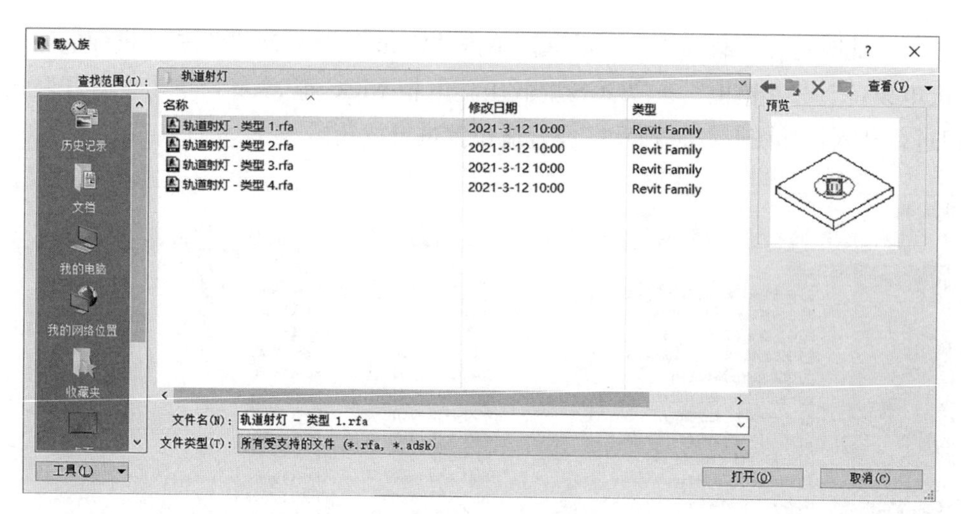

图 8-4-22　选择轨道射灯

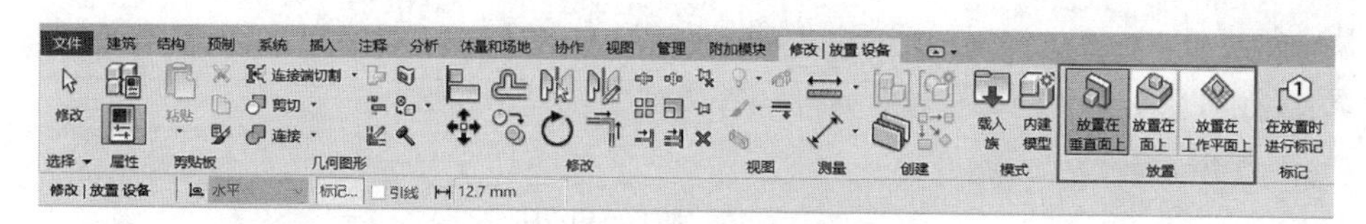

图 8-4-23　照明设备的三种放置模式

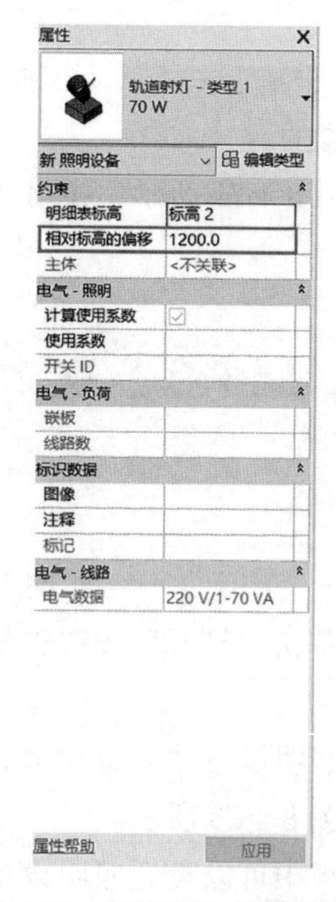

图 8-4-24　照明设备“属性”面板

图 8-4-25　射灯放置效果

3. 设备构件的放置

设备构件由插座、接线盒、电话、通信、数据终端设备、护理呼叫设备、启动器、烟雾探测器、火警报警装置等组成。通常，设备构件是基于主体放置的构件。

下面以“插座”为例介绍放置方法。

1）单击“系统”选项卡，在“电气”面板中单击“设备”下拉列表中的“电气装置”按钮，如图 8-4-26 所示，自动弹出“未载入族”对话框，单击“是”按钮进行族载入。

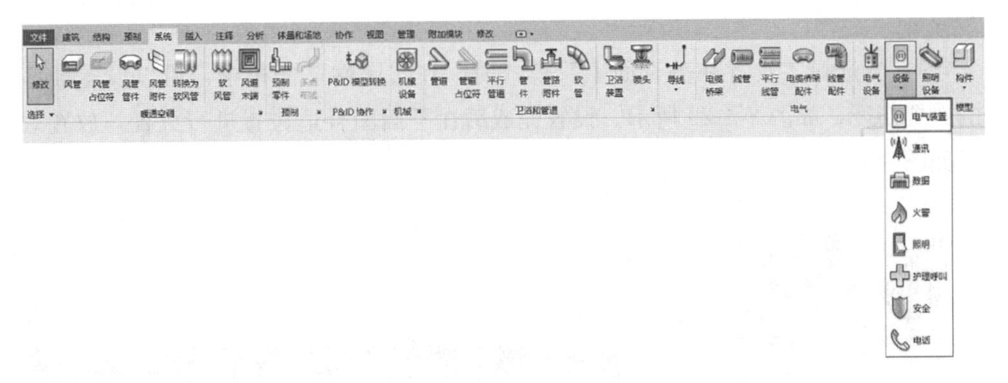

图 8-4-26 “电气装置”按钮

2）此时打开“载入族”对话框，单击“China”→“MEP”→“供配电”→“终端”→“插座”→“带保护接点插座-明装 . rfa”，单击“打开”按钮进行载入，如图 8-4-27 所示。

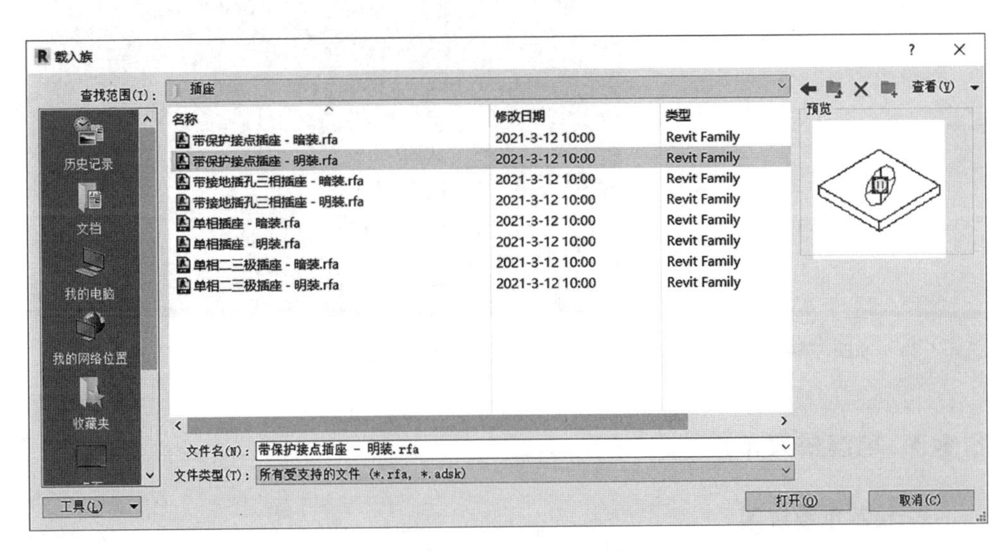

图 8-4-27 选择插座

3）在“修改|放置 设备”选项卡中，可以选择将照明设备“放置在垂直面上”“放置在面上”“放置在工作平面上”三种模式，如图 8-4-28 所示。

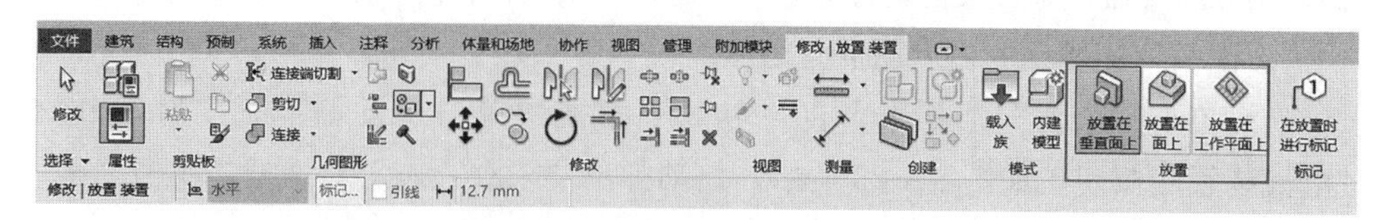

图 8-4-28　电气装置的三种放置模式

4）当选择“放置在垂直面上”模式时，在“属性”面板中，可以设置插座的放置高度，如图 8-4-29 所示。设置完成后在平面图合适位置进行放置，放置效果如图 8-4-30 所示。

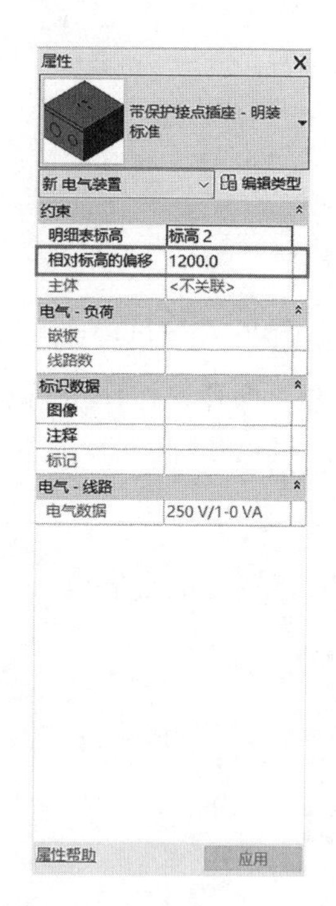

图 8-4-29　插座“属性”面板

图 8-4-30　插座放置效果

8.4.3　电缆桥架布置

1. 绘制电缆桥架

系统提供了两种形式的电缆桥架，分别为“带配件的电缆桥架”“无配件的电缆桥架”。其实，“无配件的电缆桥架”可以理解为桥架和配件连在一起不分开，所有的配件和桥架成为一个“整体”。两者的区别如下。

1）两者绘制出来的配件（弯头、三通等）在图形显示上有所区别，“带配件的电缆桥架”的配件会显示出来，而“无配件的电缆桥架”的配件则不会显示出来，如图 8-4-31 所示。

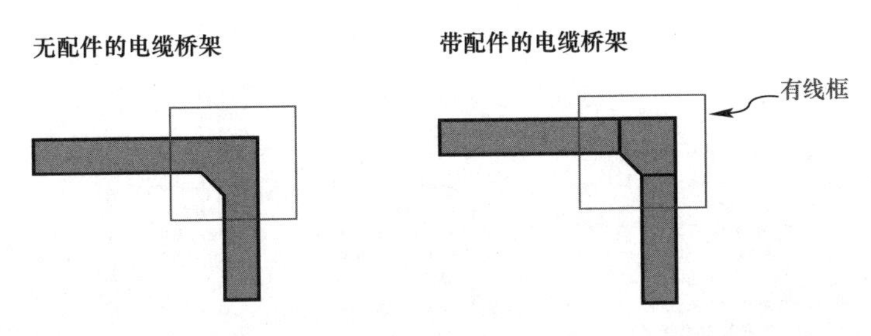

图 8-4-31　配件显示的区别

2）在明细表统计中，“无配件的电缆桥架”引入了“管路”的概念，即在进行电缆桥架的长度统计时，长度包括配件的长度。而“带配件的电缆桥架”则没有“管路”的概念，其在进行长度统计时不包括配件的长度。

电缆桥架的分类包括“槽式电缆桥架”“梯式电缆桥架”“网格电缆桥架”“托盘式电缆桥架”“走线架”“母线槽”等，如图 8-4-32 所示。

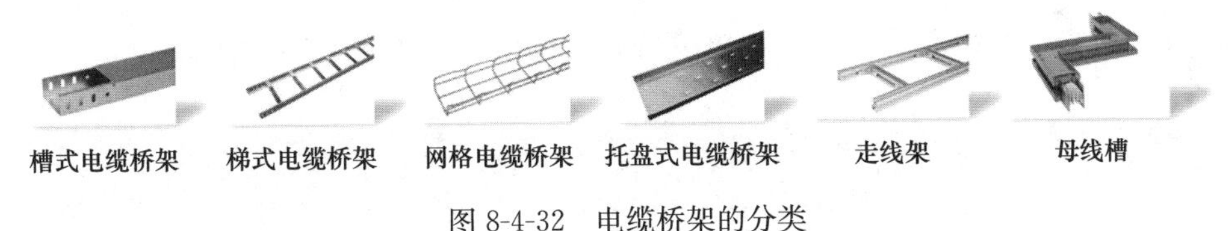

图 8-4-32　电缆桥架的分类

下面以“无配件的电缆桥架”为例进行放置方法的介绍。

1）单击“插入”选项卡→“载入族”按钮，打开“载入族”对话框，如图 8-4-33 所示。

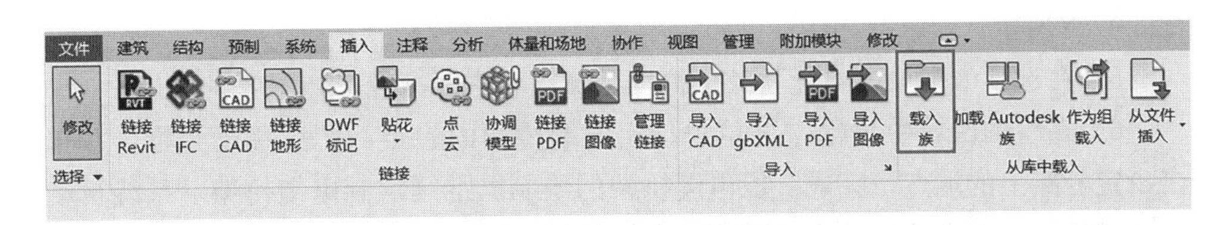

图 8-4-33　“载入族”按钮

2）单击“China”→“MEP”→“供配电”→“供配电设备”→“配电设备”→“电缆桥架配件”文件夹中的“槽式电缆桥架异径接头.rfa”“槽式电缆桥架水平四通.rfa”“槽式电缆桥架水平三通.rfa”“槽式电缆桥架活接头.rfa”“槽式电缆桥架垂直等径下弯通.rfa”“槽式电缆桥架垂直等径上弯通.rfa”等族文件，单击“打开”按钮，将其全部载入当前文件，如图 8-4-34 所示。

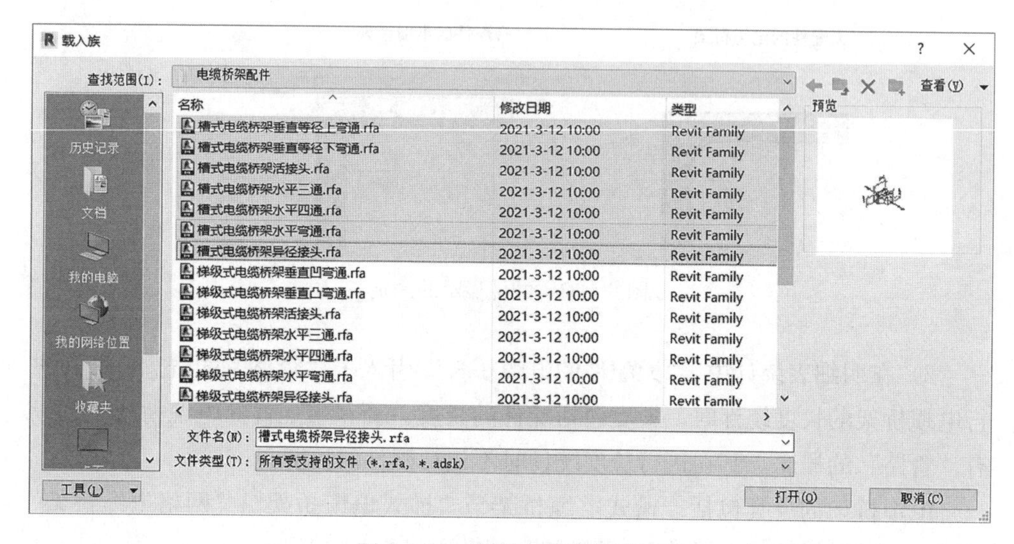

图 8-4-34　选择电缆桥架配件

3）单击“系统”选项卡→“电缆桥架”按钮，如图 8-4-35 所示。

图 8-4-35　“电缆桥架”按钮

4）在“属性”面板中选择“无配件的电缆桥架”类型，单击“编辑类型”按钮，弹出“属性类型”对话框，设置电缆桥架的配件，单击“确定”按钮，如图 8-4-36 所示。

5）在选项卡中设置电缆桥架的高度、宽度和中间高程，如图 8-4-37 所示。

6）在绘图区域中鼠标左键单击指定电缆桥架的起点，然后移动光标，并单击指定管路上的端点，完成一段电缆桥架的绘制。继续绘制电缆桥架，系统自动在电缆桥架的转弯连接处生成相应的电缆桥架配件，如图 8-4-38 所示。

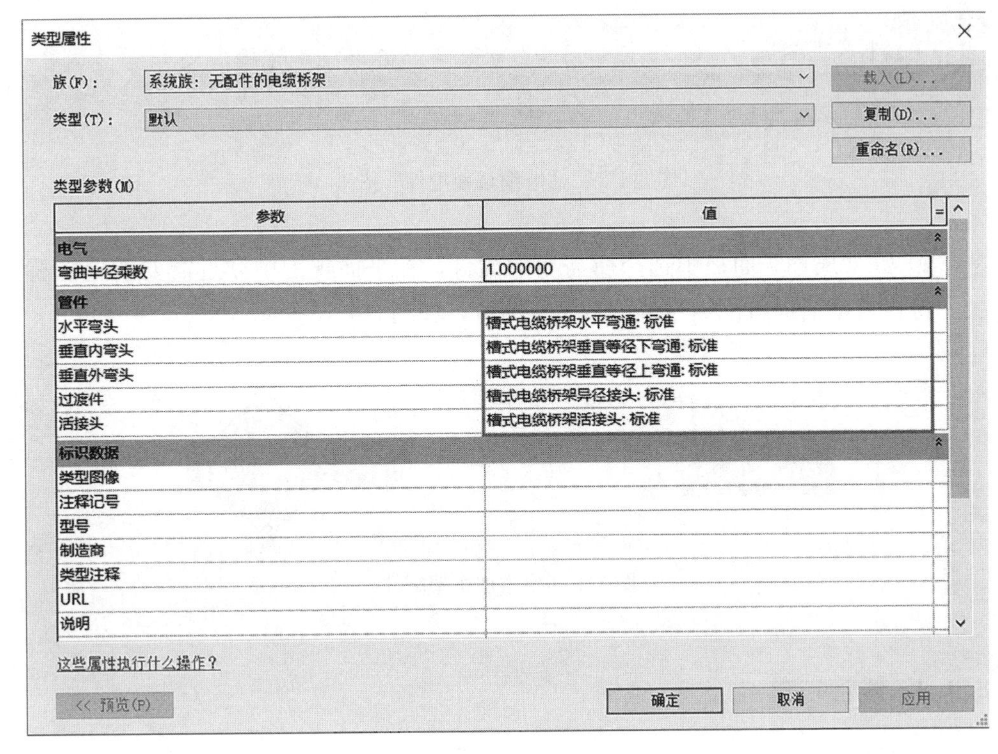

图 8-4-36　管件配置

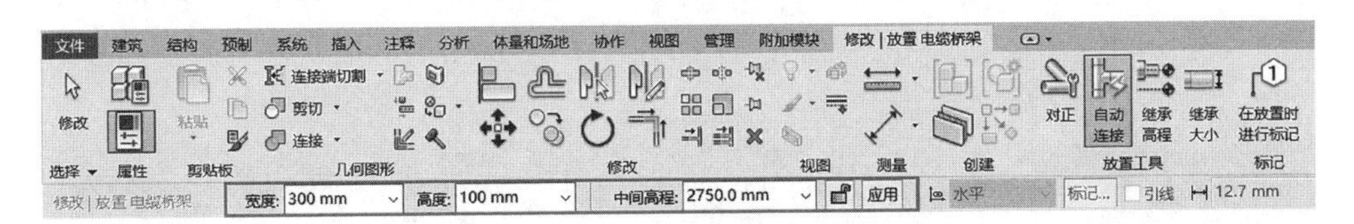

图 8-4-37　高度、宽度、高程设定

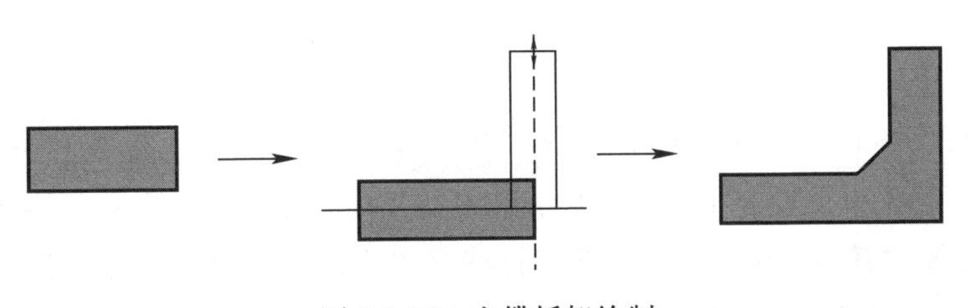

图 8-4-38　电缆桥架绘制

2. 添加电缆桥架配件

1）单击“系统”选项卡→“电缆桥架配件”按钮，如图 8-4-39 所示。

图 8-4-39 “电缆桥架配件”按钮

2）在“属性”面板中选择所需要的配件，在平面视图中靠近需要放置的桥架，等待自动捕捉后鼠标左键单击放置即可，如图 8-4-40 所示。

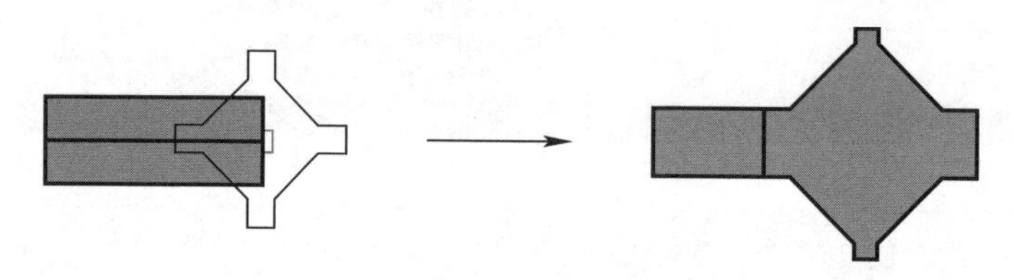

图 8-4-40 添加桥架配件

8.4.4 线管布置

1. 线管绘制

1）单击“插入”选项卡→“载入族”按钮，打开“载入族”对话框，如图 8-4-41 所示。

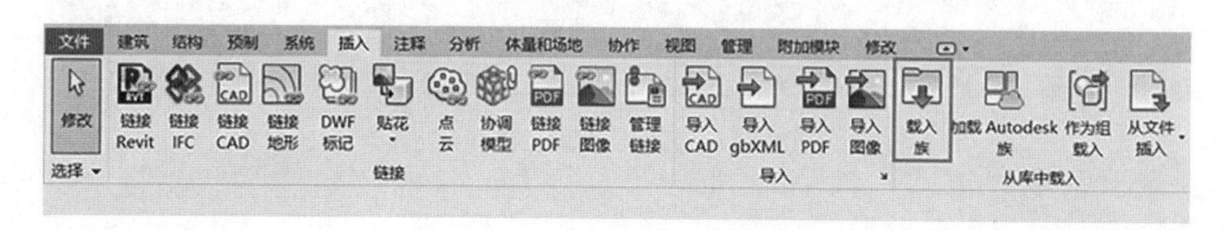

图 8-4-41 “载入族”按钮

2）单击“China”→“MEP”→“供配电”→“供配电设备”→“配电设备”→“导管配件”→“RNC”文件夹中的“导管接线盒-T 形三通-PVC. rfa”“导管接线盒-过渡件-PVC. rfa”“导管接线盒-四通-PVC. rfa”“导管接线盒-弯头-PVC. rfa”“导管接头-PVC. rfa”五个族文件，单击“打开”按钮，将其全部载入当前文件，如图 8-4-42 所示。

3）单击“系统”选项卡→“线管”按钮，如图 8-4-43 所示。

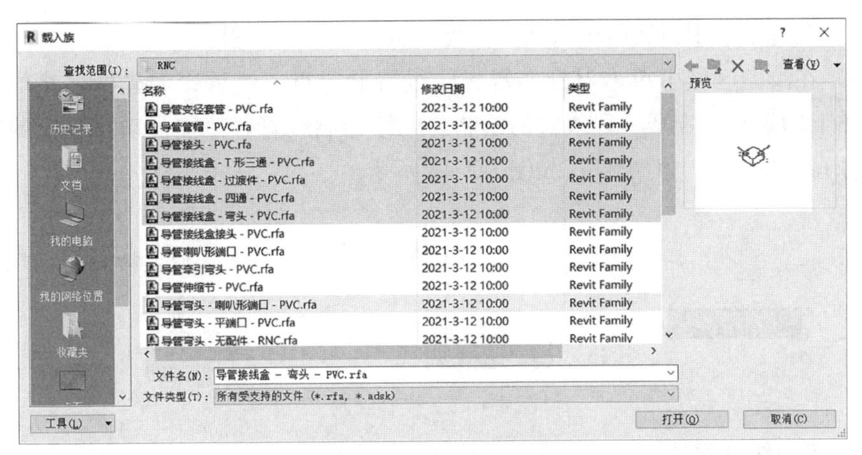

图 8-4-42　选择线管配件

图 8-4-43　“线管”按钮

4）在“属性”面板中选择“无配件的线管”→“刚性非金属导管”类型，单击“编辑类型”按钮，弹出“属性类型”对话框，设置线管的配件，单击“确定”按钮，如图 8-4-44 所示。

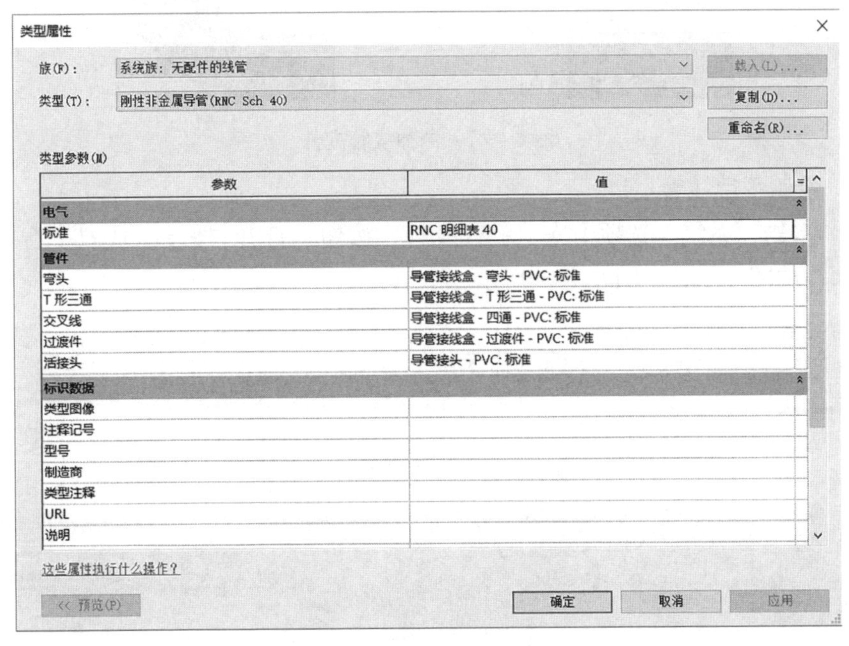

图 8-4-44　线管管件配置

5）在选项卡中设置电缆桥架的高度、宽度和中间高程。

6）在绘图区域中单击鼠标左键指定线管的起点，然后移动光标，并单击指定管路上的端点，完成一段线管的绘制。继续绘制线管，系统自动在线管的转弯连接处自动生成相应的配件，如图8-4-45所示。

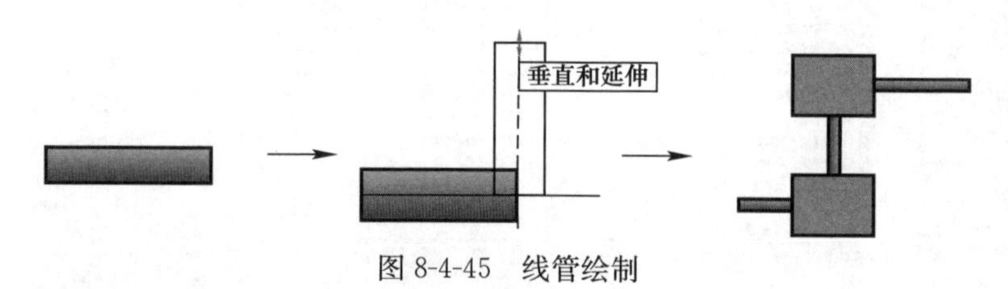

图8-4-45　线管绘制

2. 添加线管配件

1）单击“系统”选项卡→“线管配件”按钮，如图8-4-46所示。

图8-4-46　“线管配件”按钮

2）在“属性”面板中选择所需要的配件，在平面视图中靠近需要放置的线管，等待自动捕捉后单击鼠标左键放置即可，如图8-4-47所示。

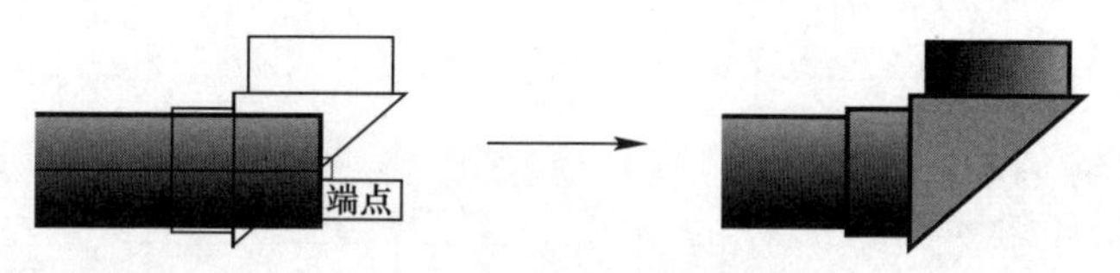

图8-4-47　添加线管配件

3. 绘制平行线管

1）单击“系统”选项卡→“平行线管”按钮，打开“修改|放置平行线管”选项卡，如图8-4-48、图8-4-49所示。

图8-4-48　“平行线管”按钮

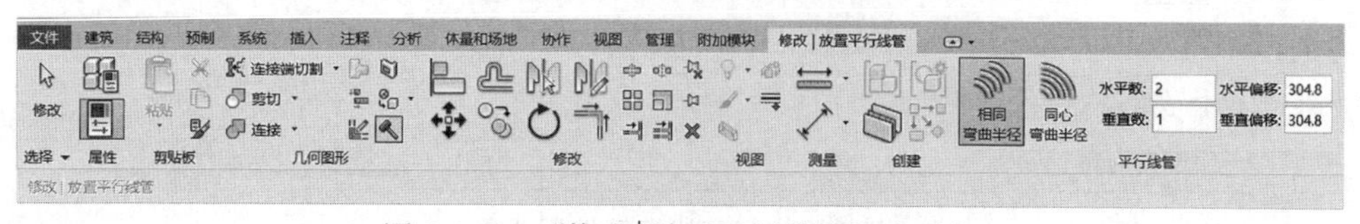

图8-4-49　“修改|放置平行线管”选项卡

“修改|放置平行线管”选项卡中的选项说明如下。

相同弯曲半径：使用原始线管的弯曲半径绘制平行线管。

同心弯曲半径：使用不同的弯曲半径绘制平行线管。

水平数：设置水平方向的管道个数。

水平偏移：设置水平方向管道之间的距离。

垂直数：设置竖直方向的管道个数。

垂直偏移：设置竖直方向管道之间的距离。

2）在选项卡中输入“水平数”为“3”，“水平偏移”为“500”，其他采用默认设置。

3）在绘图区域中将光标移动到现有线管，以高亮显示一段线管；将光标移动到现有线管的任一侧时，将显示平行线管的轮廓，如图8-4-50所示。

4）按“Tab键”选取整个线管，如图8-4-51所示。

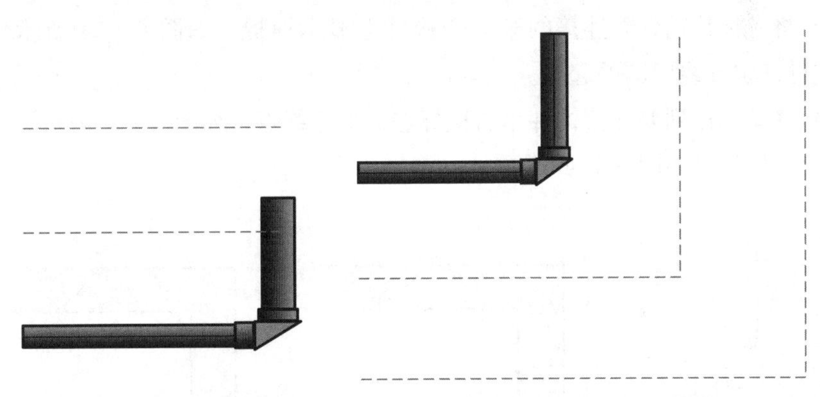

图8-4-50　显示平行线管的轮廓　　　　图8-4-51　选取整个线管

5）单击鼠标左键放置平行线管，按“Esc键”退出平行线管绘制命令，如图8-4-52所示。

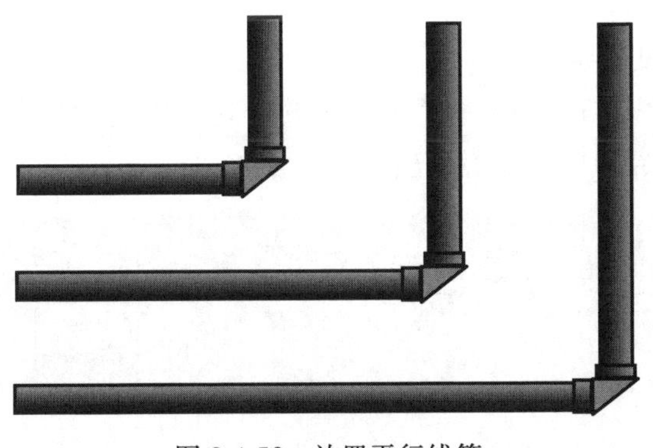

图8-4-52　放置平行线管

8.4.5　导线布置

1. 绘制弧形导线

1）单击“系统”选项卡→“导线”下拉列表框→“弧形导线”按钮，打开“修改|放置导线”选项卡，如图 8-4-53 所示。

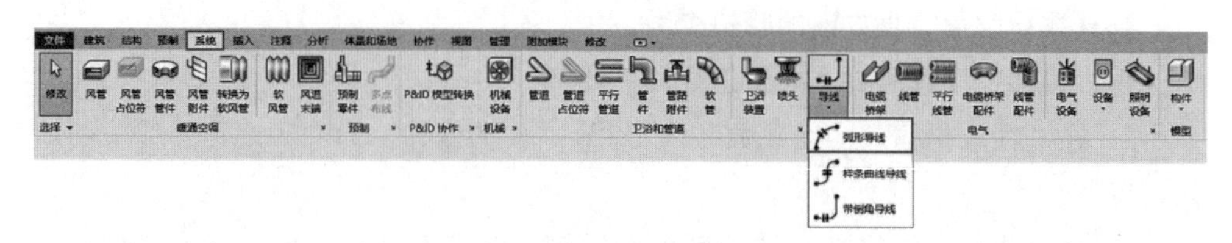

图 8-4-53　“弧形导线”按钮

2）在“属性”面板中选择导线类型，在此采用默认设置。

3）将光标移动到要连接的第一个构件上显示捕捉，如图 8-4-54 所示。单击鼠标左键确定导线回路的起点。

4）移动光标到要连接构件单击鼠标左键确定终点，如图 8-4-55 所示。

5）连接效果如图 8-4-56 所示。

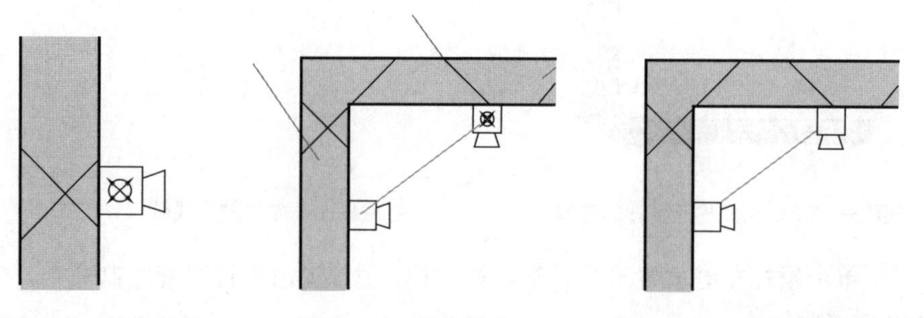

图 8-4-54　单击起点　　图 8-4-55　单击终点　　图 8-4-56　弧形导线连接效果

2. 绘制样条曲线导线

1）单击“系统”选项卡→“导线”下拉列表中的“样条曲线导线”按钮，打开“修改|放置导线”选项卡，如图 8-4-57 所示。

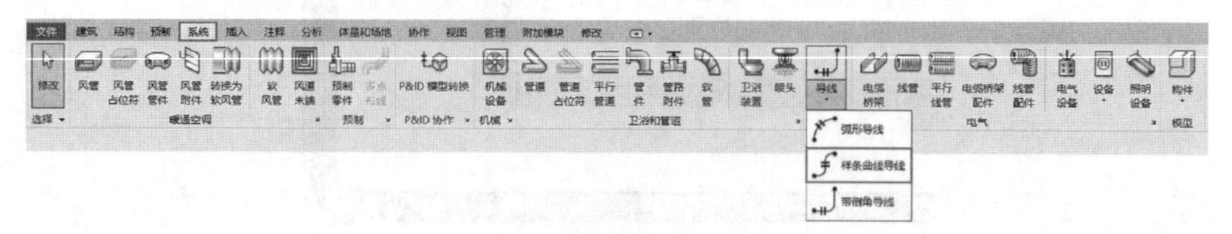

图 8-4-57　“样条曲线导线”按钮

2）在“属性”面板中选择导线类型，在此采用默认设置。

3）将光标移动到要连接的第一个构件上，显示捕捉，单击鼠标左键确定导线回路的起点。

4）移动光标到适当位置，单击鼠标左键确定第二点。

5）继续移动光标，在适当位置单击鼠标左键确定第三点。继续移动光标，在适当位置鼠标左键单击确定第四点。

6）将光标移动到下一个构件上，显示捕捉，然后单击鼠标左键以指定导线回路的终点，如图 8-4-58 所示。

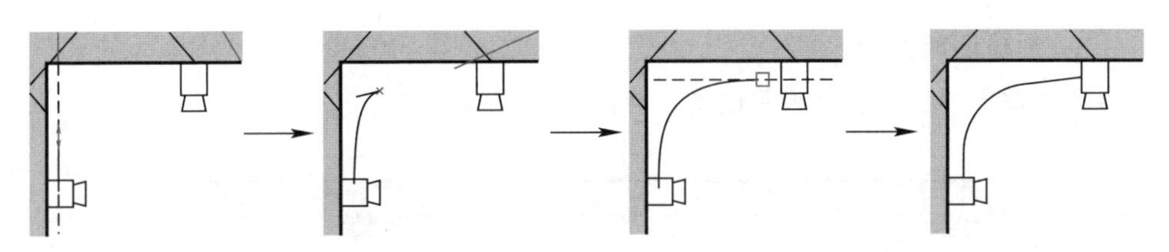

图 8-4-58　绘制样条曲线导线

3. 绘制带倒角导线

1）单击“系统”选项卡→“导线”下拉列表框中的“带倒角导线”按钮，打开“修改|放置导线”选项卡，如图 8-4-59 所示。

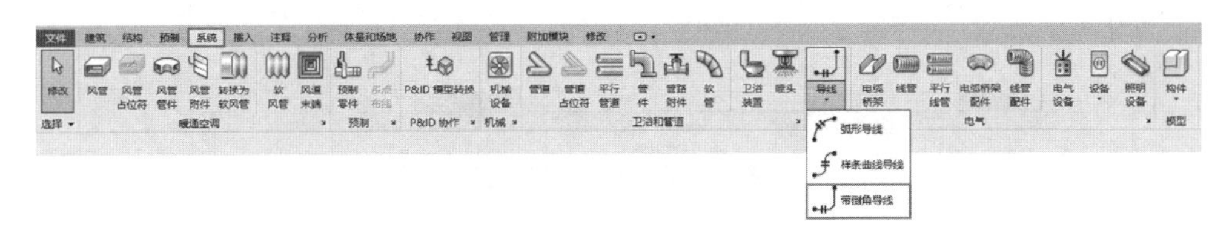

图 8-4-59　“带倒角导线”按钮

2）在“属性”面板中选择导线类型，采用默认设置。

3）将光标移动到要连接的第一个构件上，显示捕捉，单击鼠标左键确定导线回路的起点。

4）移动光标到要连接构件中间的适当位置，单击鼠标左键确定第二点。

5）将光标移动到下一个构件上，显示捕捉，然后单击以指定导线回路的终点，如图 8-4-60 所示。

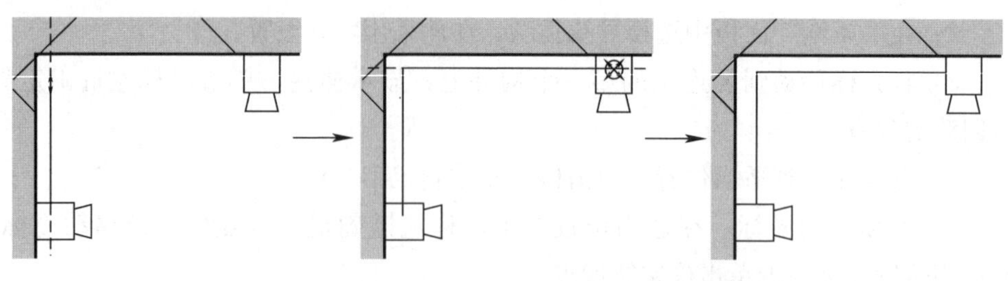

图 8-4-60　绘制带倒角导线

8.4.6　电气系统布置

1. 创建照明系统

1）选择一个或多个照明设备，如图 8-4-61 所示。

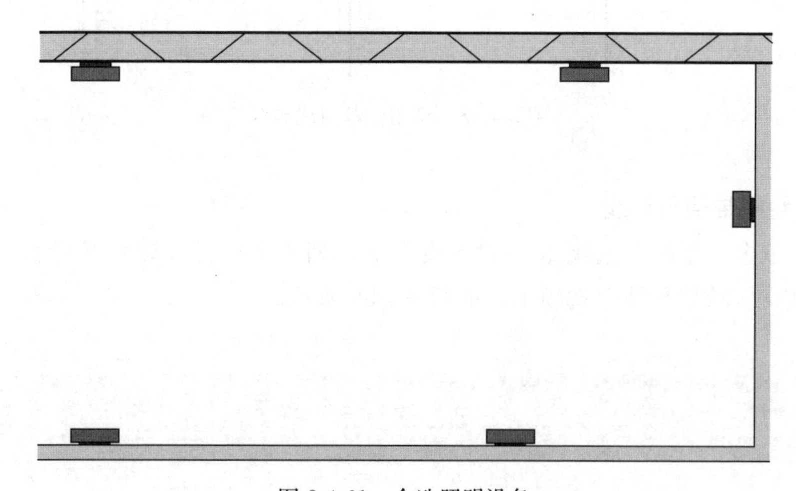

图 8-4-61　全选照明设备

2）单击“修改|照明设备”，单击“创建系统”面板中的“电力”按钮，自动生成照明线路，如图 8-4-62 所示。

3）单击视图中的“”图标，将创建的临时线路转换成永久线路，效果如图 8-4-63 所示。

需要注意的是，其他电力系统的操作与照明系统的操作一致，可根据照明系统的创建步骤创建其他系统，如插座系统、消防报警系统、电信网络系统等。

2. 创建开关控制系统

以控制照明设备为例，进行开关控制系统操作方法介绍，其他设备构件与开关控制构件进行系统性连接的方法与之类似。

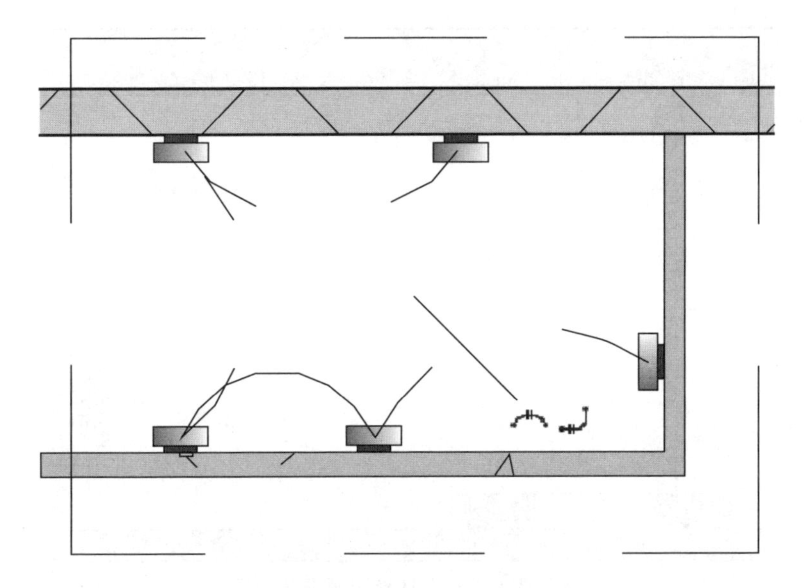

图 8-4-62　自动生成照明线路

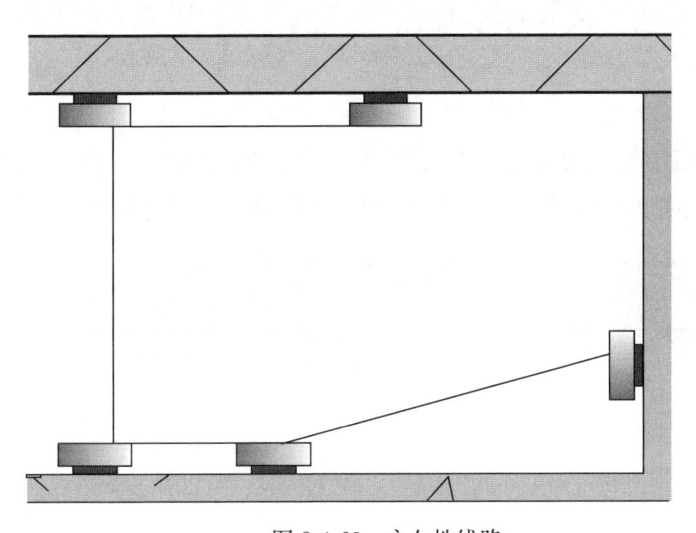

图 8-4-63　永久性线路

1）布置好需要用到的开关控制构件，选择一个或多个照明设备或设备构件，如图 8-4-64 所示。

2）单击“修改|照明设备”选项卡，单击“创建系统”面板中的“开关”按钮，创建开关系统，随后自动弹出“修改|开关系统”选项卡，如图 8-4-65 所示。

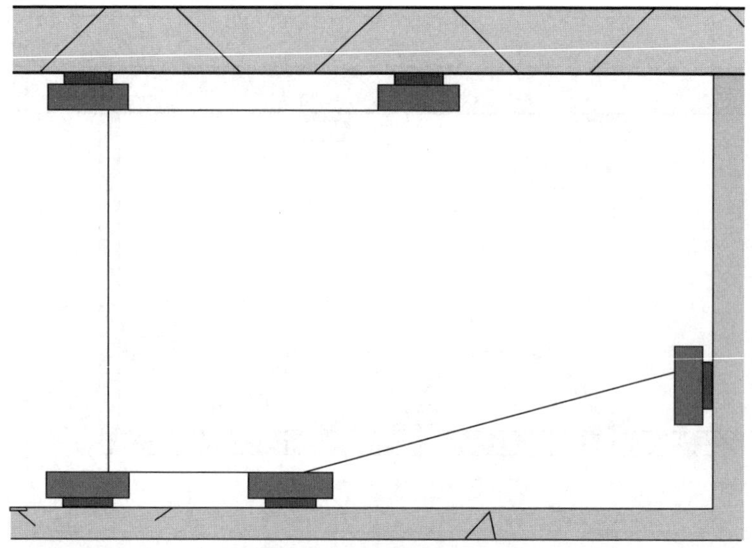

图 8-4-64　选择照明设备

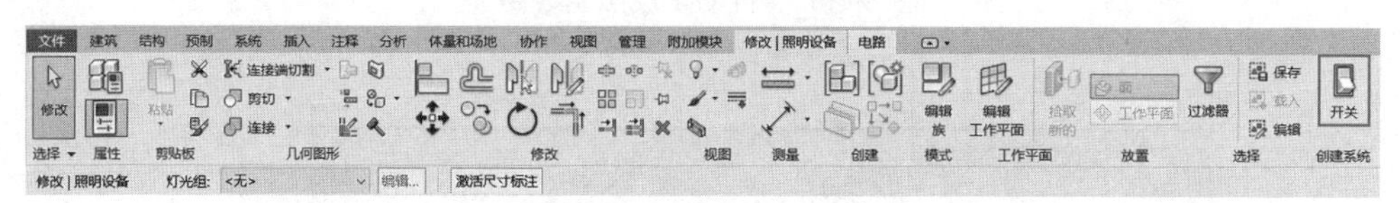

图 8-4-65　“开关”按钮

3）单击面板中的“选择开关”按钮，在视图中选择一个开关构件进行单击，将照明系统或者其他系统的控制指派给开关构件，效果如图 8-4-66 所示。

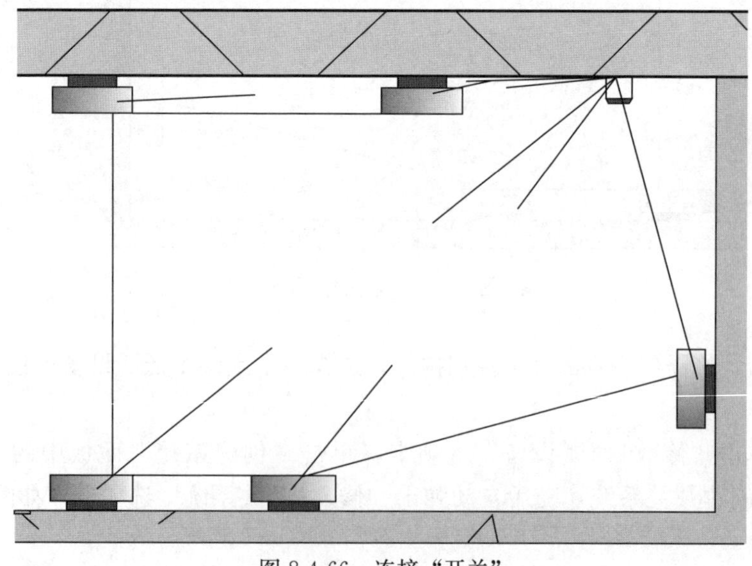

图 8-4-66　连接“开关”

8.5 机电模型标注

扫码阅读

第9章

图纸创建

扫码阅读

第3篇　应　用　篇

第10章

设计阶段的BIM应用

10.1 BIM正向设计概述

10.1.1 BIM正向设计的概念

设计，是指“把一种设想经过合理的规划、周密的计划，通过各种方式表达出来的过程”。人类通过劳动改造世界，创造文明，创造物质财富和精神财富，其中最基础、最主要的创造活动就是造物，而设计是造物活动的一个重要组成部分，是造物活动进入实施阶段前所进行的预先计划，因此我们可以把任何造物活动中的计划技术和计划过程理解为设计。人类的造物活动通常可以被粗略地分为两类，即创造性造物和模仿性造物。创造性造物是从无到有的原创性活动，模仿性造物是在对既有物进行分析的基础上进行的简单复制。在两类造物活动中，设计都是不可或缺的组成部分。不同之处在于，创造性造物过程中的设计没有相同或者高度相似的可参照物，而模仿性造物过程中的设计是对相同或者相似度极高的既有物的一个复现。举个例子，在我国早期的武器装备制造过程中，由于受到各种条件限制，只能对国外同类产品进行测绘仿制，这是一个由实物反推到图纸、反推到设计的过程，是一种相对低水平的反向设计活动，它无法得到一个真正满足自身需求的产品。这种产品制造的方式就是一个典型的模仿性造物过程，与之对应的设计，通常表达为“反向设计”或“逆向设计”。而随着技术、经济条件的不断提高，我们现在的武器装备制造已经完全能够按照自身需求去量身定做，产品的制造不再需要对类似产品进行测绘、反推，而是根据计算自行确定符合自身需要的重要参数指标，这就是一个从无到有的“正向设计”过程。从这个例子可以看出，“正向设计”和“反向设计”分别对应了两类不同的造物活动。

在工业化发展过程中，“反向设计”“逆向设计”及与之对应的“反向工程”“逆向工程”等说法已被人们所熟知，而“正向设计”一词似乎并没有受到广泛关注。究其原因，我们通常所说的“设计”一词，严格意义上指的就是“正向设计”，它并非是一种全新的概念，而是一直存在的，是一种普遍采用的设计思维模式。因而无论是国内还是国外，之前都没有“正向设计”这个说法。随着 BIM 技术在我国工程领域的推广和应用，“BIM 正向设计”的说法开始逐渐流行，导致这一现象的主要原因在于受到技术、制度等方面的限制，基于 BIM 技术的设计工作还很难做到贯穿整个设计阶段的始终，绝大部分场景下还只是阶段性的应用。现阶段 BIM 技术在工程实施过程中的介入点大都是在设计单位出具二维施工图纸之后，如图 10-1-1 所示，我们将这一做法称为“翻模”。

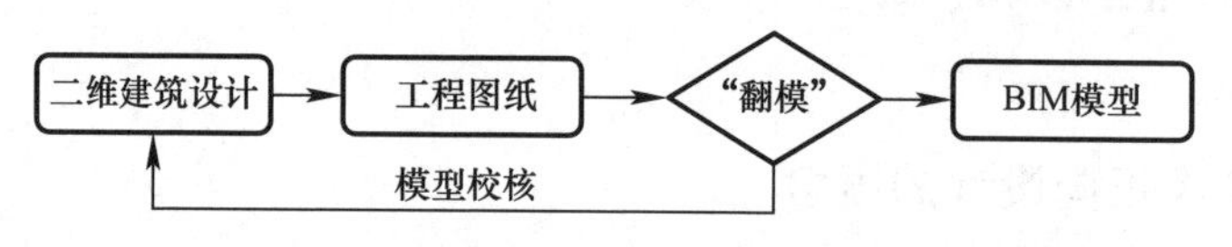

图 10-1-1　“翻模”模式下 BIM 技术的应用流程

“翻模”是基于既有的设计图纸产生的，性质上就是一种“反向设计”，因此为了区分基于 BIM 的全局性设计和“翻模”，“BIM 正向设计”的提法应运而生。到目前为止，“BIM 正向设计”仍然是一个具有鲜明中国特色但又没有严格中文定义的概念，在国外并无对应词语。综合众多文献资料中对“BIM 正向设计”的解释，我们对其给出定义：BIM 正向设计是利用 BIM 技术将信息模型的优势同传统的建筑设计流程相结合，以建立更具合理性、可视性、可操作性和可扩展性的建筑设计方法。

BIM 正向设计从方案设计开始即以三维 BIM 模型为出发点和数据源，经过不同阶段的修改和完善，最终得到基于 BIM 的三维建筑模型。BIM 正向设计的目的是创建一个准确的、可视化的、多维度的数字模型，包括建筑物的几何形状、结构、机电设备、管道、材料、能耗等信息，这个数字模型会随着项目的发展而不断完善。通过这种方式，建筑设计团队可以在项目早期就进行全面的协作和决策，不断优化设计方案，避免设计中的冲突和错误。

10.1.2　BIM 正向设计的特点

与传统的二维设计模式相比，BIM 正向设计的特点明显，具体可以概括为以下八个方面。

1）统一的设计信息。BIM 正向设计将传统设计采用 CAD 二维技术所产生的离散数据，通过 BIM 软件进行处理，变为统一的设计信息。这样，设计变得更加容易、可靠性更强，并且能够快速迭代。

2）提高计算效率。BIM正向设计调用现有模型和计算器，能够节省设计人员的计算时间，提高计算速度和质量。

3）提高设计质量。BIM正向设计可以更有效地帮助理解设计理念并模拟实际情况，从而更好地提高设计质量，具有更高的工程可行性。

4）解放设计师的创造力和生产力。BIM正向设计模式可以帮助设计师将花费在图纸与表达上的多余精力转移到建筑设计本身，进而实现整体创造力与生产力的解放并提高设计效率。

5）提高沟通效率。相较于传统抽象的二维图纸，BIM三维模型可以帮助相关设计人员及时沟通并切实提高沟通效率，沟通成本也可得到相应降低。

6）问题前置化。BIM正向设计的迭代周期是同步一次模型即告完成，通过三维建筑模型的同步，时间更短、工序更简捷，各专业的信息沟通可在此平台下更便利、更快速地实现。参与设计的所有专业信息都包含在模型之中，使设计中存在的问题能够直观地暴露在设计者视野之下，有效避免后期返工现象并且设计质量得到有效提高。例如，结构设计过程中可以方便链接机电模型、提前判断布置结构梁形式、预留排布空间给机电管线等。机电专业可以通过在设计过程中快捷查询土建布置来对本身路由进行完善。

7）实现实时协同。传统二维模式协同由于地域和技术的限制通常是单向的、不同步的。例如，实际操作中，设计企业的方案组将全套方案图纸通过压缩包形式传递给施工图设计组，施工图设计组再以同样的形式交予实际施工现场。而BIM技术系统可以借助广域网平台来达到跨地域协同的目的，在此平台下，设计各方可在通用网络中下载并存储实时更新的各专业同步模型，并且各专业在实时更新的同一模型上进行批注和修改。通过这种方式，各专业的沟通壁垒得到化解，可实现理想化的实时协同。

8）支持深层次的信息预留。当用户需要抽取建筑项目中独立的构件进行分析与优化时，传统二维设计由于采用图标记录等方式进行统计记录，因而无法便捷查找、抽取单个构件如门窗、设备参数等要点数据。相比之下，BIM软件拥有族库功能且在信息存留时以单个构件方式进行建造与保存，这种操作模式可以方便使用者筛选并且可以快速提取，在应用的不同阶段可以不断添加有用的信息，其全面和完整的信息储备是传统二维设计所达不到的。

以上特点决定了BIM正向设计可以为建筑行业带来许多优势和便利，其对建筑行业的影响将是深远的。

首先，BIM正向设计可以提高项目的效率和协调性。通过建立三维模型，使各专业能够更好地协同工作，减少重复工作和错误，提高工作效率。同时，BIM正向设计还可以优化设计和决策过程，通过数据分析和模拟，使设计师能够更准确地评估设计方案的质量和性能，从而作出更明智的决策。

其次，BIM正向设计可以加强协作和沟通，通过建立共享的三维模型，使设计团队、施工团队和业主等各方能够更好地沟通和协作，减少沟通成本和误解。同时，BIM正向设计还可以提高施工可行性和安全性，通过模拟和分析，可以发现并解决潜在的设计问题和技术难题，从而减少施工过程中的风险和降低成本。

再次，BIM正向设计还可以改善建筑的运营和维护，通过将BIM模型与运维管理系统相结合，可以实现对建筑设备的智能化管理和监控，提高运营效率和维护质量。同时，BIM正向设计还可以促进可持续发展，通过优化能源使用、减少资源浪费等方式，降低建筑的环境影响。

最后，BIM正向设计还可以催生新商业模式，加快产业整合进化，通过数据分析和模拟，可以发现新的商业模式和创新服务方式，从而为建筑行业带来更多的机遇和发展空间。同时，BIM正向设计还可以改变产业生态，推动建筑行业向更加智能化、绿色化和可持续化的方向发展。

BIM正向设计对建筑行业所能产生的影响，与当前各行各业正在积极推动的数字化转型理念高度契合，是当前建筑业实现数字化转型的基础，它必将推动建筑行业向更高效率、更安全、更可持续的方向发展。

10.1.3 BIM正向设计的现状及发展

BIM正向设计的现状主要体现在以下几个方面。

1）虽然基于BIM的工程设计已经发展了多年，但BIM正向设计目前的发展还处于初级阶段，尽管已经有一些正向设计的尝试和实践，但整体上仍然处于探索阶段。

2）从设计流程上看，当前基于BIM的应用大都停留在“翻模”阶段，即从传统的二维CAD设计出发，然后通过三维建模工具进行三维BIM模型的设计，再根据相关标准规范进行优化图纸及模型的交付。即便少数采用基于三维模型设计再套用相关标准规范进行二维CAD出图及BIM模型交付的BIM正向设计，也存在出图准确率偏差较大的问题，导致设计效率低下，人员意识没有得到强化，背离了真正的正向设计的初衷。

3）在实际应用中，虽然正向设计的理念在建筑行业中逐渐得到推广和应用，但是实际效果尚未达到预期水平。其中，缺乏统一的标准和规范是阻碍BIM正向设计发展的重要原因之一。

4）从技术支持上看，目前市面上已经有一些 BIM 正向设计软件，如 ArchiCAD 和 CNCCBIM OpenRoads 等，这些软件在功能上虽然尚不完善，但已经能够实现多专业正向设计，并具有与 AutoCAD 的较好兼容性。

当下 BIM 正向设计虽然还存在一些问题和挑战，但随着技术的不断发展和应用领域的不断拓展，其前景仍然值得期待。对 BIM 正向设计的未来趋势可以从以下几个方面来预测。

1）普及化。随着 BIM 技术在建筑行业的广泛应用，越来越多的建筑师、工程师和施工团队将接受和使用 BIM 技术，这将成为正向设计的一个重要趋势。BIM 正向设计的普及将带来设计流程的优化和效率的提高，同时也能提升项目的质量和安全性。

2）数据驱动设计。随着传感器和监测设备的发展，建筑物的数据将更加丰富和精确。这些数据将为 BIM 正向设计提供更多信息和依据，使得设计更加精细和符合实际需求。例如，通过数据分析，设计师可以更好地了解建筑物的性能和特点，从而进行更加精准的设计。

3）自动化和智能化。随着人工智能和自动化技术的发展，BIM 正向设计也将逐渐实现自动化和智能化。例如，利用算法和机器学习技术可以对建筑物进行自动化设计和优化，自动生成各种参数，从而提高设计效率和质量。同时，BIM 模型也将包含更多信息，如材料、设备、工况等，通过引入人工智能、大数据等技术，实现自动化分析、优化设计等功能。

4）协同化。随着 BIM 技术在建筑行业的应用不断深入，BIM 正向设计将更加协同化。例如，通过 BIM 正向设计，可以实现设计阶段的施工模拟，从而在设计阶段就能够考虑如何在后续施工过程中提高施工效率和质量。同时，BIM 技术也可以与其他技术［如虚拟现实 VR（Virtual Reality）和增强现实 AR（Augmented Reality）技术等］进行整合，实现更加全面的建筑模拟和展示效果。这将使得设计过程中的沟通和协作更加便捷和高效。

5）标准化和规范化。当前 BIM 正向设计的实践还缺乏统一的标准和规范，这在一定程度上阻碍了其发展和应用。未来，随着 BIM 技术的不断推广和应用，相关的标准和规范也将不断完善和发展。这将为 BIM 正向设计提供更多的指导和依据，促进其快速发展。

6）可持续性和绿色设计。随着对可持续性和绿色设计的关注度不断提高，BIM 正向设计也将更加注重这方面的考虑。通过 BIM 技术可以对建筑物的能耗、碳排放等方面进行模拟和分析，从而为建筑物的绿色设计和可持续性提供更多的依据和支持。

BIM 正向设计的上述发展趋势，将为建筑行业带来更多的机遇和发展空间，成为建筑行业数字化转型的坚实基础。

10.2 建筑物理性能模拟分析

建筑物理性能主要指建筑物内部及其周边的热环境性能、光环境性能和声环境性能。为了保证建筑物具有合理的舒适性，在国家标准中对上述几项物理性能均有相应规定。但由于缺乏简洁、高效、准确的分析工具，在以往的设计中只能基于经验进行定性的比选分析，所得到的结果并不准确甚至比较模糊。BIM 技术的普及解决了这一难题，基于 BIM 的建筑物理性能模拟分析是一种结合了 BIM 技术和建筑性能模拟分析技术的数字化建筑设计方法，它通过建立建筑物的三维数字模型，利用相关专业分析软件进行建筑物理性能的模拟和分析，以优化建筑设计方案，提高建筑的能源效率、室内舒适度和环境适应性。

基于 BIM 的建筑物理性能模拟分析主要包括以下步骤。

1）建立 BIM 模型。利用 BIM 软件创建建筑物的三维数字模型，包括建筑结构、建筑材料、设备等信息的建模。

2）导入性能模拟软件。将 BIM 模型导入建筑性能模拟软件，如 DOE-2、DeST、PKPM 等，进行建筑性能的模拟和分析。

3）设定模拟参数。根据实际需求，设定相应的模拟参数和条件，如气候条件、建筑使用情况、能源类型等。

4）运行模拟分析。通过模拟软件对建筑物进行能源模拟和分析，得出相关的性能指标和能耗数据。

5）结果评估与优化。根据模拟结果，评估建筑的能源效率、室内舒适度和环境适应性，针对存在的问题提出优化方案，并进行相应的修改和调整。

建筑物理性能模拟分析在建筑设计中发挥着重要作用。它可以帮助设计师了解建筑在不同条件下的性能表现，预测可能的问题，并制订相应的解决方案。例如，通过模拟分析，设计师可以评估建筑的隔热性能和通风性能，优化建筑材料的选用和布局，提高建筑的能源效率和室内舒适度。此外，建筑物理性能模拟分析还可以为建筑的能源管理和节能改造提供重要的依据和指导。

在进行建筑物理性能模拟分析时，需要综合考虑多种因素，包括建筑的结构类型、材料特性、气候条件、地理位置等。常用的模拟软件包括 EnergyPlus、

DOE-2、DeST 等，这些软件可以通过对建筑模型的仿真计算，得出各种性能指标和能耗数据，帮助设计师进行决策。同时，为了提高模拟的准确性和可靠性，还需要不断优化模型和参数设置，以及进行实验验证和对比分析。

对建筑物主要物理性能的模拟分析，主要包含以下几方面内容：建筑热工性能及能耗分析、建筑日照分析、建筑风环境分析、建筑光环境分析和建筑声环境分析。

10.2.1 基于 BIM 的建筑热工性能和能耗分析

建筑热工性能是指建筑在不同气候条件下对热量的传导、储存和辐射的特性。它涉及建筑材料的热传导性能、热容性能、热流特性等，以及建筑整体的保温隔热性能、气密性能等方面的指标。建筑热工性能的优劣直接影响建筑的能源消耗和室内热环境。例如，如果建筑的保温隔热性能不好，会导致室内热量流失快，需要消耗更多的能源来维持舒适的室内温度。反之，如果建筑的隔热性能好，就能够减少能源消耗，同时提高室内环境的舒适度。因此，在建筑设计中，需要对建筑热工性能及其相应的能耗情况进行充分的考虑和优化。

基于 BIM 的建筑热工性能和能耗分析是一种利用建筑信息模型进行建筑能耗研究的综合性方法。它涉及多个专业领域的技术支撑，以 BIM 核心模型作为基本操作平台，通过模拟分析和数据交互，实现建筑能耗的监测和分析。在建筑能耗分析过程中，BIM 技术提供的支持主要体现在以下几方面。

1）建筑信息集成。BIM 模型是一个集成的数据库，包含了建筑从设计到运维全过程的各种信息。这些信息可以用于能耗分析，如建筑材料的热工性能、设备效率、建筑布局等。

2）建筑能耗模拟。利用 BIM 平台可以加载各种能耗模拟软件，如 DOE-2、DeST 等，对建筑能耗进行模拟和预测。

3）数据交互与共享。BIM 模型可以与能耗分析软件进行数据交互，实现数据共享和高效协作。这有助于提高分析的准确性和时效性。

4）能耗监测与分析。通过 BIM 与能耗分析软件的结合，可以实时监测建筑能耗情况，并对能耗数据进行深入分析。这有助于发现潜在的节能机会，为建筑设计和运维提供决策支持。

5）能耗优化与建议。基于 BIM 的能耗分析还可以提供优化建议，如改进建筑布局、选用高效设备、采用新的节能技术等。这些建议有助于降低建筑能耗，提高能源利用效率。

具体来说，基于 BIM 的建筑热工性能及能耗分析流程如下。

1）建立BIM模型。首先需要建立一个建筑信息模型。这可以通过使用专业的BIM软件如Autodesk Revit、ArchiCAD等来实现。

2）确定建筑能耗指标。根据建筑的使用功能和相关标准，确定建筑能耗指标，如单位面积能耗、单位体积能耗等。

3）选择合适的能耗模拟软件。根据建筑类型和能耗指标，选择适合的能耗模拟软件。目前使用较为广泛的建筑能耗模拟分析软件主要有美国劳伦斯伯克利国家实验室开发的DOE-2、我国清华大学开发的DeST及由中国建筑科学研究院开发的PKPM系列软件。另外，Autodesk公司开发的Ecotect是一款可持续建筑设计及分析工具，在建筑设计能耗分析中也有着优异表现。

4）进行能耗模拟。将BIM模型导入能耗模拟软件，根据设定的参数和条件进行能耗模拟计算。

5）分析能耗数据。通过对模拟结果的数据分析，可以了解建筑的能耗情况，找出潜在的节能机会。

6）优化建议。根据分析结果，提出针对性的节能优化建议，如改进建筑布局、选用高效设备等。

7）调整设计。根据优化建议调整建筑设计方案，以实现更好的节能效果。以本书第4篇案例1中的建筑遮阳设计为例，通过对不同遮阳形式的立面太阳辐射得热进行模拟计算，并通过比选得出，百叶遮阳可使太阳辐射得热量减少70%以上，同时，对比不同偏角的百叶遮阳效果，确定了最佳遮阳角度为60°。基于这一模拟分析，优化了建筑外立面设计，最大限度地保证了建筑物的绿色节能性能。

基于BIM的建筑热工性能及能耗分析是一种综合性、系统性的方法，它利用BIM技术的优势，实现了对建筑能耗的全面分析和优化建议。这有助于提高建筑的能源利用效率，降低能源消耗量，实现绿色建筑的发展目标。

10.2.2 基于BIM的建筑日照分析

建筑日照是指阳光直接照射到建筑物所处地段、建筑外围护结构表面和建筑物内部的现象。建筑日照条件与建筑物的环境卫生、舒适度等密切相关，不同的使用性能要求和当地气候情况决定了建筑物对日照的需求。例如，在冬季寒冷区域，人们希望所居住的建筑物能获得更多的日照；而在夏季炎热区域，人们则希望能避免过多的日照，防止室内过热，从而降低空调能耗。所以，优秀的日照设计可以提高建筑的舒适度和卫生条件，有效地降低采暖（制冷）能耗。

早期的建筑日照设计主要是通过观察太阳的位置和方向，利用日影图、棒影图、分时阴影迭合图等图解方法计算日影，或利用日晷仪测试日影，这些方法虽然有效但相当费时且烦琐，以至于在实际操作中大多数设计师不会采用这些方法，而是仅仅根据规范中规定的日照间距及日照间距系数等参数来布置建筑物，保证相关参数能够满足规范的强制性条文规定即可。但规范对于建筑物的日照设计仅针对日照间距进行了比较粗略的规定，对门窗洞口的尺寸、位置等与日照效果关系紧密的参数并没有具体要求，因此，简单的日照间距计算结果往往与实际日照效果差异较大。

为了更精确且高效地对建筑物的日照进行模拟分析，人们开发出了一些精确度较高的仿真模拟分析软件，其中比较知名的有 Solmetric、E-Sun 和 Radiance。以 Solmetric 为例，它是一款专业的日照分析软件，可以用来分析建筑物的日照时间、太阳高度角、方位角等因素，还可以进行窗户和墙体的热性能分析。更重要的是，Solmetric 软件支持导入 IFC 格式的 BIM 模型。用户创建 BIM 模型后，只要将其保存为 IFC 格式的 BIM 模型，就能导入 Solmetric 软件进行日照模拟分析，如此一来省去了前期的建模环节，大大提升了模拟分析效率。

10.2.3 基于 BIM 的建筑风环境分析

建筑风环境包括室外风环境和室内自然风环境两部分。

室外风环境是指建筑物周围空气流动的情况，包括风向、风速、风流动的稳定性等因素。就建筑物自身而言，室外风环境对其能源效率和室内舒适度有重要影响。就建筑物周边而言，不良的室外风环境会给周边行人的安全带来潜在威胁。例如，在高层建筑附近，由于“峡谷效应”往往在某些位置风速陡然加大，不仅会造成人们行走或活动不适，甚至导致行人的伤害事件。不良的室外风环境还会产生“建筑风闸效应”，造成局部地区气流不畅，在建筑物周围形成漩涡和死角，使得空气中的污染物不能及时扩散，从而影响到人的生命健康。此外，不良的室外风环境，在夏季可能阻碍建筑室内外自然通风的顺畅进行，增加空调的负荷；在冬季又可能会增加围护结构的渗透风而提高采暖能耗。因此，在进行建筑规划和设计时，需要充分考虑建筑室外风环境的影响。例如，可以通过选择合适的建筑朝向和间距、避免高楼大厦的密集排列等措施来改善室外风环境，提高建筑的能源效率和室内环境的舒适度。

室内自然风环境主要指建筑室内的风（流）场分布情况，这与建筑的室内平面布局、通风口位置和尺寸等密切相关。良好的室内自然风环境设计能够引导室内气流组织并有效地实现自然通风、换气，从而获得良好的室内舒适度。

对建筑风环境的模拟分析，最精确的是风洞模型试验，但这种方法周期长、费用高昂，一般建筑物没有采用的必要。除此之外，最受欢迎的建筑风环境模拟分析方法是 CFD（Computational Fluid Dynamics，计算流体动力学）模拟仿真。该方法通过数值求解控制流体流动的微分方程，得出流体流动的流场在连续区域上的离散分布，从而近似模拟流体流动的情况。目前使用最广泛的 CFD 软件是 Fluent 和 PHOENICS。

Fluent 是一款流行的商用 CFD 软件包，它拥有丰富的物理模型、先进的数值方法和强大的前后处理功能，常用于航空航天、汽车设计、石油天然气、涡轮机设计和许多其他工业领域。Fluent 基于 CFD 软件群的概念设计，针对每一种流动的物理问题的特点，采用适合于它的数值解法且在计算速度、稳定性和精度等各方面进行相应的匹配以达到最佳，其中，专门应用于建筑通风和空调分析的是 Airpak。Fluent Airpak 是面向工程师、建筑师和室内设计师的专业人工环境系统分析软件，它可以精确地模拟所研究对象内的空气流动、传热和污染等物理现象。

PHOENICS 是由英国 CHAM 公司开发的一套计算流体与计算传热学的商业软件，它以低速热流的输运现象为主要模拟对象，所以适用于建筑风环境（环境风属于低速流体）的模拟分析。与其他 CFD 软件相比，PHOENICS 具有以下特点。

1）具有良好的开放性。PHOENICS 最大限度地向用户开放了程序，用户可以根据需要任意修改、添加用户程序和用户模型。

2）用户接口功能（In-Form）强大，可以读入任何 CAD 软件的图形文件。

3）拥有多种湍流模型、多相流模型、多流体模型、燃烧模型、辐射模型等，方便用户根据实际需要进行选择。

4）计算流体与传热时能同时计算浸入流体中的固体的机械和热应力。

5）提供 Eulerian 和 Lagrangian 算法，以及基于粒子运动轨迹的 Lagrange 算法，为用户提供了多种选择。

6）引入了一种崭新的 CFD 建模思路，通过 VR 技术提供更为真实的模拟体验。

7）具有独特的网格处理技术。导入 CAD 图形时，网格能自动生成，特别是导入复杂形状时，网格处理能力表现出色。

不管采用何种 CFD 软件进行模拟分析，基于 BIM 的风环境模拟分析的具体流程均如图 10-2-1 所示。

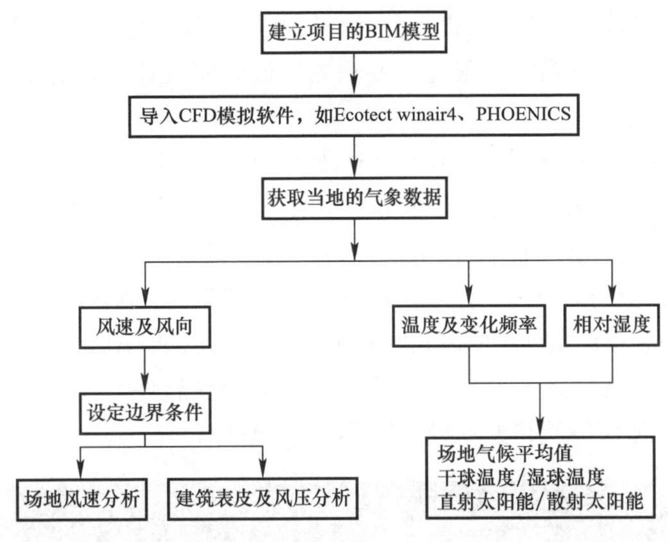

图 10-2-1　基于 BIM 的风环境模拟分析流程

10.2.4　基于 BIM 的建筑光环境分析

人类通过视觉认识世界，80%以上的信息来自视觉，因此光环境对人类的精神状态和心理感受产生积极的影响。建筑光环境指的是由光（照度水平和分布、照明的形式）与颜色（色调、色饱和度、室内颜色分布、颜色显现）在室内建立的同房间形状有关的生理和心理环境，它是建筑物理环境中不可忽视的一部分。

建筑光环境设计通常包括天然采光设计和人工照明设计两方面，其目的主要是通过采光、照明、光色、照度、亮度等方面的综合考虑，创造一个舒适、美观、节能的最佳室内采光效果。传统的建筑光环境分析主要依靠设计师的经验和感觉，通过草图和一些简单的计算，得出一个粗略的结果，但这种方式由于缺乏定量化的分析方法，存在很多缺陷，如难以考虑周边环境的影响因素，难以考虑人在不同光照效果下的感受，难以对光污染和能源消耗问题进行计算等。

随着计算机运算性能的不断加强，人们开发了一些专门针对天然采光和人工照明环境进行虚拟仿真的工具软件，从而实现了对建筑光环境的精确分析和评估。比如 20 世纪 90 年代由美国劳伦斯伯克利国家实验室开发的 Radiance 和被 Autodesk 公司收购的 Lightscape。

随着 BIM 平台的出现，传统光照模拟分析软件无法与 BIM 核心技术进行信息交换的弊端日益明显，要想与建筑、结构、设备等专业一样实现基于同一平台的信息共享和设计集成，照明设计软件必须参与到BIM平台中，实现与BIM软件的数据兼容。目前能够实现这一要求的主流照明设计软件有DIALux evo与Elum Tools。[1]

DIAlux是一款功能强大的专业灯光设计软件，广泛应用于建筑和室内照明设计。DIAlux通过其直观的用户界面和丰富的功能，帮助设计师在虚拟环境中模拟和优化灯光效果。用户可以利用DIAlux进行详细的照明计算和分析，从而确保设计方案符合标准和客户需求。图10-2-2是利用DIAlux制作的2024年成都世界园艺博览会植物馆温室展廊的声光电搭配模拟效果图。DIALux evo 7.0及以上版本均支持IFC格式导入，可与BIM技术的核心建模软件Revit进行单向信息交换，是第一个向BIM提供开放接口的照明模拟软件。

图10-2-2　成都世界园艺博览会会植物馆温室展廊声光电搭配模拟效果图[2]

Elum Tools是基于Revit API开发的Autodesk Revit插件，通过Revit API读取Revit中的信息，是目前唯一一个集成在Revit上的照明模拟软件。[1]

以Revit＋DIALux evo组合的建筑照明分析为例，其具体的工作流程如图10-2-3所示。从Revit模型中导出的IFC文件包含完整和准确的几何和属性信息，从而为在DIALux中进行进一步的照明设计和分析提供了便利。

建筑照明模拟分析技术与BIM平台的绑定，将为建筑照明设计和管理带来更广阔的发展前景，进一步丰富基于BIM的各专业的设计和信息集成。

1　吴雨婷，于娟，王爱英，等. 基于BIM技术的室内照明仿真模拟软件计算精度解析［J］. 重庆大学学报，2020，43（9）：9-23.

2　王森. 世园会植物馆照明设计简析［J］. 建筑电气，2024，(43) 8：17-22.

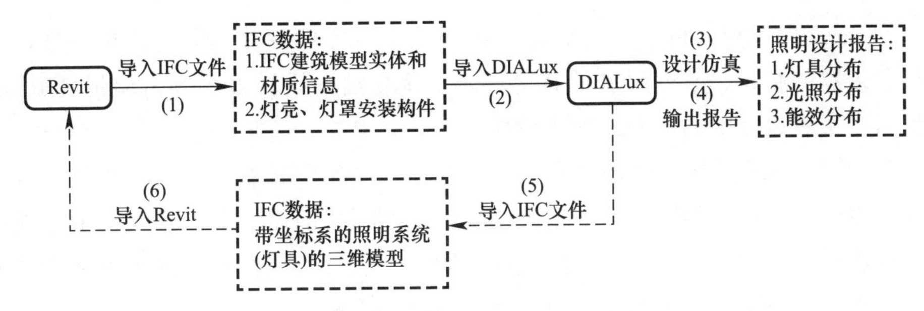

图 10-2-3　基于 Revit 的建筑照明一体化方法工作流程[1]

10.2.5　基于 BIM 的建筑声环境分析

建筑声环境分析主要关注建筑内部的噪声水平、隔声性能、吸声性能等声学指标，以及建筑外部的声环境对室内的影响。传统的建筑声环境设计主要依靠设计师的经验和感觉，缺乏定量化的分析方法，而声音的传播和反射受到多种因素的影响，如室内空间的大小、形状、所用装饰材料等，这些因素的变化会导致声音传播的差异，因此采用传统设计方法难以准确预测建筑声环境真实效果。基于 BIM 的建筑声环境模拟分析方法可以有效地克服传统建筑声环境设计方法的局限性。这种方法可以利用 BIM 技术建立的三维建筑模型，通过声学模拟软件对建筑声环境进行模拟和分析。具体分析步骤如下。

1）使用 BIM 软件建立建筑物的三维模型，包括建筑物的几何形状、结构、材料等。

2）将 BIM 模型导入声学模拟软件，如目前国内使用较多的 ODEON、EASE、Raynoise 等。其中，ODEON 多用于室内的声环境模拟，模拟结果较为接近实际。EASE 多用于扩声系统，特别是扬声器布置方案设计的模拟。Raynoise 能够准确模拟室内和室外声传播的物理过程，如镜面反射，扩散反射，墙面和空气吸收、衍射和透射等现象，并能最终重造接收位置的听音效果，对室内的声环境模拟和扩声系统模拟均适用。

3）在声学模拟软件中设置相关的声学参数，如声音的频率、响度、音调等，以及建筑物的吸声系数、反射系数等。然后根据设置的参数，对建筑声环境进行模拟，得到相关的声学数据，如声压级、混响时间、反射系数等。

4）分析声学数据：对模拟得到的声学数据进行详细分析，包括数据的分布、变化规律等，以及声音在建筑物内的分布情况。

1　王森. 世园会植物馆照明设计简析［J］. 建筑电气，2024（43）8：17-22.

5）根据模拟和分析结果，对建筑声环境进行优化设计，提出改进方案，如调整建筑物的布局、改变材料的选择等。对优化后的设计方案进行验证和确认，确保其在实际运行中的可行性和优越性。

6）基于BIM的建筑声环境模拟分析方法通过将BIM技术和声学模拟软件结合，可以综合考虑多种因素对建筑声环境的影响，帮助设计者直观地了解建筑声环境的状况，提高设计的效率和准确性。同时，还可以根据不同的需求和个体差异进行个性化设计，满足不同人对声音的需求和要求。

10.3　协同设计与设计协同管理

10.3.1　BIM协同设计的价值

1. 传统设计流程及存在的问题

传统设计是一种基于二维平面的工作模式，在这种模式下，根据项目的复杂程度分为二段式设计和三段式设计。二段式设计包括方案设计与施工图设计，三段式设计包括方案设计、初步设计、施工图设计，设计流程如图10-3-1所示，图中实线箭头表示各专业设计成果随不同设计阶段逐渐深化的过程，虚线箭头为各专业间提资的过程。

无论是二段式设计还是三段式设计，都是基于二维平面对三维建筑实体的设计表达，以二维设计为信息载体的表达方式不可避免地存在如下问题[1-4]。

（1）信息表达不够直观

传统设计主要是以CAD二维技术为主，通过平面、立面、剖面、大样等平面图像来表达三维建筑物。所表达的信息不够直观，也不具备信息传递功能，需要具备较为全面的专业知识与识图能力才能掌握，对专业技术人员的培训时间较长。在工程项目管理中，施工技术人员通过二维图纸很难掌握专业系统的整体情况，往往根据自己对图纸的理解和对设计师意图的揣测来读图，导致对二维图纸正确理解耗费时间较长、由于理解不同产生争议，甚至理解错误造成问题，这些都会降低工程建设的效率。

1　蓝天宇. BIM技术在建筑工程结构设计阶段的应用研究［D］. 南昌：华东交通大学，2019：10-12.

2　陈杰. 基于云BIM的建设工程协同设计与施工协同机制［D］. 北京：清华大学，2015：10-11.

3　骆汉宾. 工程项目管理信息化［M］. 北京：中国建筑工业出版社，2010：13-20.

4　杨坚，杨远丰，卢子敏，等. 建筑工程设计BIM深度应用［M］. 北京：中国建筑工业出版社，2021：80，273.

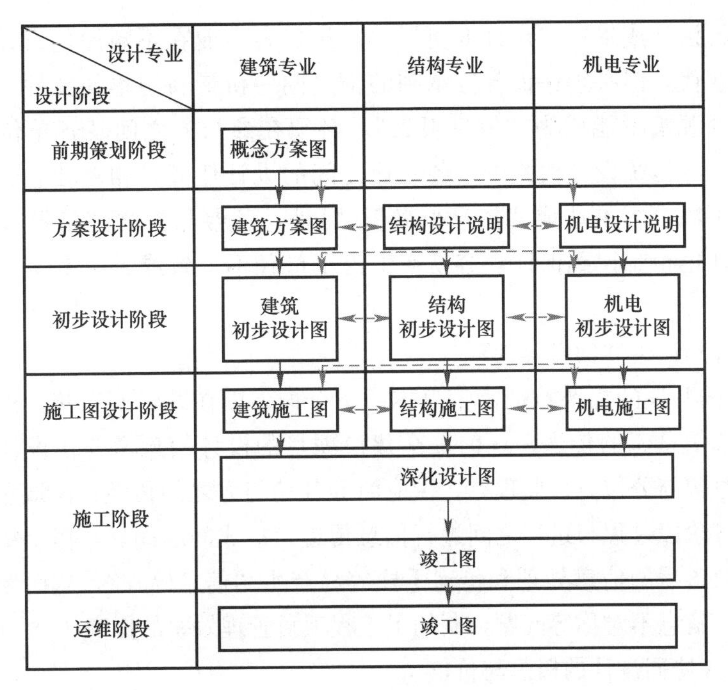

图 10-3-1 二维设计流程图[1]

（2）设计效率不高

传统设计流程是按线性进行的，后续设计任务受到前置设计任务的制约，当前置设计任务有拖延时，会影响到后续设计任务，进而影响到整个设计进程。由于各专业的设计内容相对独立，专业之间设计成果的合并会比较晚，各专业设计之间发现碰撞也会比较晚，后期对这些不合理部分进行修改可能会引起较大范围的改动，导致重复设计、工作效率降低。设计是一个需要各专业之间不断进行信息沟通、交换、反馈、修改的迭代优化过程。由于二维文件是非结构化信息，且CAD软件尚不支持多人协作，如果设计人员缺乏主动意识且无协同平台环境，某一专业设计信息的变更很难及时传递给相关其他专业，必将造成其他专业设计的不断修改或变更。

（3）容易造成“信息孤岛”

“信息孤岛”是指工程设计信息发生变更时，包括范围和内容变更、设计变更、进度变更等，无法保证信息的唯一性。信息的唯一性原则是指同一个信息在不同地方出现时都是一致的，即使信息源头在不断更新迭代，所有引用信息都必须同步更新，如“某一专业的设计成果”与“其他专业的设计成果”、“提

1　蓝天宇. BIM技术在建筑工程结构设计阶段的应用研究［D］. 南昌：华东交通大学，2019：10.

交给业主的设计成果”、“设计变更”等，虽然各专业在不断深化设计，成果版本在不断迭代，但必须保证各方拿到的都是同一份最新版本的文件。这就要求每个信息的源头不能成为“信息孤岛”，必须在参与方之间及各单位内部之间顺畅流动。在传统设计模式中，各专业之间的设计任务是相对独立的，缺乏沟通交流的手段，容易造成“信息孤岛”；另外，各参与方之间信息传递的准确性和及时性也很难得到保证，容易产生由于口径不一致或者版本不一致带来的混乱。

（4）容易产生“信息碎片”

“信息碎片”的主要特征为信息本身不全面、内在逻辑不完整。工程建设过程严重依赖信息流的传递，任何一个建设项目的设计信息需要在设计方与业主方、施工总包与分包方、监理方、供应商等各参与方之间传递、沟通和反馈，而且需要在各阶段过程与过程之间进行信息传递，形成问题闭环，但层级式的信息传递方式及落后的信息处理和传递手段容易产生“信息碎片”，从而导致设计信息不全面、信息不对称等问题，制约了工程项目管理效率的提高。

2. BIM 协同设计的概念与价值

（1）BIM 协同设计的概念

协同设计是基于计算机网络的一种设计沟通交流手段，以及设计流程的组织管理形式[1]。建筑工程的协同设计是建筑、结构、机电各专业为完成既定的设计任务和目标，通过互相配合和协调，利用协同设计软件或平台进行设计工作的过程[2]。

协同设计可分为二维协同设计和三维协同设计，三维协同设计又可分为传统三维协同设计和 BIM 协同设计[3]，三维协同设计是在设计过程中，项目成员在同一环境和同一套标准下，基于三维模型开展的并行工作，及时准确地进行沟通；BIM 技术的发展为三维协同设计提供了新的技术支撑，三维参数化模型成为协同设计手段本身的一部分且是 BIM 协同设计的本质特征，能够更好地完成设计交流、组织和管理，提高设计质量和效率。BIM 协同设计与传统三维协同设计的对比，如表 10-3-1 所示。

BIM 协同设计是指基于 BIM 模型和 BIM 软件进行各专业的交互与协作，充分利用 BIM 模型的可视化、数据的可传递性、关联构件同步变更功能，实现各专

---

1 徐勇戈，高志坚，孔凡楼. BIM 概论［M］. 北京：中国建筑工业出版社，2021：118.

2 陈杰 . 基于云 BIM 的建设工程协同设计与施工协同机制［D］. 北京：清华大学，2015：11-12.

3 王巧雯，张加万，牛志斌. 基于建筑信息模型的建筑多专业协同设计流程分析［J］. 同济大学学报（自然科学版），2018，46（8）：1155-1160.

BIM 协同设计与传统三维协同设计的对比 **表 10-3-1**

对比项	BIM 协同设计	传统三维协同设计
三维模型	参数化设计：几何、物理及拓扑信息等	非参数设计：几何信息
模型数据	有，各专业协同设计、并行设计、整体设计	无，各专业单独设计
协同工具	参数化模型、施工图、管理和分析等	动画模型
设计工作	支持全生命周期设计、全过程设计管理	设计阶段的设计工作
模型和二维图纸	关联构件同步变更、模型和图纸联动修改	独立修改

业间信息的多向、及时交流，从而提高设计效率，减少设计错误，保证设计信息的唯一性[1]。以建筑设计为例，设计阶段各专业（建筑、结构、机电）设计团队在共同的 BIM 软件或平台上进行设计，从而实现上、下游专业图纸“上游修改，下游图纸自动修改”，并且能够进行各专业内部及专业之间的图纸冲突检查、碰撞检测、管线综合、净高检查等，从源头上减少设计图纸的错、漏、碰、缺，最终提升设计质量，保证施工阶段在完整、统一的设计图纸下进行施工，减少工程变更、返工等问题。

BIM 协同设计能够让设计者在统一的协同方式、基本守则，以及规范化的协同操作、工作标准下完成设计工作；使设计团队实现跨部门、跨地区和跨国界的信息交流、方案讨论、评审和论证；设计各专业通过可视化三维参数化模型的共享和协作，保证设计成果的实时性和唯一性；落实正确的设计流程管理，设计问题闭环管理。

（2）BIM 设计协同管理

建设项目的全生命周期通常划分为两个时期、五个阶段，两个时期为建设期和运营期，五个阶段为建设期的项目策划阶段、设计阶段，招投标阶段、施工阶段，以及运营期的运维阶段。设计单位的工作主要集中在建设期的设计阶段和施工阶段，这两个阶段所承担的工作任务和所起的作用有所不同。在设计阶段，设计单位按照项目设计任务书完成项目的设计工作，参与主要材料和设备的选型，进行技术经济分析，应用 BIM 技术进行协同设计；并将设计协同管理的范围从设计阶段扩展到建筑全生命周期。在施工阶段，设计单位主要提供设计交底、设计巡场、现场指导和解决设计问题等设计技术服务，根据工程变更要求进行设计变更，参与重点部位和环节的过程验收及竣工验收等，应用 BIM 技术参与全过程的设计协同管理。

1　杨坚，杨远丰，卢子敏，等. 建筑工程设计 BIM 深度应用［M］. 北京：中国建筑工业出版社，2021：80.

一方面，由于施工需要设计作指导，因此在施工阶段设计单位仍需要进行设计交底、设计巡场、现场指导、设计变更、工程验收等全过程的设计协同管理工作。上一步设计工作成果作为下一步施工工作的依据，下一步施工工作的问题需要及时反馈到上一步进行设计修正。BIM 技术的发展为建设全过程设计协同管理提供了新的技术支撑，设计方与业主方、监理方、施工方、造价咨询方等均可根据工作流程在 BIM 平台上协同完成相应的工作。

另一方面，在实际建造之前，利用 BIM 技术的虚拟设计、虚拟施工、虚拟运维功能，让设计、业主、施工、运营等各方在设计阶段提出并分析施工阶段和运维阶段的需求因素与影响因素，提前至设计工作中进行考虑，实现工程项目的全生命周期设计协同。例如，在 EPC（Engineering Procurement Construction，工程总承包）、DB（Design Build，设计施工总承包）、CM（Construction Mangement，建筑工程管理）模式下，施工单位提前介入设计管理，利用 BIM 技术预先考虑施工因素，提前发现设计在施工过程中可能出现的问题，以改进设计的可施工性，也可结合价值工程改进设计。

10.3.2 BIM 协同设计方式和内容

1. BIM 协同设计方式[1]

BIM 协同设计是 BIM 正向设计优势得以发挥的重要保证，也是与传统 CAD 设计流程差异性较大的一个环节。以 Revit 软件为例，可应用工作集与链接两种方式进行协同；虽然还提供了 Revit Server 方式，这是一种支持局域网的协同设计工作方式，实际应用时面临的问题比较多。

（1）工作集协同方式

工作集是 Revit 的团队工作模式，其架构如图 10-3-2 所示，由一个“中心文件”和“本地文件”的副本组成，多个用户可以通过工作集的“同步”机制，在各自的本地文件上同时处理一个模型文件。若合理使用，工作集机制可大幅度提高大型、多用户项目的设计效率。

工作集模式因涉及多人协作，技术细节比较多，跟链接方式相比，工作集的优势在于：

1）多人同时处理同一个模型文件，方便划分工作界面，同时减少 Revit 文件数量、减少链接关系，使模型整合起来更简单。

1　杨坚，杨远丰，卢子敏，等．建筑工程设计 BIM 深度应用［M］．北京：中国建筑工业出版社，2021：80-81.

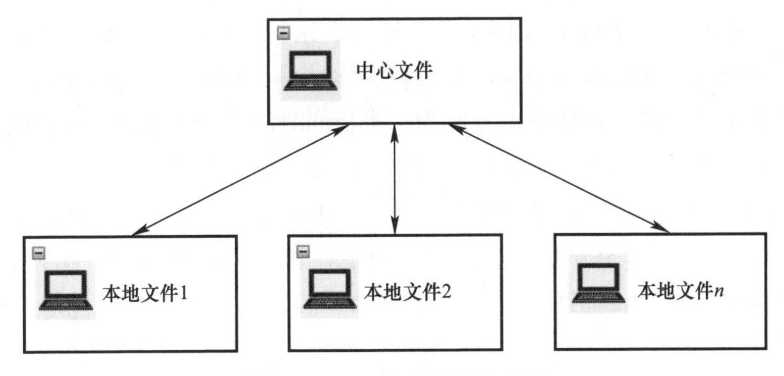

图 10-3-2 工作集架构示意图

2）不同的成员，其做出的设置、载入的族都是所有成员共享的，相比于多文件统一设置，难度大幅度降低。

3）不同的成员，其放置的构件、绘制的图元都属于同一个 Revit 文件，互相之间可以有连接、扣减、附着等关系，这是链接方式所无法实现的。

而工作集也有其缺点：

1）其部署过程较复杂，且稳定性比独立文件要弱一些，偶有中心文件损坏的情况发生，需注意控制同步的间隔不能太长。

2）工作集无法脱离局域网环境，限制较大。

3）参与工作集的人数如果太多，就会经常发生“同步塞车”的状况，需等待较长时间依次同步。

（2）链接协同方式

Revit 的链接跟 AutoCAD 的外部参照概念大体相近，设计师很容易理解。其优势与劣势跟工作集基本上是互补的，无需特别的操作，稳定性较好，可以将单个 Revit 文件体量控制得比较小，工作环境不受限制，但它无法将各链接文件的图元互相连接起来，各文件之间互相独立，有些公用的基准图元（如楼层标高、轴网）及设置（如线型、填充图案、底图的深浅）等需分别处理，也很难访问链接文件中的构件及视图。但 Revit 的链接与 AutoCAD 相比仍然是有改进的，首先它提供了“复制/监视”功能，实现某些类别的图元可以跟链接文件共用；其次 Revit 可以引用链接视图的指定视图作为底图，这给设计协同带来很大便利。

2. BIM 协同设计内容

采用工作集和链接两种协同方式，先要根据需求划分各专业工作集和子工作集，以便有效地展开项目协同设计工作。通常情况下，对于建筑工程项目，BIM 模型的建立按照建筑、结构、水暖电三种专业划分工作集；对于工业设施一类的建设项目，BIM 模型的建立按照工艺、建筑、结构、机电四种专业划分工作集；对于专业内协同工作的人员来说，项目被科学地拆分成不同的子工作集，不同的子工作集人员分配的工作任务也有区别，进行同时协同工作或者前后协同工作[1]。

以建筑工程项目为例，专业组合工作集主要有以下几种方式。

1）每个专业内部采用工作集协同，每个专业一个中心文件，专业间互相链接。

2）将水、暖、电等专业合在一起采用工作集协同，分建筑、结构、机电三个中心文件相互链接，如图 10-3-3 所示。水、暖、电合在一起的优势比较明显；如果注重结构的独立性，建筑与结构分开工作集更合适。

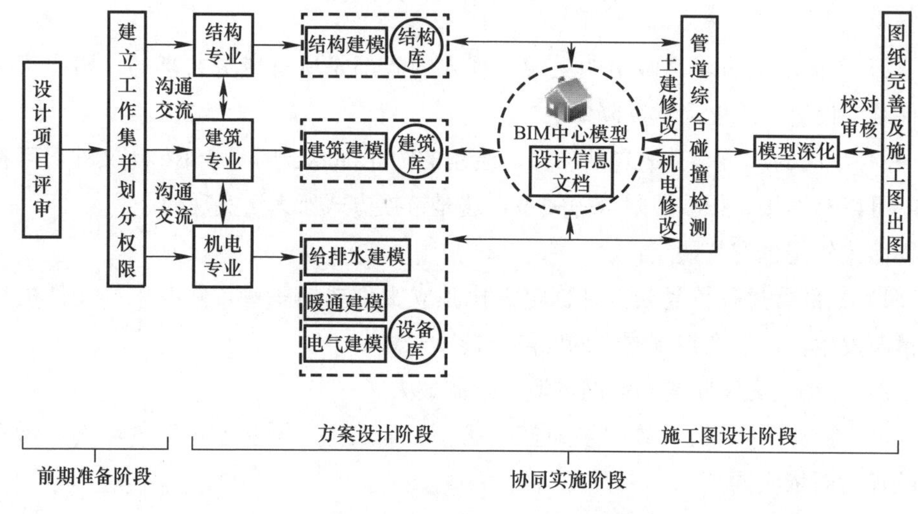

图 10-3-3　BIM 多专业协同设计示意图[2]

3）将建筑、结构合在一起，分土建、机电两个中心文件互相链接。如果注重建筑图面表达的便利性，建筑和结构合为一个工作集更合适。

（1）建筑、结构协同设计

当完成项目协同设计前准备后，便可落实方案设计，此时需要各专业人员进行对接，包括业主方进行建筑方案的审核，建筑专业、结构专业、机电专业各专业设计团队参与。在方案设计阶段，设计单位按业主需求进行建筑方案设计，主要以建筑专业人员的内部协同设计为主，同时结构、机电等其他专业设计人员及时参与，结构设计师、机电设计师在建筑设计师建立的建筑 BIM 模型基础上，根

1　杨博，李胜强，何勇毅．基于工作集模式的 BIM 协同深化设计［J］．广东石油化工学院学报，2020，30（4）：55-58.

2　王巧雯，张加万，牛志斌．基于建筑信息模型的建筑多专业协同设计流程分析［J］．同济大学学报（自然科学版），2018，46（8）：1155-1160.

据各专业的需求提交设计说明，共同完成初期的方案设计协同，为后续施工图阶段的协同合作提供良好的工作环境。

在确定了项目的初始设计方案后，结构工程师根据建筑设计师协同分配下的相关权限与进度要求，进行本专业基于BIM模型的施工图正向设计工作，建筑和结构组合工作集，建筑的楼板面层、砌体墙，与结构的梁、板、柱等结构构件之间可以互相扣减，方便了平面、剖面的处理。两个专业的组合工作集提资、受资流程简化，只需统一交互，无须两个专业分开进行，完成单独作业与协同工作，并上传到BIM文件共享平台。之后各专业人员都可以拿到共享文件，针对各自的专业文件进行修改和优化，完成建筑师与结构工程师在土建方面的协同合作。但是两个专业组合工作集使得结构模型不独立，很难与结构计算模型进行频繁互导，只能局部更新，依赖人工操作；并且结构出图需过滤建筑构件。

（2）MEP（Mechanical，Electrical & Plumbing）专业协同设计

MEP（水、暖、电）各专业人员在与建筑师达成的设计方案中，三个专业统一设置，完成各自专业的设计和管道综合模型的建立。MEP各专业之间的协同工作较为复杂，在保证设计方案尽可能实现的前提下，确保各专业管线的布置、预留、优化、修改等设计互不冲突。MEP组合工作集提资、受资流程简化，只需统一交互，无须三个专业分开进行，达成一致的意见后上传至BIM信息共享平台，与建筑师、结构工程师进行协同设计和沟通，给予模型信息的反馈，最后信息集成储存在信息共享平台。但是三个专业组合工作集的文件会比较大，操作起来灵活性是个问题。

（3）多专业设计模型检查分析

在施工图设计阶段，以多专业协同设计为主，主要工作是对各专业的碰撞冲突进行检查，进一步深化设计，完成各专业之间的协调作业，最终生成BIM施工模型与二维施工图纸，指导后续施工。BIM各专业协同设计过程中，需要不断落实和优化具体的建设措施，根据实际条件和各阶段不同内容进行设计冲突检测、管线综合优化、净高检查、预留预埋等，使建筑信息模型更为全面、工程建设更具有科学依据。BIM协同设计中着重需要注意设计冲突检测，即碰撞检测，通过对模型的碰撞检测，各专业人员协同设计，确保建设项目协同设计工作的可靠性。尽可能地做出最优方案，减少人力、物力、财力各方面压力，汇集最优的成本控制信息，实现工程项目经济效益最大化。

10.3.3 BIM设计协同管理流程

工程设计管理具有三层含义：一是指业主方的设计管理，属于跨组织的行

为，其管理的客体是设计单位或总包单位所承担的设计任务；二是指 EPC、DB 等工程总承包商内部的设计管理；三是指设计单位关于工程项目设计所进行的计划、组织、协调、控制，属于设计方的项目管理范畴。本书中 BIM 设计协同管理是指 EPC、DB 等工程总承包商内部设计方主导的设计管理工作，包括与项目参与方传递、沟通、反馈、修改有关设计工作、设计成果、设计信息等。

BIM 设计协同管理是设计团队与项目各参与方基于 BIM 技术的一种点与中心的信息交流模式，在该模式下，信息的交流可以实现及时性、唯一性、连续性，克服了传统设计管理模式中的诸多不足。这种信息沟通模式将来自不同方面的数据整合在一个平台上，实现了设计专业与其他参与方的数据交流，以及建筑全生命周期中设计信息最大化共享与转换，从而保证了设计协同管理的高效率、高质量、低返工[1]。BIM 设计协同管理的工作流程可分为前期准备阶段和协同实施阶段。

（1）前期准备阶段

BIM 协同合作的前提基础包括两个方面：一是确定项目 BIM 模型的工作标准和质量交付标准，以及相关的技术和组织准备事宜；二是 BIM 模型平台的建立，包括数据标准、构件编码、信息内容及存储形式都要符合相关规定，建立 BIM 信息平台中心文件。该阶段作为设计协同管理的基础，主要工作有以下三项。

1）制定项目 BIM 实施计划。由于项目 BIM 工作在不同阶段涉及的设计团队和项目参与方有不同职责，为保障 BIM 设计质量、设计与施工的衔接、施工 BIM 落地，在项目 BIM 实施计划中，通过 WBS（Work Breakdown Structure）分解明确项目 BIM 应用点及 BIM 应用工作重点；组建 BIM 工作团队，明确各参与方的 BIM 工作职责；制定工作流程，严格执行 BIM 协同工作流程；基于流程制定各地块详细的 BIM 工作进度计划，并通过 BIM 例会落实 BIM 实施进度及 BIM 相关工作安排。

2）制定 BIM 模型工作标准和质量交付标准。由于项目 BIM 工作涉及项目各参与方、全专业团队，因此在实施方案中需要统一 BIM 工作标准，包括软硬件环境、建模标准、软件协同、视图命名规则等，保证各方开展 BIM 工作基于统一的工作标准。根据国家标准《建筑信息模型施工应用标准》（GB/T 51235—2017），可制定企业或项目的建模规范，明确不同模型的格式、定位基准、建模方式、命名规则、颜色规则等，各方基于该统一标准开展 BIM 工作。在软件协同中，需要打通多软件协同设计的数据交换，建立基于多软件协同的工作流。在模型分类管

---

1 王巧雯，张加万，牛志斌. 基于建筑信息模型的建筑多专业协同设计流程分析［J］. 同济大学学报（自然科学版），2018，46（8）：1155-1160.

理中，设计、施工、运维等各阶段生成、修改、完善的各类各专业模型，以及在各阶段管理中，应用BIM技术与其他新技术结合，与BIM模型整合生成的新技术数据及工程信息数据，均需对其进行分类及管理。

3）选择软件和平台用于BIM设计协同管理。设计协同管理平台应用数字化信息技术，创建了一个各方参与的实时数据共享系统，协同工作平台应具备的基本功能是信息管理、人员管理和流程管理。信息管理包括信息共享和信息安全。所有设计管理信息统一放在一个平台上进行管理使用，设计规范、设计任务书、图纸、模型和文档应当能够被有权限的项目参与人员方便地调用和使用。信息安全管理是在信息共享的前提下，确保图纸、模型、管理信息、构件族库等知识产权的安全性，对平台提出了更高要求。在人员和流程管理上，根据不同参与方的需求划分工作集并设定相关权限，分配各参与人员工作权限，分配相关任务，制定工作流程，各方进行单独作业，完成后将相应的信息模型和项目文件汇集到共享平台文件中心。在此过程中，专业内或专业间不同工作集的人员可以随时查看其他人员的进度及成果，进行实时沟通和反馈。

（2）协同实施阶段

BIM设计协同管理平台是以设计团队为主导，负责BIM模型、图纸成果、文档的构建和管理，授予了业主、监理、施工、造价等单位不同的使用权限。具有权限的人员能够查看中心文件中的内容，以便提出意见，从而参与或完成对模型和图纸的深化、理解、分析、评价、会审、交底、审核等，共同完成项目全生命周期协同设计、全过程设计协同管理工作。在项目管理过程中，平台通常能够完成以下功能：在线轻量化查看、设计问题在线管理并绑定模型构件、多版本模型修改对比分析、BIM设计交底和设计变更管理等。

10.3.4 协同平台与协同软件

BIM协同设计平台、设计协同管理平台一般是由第三方软件公司为设计单位研发的专业协同设计、设计协同管理的基础平台和工具，与AutoCAD、BIM软件环境紧密集成，目的是提高设计工作效率和项目管理质量。在基于BIM技术的协同设计、设计协同管理中，各设计团队、各项目参与方的信息交流具有连续性，BIM设计能够将各设计团队、各专业、各项目参与方中不同方面的数据信息整合汇集到一个平台上，很好地实现组织内和组织间的数据交流，以及能够最大化地实时共享和转换建筑全生命周期中的信息资料。

1. BIM协同设计平台功能

协同设计平台是设计单位内部结合各专业设计人员之间合理的分工合作，用于整个项目设计中的资料互提、成果管理、信息沟通，避免错、漏、碰、缺，提高设计质量。通过平台的使用可以大大帮助设计单位实现从“个人独立设计”到“团队协同设计”的设计管理模式转变，从而从根本上提升设计与管理水平，成为促进项目设计“产能提升”的核心手段。主要功能包括：

1）协同设计。除了为设计人员提供基本的图纸设计功能外，还提供提资、图纸引用、图纸成品管理、图纸拆分及图纸打印等一系列功能，能满足设计人员在整个设计过程中的需求。

2）对文件及文件版本能够进行管理和控制。对设计人员上传的每一份图纸文件及设计人员提出的每一份资料文件都会自动进行版本记录，设计人员可随时查看、下载某份图纸文件的某个版本或随时比对图纸文件版本间的差异。在记录图纸文件版本情况的同时，也会记录该图纸文件的引用关系及被引用情况，使图纸文件间的关系清晰明了。

3）变更提示。当引用的图纸内容发生变化时，自动提醒相关设计人员进行图纸更新操作。此功能可以大大减少由于更新不及时而造成的无效工作，提高工作效率。

4）协同设计工具。为设计人员提供了各种协同设计工具，如批量图框替换、属性提取、绑定下载、图纸目录自动生成、图纸差异比对等。同时，提供BIM图纸工具集，极大地提高快速出图效率，并满足一体化的签字、签章场景需求。

5）图纸校审。将发起校审及校审过程工作融入协同设计平台，使得设计人员的工作流程完整。校审过程中同时支持云线批注。

6）兼容和扩展。支持AutoCAD和BIM软件的升级，支持与第三方系统进行集成。

2. BIM设计协同管理平台功能

BIM全过程设计协同管理平台是设计团队紧密结合项目在设计阶段和施工阶段协同管理的工作流程及需求，用于项目数智化设计协同管理的平台。在管理权限上，设计团队为主导，负责BIM模型、图纸成果、文档的构建和管理；授予了业主、监理、施工、造价等单位不同的使用权限。主要功能包括[1]：

1）在线轻量化查看。在设计阶段，项目各参与方可通过计算机、手机等移动端随时随地查看当前阶段的BIM模型、图纸成果，模型与图纸之间可以进行二、三维联动。

1　资料来源：华南理工大学建筑设计研究院有限公司（梁昊飞，郑巧雁，陈思超），华南理工大学广州校区EPC项目BIM应用。（第4篇案例1）

2）设计问题在线登记并绑定模型构件。在模型中发现的设计问题可以及时在线登记并绑定在相应的模型构件上，该问题可推送给相应的责任方，实现多专业之间的问题反馈、在线追踪等。

3）多版本模型对比。模型随着设计调改更新后，可通过不同版本的模型对比功能查看设计调改的具体内容，使辅助设计及造价专业及时掌握改动情况、分析对成本造成的影响等。

4）BIM设计交底。在设计图纸完成后，设计人员对施工人员进行交底，可将交底文件绑定在相应的模型构件上，施工人员在现场可以同时查看交底文件与对应位置的模型，结合AR交底功能，更好地理解设计意图。

5）设计变更管理。在施工阶段，图纸/模型/文档管理功能可以帮助开展变更管理；且设计人员现场巡场时，可以通过AR交底的功能及时检查施工现场是否按图纸施工，可在平台端截图生成整改单，及时反馈施工现场的问题。

3. BIM协同平台中的协同软件

BIM协同设计的关键点在于建筑信息数据共享度和协调度的高低，因此需要构建一个完整的基于BIM的协同平台，然后借助BIM协同平台来落实BIM技术的设计应用，包括协同设计和设计协同管理。由于不存在一款软件能够满足BIM设计项目中的所有功能，所以确保不同软件间的信息流转顺畅是BIM协同设计的必要条件，跨软件平台的模型导入或导出是否会造成信息的缺损是值得关注的问题。

（1）基于Revit软件的协同平台

BIM协同设计平台的核心是工程的建筑信息模型，目前行业内大多数利用的是Revit平台，基于Revit软件集成协同方法能够实现工作集和文件链接方式的互补，让专业内和专业间的人员在同一环境下使用同一平台、采用同一标准，实现数据信息资料实时共享、有效沟通。

（2）基于多软件的协同平台

当采用多软件协同设计时，整个工程项目设计工作流中会用到不同的软件，需要打通多软件协同设计的数据交换，建立基于多软件协同的openBIM工作流。不同建筑类型的BIM设计团队可根据既有工作习惯使用不同设计软件开展模型创建。以使用ArchiCAD和Revit创建模型为例[1]，通过Rebro、Solibri与ArchiCAD配合开展多专业模型整合检查，而Revit则与Civil3D、Navisworks等搭配开展多专业模型整合检查，最终通过ArchiCAD和Revit分别输出图纸进行交付，如图10-3-4所示。

1　资料来源：华南理工大学建筑设计院研究有限公司（梁昊飞，郑巧雁，陈思超），华南理工大学广州校区EPC项目BIM应用。（第4篇案例1）

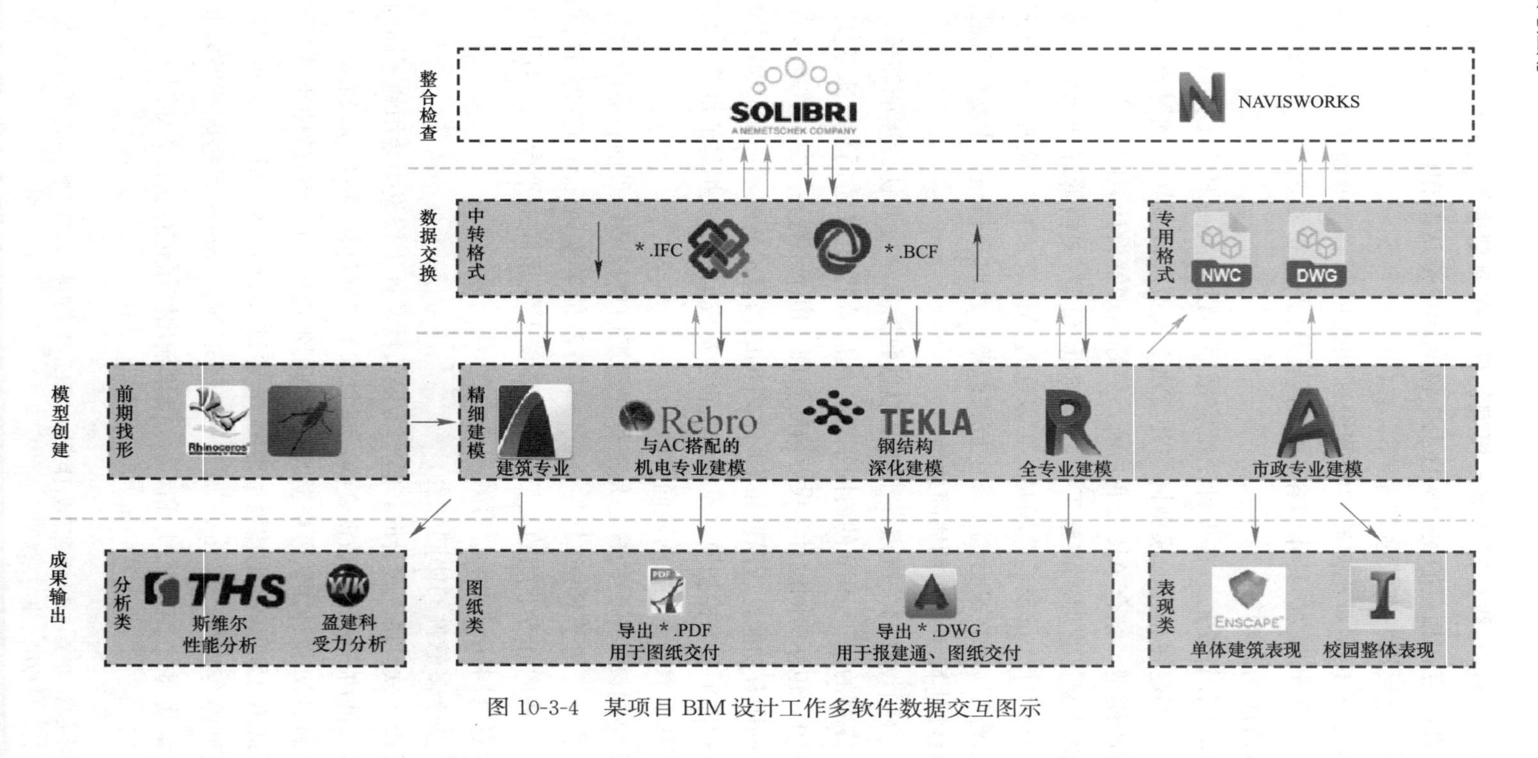

图 10-3-4　某项目 BIM 设计工作多软件数据交互图示

10.4 管线综合与碰撞检测

建筑工程的施工图纸是由设计单位提供的工程施工时所必需的详细图样，用以指导施工单位按照设计图纸进行施工。基于二维图纸的设计工作，由于设计单位建筑、结构、机电各专业的施工图设计是由不同专业部门的设计人员负责，各专业系统之间往往缺乏协调，不同专业的设计师无法及时全面地获取相关专业的设计信息，完整准确地了解其他设计师的设计意图，容易出现错、漏、碰、缺等设计图纸错误。

基于二维图纸的管线综合排布设计，不可避免地会出现相应问题。一是设计专业之间分工明确，设计信息壁垒长期存在，管线综合排布不仅要协调机电各专业之间的关系，还要协调与建筑、结构之间的关系。二是施工技术人员对复杂的管线综合排布设计图纸及设计意图在理解上可能会出现困难和歧义，而且各专业设计系统之间是相互关联的，牵一发而动全身，如调整某处的管线位置和标高，其他管线也将随之调整；又如调整某一碰撞点又会导致另一处碰撞，在二维图纸上进行频繁调整和修改，不仅工作量巨大而且效率不高。三是管线综合排布不仅需要满足建筑净空的要求，还需要满足工程施工安装操作空间的要求，以及运维阶段检修空间的要求，否则在施工中容易发生设计变更或现场变更，对工程工期和成本造成不利影响[1]。

应用BIM技术在设计阶段和施工阶段进行协同设计和协同施工，能够高效地完成管线综合排布的设计和施工，有效减少图纸错误、工程变更和降低施工成本。专业系统间的协调是设计单位和所有施工单位的一项重要工作，基于BIM模型的协调技术使得施工单位能够在施工前解决管线综合排布问题，也使其有可能成为设计流程的积极参与者。

10.4.1 管线综合排布

管线综合排布一般是指管线布置综合平衡技术，涉及与建筑工程中的建筑、结构、装修等专业的协调，以及安装工程中的给排水、电气、暖通空调、消防、智能化控制等专业的管线和设备安装施工。管线布置综合平衡技术是根据工程实际，将各专业管线、设备通过计算机软件进行图纸上的预装配，将冲突问题解决在施工之前，力争返工率降低到最小的一项技术，被住房和城乡建设部列为《建

---

1 徐勇戈，高志坚，孔凡楼．BIM概论［M］．北京：中国建筑工业出版社，2021：155-156.

筑业10项新技术（2017年版）》中的小项技术之一。本章节重点讨论利用BIM技术在BIM模型的基础上进行建安工程的管线综合排布（简称管综），解决机电专业的管线和设备等的走向优化、标高调整及碰撞检测等问题。

1. 管线综合的技术特点

在管线布置综合平衡技术中，采用BIM技术辅助进行建安工程的预装配设计和施工，更容易实现多专业的合模和碰撞检查。一是BIM模型可以帮助管综设计方获得更全面的相关专业信息，综合考虑管线排布的各项要求，出具完善的管线排布施工图纸，尽可能全面地发现施工图纸中存在的技术问题。二是让施工人员更直观准确地了解管综设计意图，BIM软件的碰撞检测和同步变更功能能够大幅度提高管综设计和调整方案的效率，有效避免施工中发生专业管线交叉重叠、衔接不当而造成的返工浪费、工期延误，提高工程质量并创造一定的经济效益。三是更好地调整和落实工程建设方、施工方、设计方及运营阶段的各项需求，并在施工前尽可能解决全部要求，从而减少工程变更。其技术特点如下。

1）能较快完善管线排布的BIM模型，出具施工详图设计和节点设计。

2）在保证设计和功能要求的前提下，解决管线设备的标高和位置问题，避免交叉时产生冲突，同时配合并满足结构及装修的各位置要求。

3）在排列设备、各种管线时要考虑施工顺序对不同管线的要求及运行管理维修的需要，考虑先施工的管线不要影响后续施工的管线，还要考虑对需要维修和二次施工管线的安排。

4）能主动进行成本控制。例如，采用综合支吊架减少施工后的拆改工作量，排布好管线减少窝工损失、减少人工费用等。

2. 管线综合的原则和方法

根据建筑工程各专业系统自身设计的要求，以及各专业间需要进行大量信息交换和交叉协调的特点，机电管线综合排布设计在于统筹协调以下三个方面的空间关系。管线综合排布具体的原则、方法，以及管线综合重点及难点部位，详见本章后附录1。

1）同一专业不同系统管线间的关系调整后需要保证本专业系统的完整性和合规性。经济合理的管线路径设计可以保证完善的使用和维护功能，要对基本的设计参数进行复查核对，如各类风系统的风量、风速；水系统的流量、流速；电缆桥架的容积，配电柜所有出线容量分配及电缆规格等。

2）水、暖、电等不同专业管线间的关系要严格遵守设计规范。保证专业间管线布置的使用安全，注重人性化设计，保证施工可操作性，方便后期使用和维护。同时，布置应美观合理、整齐有序。

3）机电系统与建筑、结构、精装修等其他专业间的关系。机电管道需要完全遵从建筑布局，避开建筑墙体，满足建筑使用空间、结构洞口尺寸及精装吊顶高度等要求。

【工程案例 1】[1]

华南理工大学广州国际校区（简称华工国际校区）二期项目，施工图设计阶段利用 Autodesk Navisworks 整合全专业模型的过程中，开展一系列常规及专项问题审查，如表 1、表 2 所示，共审查出 1733 个问题，追踪问题直至问题闭环，提前规避设计过程中的错、漏、碰、缺。经造价专业复核，累计规避的直接经济损失达 2758 万元人民币。

BIM 常规问题审查内容　　表 1

常规问题	审查内容
结构与建筑一致性复核	复核结构墙柱与建筑的一致性
	复核结构楼板边界、洞口与建筑的一致性
	复核结构标高与建筑的一致性
	核对结构板厚及标高
	核对结构梁标高及尺寸
	核对结构楼梯详图与建筑楼梯详图是否对应
建筑平面与大样之间一致性复核	核对详图平面是否与大平面有冲突
	核对楼梯详图（平面和剖面）
	核对洞口与设备立管
	核对幕墙与幕墙大样一致性
	核对门窗与门窗大样一致性
建筑立面与平面、幕墙门窗及风口一致性复核	核对立面构件定位
	核对立面门窗、幕墙等尺寸和定位
	核对立面百叶是否与设备风口的尺寸和定位一致
	核对立面外轮廓与平面一致性
剖面	核对梁板关系是否与结构对应
	核对标高等问题
建筑墙身	核对构件尺寸与结构是否对应
	核对墙身关系与结构是否对应
	核对室内外交接关系与幕墙定位

1　资料来源：华南理工大学建筑设计研究院有限公司（梁昊飞，郑巧雁，陈思超），华南理工大学广州国际校区 EPC 项目 BIM 应用。（第 4 篇案例 1）

续表

常规问题	审查内容
暖通	核对平面与建筑结构是否有硬碰撞
	核对立管与楼板洞口及结构梁是否有硬碰撞
	管线连续形成完整系统
给排水	核对平面与建筑结构是否有硬碰撞
	核对立管与楼板洞口及结构梁是否有硬碰撞
	管线连续形成完整系统
强弱电	核对平面与建筑结构是否有硬碰撞
	核对立管与楼板洞口及结构梁是否有硬碰撞

BIM专项问题审查内容　　表2

专项问题	审查内容
立面专项	建筑专业：门窗、幕墙（特别留意开启扇、消防救援窗）、挑檐、雨篷、线脚等造型
	建筑与结构：定位不一致、硬碰撞
	建筑与机电：风口百叶是否与建筑窗大样和建筑立面对应、立管外露、架空层管道外露或与装修吊顶冲突
剖面专项	剖面对应梁尺寸和定位是否跟结构平面一致
	剖面所剖切到的房间是否跟平面对应
	剖面所剖切到的楼板降板关系是否正确
墙身专项	构件尺寸与结构是否对应
	墙身关系与结构是否对应
	墙身构件定位是否与结构、建筑平面一致
楼梯专项	建筑：楼梯净高（特别留意剖面没剖到的部分）、平台转弯半径
	建筑与结构：楼梯洞口、梯段是否一致，梯柱、梯梁是否与建筑冲突
	建筑与机电：是否有机电管线穿越楼梯间，是否为不可穿越的系统类型，是否有硬碰撞，是否对楼梯净高、净宽有所影响
坡道专项	建筑与结构：梁下净高是否满足要求，坡道定位是否一致，注意局部建筑做法
	机电：是否有硬碰撞，是否对坡道净高、净宽有影响
楼板洞口专项	楼层通高或局部掏空：建筑与结构开洞对应，注意局部节点做法，是否有机电管线穿越通高区域的低层
	集水井：建筑与结构开洞对应，结构侧壁与底板是否与承台冲突，机电管线定位是否与集水井定位匹配
	电梯井：建筑与结构开洞对应，电梯井净空范围内是否有结构或其他构件穿过，电梯井底排水管与集水井连接是否有碰撞问题
	管井：建筑与结构开洞对应，结构梁是否对管井有阻挡，机电管线定位是否与建筑管井定位匹配

续表

专项问题	审查内容
楼板降板专项	结构降板是否与建筑图纸匹配
	结构降板是否与给排水图纸匹配
防火卷帘专项	卷帘盒子是否与结构构件冲突
	卷帘盒子是否与机电管线冲突
人防门专项	人防门需预留的空间是否与结构构件冲突
	人防门需预留的空间是否与机电管线冲突
卫生间专项	结构降板范围与建筑和水专业需求是否一致
	排水管是否与结构冲突
	排水管是否影响下层净高
	排水管是否处于洁净或无水要求的房间内
结构预留洞专项	检查所有结构预留洞与机电图纸表达的管线预留洞位置是否一致
	特别留意重力管是否能满足预留洞定位

3. 管线综合的内容和流程

(1) 准备工作

熟悉机电、建筑、结构、精装修等所有专业的设计图纸及招标文件，充分了解相应楼层的建筑布局和主体结构的形式特点，明确不同区域的净高要求和公共走廊的宽度及梁底高度；充分理解楼层区域各专业机电管线的设计意图，包括主干系统设计和末端路由设计。

(2) 单专业深化和建模

分别对单专业图纸进行二维深化设计，保证系统和路由的完整性及合理性，经过设计审批后开始构建各单专业的三维模型，模型要求达到 LOD300 标准。

(3) 综合排布过程

首先，进行初步规划，将机电各专业 BIM 模型进行合模，并将建筑结构模型链接进来；选定管线综合的重点及难点部位（本章后附录 1），制定排布线路图并逐个编号，进行剖面剖切和管线路由的初步规划。其次，优化排布方案，按照管线排布原则和管线排布方法（本章后附录 1），结合考虑管道转位情况制订排布方案。组织各专业进行方案讨论，对剖面排布方案进行优化，利用局部三维视图查看并解决碰撞问题。最后，构建管综模型，完成管线调整后，添加管道附件及支吊架，导入 Navisworks 软件进行碰撞检测，进一步排查碰撞位置，在 Revit 软件中优化模型，最终得到满足专业要求和施工要求的管综模型。使模型达到 LOD400 标准，各方确认后进行图纸标注和输出。需要注意以下几点。

1）先管综排布，后碰撞检测。如果机电各专业完全按照二维设计图纸进行建模，必然存在大量管线碰撞点，后期调整的工作量会很大，可以根据各管线参数提前进行走向优化、标高调整，提出间距要求，减少管线综合后的碰撞数量，降低模型调整的工作量，提高工作效率。例如，某地下净水厂工程预处理区[1]，主要管道类型包括工艺管道（水管、曝气管、除臭管）、暖通专业机械排风管、电气及自控专业桥架、消防专业消火栓及自喷管。按照管道竖向层级，提前排布好各管线位置，最上层为风管、工艺除臭管，中上层为消防喷淋，中下层为电气自控专业桥架，下层为工艺其他管道，然后利用 BIM 技术完成管综设计并进行设计交底，如图 10-4-1 所示。

1 主要管道类型：
- 工艺管道(水管、曝气管、除臭管)
- 暖道专业机械排风管
- 电气及自控专业桥架
- 消防专业消火栓及自喷管

2 管道竖向层级：
- 风管、工艺除臭管最上层，其次消防喷淋中上层
- 电气自控专业桥架中下层
- 工艺其他管道下层

3 管道设置原则：
- 小管让大管
- 桥架靠下层设置

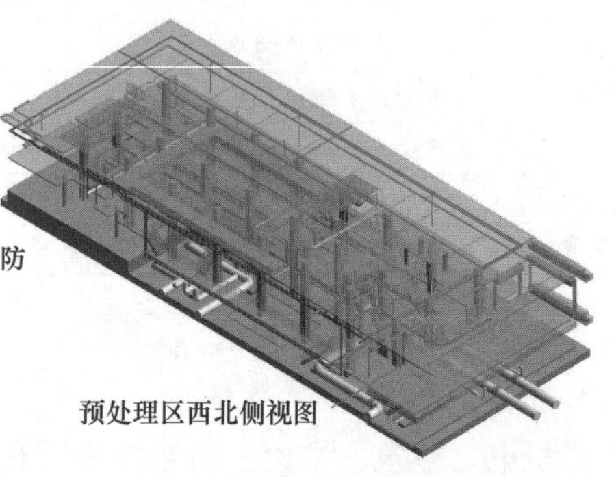

图 10-4-1　某地下净化水厂中下部 BIM 工艺和机电管综模型

2）考虑施工安装和维修空间的问题。机电各专业管线布置间距必须考虑施工安装、维修空间和工作面的问题，否则仅仅根据施工图和碰撞检测报告进行管线排布是难以实施的。如图 10-4-2 所示，风管与消防管道距离太近，走道内风管无法向下开洞以安装风口且不便于后期维修；电缆桥架与消防管道距离太近，桥架安装后无法敷设电缆及安装盖板；最下面一层通风管道安装完成后，消火栓管道后期维修困难。

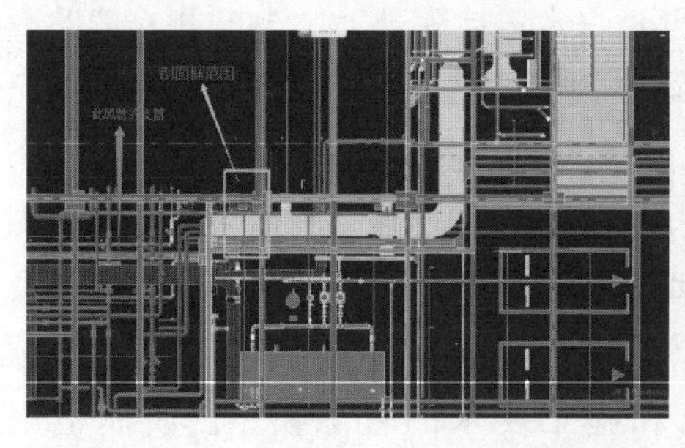

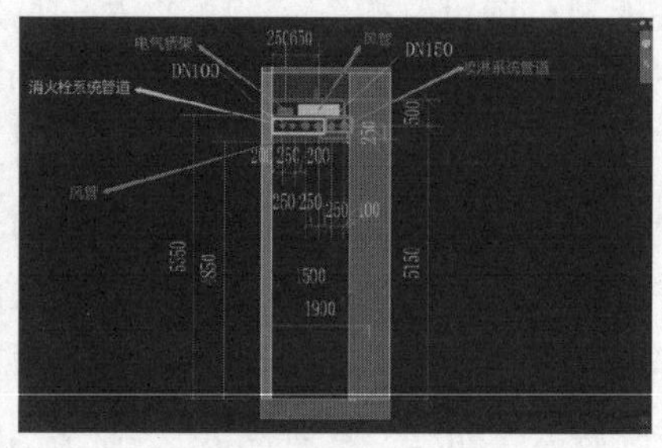

图 10-4-2　未考虑施工空间和检修空间的管综设计

1　资料来源：中建三局绿色产业投资有限公司（夏云峰，邓德宇），武汉两河水环境综合治理二期 PPP 项目 BIM 应用。(第 4 篇案例 2)

3）考虑建筑净空与预留洞口要求。根据室内净高要求，利用 BIM 技术开展室内净高分析，对净高不足区域尝试多种协调方法，提出解决方案，组织设计协调会议，沟通、协调好机电与建筑、结构等各专业的配合，优化室内净高，及时更新土建模型，对结构预留洞口精确定位，重新调整后输出管综施工图纸、留洞图及施工交底文件，保证施工顺利进行。

【工程案例 2】[1]

华工国际校区二期项目，根据室内净高要求，应用 BIM 技术开展室内净高分析，对净高不足区域，尝试多种协调方法，提出解决方案，组织设计协调会议，沟通、协调各专业以优化室内净高，最终输出管综施工图纸、留洞图及施工交底文件。例如，校园服务中心排烟管的净高调整如图 1、图 2 所示。

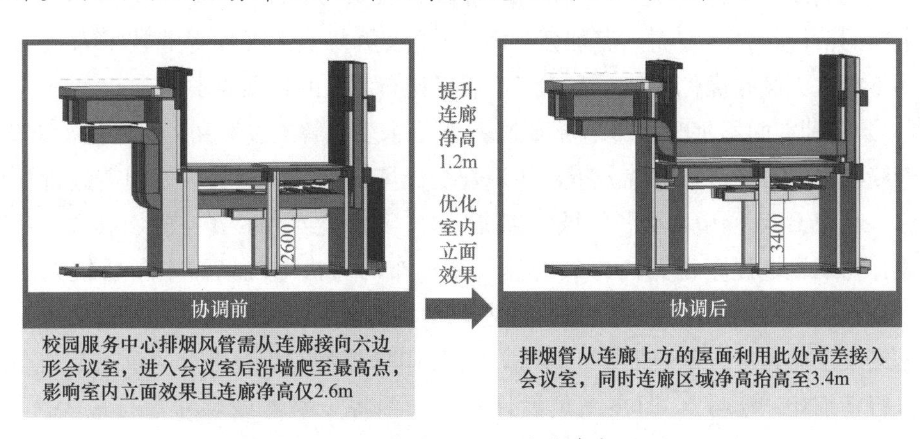

图 1　BIM 协调优化室内净高

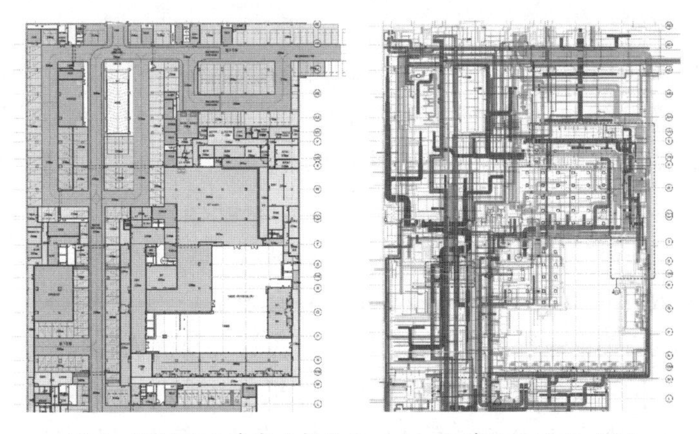

图 2　BIM 输出净高分析平面（左）与管综平面图（右）

1　资料来源：华南理工大学建筑设计研究院有限公司（梁昊飞，郑巧雁，陈思超），华南理工大学广州国际校区 EPC 项目 BIM 应用。（第 4 篇案例 1）

4. 管线综合的注意事项

在实际工程中，特别是公共建筑，如大型商业建筑、写字楼、酒店、各类场馆等，机电系统繁多，管线布置复杂，特别是在管线综合的重点区域，如地下车库、满足功能分区要求的设备层、对净空要求较高的走廊等。基于 BIM 技术的管线综合是一项综合程度较高的工作，需要注意以下事项[1]。

1）提高管线综合 BIM 技术人员的专业水平，减少因管线排布不合理造成的浪费。通过应用 BIM 技术进行管线综合，相比于传统方式降低了对深化设计人员的要求和工作量，但是如果因为 BIM 技术人员对设计规范、施工现场、综合统筹的了解和掌控程度较低，会导致新的问题产生。因此，一方面需要提升 BIM 技术人员对机电设计、施工和空间作业等专业知识认识的全面性，以及坚持不懈、精益求精的精神；另一方面，需加强 BIM 技术人员与施工现场专业技术人员的合作，不断地尝试并优化各种排布方案，满足排布质量的各项要求。

2）遇到空间不足时，需结合 BIM 技术寻求多种解决方案和应对方法。首先，对管线密集的区域进行宏观分析，如果管线数量超出了空间承载力则需进行管线分流，利用 BIM 模型均衡各区域的管线数量，最大化利用整体空间。其次，对于因设计初期机电提资不到位导致的建筑结构布局与机电现场需求矛盾较大的地方，在施工前利用 BIM 模型进行多专业联动解决空间碰撞问题，对建筑结构布局提出修改意见并进行重新提资。再次，利用 BIM 模型对管线综合的重点及难点部位进行精细化“瘦身”，即在满足设计标准的前提下对管线尺寸进行最大优化。最后，对于局部排布有问题的地方，利用 BIM 模型进行局部特殊化处理，需要时单独制作族模型进行模拟。

3）加强总承包管理的管理力度，高质量的综合管线成果能更有效地服务和管控分包商的施工作业。大中型工程项目中，机电专业分包商和专业设备供应商数量众多，协调管理各参建单位的深化设计、施工和安装难度通常非常大。在有条件的情况下，各参建单位可在统一的 BIM 平台和模型基础上进行管线综合，确保排布质量满足设计、施工要求；同时，可以利用 BIM 模型制定切实可行的施工工序计划，高效管理和协调各专业分包商进行有序施工，避免纠纷。

4）应用 BIM 技术进行管线综合应同时解决管线预留孔洞的问题。例如，需要在核心筒剪力墙或钢梁上预留孔洞，以配合机电路由进行变更，从而避免经过空间密集区域，达到不改变机电系统的前提下满足建筑净空要求的目的。又如，

---

1 徐航，黄联盟，鲍冠男，等. 基于 BIM 的超高层复杂机电管线综合排布方法［J］. 施工技术，2017，46（23）：18-20.

利用BIM模型在施工前进行剪力墙预留洞口的确定和复核，避免了剪力墙及钢结构后开洞的问题，当核心筒剪力墙厚度较大且内衬有钢板时，预留洞口位置如有偏差或遗漏，后开洞难度大、费用高，会对结构安全造成影响。再如，地下室为人防区域时，规范禁止后开洞，对预留洞的准确性要求更高。

10.4.2 碰撞检测

碰撞检测是用于判定在给定的空间区域内，是否存在一组或多组实体在同一时间内占有相同区域的现象，其实质是多面体在几何空间的求交问题。碰撞检测的问题来自于现实生活中一个普遍存在的事实：两个不可穿透的对象不可能共享相同的区域，因此，碰撞检测的基本任务是确定两个或者多个物体之间是否发生交叉或重合。

传统的碰撞检测工作是设计人员通过人工方法，根据专业经验检测出二维图纸可能存在的冲突问题，这种方法易出错，保证不了正确性，而且当图纸不断更新时需要重新启动该项工作，工作量大、效率低、成本高。施工单位在施工前需要解决包括图纸会审在内的专业协调问题，机电、钢结构、幕墙、预装配等专业承包商深化设计后需要进行专业间的冲突检查工作。基于BIM技术的碰撞检测具有许多优势。BIM软件可以实现几何实体的自动冲突检查，以及基于语义和规则进行冲突分析，两者的结合可以用于识别实质性与结构性冲突，其原因：一是BIM模型中每个构件都分属于某个专业系统，因此可以实现特定专业系统间的碰撞检测，如可以检查出机电设备与建筑、结构间的冲突；二是BIM模型是详细定义的参数化模型，利用构件的不同类别属性将其用于执行间隙碰撞检测，如检测热水管和电缆之间的距离是否符合最小间距要求；三是根据碰撞检测分析报告，能够尽可能根据实际施工情况对模型进行协调。

在BIM模型中，碰撞检测是基于工程项目BIM模型发现图元（图元是构成一个模型的基本单位）之间的冲突，这些图元可能是模型中的一组选定图元，也可能是所有图元，通过BIM软件自带的碰撞检测功能，在设计阶段或施工阶段利用BIM模型进行全专业冲突检查，即对建筑、结构、机电专业之间，机电各专业之间，装修与其他专业之间进行碰撞检测，发现碰撞位置，提出碰撞构件的处理方案。

1. 实体碰撞的类型

在工程中，碰撞的类型主要划分为四种。

1）硬碰撞（Hard Clash）：两个对象实际相交，即两个或多个工程实体之间直接产生的位置交集。

2）硬碰撞（保守）：此选项执行与硬碰撞相同的碰撞检测，同时还应用了

“保守”相交策略，以防止错过没有三角形相交项目之间的碰撞，如两个完全平行且在末端彼此轻微重叠的管道。虽然硬碰撞（保守）可能会使结果出现误报，但却是一种更加彻底和安全的碰撞检测方法。

3）间隙碰撞（Clearance Clash）：当两个对象相互间的距离不超过给定距离时，将它们视为相交。即两实体物理上并没有发生碰撞，但是它们的间距小于一定值而无法满足设计规范、施工要求、检修要求等。如不同系统之间必须保留最小净空间，如一根热水管和电缆之间的距离；又如，一个设备可能需要被卸下检查或者维修，需要足够空间进人拆卸设备。

4）重复项检测（Duplicate Item Detection）：两个对象的类型和位置必须完全相同才能相交。即相同专业图元之间的重复检查，在涉及比较严谨的计算（如钢、水泥量计算）时需要用到，避免重复计算增加成本。此类碰撞检测既可用于整个模型的检测，又可用于检测场景中可能错误复制的任何项目的检测。

2. 碰撞检测的内容和流程

（1）确定碰撞检测的主导单位

在设计阶段后期由设计单位负责完成的碰撞检测，是为了进行协同设计和管线综合，以保证尽可能少的设计变更；施工单位在进行管线综合、深化设计等工作时也需用到碰撞检测功能，各专业分包商越早介入模型深化设计的开发过程越好；建设单位（业主）也可委托专门的BIM咨询公司完成此项工作。随着工作的开展，反复进行“管线综合—冲突检查—修改方案—更新模型”的BIM管线综合和碰撞检测过程，使得BIM模型与设计单位的设计图纸、施工单位的深化图纸同步，直到所有冲突都被检查出来。理论上可以做到在模型上调整到全部构件零冲突，但在实际工作中，区分需要出具施工图纸的碰撞和可以进行现场调整的碰撞很重要，因此要求负责这些专业系统的项目团队人员或承包商、分包商，参与或协助模型的细化工作。

（2）创建一定细度的完整模型

完成碰撞检测的前提是保证模型的细度适当，必须包含机电、给排水、暖通空调、建筑智能等系统设备及管道（件、线）等部件足够详细的细部信息，这样才能完成精确的冲突检测。如果由于模型中存在的小错误导致检测出的一些并不存在的冲突，在实际工作中很容易被识别并忽略掉，然而如果细度达不到要求，就可能导致施工前无法解决因碰撞产生的设计变更，而在施工过程中解决这些问题将耗费更多的费用和时间。但是，过于精细的建模工作需要花费大量人力资源，因此重点部位的选择很重要，如走廊、车库、机房等重点部位。

（3）完成碰撞检测操作和分析

在实际工程中，建筑工程涉及的建筑设计、结构设计、给排水设计、暖通空调设计、弱电设计等专业，对应 BIM 建筑模型、结构模型、机电（MEP）各专业模型。首先采用 Revit 软件或其他 BIM 软件构建 BIM 单专业模型；然后利用 Navisworks 软件，或与此类似的软件，将这些不同专业的模型整合在一起，得到项目 BIM 全专业模型或综合模型，这个过程被称为合模；最后利用 Navisworks 软件在 BIM 综合模型上进行碰撞检测，并出具碰撞检测分析报告。

3. 模型整合的操作方法

扫码阅读

4. 碰撞检测的操作方法[1]

扫码阅读

5. 碰撞检测结果处理

碰撞检测之后，会出现大量碰撞点，如图 10-4-21 所示，但并非全部是有效碰撞点，需对其进行区分、分组并优化。首先，程序会自动将相似的碰撞点按顺序排列在一起，加以识别区分和分组，如使用“Group Clashes”。它是一款针对 Navisworks 的碰撞分组插件，可以对碰撞进行细化分类，如对最近的网格交叉点、碰撞状态、签名、相近层级等类别进行分类识别，大幅度降低碰撞分类的时间损耗。之后，需将不同类别、不同专业的有效碰撞点形成碰撞检测报告反馈给相关负责人，针对碰撞点需要判断哪些属于需要通过设计变更解决的，哪些属于需要通过管线综合设计处理的，哪些属于只需现场调整的，在检测报告中标明分类。碰撞类型的判断往往需要设计单位和施工单位的人员共同参与完成。最后，通过修改意见的确认，相关专业可以通过交互式修改或通过图元编码查找来进行碰撞点修改，对 BIM 模型进行修正，实现模型的优化。

以下为碰撞点修改的软件操作方式。操作人员完成碰撞检测操作后，可以通过 Navisworks 无缝联动到 Revit 来对模型进行修改。完成切换后，进入 Revit 页面，根据唤起页面的三维视图确认问题所在，进入相应的平面视图，调整已选中的管道，如删除重叠部分管道，重绘新管道，注意调整高度错开原来的位置，如图 10-4-22

1　益埃毕教育组. Navisworks 2018 从入门到精髓［M］. 北京：中国电力出版社，2017：101-114.

所示。完成以后，在三维视图查看效果。

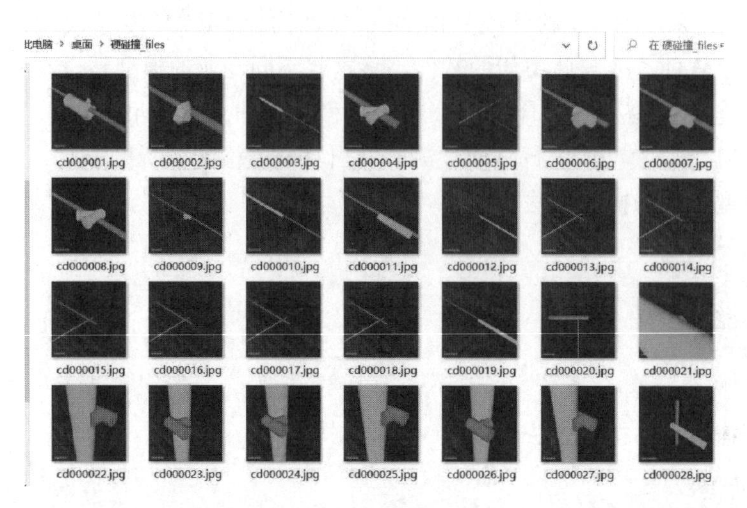

图 10-4-21　碰撞点展示

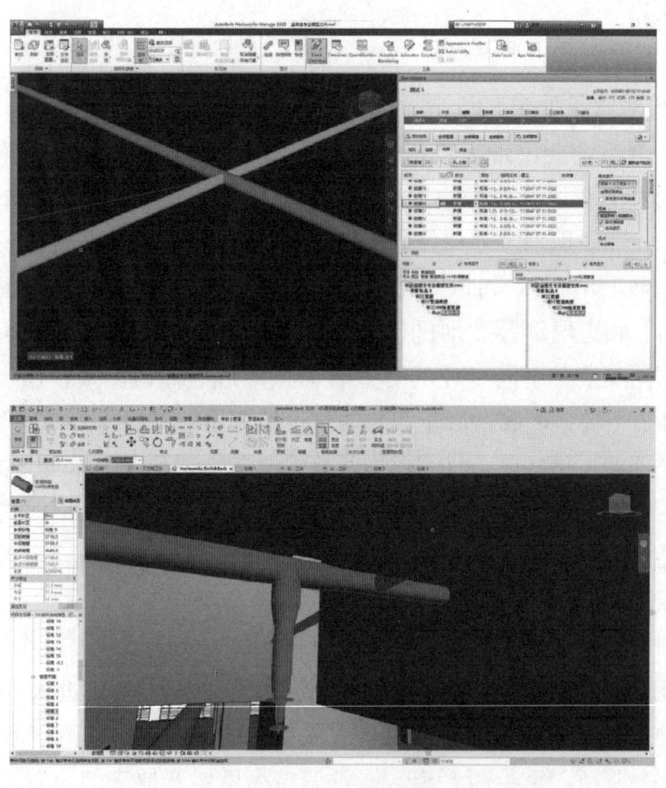

图 10-4-22　碰撞点调整

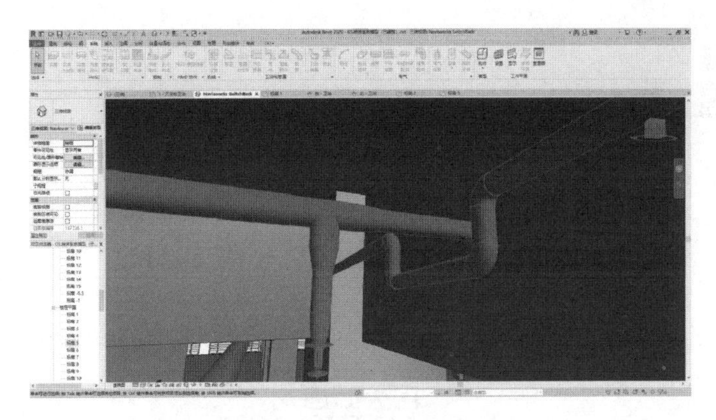

图 10-4-22　碰撞点调整（续）

值得注意的是，在碰撞检测时常犯的一个错误是试图发现所有的问题，这样就需要项目团队事无巨细地反复调整 BIM 模型，这种做法不仅对团队时间和精力造成浪费，同时也让解决过程变得异常琐碎。通常采用“从宏观到微观”的方式，首先解决大型系统的问题，如空调机组、大型管道设备，以及其他由于体量或支撑结构的限制不太可能随着设计推进调整位置的系统；然后再解决需要修改建筑和结构的碰撞；最后依次考虑可以通过调整位置或空隙间距来解决的碰撞。

附录 1　管线综合排布的原则与方法

扫码阅读

第11章

招投标阶段的BIM应用

扫码阅读

第12章

施工阶段的 BIM 应用

12.1 BIM 三维施工管理

12.1.1 施工前准备工作

施工前准备阶段工作是在工程项目正式开工前，为保证施工正常进行而创造必备的组织和资源条件，包括人力资源、材料、机械设备、技术和资金等。施工前准备是连接设计和施工的重要桥梁，是取得项目成功和工程项目管理效益的关键阶段。BIM 技术在施工方法可视化、施工方案可验证、施工组织可控制等方面具有独特的优势，应用其辅助和加强施工前准备阶段的工作，可以更好地保证工程项目的顺利开工和实施，减少工程变更，降低施工风险，提高管理效率。

工程施工前准备工作的每项内容，因工程项目自身的特点和条件而异。有的比较简单，如单项工程以及小型工程项目等；有的比较复杂，如包含多个单项工程的群体项目以及大中型项目等。目前，BIM 技术较多地应用于图纸会审、施工技术交底、施工组织设计审查、施工图预算审查、施工现场准备等施工前准备工作，对于一些超大规模、类型复杂、要求较高的项目，应用 BIM 技术进行施工前准备工作的效果十分显著。

1. 创建 BIM 施工模型

目前 BIM 技术在我国得到迅速推广，但是多数应用 BIM 技术的项目依然处在普及的早期阶段，建设单位、设计单位、施工单位正在努力使用多种方法推动这项新技术。当设计单位没有为项目建立 BIM 模型时，业主通常要求施工单位承担建模的工作；即使建筑设计中使用了 BIM 技术，施工单位仍需在模型中创建额外的组件和输入特定的施工信息，从而使 BIM 模型为施工所用。因此，许多施工单位从项目的一开始就着手创建自己的 BIM 施工模型，以支持施工协同、碰撞检测、成本控制、施工进度模拟、采购管理等工作[1]。施工单位从二维图纸创建BIM施工模型的工作流程如图12-1-1所示。

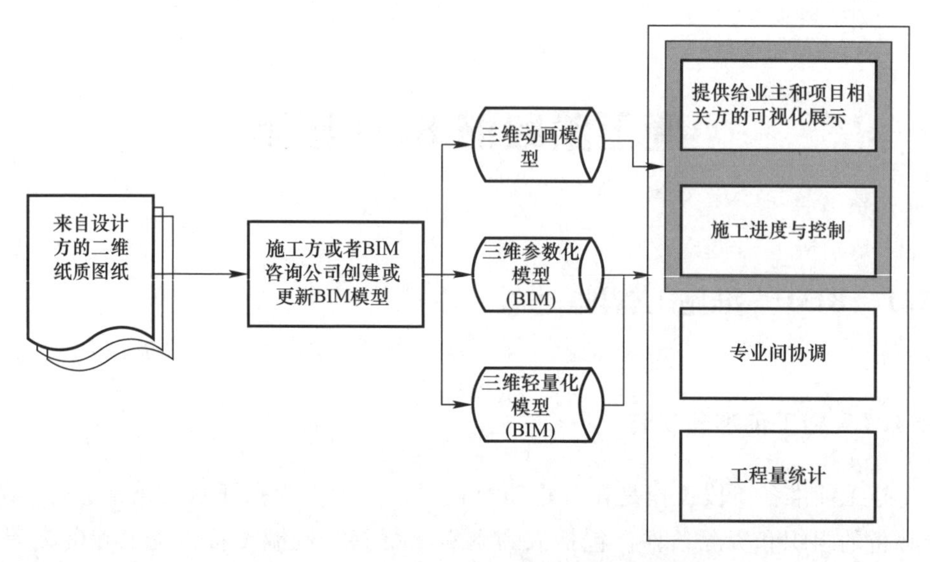

图12-1-1　创建BIM施工模型的工作流程

值得注意的是，如果施工单位建立的三维建筑模型仅仅是为了满足施工任务的可视化表现，如使用专业动画软件创建的三维动画模型用于提供给业主和项目相关方的可视化展示，并不包含任何参数化组件并且这些组件间没有任何关联，在这种情况下，三维动画模型的使用仅仅只能用来进行效果更好的漫游、施工方案模拟等可视化效果展示。但是对于施工单位而言，创建一个三维参数化模型更能满足施工项目管理的需要，其中包括使用BIM组件信息进行工程量统计和协作工作等。进一步将三维参数化模型导入专业分析模拟软件生成三维轻量化模型，虽然三维轻量化模型也不包含任何参数化组件，但可以完成模型整合、实时漫游和渲染、审阅批注、碰撞检测、施工模拟、BIM四维、BIM五维等更多维度的工程管理工作。当施工单位创建了一个完整的BIM模型时，他们就能够利用它拓展出多种用途[1]。

2. BIM可视化图纸会审

图纸会审是在项目开工前，工程项目的各参建单位包括建设单位、施工单位、设计单位、监理单位等，在收到设计单位的施工图设计文件后，对图纸进行

1　查克·伊斯曼，保罗·泰肖尔兹，拉菲尔·萨克斯，等. BIM手册［M］. 尚晋，等译. 北京：中国建筑工业出版社，2016.

全面细致的熟悉，审查施工图中是否存在问题及不合理情况并提交给设计单位进行处理的一项重要活动。

通过图纸会审可以使各参建单位，特别是施工单位，不仅可以熟悉图纸、领会设计意图、掌握工程特点及难点、提前找出项目施工过程中需要解决的技术重难点并拟定解决方案，还可在施工之前将因设计缺陷而产生的问题基本解决。图纸会审的深度和广度将在一定程度上影响工程项目的安全、质量、进度、成本等。采用BIM技术辅助图纸会审工作，大大提高了图纸会审工作的效果和效率，有助于项目各组织方对图纸的理解和审查，有效发现和及时更正设计错误，是提高图纸质量控制水平的一种重要而有效的方法。

（1）是否符合国家有关设计技术和施工技术规范要求

设计图纸是否符合国家建筑方针、政策，设计是否安全合理，设计抗震烈度是否符合当地要求，地基及其他建筑结构构造的处理方法是否合理，消防、环境卫生是否满足要求。在BIM审图“规范审查”中可以有效地审核出上述问题，详见本书BIM审图的相关内容。如果项目未经BIM审图，施工单位创建BIM施工模型，对及时发现设计图纸是否符合施工技术规范，并分析和解决上述问题也是有帮助的。

（2）发现图纸的错误

BIM施工模型来源于所有的二维图纸，由于二维图纸不一致产生的设计错误是可以被发现和消除的，施工单位构建BIM施工模型的过程是一个发现图纸的错、漏、碰、缺等问题的过程，包括设计图纸与说明是否完整、清晰；图纸说明、施工图、节点详图的几何尺寸、位置、轴线、标高等是否一致，有无错误和遗漏；建筑施工图、结构施工图与MEP施工图等专业图纸之间，以及图、表之间的规定和数据是否一致；每一版图纸的前后图纸是否一致、有无矛盾等。在图纸会审中，有关图纸设计的错误是重点审查的内容，施工单位在BIM建模过程中发现图纸问题后应提交审核。

【工程案例4】[1]

某房地产住宅小区项目BIM图纸会审，使用Revit软件构建各专业BIM模型，Navisworks软件整合全专业模型并开展碰撞检测、管线综合、净高检查等工作。在BIM建模及应用过程中，通过审核图纸，对设计成果进行分析、检查，复核及提出优化意见。发现设计中存在不合理、不合规，以及错、漏、碰、缺等问

1 资料来源：广东电白二建集团有限公司（赖建东，钟波），广筑亿信建筑科技（广州）有限公司（邓敏仪，钟沅霖）。

题后，汇总成问题报告。本项目通过 BIM 图纸会审共发现土建问题 151 个、机电问题 275 个，如在建模过程中发现结构图纸中的地下结构梁位置与建筑图纸中的室外台阶位置不一致，梁与台阶有碰撞，台阶方案需要设计单位在施工前进行确认，如图 6 所示。

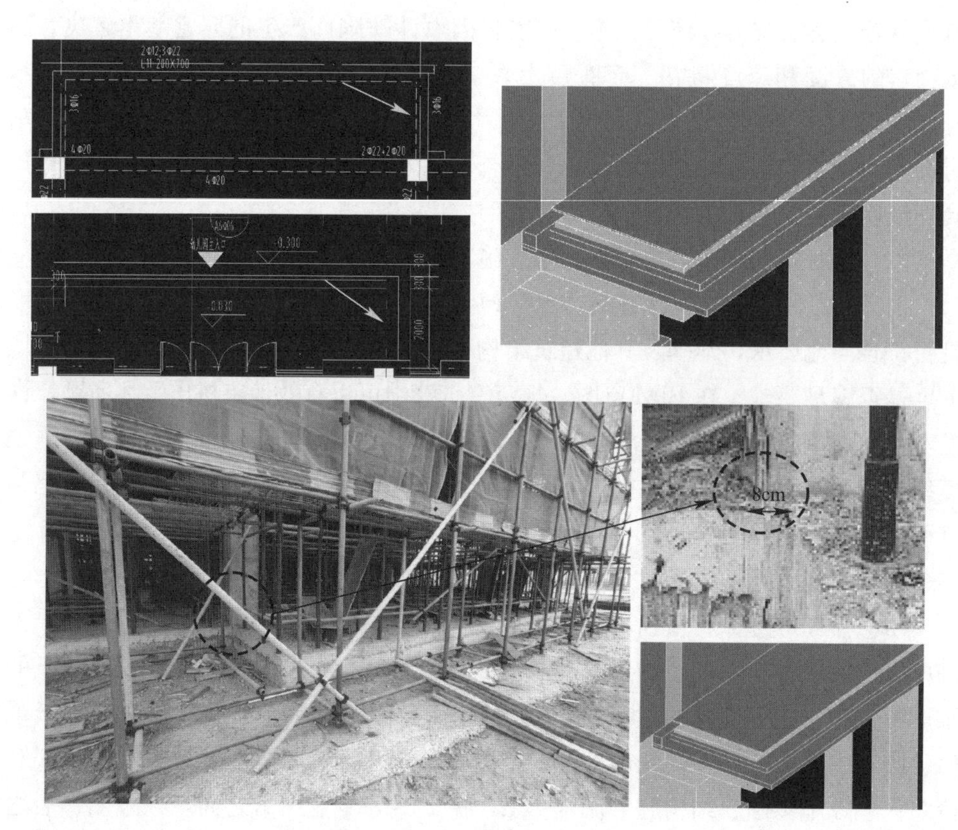

图 6　BIM 建模发现图纸问题

（3）设计是否符合施工要求

施工单位在创建 BIM 施工模型过程中，相对于二维图纸会审，更容易发现设计是否符合现场施工条件的要求；采用的“四新”技术是否能满足设计功能的要求；采取特殊的施工方案和技术措施时是否能够保证设计和施工安全；施工图中所列各种标准图册，施工单位是否具备；地质勘查资料是否齐全等。施工单位通过 BIM 图纸会审，将这些问题向建设单位和设计单位提出并商定解决方案。

另外，通过施工工艺模拟和有限元分析可以明确施工方案对设计和施工安全的影响，如一些方案涉及施工荷载问题，由此判断施工上是否需要采取加固措施和进行过程监测。当发现设计中无法满足施工要求的问题，特别是需要经过 BIM 全专业整合或虚拟施工分析提出的问题，如通过碰撞检测发现无法满足施工间隙要求的地方。根据室内净高要求，应用 BIM 技术开展室内净高分析，对净高不足区域尝试多种协调方法，提出解决方案，组织设计协调会议沟通、协调各专业优化室内净高，最终输出管综施工图纸、预留预埋图纸及施工交底文件。

3. BIM 可视化技术交底

BIM 可视化技术交底按照交底内容划分一般可分为设计技术交底和施工技术交底。

（1）设计技术交底

设计技术交底，是在建设单位主持下，由设计单位向各施工单位进行的交底，主要交代设计文件依据、工程地形地貌和水文地质条件、施工图设计依据、设计意图及施工时的注意事项等。BIM 可视化设计技术交底内容，详见本书设计技术交底的相关内容。

（2）施工技术交底

施工技术交底是施工单位项目经理部内部的技术交底，包括项目技术负责人向相关技术管理人员、专业技术人员向班组长、班组长向工人在项目上的三级技术交底。BIM 可视化施工技术交底是在某一单位工程或分部分项工程施工前，由相关专业技术人员向参与施工的人员进行技术交底，其目的是使施工人员对工程特点、技术要求、施工方案、质量安全措施等方面有一个较详细的了解，以便于科学地组织施工，按合理的工艺和工序进行作业，避免发生指导和操作错误，避免质量安全等事故发生。各项技术交底记录是工程技术档案资料中不可缺少的部分。

1）BIM 模型辅助施工技术交底。针对比较复杂的建筑构件或者难以用二维图纸表达的施工部位，建立 BIM 模型通过现场交底会议并将模型图片加入到技术交底书面资料中，便于分包商及施工班组理解。

【工程案例 5】[1]

某能源站项目主厂房基础工程汽轮机基础技术交底。由于汽轮机基础的独特性和复杂性，施工人员很难通过二维图纸理解其实际形状和构造，BIM 团队人员根据设计图纸构建汽轮机基础的 BIM 模型，如图 7 所示，制订有针对性的施工技术交底方案，便于施工人员理解模板制作的形状、计算异形构件混凝土的工程

1 资料来源：广东省电白二建集团有限公司（黄剑文，高明），广筑亿信建筑科技（广州）有限公司（骆静仪，李苑婷）。

量、确保上部汽轮机安装的精准度等。总承包商在工地现场项目经理部，向负责汽轮机基础施工的施工队和班组做可视化的BIM技术交底工作，如图8所示；施工队和班组对汽轮机基础的施工工艺和工序、施工重难点和注意事项有了较为深入的理解，如通过模型的拆分，辅助模板的选用、制作和拼装等，现场的汽轮机基础施工如图9所示。

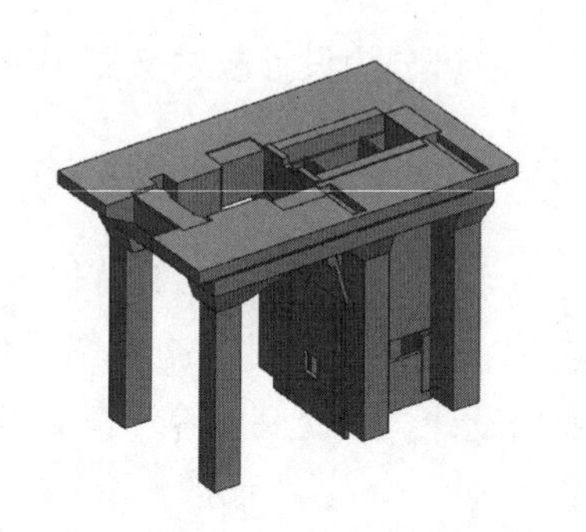

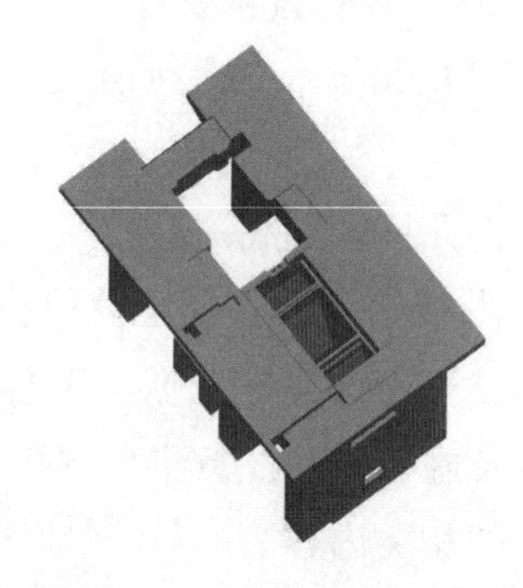

图7　汽轮机基础BIM模型

图8　汽轮机基础BIM施工技术交底

图9　现场施工

2）BIM施工方案模拟辅助技术交底。在施工技术交底协调会上，对于施工中占重要地位会对质量起关键作用的分部分项工程；施工技术复杂、采用“四新”技术，以及不熟悉的特殊结构工程；或由专业施工单位承建的特殊专业工程等，施工单位通过制作三维动画视频模拟建造过程、施工部署、施工方案和技术措施，对施工程序、施工起点和流向、施工顺序、施工方法及技术组织措施进行演示，便于浏览、评估、审查和优化施工部署、方案及其各项保证措施。进行BIM可视化技术交底，能够让单位工程负责人、施工队和班组无障碍地理解和熟悉技术交底的内容。

【工程案例 6】[1]

某装配式住宅项目装配式阳台吊装流程 BIM 技术交底。吊装方案如图 10～图 14 所示，依次为搭设好水平支撑并调节相应标高→采用专业吊具起吊，使构件处于正确状态→采用专业吊具起吊，使构件处于正确姿态→缓慢下落直至安装就位→阳台面筋绑扎；利用 BIM 施工方案模拟指导现场施工，如图 15 所示。

图 10　搭设水平支撑

图 11　预制阳台起吊

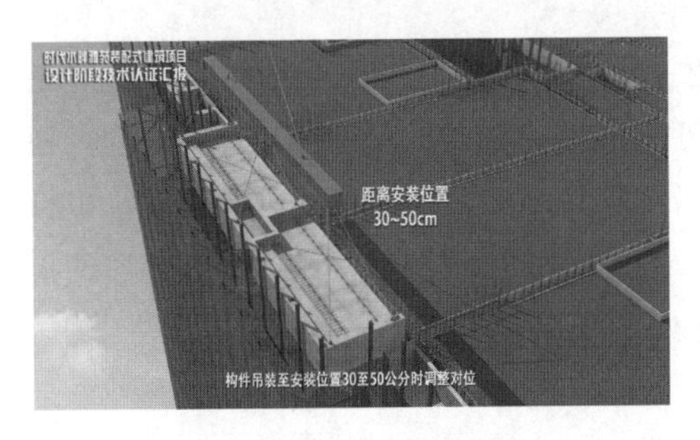

图 12　预制阳台调整对位

图 13　预制阳台安装就位

图 14　阳台面筋绑扎

图 15　预制阳台现场吊装

3）BIM 样板引路辅助施工技术交底。样板引路是施工现场的一种工序技术交底方式。为了更好地控制整个施工质量，在进行大面积相同工序施工前，先根

1　资料来源：广筑亿信建筑科技（广州）有限公司（吴建，骆静仪），福建省顺安建筑工程有限公司（陈祥谦）。

据事先编制的施工方案，在小范围内或者选择某一个特定部位进行该工序的操作，一方面能够及时发现问题，另一方面让操作人员熟悉工序，做出样板工程，然后请建设单位、监理单位共同验收，验收合格后方可进行大批量施工。将样板工序施工方案制作成动画模拟，施工人员可在手机等移动端反复查看，有条件的施工单位可在现场布置显示屏，反复播放或触摸式演示，实现对现场施工人员的可视化施工模拟交底，加深理解和掌握技术交底的内容，确保工程施工质量。

4. BIM施工组织设计审查[1]

施工组织设计是由施工单位编制的指导工程施工的纲领性技术文件，由发包人负责对项目经理报送的施工组织设计文件进行审查与核准，对于实施监理的工程项目，施工组织设计应在开工前报送监理工程师审查，批准后方可组织施工。对施工组织设计的审查，是发包人或监理单位在监理工作中预控的重要措施和方法。应用BIM技术进行施工组织设计审查中应该重点关注以下方面。

（1）BIM四维、BIM五维、BIM质量管理

在项目进行施工组织设计审查中，业主代表或监理工程师通过BIM四维对施工单位进行进度监控与优化，通过BIM五维进行项目的成本管理与资源管理，通过BIM质量管理对施工单位制定的质量目标、计划和实施方案等进行审查，审核其是否符合工程目标和施工合同的要求。应用BIM技术对三大目标管理内容的审核，其过程更加直观，容易发现不合理之处，便于提出优化方案。

（2）BIM安全管理和控制

在项目中，当施工单位应用BIM技术进行安全管理时，需建立施工安全设施配置模型，对危险源进行辨识并提出安全风险控制方案，对项目人员进行三维模拟交底。对于使用了BIM安全管理平台的项目，平台功能中一般包括安全控制目标、安全保障体系、安全技术措施、施工现场安全专项方案、安全巡检和整改工作流程管理等，不仅可以使施工组织设计中安全控制的方案更加完整和系统，而且现场安全管理实施过程中各项工作和保证措施能够得到全面和彻底的执行与落实。

（3）BIM关键工程部位施工模拟

针对工程项目施工的重点和难点，施工单位确定对工程质量有重要影响的关键和特殊工程，应用BIM技术制作关键部位或专项施工方案的施工动画，模拟建造过程。利用模型的空间性及可视化以确保方案的施工条件符合现场实际，施工

---

1 张静晓，李慧，王波．BIM项目管理规划及应用［M］．北京：中国建筑工业出版社，2019：220-240.

部署和施工方案先进合理、符合施工规范和验收规范要求，各项措施更具针对性、可操作性等。业主代表或监理工程师能够直观地审核其是否合理可行，施工单位能够将施工模拟继续用于方案优化、协同施工、技术交底、安全管理等方面。

（4）BIM 深化设计

根据设计深度，某些分部分项工程项目需要施工单位作进一步的深化设计，在施工深化设计审核时，要提出深化设计的完成时间。应用 BIM 技术将钢结构工程、幕墙工程、安装工程、装配式建筑等进行深化设计，是 BIM 技术的一大优势，深化设计后的模型和图纸能够满足建筑设计功能要求和技术要求，符合相关的设计规范和生产、安装施工规范等，详见本书 BIM 深化设计和数控生产的相关内容。BIM 深化设计便于审核人结合 BIM 模型对深化图纸进行审核，对不合理的地方提出优化建议，以便设计人员及时修改，图形合一，能直接指导工厂生产和现场安装施工。

5. BIM 施工图预算审查

施工图预算是由承包人编制的确定建筑安装工程造价的经济文件，是在图纸会审、技术交底、施工方案、深化设计的基础上，按照审定后的施工图确定工程量。根据施工组织设计所拟定的施工方法、建筑工程预算定额及其取费标准，计算并汇总工程量，填写预算单价，计算各项费用并进行工料分析和相关说明。它是承包人签订工程承包合同、拨付工程款及进行成本核算、工程结算等方面工作的重要依据。承包人编制施工图预算报审立案无误后，提交给发包人审查与核准。发包人接到承包人送审的施工图预算后，为避免出现追加合同价款等问题，应重点审查以下四方面内容，这些是利用 BIM 技术进行施工图预算审查工作的优势所在。

（1）工程量计算是否有较大误差

在采用 BIM 技术进行施工图预算审核的项目中，对于分部分项工程量是基于 BIM 模型中构件的实物工程量进行审核的，因为 BIM 模型是参数化构件，构件的几何物理属性与其实物工程量是一一对应的，分部分项工程量是否发生变化实质上是构件及其属性是否发生改变。因此，可以比对招投标 BIM 工程量模型和施工图预算 BIM 工程量模型中构件的修改情况，包括增加、减少和改动的，模型中可以用不同颜色标识出以上修改情况。

（2）取费标准与调价指标确定是否合理

尽管 BIM 模型可以准确地完成统计工程量，但是并不能代替预算，如需审核取费标准与调价指标确定是否合理。但是从另一个角度来说，造价审核工作利用

BIM 工具可以使得烦琐的工程量统计工作变得简单，快速实现构件可视化、识别和评估各类修改情况，使得造价审核重点转移到分析施工单位报价上来。一个详细的招投标 BIM 工程量模型可以显著降低投标造价，因为它降低了构件用量统计的不准确性，同时也提高了审核施工图预算 BIM 工程量模型的准确性，降低了出现追加不合理合同价款的风险。

（3）施工图预算是否存在漏算

关于预算是否漏算的问题，单从阶段上来看，投标报价预算和施工图预算是否漏算存在两种情况：第一种情况是投标报价时工程量统计不准确，利用招投标 BIM 工程量模型可以有效避免这种情况；第二种情况是施工图预算是在图纸会审和施工技术交底的基础上，按照审定后的施工图确定的工程量、施工组织设计所制定的施工方法后进行的预算，更符合施工的实际情况，审核工作的重点在于 BIM 施工图预算模型中增加的工程量是否属于合同允许范围，如是则归入漏算。

（4）施工图预算额是否突破概算额

对于审核结果，如果施工图预算突破了概算额中建安费用，应根据上述三个方面逐个展开分析，从而确定解决方案。应用 BIM 工程量模型，将在实物工程量识别和评估中大大提高工作效率。

12.1.2　场地布置和标准化临时设施

1. 三维场地布置的作用

施工场地布置主要解决建筑群施工所需各项设施和永久建筑（拟建的和已有的）相互间的合理布局。按照施工部署、施工方案和施工总进度计划，将各项生产、生活设施，包括房屋建筑、临时加工预制场、材料仓库、堆场、水电源、动力管线和运输道路等，在现场平面上进行周密规划和布置。前期施工场地的规划会影响建筑施工的全过程，科学合理地布置施工场地对施工进度、安全等方面都有着显著影响。目前，场地布置随着建筑物复杂程度的提升也越来越复杂，那些规模大、工艺复杂、建设周期长、协作单位多的建筑工程，其施工现场的临时房屋、各种材料堆放区、加工生产区、大型设备施工区等布局交错复杂，如现场经常出现设备与操作区域之间发生碰撞等情况，给施工带来极大挑战，甚至造成安全隐患。因此，合理的施工场地布置对施工顺利进行至关重要。场地布置的内容见本节后附录 2。

目前，场地布置策划和绘制仍以 CAD 平面方式为主，项目技术负责人往往是结合施工经验进行大致布置，因此较难及时发现场地布置中存在的问题。如对场地布置方案进行合理优化缺乏可靠依据；针对不同施工阶段，现场的施工道路、材料堆放、机械设备需求量等很难随实际工程变化及时做出调整。随着BIM技术的推广应用，三维场布策划成为可能，相较于二维场地布置策划，三维视角下的场地布置策划更加形象逼真，构筑物形体尺寸、功能区划分、动态组织等在三维模型中均能直观体现；场地布置策划方案的交流、调整也更易于充分表达。BIM技术的应用在很大程度上提高了场地布置策划的科学性、动态性和直观性。

(1) 场地布置的可视化

BIM技术改变了传统的制作场地平面图的方式，实现了场地布置的可视化。将BIM技术与地理信息系统（GIS）相结合，以及与具有人机交互功能的智能设备整合，可以增强可视化的深度和范围，使施工现场布置和运行更加安全高效，在空间验证、现场信息获取、安全保障和增强现实等方面具有很大的应用潜力。

【工程案例7】[1]

在华工国际校区装配式建筑施工中，装配式建筑地块的施工场地策划与布置需充分考虑运输道路与导流，以及构件的堆场与塔式起重机的选型与布置。同时，考虑构件吊装的策划、堆货量、全穿插施工导致的大量材料堆放、错车等问题。借助BIM模型从基础阶段开始策划，并在实际过程中借助倾斜摄影技术的实景还原，为施工场地各组成因素及安全文明施工的布置提供有效依据，如图16～图18所示。

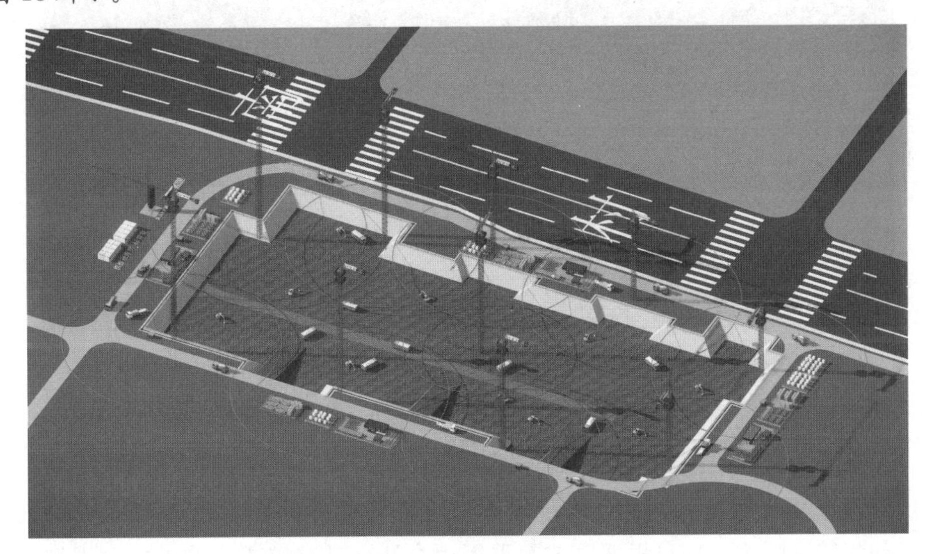

图16　G5教师公寓地下室阶段场地布置

1　资料来源：华南理工大学建筑设计研究院有限公司（梁昊飞，郑巧雁，林颖群）、中国第五工程局有限公司（徐为，李长青），华南理工大学广州国际校区EPC项目BIM应用。（第4篇案例1）

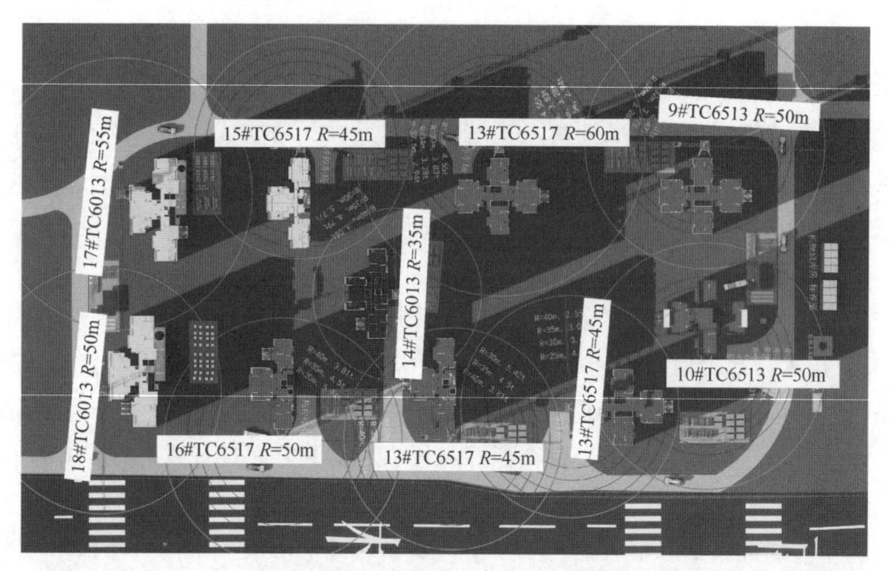

图 17　G5 教师公寓主体阶段场地布置

图 18　G5 教师公寓安全文明施工与样板区

（2）发现问题与方案优化

三维场地布置模拟，以动态的方式进行合理布局，并通过实时比对现场提前发现问题、解决问题。例如，出现碰撞、重复转运等问题，遴选出最优布置方案，如华工国际校区项目根据塔式起重机运力计算进行塔式起重机立面规划，如图 12-1-2 所示，能够解决传统场地布置方法下的经验缺陷、信息滞后和不完备问题。提前建立起不同施工阶段不同的场地模型，进行各施工器具的进场、离场和移动模拟，避免传统方式下可能产生的多次布置、重新搬运和拆除所造成的经济损失和工期延误。

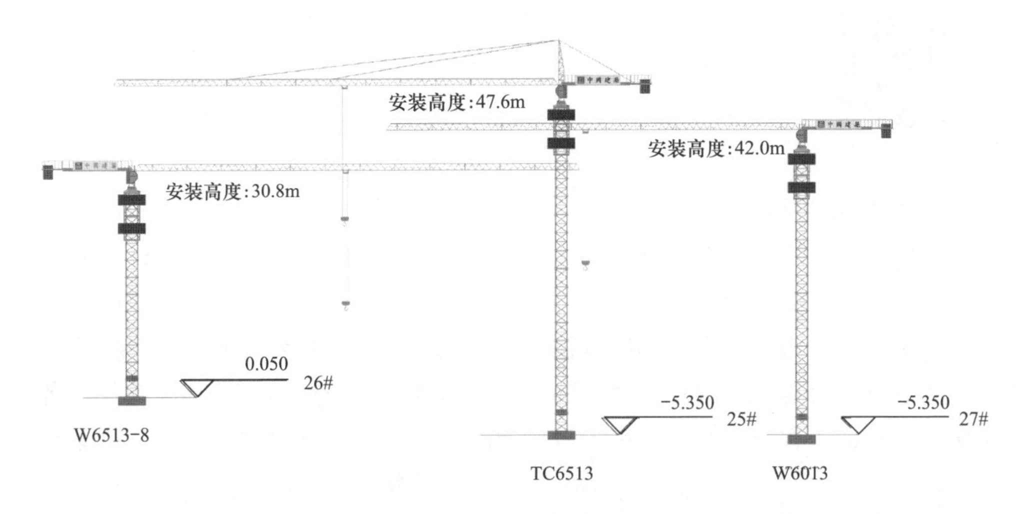

图 12-1-2　F1 校园活动中心地块塔式起重机立面规划

（3）虚拟交底和应急规划

虚拟交底使施工人员对施工现场的准备及施工各区域有切身了解。运用 BIM 技术对生产性施工设施、生活设施，以及施工必备的安全、防火和环境保护设施等进行规划布置，在进场前得到更佳的布置方案。在三维场布上规划应急方案并事先依次进行应急预演，如华工国际校区项目对施工现场和生活区消防疏散进行模拟分析与优化，如图 12-1-3 所示，为后续施工奠定基础，提高施工效率及质量，从而做到绿色施工、安全高效[6]。

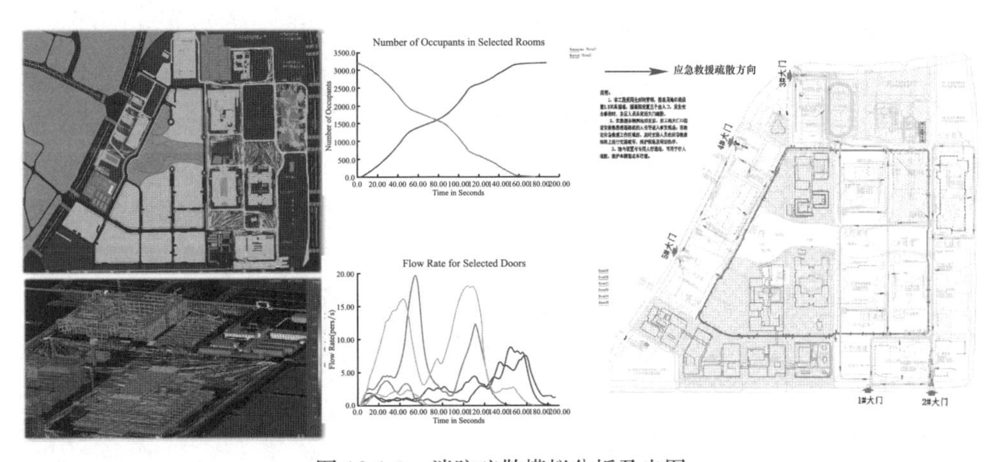

图 12-1-3　消防疏散模拟分析及出图

2. 三维场布模型的创建操作

扫码阅读

3. 标准化的临时建筑设施

临时建筑（简称临建）工程一个显著特点是其功能分区、设备设施和部品部件配置等在很大程度上具有相似性和通用性，这为三维场布策划的标准化提供了基础。基于三维场布策划的方法和原则，利用参数化族文件实现快速、可视化、标准化布置；同时，利用BIM的数据统计、分析功能快速导出各类临建工程的工程量和物料清单，为临建的模块化、标准化建造提供基础数据支撑。

（1）标准化的临时建筑设施的准备工作

1）参数化族文件。根据临建工程的功能分区，将主要设备设施进行分类归纳，在此基础上进一步明确其应包含的功能区及相关部品部件、设备设施。部品部件应尽量选用标准化、定型化、可周转的材料。

2）族库平台。族库平台是参数化族文件的存储调用工具，在方便调用构件族的同时，也能上传共享新的构件族。运用Revit软件进行三维场地布置策划时，可选用第三方族库插件，也可自行开发平台插件。例如，某企业标准化的临时建筑设施族库[1]如图12-1-19所示。

（2）标准化的临时建筑设施的场地布置策划

1）布置原则。设备设施应尽量选择标准化、定型化的建材，且其数量、间距等应满足规范标准的规定。以“合理紧凑、经济实用、方便管理”为布置原则，各功能区应遵循定型化、模块化、组拼式、可周转的原则，场地布置还应结合企业相关标准进行一些个性化布置。

2）场地策划。依据场地布置策划原则进行三维场地布置的深化设计，根据深化模型精准定位。根据临时用地的地貌、边线及用工高峰等信息进行临建功能区的初步定位和划分；利用BIM可视化开展方案的实时比选和论证，快速找到最优规划方式，在此基础上进一步明确各功能区和临时建筑、走道、排水沟等设施的标高体系和具体定位。

1　资料来源：广东省电白二建集团有限公司（黄剑文，吴罗文），广筑亿信建筑科技（广州）有限公司（骆静仪）。

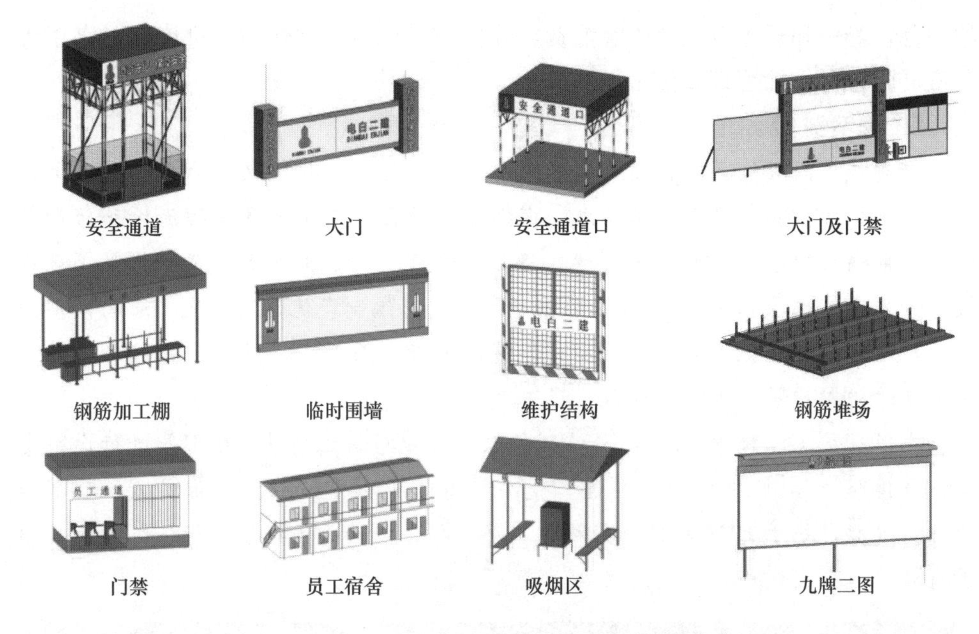

图 12-1-19　某企业标准化的临时建筑设施族库

（3）标准化的临时建筑设施的模型放置步骤

1）管网和道路布置。利用 BIM 软件对管道走线进行碰撞检测和深度优化，力争在施工前发现并解决问题，避免出现在施工中发现管网不正确的情况导致返工、增加成本。

2）临建布置。在临建布置原则指导下进行宿舍、食堂、洗涤区等设备设施的可视化布置，布置完成后在三维模型中进行漫游巡视，体验临建投用之后的生活办公场景，局部场地作进一步优化、细化，以提高土地利用率。

3）部品部件配置。在设备设施布置完成后，对宿舍、厨房、餐厅、厕所、医务室等设备设施所包含的具体部品部件进行细化配置，为部品部件规格、数量等数据的导出做好模型准备。

4）完善绿化收口。

12.1.3　复杂工艺模拟及施工深化

针对工程项目施工的重点和难点，应用 BIM 技术进行虚拟仿真，构建虚拟施工技术体系。在建筑工程项目施工前，利用 BIM 软件对施工的全过程或专项施工方案、关键工艺等制作几何模型及施工过程模型，利用动画软件模拟建造过程，用于解决施工难题、制订施工方案、验证方案的可行性、对方案进行优化和审核、后期管理等。在模型制作和施工方案模拟中，发现实际施工过程中可能遇到的问题，避免和减少返工及资源浪费，降低施工成本，加快施工进度，提高工程质量、施工可控性管理和施工安全[1]。

【工程案例 8】[2]

针对华工国际校区工程项目施工的重点和难点，应用 BIM 技术制作关键部位或专项施工方案的模型及施工动画，模拟建造过程，用于方案审核优化和后期管理。二期项目中包含超大倾角斜柱、超大空间清水混凝土弧形穹顶、悬臂式螺旋楼梯等复杂结构，利用 BIM 技术对施工方案进行编制、优化及交底。通过模型的空间性及可视化对施工的安全性和可操作性进行全面考虑，提高了关键工序和复杂节点的施工质量，加快了项目生产进度。

在斜柱施工过程中，通过 BIM 模架软件可以对斜柱、外悬挑架等进行模架支撑体系排布，如图 19 所示，并进行受力计算，出具平、立、剖面图纸。编制专项施工方案，基于 BIM 软件进行施工工序模拟，以动画为载体进行三级交底，便于有效沟通并优化施工方案。

图 19　E3 图书馆 29°外倾角斜柱 BIM 方案

基于 BIM 技术的螺旋楼梯施工方案编制过程中，由于 BIM 模型的空间性成功地解决了支模过程中标高控制难度大的问题，解决了楼梯底模接缝处错台、模板安装不平整等问题，如图 20 所示。在编制弧形墙体的方案过程中，利用 BIM

1　丁烈云，龚剑，陈建国. BIM 应用·施工［M］. 上海：同济大学出版社，2018：164.

2　资料来源：华南理工大学建筑设计研究院有限公司（梁昊飞，郑巧雁，陈思超）、中国建筑第五工程局有限公司（徐为，李长青），华南理工大学广州国际校区 EPC 项目 BIM 应用。（第 4 篇案例 1）

技术编制施工方案，并快速对不同型号和类型的钢管材料进行自动统计。

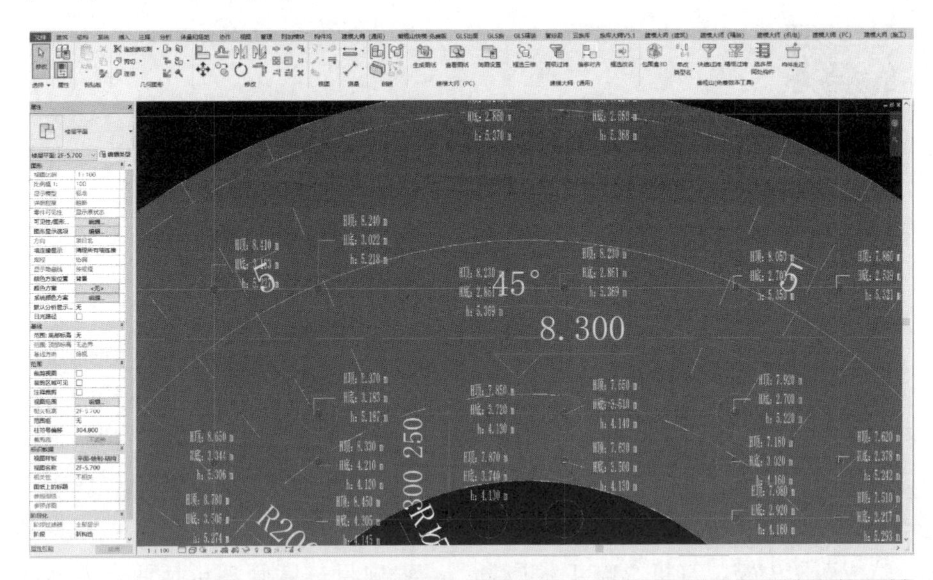

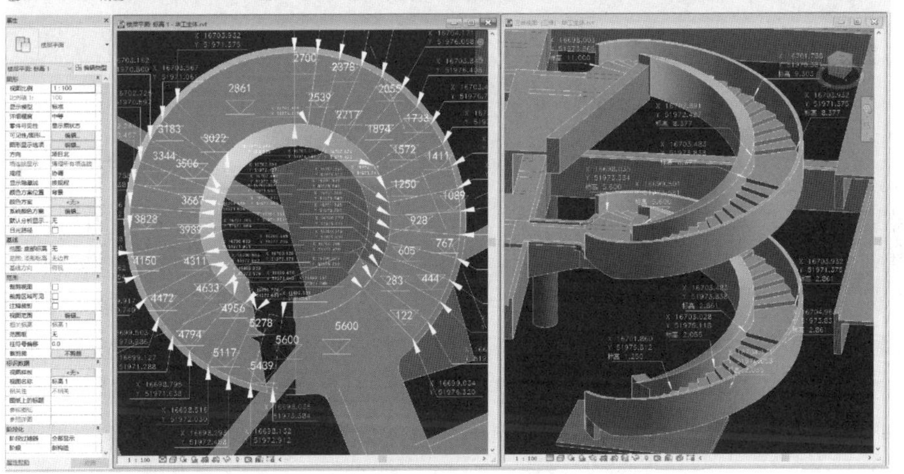

图 20　E5 文化活动中心螺旋楼梯方案提资

视频 1　利用 Revit 软件族样板文件创建围挡的操作演示视频

扫码阅读

附录 2　场地布置的内容

扫码阅读

12.2　BIM 四维进度管理

工程项目进度管理是工程项目管理的重要内容之一，其实质是合理安排资源供应，有条理地开展工程项目的各项活动，保证工程项目按照建设单位的工期要求和施工单位投标时在进度方面的承诺完成。工程项目进度管理的目的是保证进度计划的顺利实施，并纠正进度实施过程中与进度计划的偏差，即保证各项工程活动按进度计划及时开工、按时完工，保证总工期不推迟。盲目赶工或工期延误都会造成费用失控，直接影响工程质量。工程项目进度管理包括两个方面的内容：进度计划的编制和进度计划的实施控制。

12.2.1　BIM 四维进度管理概述

1. BIM 四维的价值

早在 1996 年，美国斯坦福大学 CIFE（Center for Integrated Facility Engineering）研究中心开始使用四维模型，引起国际上的关注后，又提出四维 CAD 系统。四维 CAD 系统是将 CAD 绘图平台建置的三维建筑物组件模型与项目的各项时程相连接，并在 CAD 绘图平台中利用动态仿真展现建筑物兴建过程，虽然此系统在推出时仅为研究阶段，却开启了四维研究热潮。建筑产业逐渐了解四维模型为项目所带来的实质效益，开始尝试将四维建筑管理技术引入到工程实践中协助执行相关工作，并将四维模型用于项目不同生命周期阶段，使管理者通过四维可视化动态仿真来掌握管理所需要的信息，协助项目顺利完成，称为四维建筑管理。

工程项目实施过程中进度会受到各种因素影响，如不利自然条件、客观障碍和不可抗力、业主和设计原因造成的工期延误、工程变更或工程量增加引起的施工组织变动、施工进度计划编制不合理、现场管理和施工人员的素质、参与方沟通和协调不畅、施工环境影响等，使得进度计划不断发生变化和调整。使用传统方法进行工期计划和控制管理遇到了挑战，网络计划频繁调整的工作量大，表达抽象不利于现场管理，逻辑严密且工程经验要求高而准确率低。应用 BIM 技术，将工程项目进度与BIM三维模型进行关联，创建进度信息模型BIM四维，通过模拟和分析完成进度计划和进度控制，能够确保进度管理的规范化、精细化并创造效益。

（1）BIM四维进度管理信息的载体

BIM四维进度信息模型包含三维几何、工程进度、施工资源三个方面的数据信息。其中，三维几何信息即为BIM三维模型，是建筑工程构件中几何和物理信息的核心载体；进度信息中包含所有建筑构件的施工开始时间、完成时间及前置任务等；资源信息包含与施工进度相关的所有建筑构件的劳动力、材料、机械设备的需求量等。BIM四维所包含的数据信息能够支持数据分析和工作流程，数据一致无冗余；当模型中某个构件对象发生变化，与之关联的其他对象的信息会随之更新，保证了信息的完备性、关联性和动态性。四维模型能够作为工程施工进度管理的一个信息载体及数据库。

（2）BIM四维进度信息模型具有多种用途

BIM四维进度信息模型与横道图、网络图等二维进度计划工具的不同之处在于：该工具不只具备工期管理这单一功能，通过三维仿真技术还能够呈现带时间维度的技术方案，使得方案、时间、资源能够互为验证、便于调整，提高可行性，如能够实现模型进度模拟和工序动画演示，由于模型构件在Navisworks等BIM分析软件环境中是可视的，通过将进度数据与模型构件连接，可将它们按施工顺序制成动画，进行施工进度模拟视频演示。另外，这些模拟还能通过工序冲突检测发现错误的工序衔接，并用可视化方式标明问题，如混凝土的养护期未达到时间要求，设备就已安装在架空支座上。BIM四维是工程项目经理的宝贵工具，它架起了建筑构件和进度计划之间的桥梁[1]。

（3）BIM四维与新技术结合，完成多项施工管理[2]

对于较大场地的工期总控，可使用无人机倾斜摄影技术，定期开展施工现场固定路线的无人机飞行，通过倾斜摄影专业处理软件逆向建模，获得项目实景模型，用于规划场地布置、设计施工路线、记录项目形象进度，对施工进度计划进行对比和纠偏。例如，对于华南理工大学广州国际校区项目，单地块施工高峰期开展每周一次的无人机飞行，建立每周进度实景模型，进行实测分析，为管理人员分析安全、质量和进度提供依据，科学有效地规划施工场地、材料堆场、施工车辆进出路线。在项目周例会上，将本周与上周实景模型进度对比分析，实现施

1　布拉德·哈丁，戴夫·麦库尔. BIM与施工管理［M］. 王静，尚晋，刘辰，译. 北京：中国建筑工业出版社，2018：15.

2　资料来源：华南理工大学建筑设计研究院有限公司（梁昊飞，郑巧雁，陈思超）、中国建筑第五工程局有限公司（徐为，李长青），华南理工大学广州校区EPC项目BIM应用。（第4篇案例1）

工进度及安全文明施工的所见即所得。将实景模型导入四维模拟，如图 12-2-1 所示，分析当月实际模型与当月进度模型的差异，对滞后区域进行计划纠偏，进行项目进度总控。梳理场地布置情况与下个节点的关系，按需调整材料堆场、钢结构加工、吊装场地，合理地铺排施工计划。

图 12-2-1 计划（BIM）与实际（无人机）进度模型套叠纠偏

2. BIM 四维的工作流程

BIM 四维进度信息模型是建立在项目范围确定的基础上，通过确定合理的工作顺序，对项目范围所包含的工作及其之间的逻辑关系进行分析，在满足项目工期要求和资源约束的情况下，对各项工作所需要的时间进行估计，制定工程项目进度计划；并在项目的总工期要求下合理安排和控制所有工作的时间，使资源和成本消耗达到均衡状态的一系列管理活动。基于 BIM 四维技术的进度计划、检查、分析、调整的过程如图 12-2-2 所示。

（1）项目范围规划

项目范围规划就是应用 WBS 将项目的可交付成果进一步分解为更小的且易于管理的工作单元，使其在进度、资源和费用等方面便于管理，成本和资源也是进度计划管理必备的基础数据，BIM 三维模型能够更好地辅助项目 WBS 分解。应用 LAC 法（Line Responsibility Chart，LAC）将工作单元分配给相应的责任人，从而使得项目责任团队的目标、权利和责任更加明确。

（2）计划编制和优化

BIM 四维通过设立工程项目进度目标和计划，以便对工程项目进度进行追踪和控制，BIM 四维模型创建时需考虑 WBS 分解信息、进度信息、成本信息、施工资源信息和所涉及的构件及其之间的关联关系。以 BIM 四维施工进度计划为主

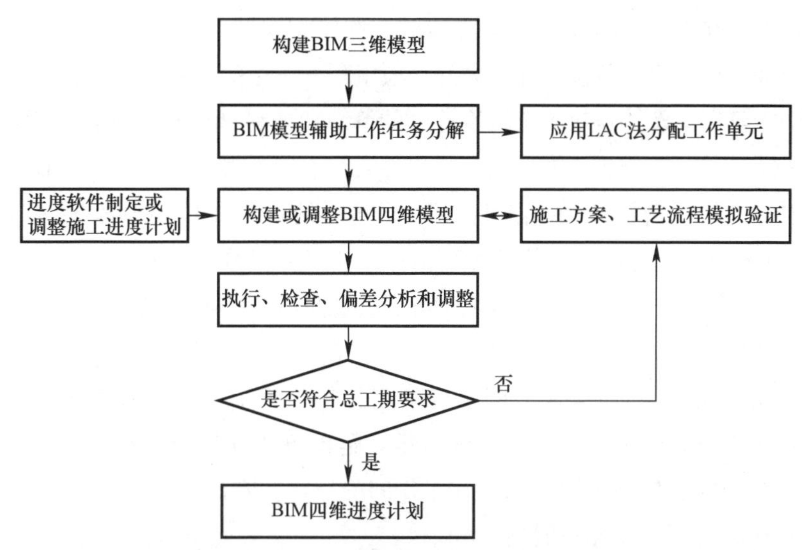

图 12-2-2　BIM 四维进度计划和控制流程

导，相关职能部门制定各自业务计划，从而形成资金计划、成本计划、资源计划、采购计划等包括项目管理大部分内容的综合进度计划，并且在这些计划中进行统筹安排和优化管理。

（3）计划检查、偏差分析和调整

首先，进行周期性的进度检查，对工程量、资金、资源等完成情况进行汇总；其次，将实际进度与计划进度进行比较，发现偏差，对进度目标执行情况进行分析；最后，及时采取措施纠偏或进行目标计划的更新。BIM 四维能够生成计划进度的标准报表、实际进度的标准报表、反映计划安排与实际进度对比的标准报表，并且可以将计划施工进度与实际进度情况的模拟和对比分析进行直观动画显示，同时进行协同工作。

12. 2. 2　BIM 四维进度计划模型

1. 创建工程项目进度计划数据

工程项目进度计划和数据是在应用 WBS 技术分解项目工作结构的基础上，使用 Project 等进度管理软件工具或手工进行绘制，进度管理软件通常集成了甘特图、网络计划等功能。依据上述方法建立了 WBS 分解表后，基于 BIM 三维施工模型的进度计划编制过程如下。

（1）建立任务列表

BIM 三维模型是工程构件的三维展示和工程信息的可视化表达，WBS 分解在 BIM 三维模型的基础上，通过细分施工过程中的具体工作任务、施工资源的安排，从而完成工作在构件上的分解。通过 BIM 三维模型辅助 WBS 工作分解，可将工程项目划分为单项工程、单位工程、分部分项工程、工序等多层节点，使工程项目任务变得清晰且有条理，这对施工进度计划的编制和控制起到关键作用。WBS 分解下的工作任务与 BIM 三维施工模型的工程构件之间表现为多对多关系，即 BIM 三维施工模型中的一个工程构件对象可对应 WBS 分解下的若干项工作任务，表示施工过程中一个工程构件的建造需要完成多项工作任务；同时，WBS 分解下的一项工作任务可关联若干个工程构件对象，表示一项工作任务包含多个工程构件的分段作业施工。

（2）建立逻辑关系

根据实际项目 WBS 工作分解结构确定每一项施工任务，如考虑划分各项工作的流水施工段，则在进度管理软件中建立起相应任务列表。根据每一项施工任务实际实施中的前后施工顺序来建立工作间的逻辑关系。

（3）估算各项工作作业时间

对施工任务进行作业时间估算。首先，将利用 BIM 软件直接提供的分类统计实体工程量明细，导出后，利用 Excel 进行整理合并，根据 WBS 任务与 BIM 三维构件的对应关系，统计出每一项施工任务的实体工程量。其次，利用企业施工定额初步计算得到每项施工任务的工作持续时间，对于非实体工作的工作持续时间主要依据管理人员的经验估计得到。最后，充分考虑影响工期的内外因素作出合理估算。

（4）资源计划

施工资源是工程施工过程中形成生产力所需的各类要素总和，包括劳动力、材料、机械设备等。根据每项施工任务的工程量和施工定额，计算出人工需求量、材料需求量及机械需求量，再依据施工任务的进度信息按照时间顺序分别汇总各时间段内的人、材、机需求量。

2. 进度计划软件的操作方法

扫码阅读

3. BIM 四维进度模型的操作方法

扫码阅读

12.2.3 BIM四维进度实施控制模型

在进度计划执行过程中，由于组织、管理、经济和技术等因素的影响，往往容易造成实际进度与计划进度存在偏差，如果不能及时纠正偏差，就会直接影响工程项目进度目标的实现。传统的进度控制过程包括以下几个方面：一是计划执行中的跟踪检查；二是评价项目的进度情况；三是分析产生偏差的主要原因；四是制定调整措施，并进行评审决策。基于BIM四维的施工进度控制是在传统进度控制理论和方法的基础上，结合PDCA（Plan、Do、Check、Act）循环理论，凭借BIM四维特有的可视化展示、参数化表达、动态化分析、信息协同共享等优势，通过BIM四维协同管理或使用BIM四维施工进度管理平台，更好地实现施工进度控制中的跟踪检查、偏差分析、动态调整等功能，对工程施工进度实施全方位精细化管控。

1. 实际进度信息采集

BIM四维实际进度模型创建的关键在于构建一套合理的施工现场数据自动采集的技术方法，然后对实际进度数据进行转换，形成BIM四维实际进度实时模型。传统的人工信息采集方式是依靠人工在现场通过手工测量和报表记录的方式采集进度数据，其效率和准确性显然是不够的。更为先进的方式是通过无人机、摄像头或带有拍照、摄像功能的移动设备，对现场实际施工进度情况进行记录。然后通过移动端，将实际施工进度数据实时上传至BIM四维模型或施工进度管理平台，通过相关操作或功能能够实现与对应工程部位进度模型的关联。针对特殊、复杂或重要的工程部位，在实际施工进度数据上传时可附上文字、语音等说明。

2. 实际进度与计划进度对比

在进行实际进度与计划进度的比较时，传统常用的方法包括横道图比较法、网络图比较法、时标网络前锋线法、S曲线和香蕉曲线比较法等。应用BIM四维技术的项目，是在实际进度模型与计划进度模型的模拟中发现进度偏差，并对其展开分析。施工进度检查以初始的BIM四维计划进度模型作为基准模型，并用于指导现场施工；在实际施工后，可以将采集到的实际施工进度数据输入进度计划，在模拟中分别设置为“计划”与“实际”，就可以在播放模拟中看到计划与实际进度的差距。假如施工计划落后，演示时未完成的地方会高亮显示，如利用软件中提供的着色方法，实际进度滞后的模型在建造模拟中呈红色，实际进度提前完成的部分在建造模拟中呈绿色，如图12-2-25所示。

3. 进度偏差分析

1）从进度角度分析

基于BIM四维进度管理平台可以实现横道图对比、进度曲线对比、模型对比

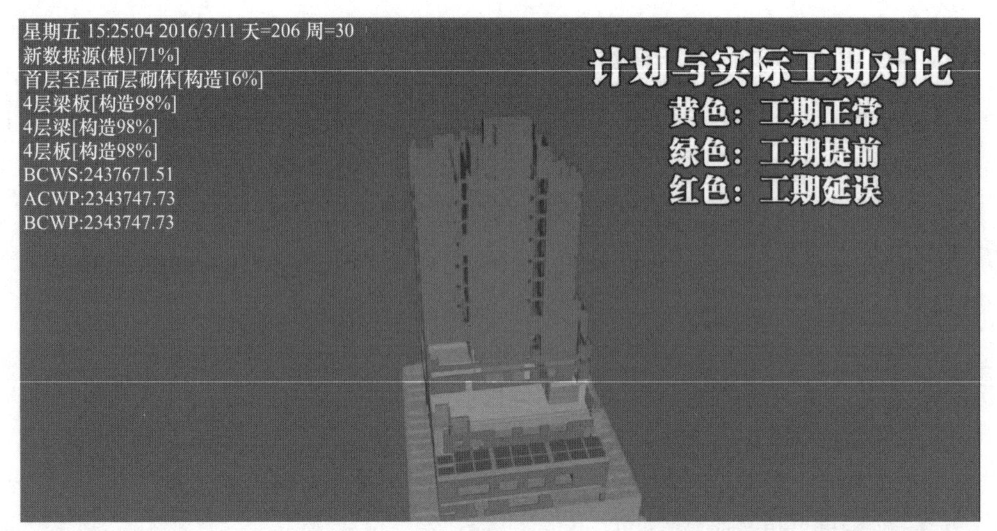

图 12-2-25　实际进度与计划进度对比

这三种功能，实现实际进度与计划进度的对比分析。进度偏差对后续工作和总工期的影响取决于发生偏差的大小及其所处的位置，判定规则为：首先判断出现偏差的工作是否为关键工作；其次判断非关键工作的偏差与总时差和自由时差的关系，并在平台相关功能中设置好用于判定的程序，自动分析出现进度偏差的工作是否影响后续工作和总工期，据此判断出原计划是否需要作出调整。

2）从资源角度分析

实际施工过程中，可以利用资源的消耗来分析进度产生偏差的情况，将计划进度与实际进度中各任务对应的资源消耗量进行对比，对实际进度与计划进度资源消耗量的差异点进行分析。应用净值法，即进度偏差用已完工程计划费用减去拟完工程计划费用来表示，当进度偏差为正值时表示进度提前，进度偏差为负值时表示进度滞后。在 BIM 四维进度管理平台中，可以从施工任务资源分析报表、资源分布统计直方图、资源需求供应曲线中进行进度偏差的对比分析。

4. 进度偏差调整

对进度偏差进行充分分析后，如原计划总工期发生了改变，则需要调整和优化进度计划。进度的调整优化主要是针对未完工的项目，通常采用的工期调整方法有三种，即纯工期优化、工期—成本优化、工期—资源优化。根据调整工期的策略，改变某些工作的逻辑关系、缩短某些工作的持续时间等，基于 BIM 四维的进度计划优化的方法如下。

1）结合分析结果对后续进度计划做出调整，将重新编制优化后的进度信息与模型进行关联，对优化后的 BIM 四维模型进行施工模拟并分析是否合理。

2）根据新的施工方案计划重新对未完成的工作做出资源上的安排，并将最新的BIM四维模型作为下一次进度控制、偏差分析的基准计划，以此循序渐进。

3）利用BIM四维可视化的特性向现场管理人员、现场劳务班组准确传达施工的进度要求和工艺要求，保证优化进度在实际施工过程中顺利开展。

4）所有过程BIM四维模型均在施工进度管理平台中存储记录，以便后续开展进度查询、进度报告，以及分析后续进度偏差并做出调整，从而不断优化和把控施工进度。

综上所述，BIM技术能够对施工进度进行事前控制、闭环反馈控制，远远优于传统的过程管控形式。

视频2　利用Microsoft Project软件编制进度计划的操作演示视频

扫码阅读

视频3　利用Navisworks软件建立BIM四维模型的操作演示视频（选择树法）

扫码阅读

视频4　利用Navisworks软件建立BIM四维模型的操作演示视频（搜索集法）

扫码阅读

12.3　BIM五维费用管理

在工程项目策划和决策阶段、设计阶段和施工阶段产生很多类型的工程估价，包括项目决策阶段的投资估算；设计阶段早期的设计概算、设计完成后的施工图预算；招投标阶段的招标控制价、投标报价、合同价；施工阶段用于施工成本控制的施工图预算、竣工验收后的工程结算、工程决算等。工程项目各参与方的费用管理、造价管理、成本控制（以下如无特殊说明，统称为费用管理）是工程项目管理的重要内容之一，贯穿项目建设的全过程，主要由费用计划和费用控制两个部分组成，费用管理的目的是保证工程项目费用计划的顺利实施，跟踪检查并纠正费用实施过程中的偏差，保证费用管理目标的实现，其实质是通过综合运用组织、技术、经济和管理等手段，在工程项目的各阶段，合理地确定并有效地控制工程造价，以求合理使用人力、物力和财力，提高投资的经济效益和社会效益。

对于投资者或建设单位而言，需要规划和控制的是工程建设期各阶段的全部投资，即工程造价、增值税、资金筹措费和流动资金，其中工程造价包括工程费用、工程建设其他费用、预备费。对于施工单位而言，需要规划和控制的是施工阶段为实现和完成工程项目所需花费的全部工程费用，其中工程费用是指建设期内直接用于工程建造、设备购置及其安装的费用，即建筑工程费、安装工程费和设备购置费，是施工阶段建设单位和施工单位需要共同控制的工程成本。

很显然，在决策、设计和施工各阶段的过程中而不是结束时的动态成本费用控制才是理想的方式。如果我们在设计完成后发现项目概算超估算、施工过程中预算超概算，产生的后果可能为：项目被取消或因资金问题烂尾；或是被迫运用价值工程削减开支，导致功能或质量降低。当施工完成后发现结算超预算、决算超概算，意味着项目可能达不到预期效益。项目实施过程中的动态成本控制有益于及早发现问题，以便于决策者提前考虑备选方案，做出更有依据的决策，最终达到保证施工质量并满足成本要求的目的。BIM 五维技术极大地促进了这种期间成本估算的发展[1]。

12.3.1 BIM 五维的价值

传统的工程费用管理模式已经不能满足时代发展的需要，随着新信息技术的不断发展，BIM 五维技术作为 BIM 技术在费用管理的具体深化应用，不仅延续了施工模拟分析、信息协调，还在 BIM 模型中引入了进度和费用两个维度，在建设项目的各阶段进行管理，提升建设单位和施工单位的成本和费用的管理能力。

（1）建设投资控制

建设单位（业主）、代建单位等代表投资方利益的项目参与方对建设投资进行规划和控制，在项目建设前期以投资规划为主，在中后期以投资控制为主，其中工程造价控制的成败与否，很大程度上取决于造价规划的科学性和目标控制的有效性。运用 BIM 技术进行工程造价的控制在动态控制、主动控制、全过程控制、多种措施组合控制等方面具备较大优势。例如，全过程造价控制要求策划和

1　查克·伊斯曼，保罗·泰肖尔兹，拉菲尔·萨克斯，等. BIM手册［M］. 尚晋，等译. 北京：中国建筑工业出版社，2016.

设计阶段依据策划和设计 BIM 模型开始进行投资控制，并依据招投标 BIM 模型、项目报建 BIM 模型、项目施工图 BIM 模型、项目竣工 BIM 模型进行各阶段的估价和控制，投资控制贯穿建设项目实施的全过程，直至项目结束。投资控制的重点放在施工以前基于设计 BIM 模型的多方案技术经济比选、限额设计、价值工程分析上。又如，BIM 五维技术提供及时、快速、准确的因工程变更所带来的量价变化数据，为采取控制工程变更的措施提供数据支撑，有效控制工程变更价款，减少因设计变更和工程变更导致的价款变化，更有效地控制工程费用。

（2）施工成本控制

通过构建 BIM 五维平台可以实现对施工成本进行核算、动态监控、偏差分析、预测和响应等一系列的控制，BIM 五维在成本管理中的应用点主要有以下几方面。

1）确定成本控制的目标值。根据拟建工程项目的实际情况，结合施工企业积累的历史工程成本数据，通过一定的分析计算方法来确定计划成本，并以此作为项目成本控制的目标值。同时，明确施工各阶段的成本目标，为管理者提供成本管理的依据，便于资金的分配和协调。

2）快速精确进行成本核算。在施工准备阶段，将 BIM 三维模型与进度计划、合同预算文件关联，得到项目的计划费用。BIM 五维平台根据施工进度、流水段、楼层等不同需要提取工程量和预算信息，为成本管理、资源管理、采购管理、合同管理等提供量价信息。它可为施工项目经理提供及时、快速、准确的人、材、机等资源数据，为资源规划的制定提供数据支撑，有效防止施工中的资源浪费现象，减少施工现场仓库压力和材料运输压力，更有效地控制施工成本。

3）利用 BIM 五维平台进行过程成本分析。在施工过程中，在 BIM 五维平台中录入工程实际进度和实际工作量、工程变更信息及实际人、材、机消耗量和实际价格等项目信息，并实时更新实际三维模型，快速统计项目实际工作量和实际综合单价信息。项目在施工过程中往往对人、材、机的实时消耗难以掌握，在进行每个月或每个季度经营分析前，需要对过程中成本消耗进行收集，耗时长且不易汇总，给项目成本控制带来一定麻烦和困扰。BIM 五维可以解决该问题，使得过程中的项目成本风险提前预知。

4）针对偏差原因，采取积极的应对措施进行纠正，以确保控制目标的实现。通过三维模型关联进度和费用信息后，将实际模型与预算模型相对比，分析项目的实际工作量和实际发生的费用是否与计划相符，若存在偏差，组织成本管理人员讨论成本产生偏差的原因，并预测对总成本控制的影响程度。平台可以自动生成资金和资源曲线，根据需要来选取各阶段的资金和资源曲线，进而进行费用和进度分析与纠偏，实时调整资金计划。

5）利用BIM五维进行阶段成果分析。在项目阶段性施工或整个项目施工完毕后，应对工程成本进行盈亏分析，完善项目的成本管理。在运用BIM五维平台进行成本分析时，平台具有多维测算的功能，通过BIM五维平台提供成本对比功能，可以在时间、空间、分部分项工程三个不同维度进行操作，不仅发现总成本，而且发现分部分项工程的超支问题。工程完工后对实际的施工成本进行整理，形成企业施工项目的成本数据库，作为施工企业未来项目提供成本控制的参考数据。由此可知，工程项目施工成本控制是一个循环往复、闭合的动态过程[1]。

（3）资源管理和采购管理

1）资源管理。

利用BIM五维平台实现施工资源的动态管理，可分为基于BIM五维的资源使用计划管理、资源用量动态查询与分析两大功能。施工资源使用计划管理系统可以自动计算任意WBS节点的日、周、月各项施工资源计划用量及预算成本，以合理安排施工人员的调配、工程材料的采购、大型机械的进场等工作。该功能的特点之一是可以根据施工过程中其他信息的改变，如进度计划调整、WBS任务划分调整、设计变更等，动态调整BIM五维模型，从而同步资源使用计划。施工资源动态查询与分析系统可以根据BIM五维模型，动态计算和统计任意WBS节点在任意时间段内对于计划进度应当完成工作量的计划费用（计划进度的计划用量）、在确定的时间段内承包人实际完成工作量的实际费用即实际消耗指标（实际进度的实际用量），以及按照承包人实际完成工作量及按批准认可的预算标准计算的费用（实际进度的预算用量），即业主方根据这个值按承包人完成的工作量应该支付的费用。当某项施工资源出现实际消耗量大于实际进度预算用量时，则说明该资源存在超预算使用现象，应当引起重视。系统会自动分析各项施工资源是否存在超过预算用量的现象，如果存在，则发出预警信号，以便施工管理者及时查找原因并做出改进[2]。

2）采购管理。

基于BIM技术对建筑相关构件建模与精准算量，自动生成工程物资采购清单，在此基础上通过BIM技术计算所需成本，精准控制材料的成本与用量。将采购物资进行同步建档，以BIM五维模型中的数据信息和结合工作分解结构WBS进行材料采购总计划的制定，并根据所确定的施工进度计划实时编制阶段性采购

1　张松．BIM5D在建筑项目施工管理中的应用研究［J］．中国勘察设计研究，2021（9）：93-95.

2　张建平，范喆，王阳利，等．基于4D-BIM的施工资源动态管理与成本实时监控［J］．施工技术，2011，40（4）：37-40.

计划。配合实际工程的施工进度，采购适量的工程材料，尽量减少材料的库存费用与材料管理费用；同时，降低材料的损耗，保证材料的质量。通过 BIM 五维技术的信息共享功能，在选择材料供应商后，对于供应商来说，也可以结合 BIM 五维模型展现的有关信息与施工方的采购计划清单进行全方位的分析对比，判断当时所处时间段的需求方向与需求量，提高采购效率[1]。

12.3.2 BIM 工程计量与计价关联方法

1. BIM 工程量统计

（1）初步设计阶段的 BIM 计量

在初步设计阶段，量化信息只有那些与体积、面积有关的数据，这些参数主要依赖于建筑的类型，如建筑物的地理位置、总用地面积和总建筑面积，总平面布局、功能分区、总体布置，地上和地下功能空间的楼层功能类型、高度、数量和面积，结构类型、主要构件截面尺寸，主要材料质量等级等。在 BIM 设计体系中，初步设计 BIM 模型可以提取工程量的信息并用于设计概算，这些数据对于参数化成本估算的计算方法是足够的，即基于主要的建筑参数进行计算。

（2）施工图设计阶段的 BIM 计量

进入施工图设计阶段，根据各部分的施工详图和设备、管线安装图构建的 BIM 模型，可以从中直接快速地提取更多详细的空间和材料数量信息。所有的 BIM 工具都具备这种功能，即提取构件的数量、空间的面积和体积、材料的数量，并根据不同的进度将这些数据形成报告。这些数量信息对于生成施工图预算是足够的。

（3）施工阶段的 BIM 计量

使用 BIM 模型进行实体工程量的统计是十分准确和便捷的，特别是当模型中的构件发生变更后，模型中与之关联的构件会同步调整，与之对应的工程量自动做出统计。以华工国际校区二期项目中的模板、木方及内外架等周转型材料为例[2]。基于施工阶段的划分对 BIM 模型进行阶段化拆分，调整或删除二次现浇结构，以及对“楼梯”“柱帽”“局部异形”等“BIM 模架设计软件”无法有效识别的构件进行归集并删除，如图 12-3-1 所示，分别对可识别部分和无法识别部分进行软件的参数化计算与手动计量。将各分区、分阶段的材料用量进行汇总，并规划周转动向和模板材料的总量目标。

1　陈婧，贺成龙，张柱，等. 基于 BIM 的工程材料采购管理 [J]. 价值工程，2022，41（20）：50-52.

2　资料来源：华南理工大学建筑设计研究院有限公司（梁昊飞，郑巧雁，陈思超）、中国建筑第五工程局有限公司（徐为，李长青），华南理工大学广州国际校区 EPC 项目 BIM 应用。（第 4 篇案例 1）

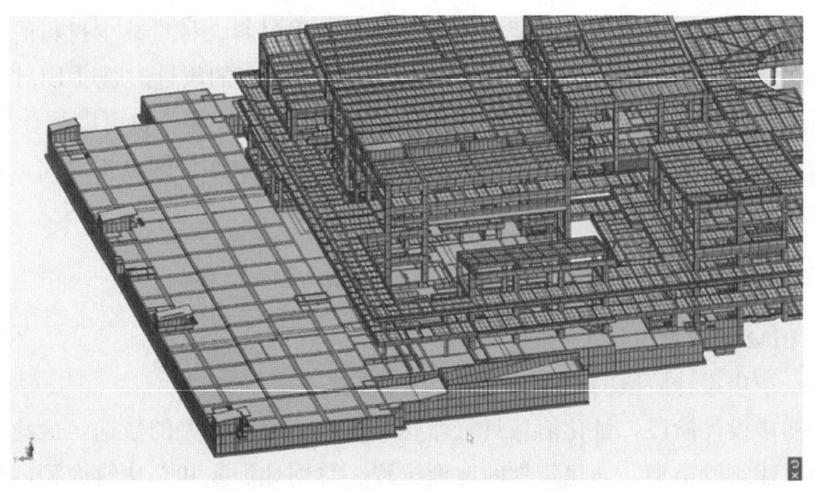

图 12-3-1　基于 BIM 模型的模板算量

对于施工单位而言，BIM 模型用于实际施工的更为精确的成本估算可能存在一些问题，即构件的定义是否得当，能否提取用于成本估算的数量信息等。例如，BIM 模型中提供了混凝土地基的尺寸，但是没有包括植入其中的锚固钢筋数量；或者只提供了内部分隔墙的面积，但是没有包括其中的螺栓数量。虽然这些问题都是可以解决的，但是需要特殊的 BIM 工具和相应的预算系统。

由此可见，一个详细的建筑 BIM 模型可以降低因多重且烦琐的工程量统计而导致的造价风险，即 BIM 模型可以完成准确的工程量统计，但是它并不能完全取代造价工程师的成本估算工作。成本估算需要考虑影响成本的人、材、机等各种项目条件，如对于构造柱，在施工做法上比结构柱复杂，即使两者使用的材料相同，人工成本也会相对较高。造价工程师应该注意到利用 BIM 工具可以快速实现工程量统计、可视化查验、帮助识别和评估各类条件，从而将更多时间和精力投入到全过程造价控制、多方案技术经济比选、优化分包商和供应商的报价等工作中。

2. BIM 工程量与计价的关联方法

利用 BIM 模型来完成工程量统计以支持计价流程，造价工程师可以有多种选择，没有任何一种 BIM 软件可以解决所有工程类型的计价问题，重要的是找到一种合适的计价工作方法。目前主要选择有如下三种：一是将建筑构件的工程量统计导入计价软件，二是将 BIM 模型与计价软件直接关联起来，三是使用 BIM 工程量统计工具[1]。

1　查克・伊斯曼，保罗・泰肖尔兹，拉菲尔・萨克斯，等. BIM 手册［M］. 尚晋，等译. 北京：中国建筑工业出版社，2016：205.

(1) 将工程量统计导入计价软件

大部分 BIM 软件都具有提取和统计构件数量的功能，这些统计数据可以输出到电子表格或外部数据库，以 Revit 建模软件为例，其中的明细表功能用于统计构件数量。调查表明，Excel 表格是最常用的工程估价统计工具，对于很多造价工程师来说，能够从 BIM 模型中提取工程量数据并将数据导入通用的 Excel 表格就足够了，然后将统计工程量导入计价软件。但是需要注意的是，选择 Revit 软件建模后使用明细表功能直接输出的工程量，与《房屋建筑与装饰工程工程量计算规范》(GB 50854—2013) 清单工程量的要求存在一定的差异，主要是因为 BIM 建模标准偏重于设计而非造价，需要在造价分类、构件名称、构件属性、计算规则和扣减关系等方面按照清单工程量的要求重新进行考虑，开发相关插件。

(2) 直接将 BIM 模型与计价软件相关联

通过插件或第三方软件将 BIM 模型直接与计价软件相关联，这种方法适合于既熟悉 BIM 软件又熟悉专业计价软件的造价工程师。造价工程师通过这些工具能够将模型中的构件直接与计价软件中的项目相关联，计价软件中的计算规则通常包括现场施工所需必要资源的人工、材料、设备等的消耗量和相关时间与成本的支出，如钢筋混凝土工程的工作内容包括支模板和拆模板、绑扎钢筋、浇筑钢筋混凝土等，以及完成每个分部工程所需的人、材、机等的价格。造价工程师能够通过计算规则按照构件属性统计工程量，并输入非建筑信息模型提取的数据。在 BIM 四维模型中，构件是与工作任务相关联的，工作任务是与包括成本在内的资源相关联的，因此 BIM 模型也可以被链接用于进行成本估算，形成 BIM 五维模型。软件中加入可视化显示功能，BIM 模型中对上次预算后已经修改的实体进行高亮颜色标识，对没有包含在预算中的实体进行不同颜色的高亮标识，有助于检查实体增加或减少后的工程量统计。

(3) 使用工程量统计软件

第三种方法是把不同 BIM 模型中的数据导入专门的工程量统计软件，这样造价工程师无须掌握 BIM 软件的所有功能，使用一款专门定制的统计软件即可。这些工具通常直接关联模型中的具体构件和组合件，对模型中的“条件”进行注解和生成可视化的统计清单。同时，这类软件也提供不同程度的自动提取或手动统计功能，造价工程师需要采用自动和手动相结合的方式来完成工程量统计和条件检查，当建筑模型发生改变时，必须将新的实体关联进工程量统计软件，这样才能在建筑模型内生成准确的成本估算，准确程度取决于已完成的建筑模型的精度和详细程度。

12.3.3 BIM五维的操作方法

扫码阅读

视频5 利用Navisworks软件建立BIM五维模型的操作演示视频

扫码阅读

12.4 BIM安全管理与质量管理

12.4.1 BIM安全管理

建设工程项目全生命周期安全管理的目的是保护建设项目的生产者、使用者和其他人员的安全，控制影响人员安全的条件和因素，避免和减少安全事故的危害。特别是工程项目施工阶段的安全生产和管理，该阶段多数是露天高空作业，施工现场情况多变、人员流动性大，加之多个工种交叉作业多、环境动态复杂，使得现场施工活动危险性大、不安全因素多、监控难度大，种种原因使得建筑行业成为事故多发行业，因此，安全管理工作十分重要，关系到每个劳动者的安危和国家财产安全，关系到建筑施工企业劳动生产率的提高和企业的生存发展[1]。

施工阶段安全生产管理的工作主要包括：根据工程项目的安全生产管理目标，建立生产组织与责任体系，制定安全管理制度；配置满足安全生产和文明施工的资源；编制安全生产操作规程、技术方案和措施、应急预案等；落实施工过程中的安全生产措施，组织安全检查，整改安全隐患；确定各类专项安全工作的负责人，如消防、临时用电、机械设备等；组织事故应急救援抢险等[1]。

在传统的建设工程安全管理过程中不可避免地存在一定局限性和难度，如工程项目全生命周期安全管理的持续改进、安全风险管理体系的完善和建设、施工单位

1 王学通. 工程项目管理［M］. 北京：中国建筑工业出版社，2021.

安全运行效果的不断提高等方面，基于BIM技术的施工安全管理具备很多优势。

1. 施工现场安全生产管理

（1）安全生产组织与责任体系

制定项目安全生产管理目标，建立安全生产组织与责任体系，明确安全生产管理职责，实施责任考核。建筑施工企业和施工现场项目经理部均应设置专门的安全生产管理部门和专职的安全生产管理人员，负责企业或从事项目的安全生产管理工作。目前许多工地应用了“BIM智慧工地”管理平台，平台的“实名制管理”功能中设置有安全组织和责任体系，对接身份证人脸识别系统，进行实名制管理；平台的“人员轨迹监控和分析”功能，对管理和作业人员进行待岗时长和轨迹监督，综合提高管理人员的管理能力和加强作业人员的监管力度。

【工程案例9】[1]

华工国际校区项目，通过实名制系统和人员定位系统的联动开发，以及现场的网关基站与头戴式定位标签，实现了作业面人员位置轨迹监控和分析。通过佩戴定位标签安全帽，能够实时掌握人员位置信息，对作业面人员进行数据统计，回溯轨迹，进行安全轨迹记录分析。并对管理人员和部分劳务班组长等重要管理人员进行待岗位置和时长监督，综合提高大场地、多地块管理人员的管理能力，如图21所示。

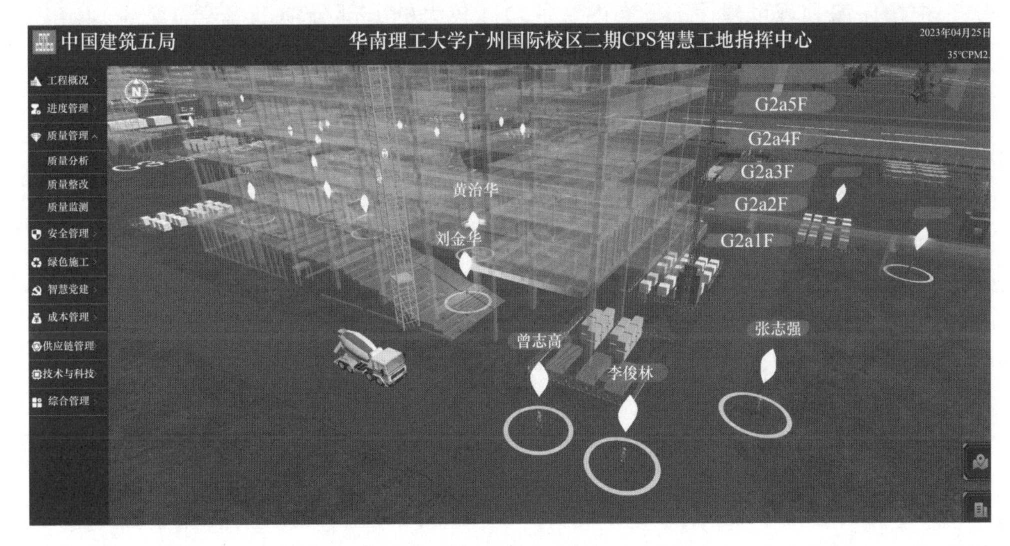

图21　数字孪生人员定位

1　资料来源：中国建筑第五工程局有限公司（徐为，李长青），华南理工大学广州国际校区EPC项目BIM应用。（第4篇案例1）

（2）安全生产教育培训

对全体施工管理技术人员、班组、工人进行安全责任、安全意识、安全生产的教育，使他们不断增强安全意识，遵守规章制度，了解安全隐患，正确采取安全措施，保证操作质量，杜绝违章作业，时时处处确保不伤害自己、不伤害别人、不被别人伤害。基于BIM技术的可视性，给传统的安全教育带来全新体验，安全教育的效果显著提高，其中包括安全操作规程、安全防范措施、应急方法和措施等，均可以应用BIM技术进行虚拟仿真分析和可视化演示，并用于安全生产教育和培训。

（3）安全方案与安全技术交底

编制安全技术方案、措施、应急预案等。根据作业内容、作业环境、危险源辨识等情况编制安全生产方案，指出不安全作业环境、危险部位、危险操作行为，预测危险程度；掌握事故隐患出现的时间、地点、过程和演变规律；制定科学的防护技术措施和管理手段，认真进行安全技术交底。根据实际工程的规模、类别、难易程度，应用BIM技术可对工程包括施工工艺、流程在内的施工方法进行模拟，验证施工方案的合理性和施工技术的安全可靠性，提前发现施工中的安全隐患，优化施工方案及现场管理措施，辅助管理者进行安全管理决策，降低安全事故发生率。

1）危大工程的施工方案。

根据住房和城乡建设部发布的《危险性较大的分部分项工程安全管理规定》，危险性较大及超过一定规模危险性较大的分部分项工程，简称危大工程，如基坑工程、模板工程及支撑体系、起重机吊装及起重机安装拆卸工程、脚手架工程、拆除工程、暗挖工程，以及建筑幕墙安装、钢结构安装等其他工程，容易发生安全事故导致人员伤亡，造成重大经济损失或不良社会影响，施工单位在危大工程施工前应组织工程技术人员编制专项施工方案。专项施工技术方案的主要内容包括工程概况、编制依据、施工计划、施工工艺技术、施工安全保证措施、施工管理人员及作业人员的配备和分工、验收要求、应急处置措施、计算书和相关施工图纸。应用BIM技术进行危大工程专项施工方案的模拟仿真，利于方案的比选、针对性强、可实施性好，能够协助施工人员发现安全隐患，确保现场有序进行安全管理。

2）构件的施工安全分析。

对于结构复杂、施工重点和难度较大部位的施工方案，以及应用了新技术、新工艺、新材料、新装备的施工方案，其合理性与施工技术的安全可靠性都需要进行验证。应用BIM技术创建重要构件模型，开发相应的有限元软件接口，附加材料属性、边界条件和荷载条件，结合时变结构分析方法，模拟构件在施工中的应力、应变状态，实现基于BIM技术的构件施工安全分析，评估施工过程中可能存在的危险状态，指导安全技术措施的编制和执行，防止安全事故发生。

【工程案例 10】[1]

在装配式住宅钢筋混凝土预制构件（Precast Concrete，PC）吊装过程中，由于 PC 构件主要由混凝土和钢筋浇筑而成，一般预制层厚度较小，但有些构件的体积和质量又较大，一旦吊点处受力不均容易导致构件爆裂或断裂损坏，造成 PC 构件吊装安全隐患，施工难度增加。为解决大质量构件的吊点受力不均问题，在吊装前进行受力验算是十分必要的。

选择吊装难度大的 PC 构件，采用 Revit 软件创建 PC 构件的深化设计模型；再在 ABAQUS 软件中对 PC 构件模型各吊点进行荷载加载模拟和受力计算，包括构件吊点受力、抗拉强度及抗弯强度验算，分析吊点在吊运集中荷载作用下是否保持在安全范围内，保证吊装过程安全顺利。PC 构件吊装模型有限元受力分析内容及流程如图 22 所示。

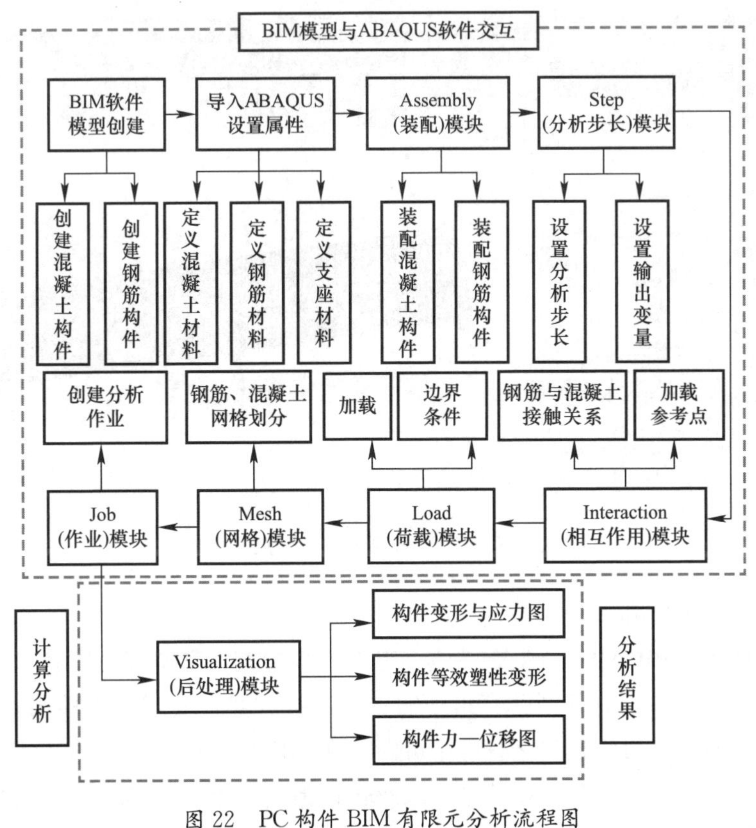

图 22　PC 构件 BIM 有限元分析流程图

1　陈文杰. PC 装配式住宅施工阶段的 BIM 技术应用研究［D］. 广州：广州大学，2020.

将PC构件BIM模型以SAT格式类型导入ABAQUS有限元分析软件。首先，采用三维实体单元对PC构件赋予混凝土材料和钢筋材料属性设置，在混凝土损伤塑性中对受压行为和拉伸行为参数进行分析设置；利用模型桁架单元进行钢筋建模，对受压及受拉行为进行模拟；对不同强度等级的混凝土模型和钢筋模型设置密度、弹性模量和泊松比等参数。其次，将钢筋网片模型单元以内置区域的约束方式嵌入混凝土模型，对构件的吊点参考点耦合到构件模型上，加载吊装集中力，需要注意的是，不仅要加载构件自重，还需考虑构件吊装过程中的上升加速度和动力的影响。然后，利用Mesh模块包含的有限元网格自动生成符合分析需要的网格单元，完成有限元模型生成任务。最后，使用Job模块来实现PC构件有限元分析计算过程，提交运行后得到有限元应力云图，分析PC构件在起吊过程中是否会发生拉裂、破坏及变形程度，验证PC构件在吊装过程中始终是处于安全状态，如图23所示。

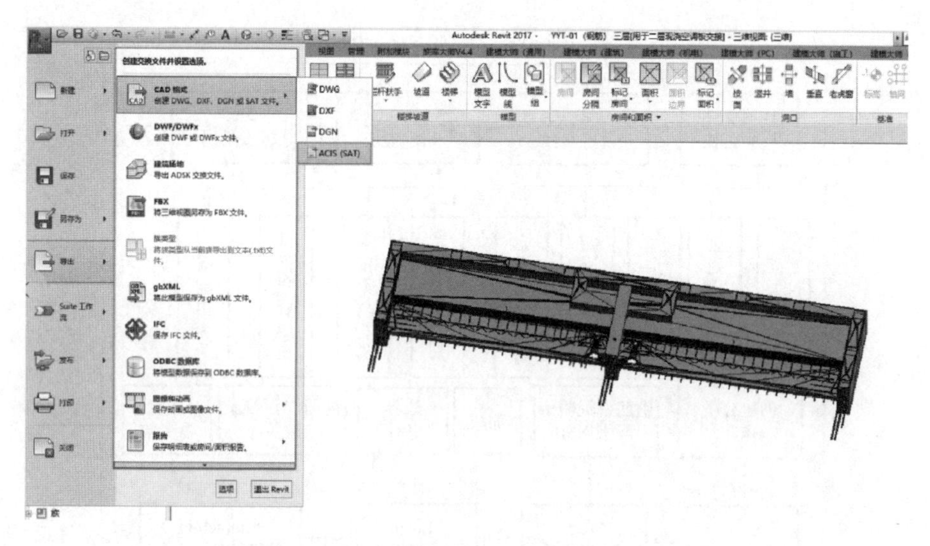

图23 PC构件BIM模型与ABAQUS软件交互

（4）安全措施和安全巡检

落实施工过程中的安全生产措施，组织安全检查，整改安全隐患。安全施工巡检是通过有目的、有计划、有组织的日常巡检方式，实现经常性的安全检查，其目的一是对施工过程及安全管理中可能存在的隐患、有害与危险因素、防护缺陷等进行查证，以确定其存在状态，以及转化为安全事故的条件，以便制定整改措施，消除安全隐患；二是监督各项安全规章制度的实施，坚决杜绝违章指挥和操作，确保施工安全；三是及时总结经验教训，推广先进经验。

在安全巡检中，常用的是基于移动终端设备的安全识别技术，即通过使用人机结合的方式获取工程安全相关数据，识别并上报工程存在的安全隐患，进而进行安全风险综合判断。此类技术得益于移动终端设备、手机 App 或微信小程序，通过现场扫描二维码，进入安全管理平台页面，填写相关的巡检内容即可实现数字化归档。与传统的事后手动填表的方式相比，安全识别技术效率高、标准化无遗漏、实时性和真实性强，杜绝了伪造巡检记录现象，实现数据的信息化传输与处理。

【工程案例 11】[1]

在某在建工程项目 BIM 安全管理平台上，单击“安全巡检”页面，如图 24 所示。可以查看巡检点所在 BIM 模型的沙盘模型图，巡检点在模型图中标出，沙盘有主视图、漫游、框选放大、模型分解、剖切、测量、构件数、CAD 图纸、BIM 模型、标注等功能，右侧分别有巡检任务、巡检点设置、数据统计列表。

图 24　巡检点设置界面

（1）巡检任务：展示当前巡检点的巡检任务，可通过日期、状态（隐患、待巡检、正常）、是否与检查人员或检查任务有关进行筛选。

（2）巡检点设置：设置巡检点任务，先通过下拉菜单选择项目，再下拉选择模型；新增巡检点关联巡检分类和检查规范；可显示该模型的所有巡检点，可通过名称、巡检类型进行筛选。可支持单独或批量打印。

（3）数据统计：今日巡检情况统计（隐患数、待巡检数、正常数），项目巡检情况统计（总的隐患、待巡检、正常数）。

（4）权限说明：企业级安全管理部门负责人员、项目级项目经理可新增巡检

1　资料来源：广东省电白二建集团有限公司（梁辉，程永双，廖胡剑），广筑亿信建筑科技（广州）有限公司（吴建，邓敏仪）。

点，安全员可编辑巡检点。

（5）巡检点信息：包括名称、周期、开始结束时间、危险源等级、是否启用、位置、巡检分类（关联规范）、巡检人员、照片、BIM模型等。

利用BIM模型进行施工现场危险源的识别，利用移动终端设备上的BIM安全模型进行安全巡检，将其与施工现场的工程实体和BIM安全措施进行对比，直观快速地发现安全问题，并将发现的问题进行拍照，直接在移动设备上形成问题整改记录，生成整改通知单下发，确保问题能够闭环并得到及时处理，如图25所示。

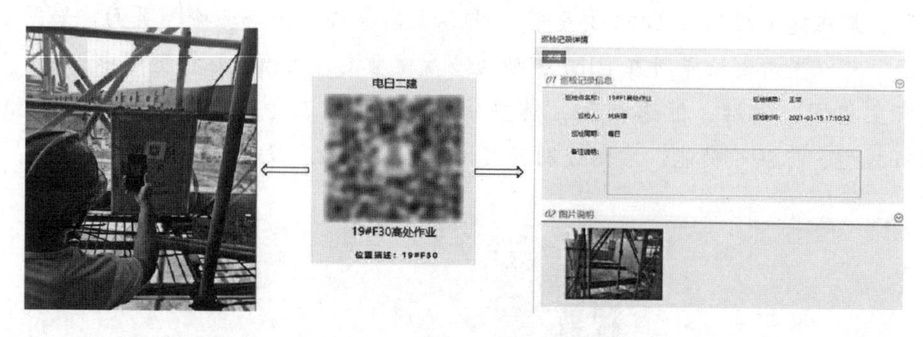

图25 巡检点设置界面

（5）大型机械设备安全管理

大型塔式起重机作为高层施工中不可或缺的大型机械，其重要性不言而喻，在给施工带来便利的同时，塔式起重机在安装、运行、拆卸过程中安全风险是比较大的。在塔式起重机安全管理上，利用BIM技术强大的数据集成和交互功能，结合机器视觉、图形处理等视觉监控功能，以及塔式起重机运行规范和施工方案，实现不规范作业的行为检测、实时定位监控和危险预警等功能，从而提高塔式起重机运行的安全指数。例如，将信息与通信技术（Information Communications Technology，ICT）中有潜力的建筑信息模型（BIM）与计算机人工智能视觉技术（Computer Vision，CV）融入塔式起重机安全管理框架中，有利于实现对塔式起重机运行过程的实时监控和危险预警，有效减少事故发生[1]。

【工程案例12】[2]

腾达的智能塔式起重机可视系统是集智能硬件采集＋云端数据分析＋多终端可视化于一体的视觉监控系统，由安装于塔式起重机吊臂、塔身以及传动结构处

1 段锐，邓晖，邓逸川．ICT支持的塔吊安全管理框架——回顾与展望［J］．图学学报，2022，43（1）：11-20.

2 资料来源：腾达智慧BIM＋智慧工地管理平台．（2019-03-05）．http://www.sohu.com/a/299070567_468661.

的各类智能传感器、驾驶室的操作终端、驾驶员人脸识别、无线通信模块及远程服务部署等可视系统组成。其具有三维立体防碰撞、超载预警、超限预警、大臂绞盘防跳槽监控、塔式起重机监管、全程可视化、远程监控等功能，全方位扫除盲区、“隔山吊”、“洞臂吊”等特殊吊装的视觉盲区，如图26所示。

塔式起重机监控平台中设置有现场塔式起重机布置BIM模型、运转模拟分析，管理成员能够清楚结合实际塔式起重机的分布情况、塔式起重机的操作情况、结合塔式起重机驾驶员的考勤系统，掌握现场塔式起重机的运行情况以及危险报警统计分析。同时，结合施工现场的远程视频监控系统，项目管理成员可以实时查看施工现场情况。

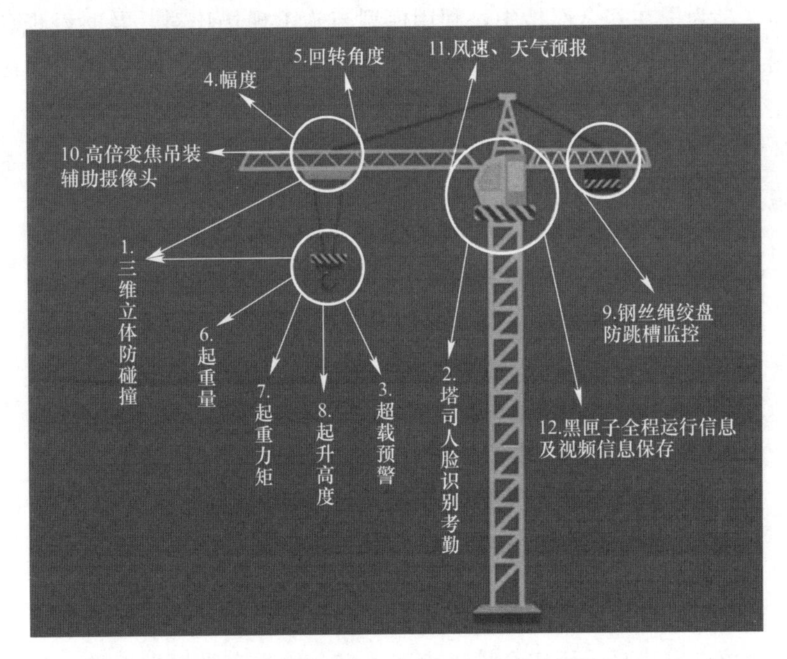

图26 智能塔式起重机可视系统功能图

2. 施工安全风险管理体系

(1) 危险源识别和防护措施

利用BIM技术进行施工现场安全风险危险源识别，以及现场防护措施和安全标志的模型布置。施工现场安全危险源的识别应遵循系统性、完整性、重要性原则，其中危险性大、易发生事故、事故危害性大的施工部位、工序、装置设备是危险源识别的重点。根据《建筑施工安全检查标准》(JGJ 59—2011)，基坑工程、起重吊装、模板支架、各类脚手架、各类垂直运输机械、施工机具、高处作业、施工用电等是检查评定项目，是危险源管理的重点。根据《企业职工伤亡事故分类》，将企业工伤事故分为20类，经统计，在20类事故中，高处坠落、触电、物体打击、机械伤害和坍塌事故在施工现场中伤亡人数较多，故被称为建筑施工的“五大伤害”事故，根据“五大伤害”事故，分析引发事故的安全风险因素，也是危险源管理的重点。

在工程项目BIM施工模型基础上构建BIM施工安全防护模型。首先，通过模型漫游功能发现危险源，或可通过设置进行危险源的自动识别，如为预防高处坠落和物体打击，“三宝”“四口”“五临边”及脚手架等是危险源所在部位。其次，在BIM模型中对危险源存在部位进行防护设施设备模型的设置，如上述部位须设安全网、防护栏杆、挡脚板等，一方面，起到优化方案、合理布置的作用；另一方面，是为了在安全巡检中，利用模型与施工现场比对，及时发现和解决问题，如图12-4-1[1]所示。此方法也可用于安全标志的设置，提高施工人员的防范意识。在BIM安全模型危险源识别的基础上，加强对危险源部位的巡检，重点检查项目的安全责任制落实情况、安全制度的执行情况，以及现场各项技术方案和安全措施实施情况，从而减少或避免安全事故发生。

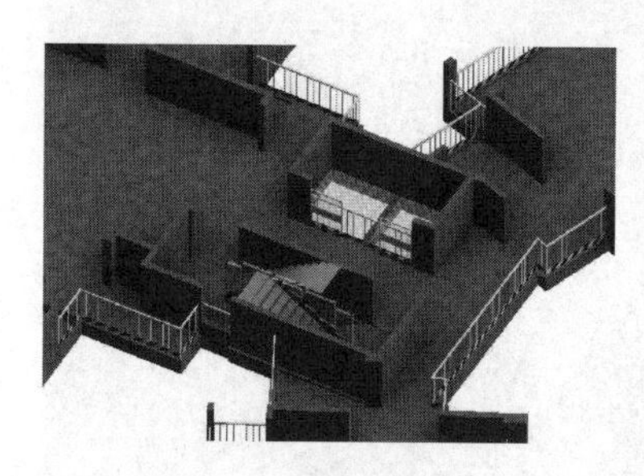

图12-4-1　临边洞口防护模型与现场对比

（2）安全风险数据库与风险核查

传统的核查方法是采用安全检查表法，安全检查表是根据系统工程分析思想和事故致因理论，将所有可能存在的风险因素进行系统分级、分类，确定检查表的基本检查项目，根据有关标准和规范，依据拟建工程的风险状态列出项目风险清单，用于现场安全检查和评估。将传统的安全检查表扩展为基于计算机和BIM技术的安全风险动态数据库，首先，全面覆盖国家、地方、企业有关安全管理的法规、规范、标准、管理制度和操作规程等，具备条文解读和实时更新功能。其次，收集已完工工程项目实践中的施工安全事故、原因分析、处置方法等历史数

1　资料来源：广东省电白二建集团有限公司（高明），广筑亿信建筑科技（广州）有限公司（吴建，骆静仪）。

据，并对风险源或风险因素、风险评估及风险对策等风险管理数据进行分类、标签化、数字化。最后，通过网络“爬虫”技术，实时搜集网络上新上传的大量风险事故案例数据；或者通过用户对安全风险库的使用，不断更新完善安全风险库的案例数据或者风险信息，实现库内信息的智能化储存和调用。安全风险动态数据库能够实现知识管理和智能管理，不断满足用户对不同风险管理场景的需求，作为拟建工程安全风险辨识的依据。

（3）安全风险动态监测和控制

随着各类新信息技术在建设项目工程实践中的不断发展，BIM 技术在安全管理方面取得了显著成效。导致工程施工安全事故的一个重要原因就是施工安全风险数据采集和传递不及时，风险监测和监控不够智能，将 BIM 技术与智能感知技术相结合，针对具体管理任务和工程活动的独特性进行相应的安全智能监测与监控十分重要。

1）BIM＋智能传感器监控。

针对工程中的重要部位和关键工序，有条件的工地现场可采用基于物联网的“BIM＋”智能传感器监控技术，通过集成应用各类传感器和网络设施实时自动收集、传输工程安全相关数据，并结合数据分析方法和预警机制进行安全风险实时分析与判别，有效解决施工现场工作和环境的动态监控问题。此类技术涉及多类传感器，如采集声、光、热、电、物理（温度、湿度、压力、位移、应力、应变）、化学、生物、位置等的各类传感器，常用于地质环境、深基坑、主体结构、临边洞口、危险气体等的监测[1]。例如，在应力监测方面，可以采用振弦式传感器对基坑支护结构、模板支撑体系等结构进行应力和变形监测，振弦式传感器是由化学性能稳定、抗拉强度大且具有较高熔点的金属丝作为传感器的振弦材料，与磁铁、受力机和夹紧装置一起组成，采用不同的受力机进行应力和变形测量[2]。

【工程案例 13】[3]

华工国际校区 E3 图书馆结构的四周有超大外倾角斜柱，最大倾斜角度达 29°，为保证图书馆地块主体结构的质量和结构安全性，针对其结构稳定性在建筑物四角设置应力监测，布置应力传感器，明确波动阈值，起到受力报警与施工荷

1　宋晓刚．基于 BIM 的工程施工安全智能管理研究［J］．建筑经济，2021，42（2）：29-31.

2　王舒琪，倪燕翎．基于 BIM 技术与物联网的建筑施工安全监控系统研究［J］．智能建筑与智慧城市，2020（1）：58-61.

3　资料来源：中国建筑第五工程局有限公司（徐为，李长青），华南理工大学广州国际校区 EPC 项目 BIM 应用。（第 4 篇案例 1）

载联动管控的作用，监测数据变化曲线，为在保证结构安全情况下的现场荷载施工提供了有效依据。当系统检测到监测报警时，会自动通知管理人员和现场报警，避免现场施工超荷现象出现，如图 27 所示。

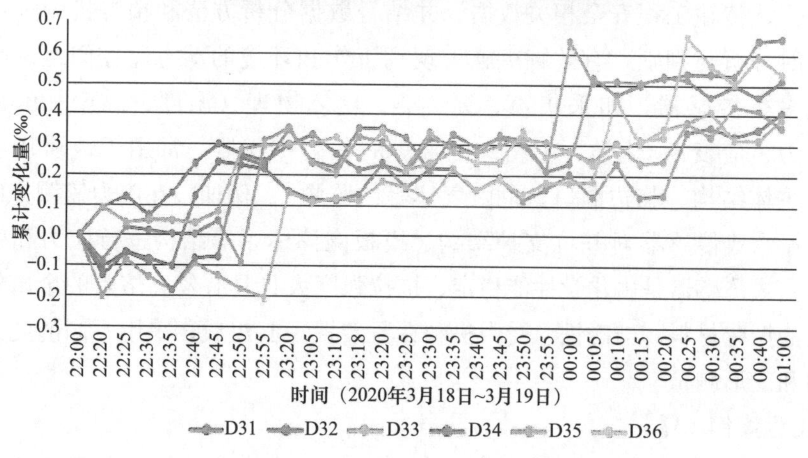

图 27　高支模检测点布置及监测数据变化曲线图

2）“BIM＋”机器视觉监控。

基于机器视觉监控的安全识别技术是利用视像采集设备和图像处理技术，实时收集、传输工程安全相关信息和数据，对工程安全相关图像或视频结合 BIM 模型进行快速自动分析和处理，进而对安全风险进行判别。此类技术依赖于工程现场的视像采集设备及图像处理技术，包括摄像头、红外探测仪等，常用于工人行为、危险区域、物质安全监测等。但此类技术受现场光线、视线、动态性等的影响较大，同时受限于算法和计算设备的性能。

【工程案例 14】[1]

对于华工国际校区项目，通过 AI 图像分析，自动抓拍违章人员，包括未佩戴安全帽、未穿反光衣、明烟动火等，如图 28 所示。在此基础上，该项目还实现了 AI 智能报警与管理系统的对接，一旦监测到违章行为就现场报警，系统自动通过短信通知所在片区的安全巡检人员，尽快采取措施，避免安全事故。配合移动语音广播系统进行远程提醒。

图 28　AI 安全隐患监控

（4）应急预案与事故处理

BIM 技术用于辅助应急预案的编制和虚拟仿真，也可辅助事故处理和原因分析。此外，当安全事故发生后，BIM 模型配合传感器和可视化监控系统，可为救援人员提供异常区域的完整信息及工程设备的状态信息，让管理人员做出最佳的处置方案、救援路线等，提高事故应急管理成效。

12.4.2　BIM 质量管理

1. BIM 辅助质量管理内容

（1）建设全过程质量管控

工程项目质量是指工程项目满足建设单位需要，符合国家法律、法规、技术

1　资料来源：中国建筑第五工程局有限公司（徐为，李长青），华南理工大学广州国际校区 EPC 项目 BIM 应用。（第 4 篇案例 1）

规范与标准、设计文件及合同文件规定的特性的总和。工程项目建设全过程从策划和决策、勘察和设计、招投标、施工和收尾，每个阶段都可应用BIM技术进行质量管理。例如，设计阶段基于BIM技术的协同设计、碰撞检测和管线综合，能够大幅度提高设计质量。又如，施工准备阶段的BIM应用，可以有效提升图纸会审、施工技术交底、施工组织设计审核、施工图预算审核、施工现场准备等工作的质量。

本节重点讨论工程实施阶段即施工阶段质量管理的BIM应用。工程项目的施工是由投入资源（材料、设备、人员）的质量控制开始，经过施工作业过程（施工人员、施工机械、施工方法、施工材料、施工环境）的质量控制，到形成建筑产品（过程验收、竣工验收）的质量控制，这三个方面、三个阶段构成施工阶段的质量控制系统。施工阶段是工程项目实体形成的阶段，也是最终形成建筑产品和实现工程使用价值的重要阶段，施工阶段的质量管理是工程项目质量管理的重点。投入资源和施工过程的有效控制是关键，施工过程是由一系列相互关联、相互制约的作业过程构成的，只有控制了全部作业过程，对每一道工序质量都能严格把关，才能保证检验批、分部分项工程、单位工程等通过过程验收和最终顺利通过单项工程和整个建设项目的交付使用。

（2）各参与方的质量管控

从建设项目各参与方在工程项目施工中所承担的质量责任出发，BIM应用的主要内容如下[1]。

1）施工单位——忠实执行和记录。

作为施工作业的直接操作者和管理者，施工单位必须按照审查合格的工程设计文件和施工技术标准进行施工，忠实记录质量工作情况和具体信息，质量信息主要包括施工基本记录信息、工程原材料信息、设备信息等，对因施工单位导致的工程质量事故或质量问题承担责任。

在投入资源的质量控制活动中，以材料的质量控制为例，材料是施工活动的物质基础，同时也是工程实体的组成部分，对材料的质量控制是施工质量控制的源头。在基于BIM技术的材料质量管理中，施工承包人可以实现对材料管理全过程信息的记录，包括对各项材料的合格证、质保书、原厂检测报告等信息的录入，并与BIM模型构件进行关联。完成材料取样和检验、试验工作所有信息的录入，并将抽样送检的材料部位在BIM模型中进行标注。实行材料的领用认证，严防材料的错用、误用等，使材料管理信息更准确、有追溯性。

---

1 李亚东，郎灏川，吴天华．基于BIM实施的工程质量管理［J］．施工技术，2013，42（15）：20-22.

在施工作业的质量控制活动中，可以通过BIM管理平台完成工序质量控制流程，包括施工组织设计、质量验收标准、作业技术交底等施工基本信息，以及在流程中记录下每道工序施工中的工序安排、施工条件、操作过程、操作质量等施工作业信息，自检、他检等质量检查信息，质量问题处理信息等。大部分信息需传递给监理单位进行审查和处理，通过后方能进入下道工序。依托BIM技术能有效提升现场工况记录的准确性，结合模型、文字、图片等，及时传递给监理工程师、建设单位。可将现场实际施工情况与BIM模型进行对比，相关检查信息关联到构件，有助于明确记录内容，便于统计及日后复查。

在施工产品的质量控制中，隐蔽工程、分部分项工程和单位工程质量报验、审核与签认中的相关数据均为结构化的BIM数据，报验申请方将相关数据输入系统后自动生成报验申请表。应用BIM管理平台可设置相应责任者审核，审核后及时签认，签认实时短信提醒等。该模式下，标准化、流程化信息的录入与流转，提高了报验审核信息的实时性和流转效率。

2）监理单位——准确监督和核查。

作为质量监督者，监理工程师对工程施工质量进行全过程和全方位的监督、检查与控制，以审核、检查、验收等形式将工程中的质量情况进行一一记录，以模型、图档等形式传递给施工、业主、设计、咨询等项目参建单位。

监理单位可以通过BIM管理平台完成质量控制流程，如审查施工承包商报送的工程材料、构配件、设备质量证明文件的有效性和符合性，将审查和抽检结果上传平台。按规定对工程材料采取平行检验或见证取样方式进行抽检，将所抽样送检的材料部位和相关信息在模型中进行标注，使材料管理信息更准确、可追溯。

又如，在巡视、旁站和检验过程中，发现工程质量问题或质量存在事故隐患的，要求施工承包人整改并报委托人，监理工程师的每一条记录中均需包括质量问题或质量验收的具体部位、问题描述和信息推送。在BIM模型的辅助下，通过颜色标记或图标标签、问题模板或自定义、自动推送和信息提示等方式，在BIM模型中准确直观地指出质量管理的对象位置和整改情况，大大提高了信息传递和闭环问题的准确性与工作效率。

3）建设单位——直观掌控和协调。

对于建设单位，在传统工程项目中，浏览、阅读工程质量记录是了解工程整体情况最简单的方式。依托BIM技术能使质量信息的沟通更为有效，与纯粹的文档叙述相比，将质量信息加载到BIM模型中，通过模型的浏览能够摆脱专业术语的障碍，让质量问题能在各层面高效流转，引导各参与方有效沟通，从而使得质量问题的协调工作更易展开。

4）工程整体——效率和价值提升。

在整体工程项目中，对于质量管理的核心——资源质量的源头把控、工作质量的过程控制、产品质量的过程检查和最终验收，依托BIM技术可实现五个方面的转变和提升，即一是信息记录的时效性，二是信息记录的便捷性，三是信息检查的可追溯性，四是信息流转的标准化，五是信息链的完备性，从而大大提高工程质量的精细化管控水平。

（3）施工质量管控的关键要素

从质量管控的关键要素来看，BIM应用主要体现在三个方面：一是将施工作业过程控制程序、施工质量问题管理程序、工程质量验收程序纳入BIM质量管理平台，进行在线管理，实现质量工作流程控制和质量问题闭环管理；二是应用BIM模型辅助关键工艺、工序的质量管理，如基于BIM技术的高支模、深基坑支护、塔式起重机安拆等专项施工方案进行模拟，具有事先规划和比选、针对性强、可实施性高、交底效果好等优势；三是BIM技术与通信技术、物联网技术、大数据等其他新技术的结合，实现智能建造和智慧管理。

《中国建筑施工行业信息化发展报告（2017）：智慧工地应用与发展》的主题是智慧工地，致力实现数字化、精细化、智慧化的施工现场管理。新工程质量管理的理念是随着信息化、数字化、自动控制等方面新技术的发展而提出的，BIM技术在虚拟施工和集成管理方面有着很大优势，如果依然采用人工手段获取各类质量信息数据，无法真正发挥BIM质量管理的优势。虽然在理论层面BIM技术在多个方面已经拥有了进行质量管理的数字化技术支撑，但在建筑工程项目的工程实践中仍需不断探索较为成熟的应用。

1）BIM质量信息管理。以“杨房沟水电站”项目为例[1]，BIM质量信息管理功能中包括了验评任务管理、现场验评执行、验评信息上传等主要功能的电子质量验评系统和质量管理App，在一定程度上加强了验收流程管理和信息处理的效果。在数据安全方面，则通过采用“第三方电子签章认证”“MD5加密方案”等方式确保了电子签名、电子归档的合法性，实现了质量验评无纸化、质量资料规范化、质量过程可追溯及质量过程动态管控。在质量信息统计方面，通过接口获取BIM系统质量管理模块相关数据，并以柱状图和饼图等形式进行展示。

---

1 鄢江平，翟海峰. 杨房沟水电站建设质量智慧管理系统的研发及应用［J］. 长江科学院院报，2020，37（12）：169-175，182.

2）BIM 质量问题闭环管理。在质量管理数据储存的过程中考虑信息链接问题，如通过 BIM 模型中的构件及位置反映的质量问题及解决情况，能够在 BIM 四维或五维平台进度情况中得以体现，实现质量问题的闭环管理。

【工程案例 15】[1]

华工广州校区项目在线全流程质量问题管理，自发单→整改→回复→校核→整改结束→传阅→归集→自动输出项目表单及“省统表”，借助 BIM 模型的平面坐标定位，转而在 PC 端系统显示基于 BIM 的质量“问题球”（通过三维视图快速对问题点进行定位创建的标记性构件），旨在通过三维视图快速对问题点进行定位并创建标记性构件。每一个质量、安全问题的“整改球”，都是一个线上的质量安全、整改单，方便决策层对问题进行分析，同时统计各地块、楼层、分区、专业的问题及分布，用以日常内外会议施工问题的讨论与分析。所有整改单数据公开且不可修改、删除、隐藏。其使用情况经二次统计分析，用于管理各职能方的管理考核依据。

3）BIM 质量智慧控制。以“杨房沟水电站”项目为例[2]，其开发的质量智慧控制功能是较为先进的应用，具备由 BIM 系统集成的智能温控、智能振捣、智能灌浆、全过程影像采集功能，形成了大坝智能建造环境下的质量智慧管理系统。通过实现施工质量信息“实时采集—实时分析—决策反馈”的动态质量管理，解决了 EPC 建设模式以及传统大坝质量管理存在的施工质量控制、信息收集、分析、决策等方面的问题，提高了管理效率和管理质量，取得了较好的管理成效。

2. BIM 辅助质量信息管理

质量管理信息包括三个部分：基础信息、记录信息和处理信息[3]。

（1）质量管理基础信息

1）时间信息。时间信息作为质量情况发生时间的标识性信息，是关键要素之一。通过移动基站或卫星信号来获取设备所在地区时间的授时系统，在基于移动互联网的授时系统和即时通信系统的帮助之下，传统的手工记录、二次录入的模式将得到颠覆性改变。利用智能手机、计算机等智能移动终端，项目管理人员

1　资料来源：中国建筑第五工程局有限公司（徐为，李长青），华南理工大学广州国际校区 EPC 项目 BIM 应用。（第 4 篇案例 1）

2　鄢江平，翟海峰．杨房沟水电站建设质量智慧管理系统的研发及应用［J］．长江科学院院报，2020，37（12）：169-175，182.

3　李亚东，郎灏川，吴天华．基于 BIM 实施的工程质量管理［J］．施工技术，2013，42（15）：20-22.

可以便捷地将附带时间数据信息的质量文件实时上传到云平台，显著地提高了质量信息的实时性和真实性。

2）坐标信息。坐标信息作为确定质量对象位置的标识性信息，是关键要素之一。基于BIM模型的云端应用提供了一套基于BIM模型的相对空间坐标系，坐标拥有了更为简单的确认方式，直接通过构件对象的勾选明确标识出质量信息的对象。以三维的方式表示出现场质量所代表的构件对象，较大程度地规避了现实世界中基于现实坐标系、二维图纸基于平面坐标系的坐标识别问题。

3）工程质量管理资料库。利用BIM技术可以建立通用或专用的工程质量资料库，实现和加强信息的积累、共享和交流。针对国家、地区、企业和项目类型不同的要求，建立与之对应的通用数据库，如《建筑工程施工质量验收统一标准》（GB 50300—2013），并将相关地区的工程质量法律法规纳入其中，实现电子化存档，使得企业相关人员和项目管理人员对各类工程质量标准和规范进行精确快速查找和应用。针对项目的具体情况，建立与之对应的专用数据库，如施工组织设计、作业技术交底资料等。

4）工程质量管理知识库。工程质量管理经验、工程质量问题以及工程质量问题防治措施等是工程质量管理信息收集的重中之重，项目管理人员通过对以上收集的信息进行归纳、分析、总结，建立属于企业自身的包括工程质量管理典型案例、工程质量控制点、工程质量问题及防治措施的数据库，用于指导和辅助施工事前、事中、事后质量控制工作。

（2）质量管理记录信息

在质量管理记录信息方面，类对象的非关系型数据库（Not Only Structured Query Language，NoSQL）为BIM应用程序的底层数据存储方式提供了较为成熟的技术支持，BIM模型作为数据平台具备了数据承载基础，各类质量数据均可在BIM模型中得到存储。可以认为，在理论层面上，作为质量管理记录的电子文档，与BIM模型相结合，成为构件（组）的属性信息。质量管理平台形成的质量控制过程文件和检验报告电子文档，在审核时直接调用即可，避免了大量纸质文件翻阅和查找工作，节省了工作时间，提高了工作效率。

在工程项目中，质量管理记录信息是BIM质量管理系统的核心，信息的种类划分、逻辑划分、阶段划分是管理系统的前提，为此，系统先行完成对工程质量管理信息的分类，如资源质量信息、现场施工质量信息、检查验收质量信息等，如表12-4-1所示。

质量管理信息分类　　表 12-4-1

类别	质量信息内容	关键数据要素	信息提供方
资源质量信息	公司资质、人员上岗证	时间、岗位、资质	施工方
	工程材料/设备/构（配）件审核文件	时间、位置、质量	供货商、施工方
	施工机械设备审查文件	时间、位置、质量	施工方
现场施工质量信息	工程开工报告/报审文件	时间、位置	施工方
	设计变更文件、变更信息	时间、位置	设计方、业主方
	抽查、巡视检查、旁站监督记录	时间、位置、质量	监理方
	工程质量事故处理文件	时间、位置、质量	业主方、监理方
	监理指令文件、监理工作报告	时间、位置	监理方
检查验收质量信息	工程质量过程验收资料	时间、位置、质量	施工方
	工程质量竣工验收资料	时间、质量	施工方

（3）质量问题处理信息

质量问题处理信息用于及时发现工程质量问题并分析产生的原因，提出纠正措施和防治措施，便于追踪整改和日后借鉴。其主要分为三类，即质量问题发现、质量问题处理、质量问题分析。对应这三类质量问题的处理情况，BIM管理系统中采用不同的标签对各类信息进行区别，以达到质量问题管理闭环的目的。质量问题处理信息充分反映了质量管理中动态控制的原理，可以使质量管理者通过BIM质量管理平台清晰了解工程中的质量问题发生、处理、解决的状态，通过总结分析，结合PDCA循环理论提升对工程项目质量的整体掌控和精细化管理的能力。

由于质量问题发生的起始时间点正处在事中管理过程的某一时间段中，若能在质量问题发生之前便将该问题识别并进行解决，将会极大地提高施工质量管理的效率（efficiency）和效果（effect），该过程在管理学中常被称为"2E提升"。BIM技术作为施工质量管理"2E提升"的关键手段，通过BIM施工虚拟仿真和随着质量智能管理技术的发展，预先和高效地辨识潜在的质量问题，能够有效避免质量问题发生后造成的损失。

3. BIM辅助智慧质量管控

建筑行业在经过长时间的发展之后，"信息化""数字化"和"物联网"等现代数字管理体系开始逐渐进入行业视野，而BIM技术作为最有潜力的建筑信息化手段，在信息的后端处理方面拥有较大优势。但在数据获取的前端方面，目前仍是较多通过人工的手段获取各类信息数据，无法直接进行高效的数字化转化。但这并不仅仅是在BIM应用上的痛点，纵观整个数字建造领域，数据获取一直是该领域的一大难点，但随着传感器技术升级、计算机硬件算力成本降低、人工智能技术爆发、大数据技术多行业渗透、激光点云技术精度提升、CV 技术迭代等众多领域的全面提升，数据获取和分析能力的提升将有助于 BIM 技术在工程现场质量管控中的应用，从“BIM+”质量管理的行业发展现状来看，BIM 技术在质量管理中的应用仍有非常大的发展空间。

结合 BIM 技术的应用，工程质量管理开始越来越向着智能化的方向发展。所以我们相信，施工质量管理的发展历程应该从“人工管理”向“智能+人工联合管理”过渡，并最终向实现“全智能监控”的方向转变，而在此的每一阶段都将离不开 BIM 技术的升级换代。

（1）工程数据采集和归集

从工程现场数据获取的方式来看，在 BIM 技术应用于质量管理的初级阶段，施工现场仍需要投入大量的人力进行数据的收集和上传，主要通过现场管理人员记录、拍照或录制视频等方式收集现场的质量信息，有条件的工地开始安装摄像头但仅用于录制影像，然后将这些信息加载到 BIM 模型。BIM 施工质量的控制仍然依赖于基层管理人员的现场管理，依靠的是管理人员的素质和经验，是较为独立的个体智能体现，而非集成的集体智能系统。由于大量的质量问题通过基层管理人员的现场管理便可解决，上传现场数据仅仅解决了质量信息及时登录平台归档和管理流程规范化的问题，导致 BIM 技术的优势在纯人工的传统管理体系中无法得到有效施展。

随着施工现场开始出现摄像装置、传感器、三维扫描技术等各种各样的数据采集设备，BIM 技术用于质量管理进入中期阶段，在这个阶段数据的采集和上传工作由机器和人工共同完成，BIM 施工质量管理工作一部分取决于数据采集设备的精度。在结构和构件空间信息的收集上，AI 智能全景成像测距设备、三维激光扫描、无人机等设备的应用，使得结构构件的相对空间位置和绝对空间位置可获取，通过物联网通信模块将信息上传至 BIM 数据处理中心，用于实际施工状况与二维图纸、BIM 模型的对比分析。

【工程案例 16】[1]

在华南理工大学广州国际校区项目中，针对现场范围大、巡场路途较远等问题，集成 AI 技术，布置 AI 智能全景成像测距设备，通过 AI 测距设备对可视范围内的钢筋、模板等材料进行实测实量并上云存储，同时，将调阅出的柱、梁、板的尺寸及配筋信息与实测画面进行同步对比，如图 29 所示；在项目施工过程中调阅出历史数据进行复测，对现场质量进行二次审核，在一定程度上辅助管理

1　资料来源：中国建筑第五工程局有限公司（徐为，李长青），华南理工大学广州国际校区 EPC 项目 BIM 应用。（第 4 篇案例 1）

人员快速便捷地对现场质量进行监督。

图 29　AI 测距——构件施工的质量控制

随着人工智能技术的不断发展，“施工行为监测”成为施工质量管理的主要手段，其本质是将施工行为变成可监控的数据流，以帮助管理人员实现算法管理。数据是算法的基础，通过监控设备和软件完成工程信息的采集与处理工作，实时、精确地采集工程信息，为进一步分析、研判做准备。例如，传统的旁站式监督等常规施工监督方式逐步被机器视觉技术所代替，系统可以记录施工人员的所有操作，如人体位置、动作顺序和要领、人脸关键点检测等，软件根据设定的时间间隔进行截屏，以此判断施工人员的工作状态。系统通过软件所捕捉的数据进行算法管理，高效追踪工人的施工过程并与标准规范的施工过程作持续比对，判断其是否符合操作规程，系统还会向施工人员发送消息，告诉他们停止错误操作、停止不必要的交谈或下达其他任何命令。当高效和快速的数据越来越多，算法自身也会“进化”，将对应的视频和分析结果统一上传至 BIM 数据处理中心。在此施工质量监督体系下，由于现场的所有质量信息通过各类智能设备进行有效采集，并通过 BIM 技术将所有质量信息进行聚合保存，大大减少旁站监督现场管理人员的工作量，减少对管理人员素质的依赖。

（2）工程数据分析处理

BIM 技术用于质量管理的初期阶段，BIM 模型作为质量数据储存的载体，不参与质量信息分析处理的任何一个过程，即不与数据自动分析功能关联，数据分析工作往往由数据拥有方或数据共享方另行处理。BIM 技术的作用更多地体现在快速定位、同步时间、工作协同、提供管理决策依据，所以将该阶段称为“容器阶段”，即 BIM 技术仅作为施工质量数据的“容器”进行使用。

质量管理由现场基层管理人员的直接管理转变为质量管理控制室或质量管理中心的聚合管理，BIM 技术由上一阶段的“数据容器”转变为“数据纽带”。现场施工的质量数据直接在BIM模型中进行实时反映，使得管理人员无须进入施工现场便可获得现场施工质量情况，依据BIM模型构件所对应的各类现场施工数据和统计分析，辅助对施工质量的分析和判断，与上一代技术产生了质的区别。但同时也会发现，大部分现场施工数据仍需要通过管理人员进行及时判断；而且当现场出现施工质量问题时，也仍需要交由现场管理人员根据数据和统计结果进行紧急处理，施工质量的最终判断仍离不开人工的分析、研判和处理。

随着人工智能技术的广泛应用，现场施工的质量问题分析和决策逐渐从人工决策向人工智能决策的方向发展，BIM技术在AI的加持之下展现出与上个阶段完全不同的特性。首先是数据存储和数据交换，通过智能设备无损存储各种格式的结构化和非结构化信息，同时与不同项目参与方共享信息，管理人员利用BIM模型的聚合和共享特性快速获得在建项目所有构件的施工质量信息。其次，具有多数据分析处理能力的全新BIM数据处理软件可将提取的各类信息以时间戳的形式保存在BIM模型，实现对构件施工质量信息进行全方位的数据转换，数据是算法的基础。最后，质量信息以及管理方案在生产实践中的不断累积，为机器学习和训练提供了大量的数据基础和学习样本，根据领域知识和样本训练，并结合先进的人工智能算法给出最优决策。

（3）工程质量物联控制

建设工程物联网的构建需要集成并应用各种感知通信技术、计算机技术、控制技术及相关的硬件、软件等，参考物联网的基本架构，如图12-4-2所示，工程

图12-4-2　建设工程物联网技术体系架构

物联网的体系架构由对象层、泛在感知层、网络通信层、信息处理层及决策控制层组成。其中，决策控制层是工程物联网实际效益的体现，包括工程控制模型（BIM+）、智能化的控制系统、微型化的控制设施、协同化的控制手段[1]。

在决策控制层中，基于BIM技术的工程控制模型，其作用在于数字孪生技术的应用，以数字方式创建了建筑（物理）实体的虚拟模型，依托传感器、机器视觉、扫描建模、安全质量检测等感知技术，将物理对象全生命周期的静态信息和动态信息在BIM模型中进行实时多维时空映射，基于模型进行仿真和分析，深化建筑业信息技术的集成和应用，为物理实体增加或扩展新功能，对物理实体的功能实施管理和控制等。

现场施工质量智能控制系统实现双向功能，BIM信息在对象层—泛在感知层—网络通信层—信息处理层—决策控制层之间向上传递和向下传递，向下传递实现主动发现问题、提出对应的处理方案，而基层管理人员通过智能终端设备接收下发的处理方案进行现场处理，或通过智能终端设备远程控制对象层，完成相应的操作或处理，如在工人装备上选择穿戴式控制设备，在BIM模型中进行人员定位和施工操作的指引；让极端工况下的工程机械借助BIM模型进行自主导航、具备作业分析的能力等。

12.5 BIM工程项目协同管理

12.5.1 工程项目协同管理的内容

1. 工程项目协同管理的分类

(1) 按照管理主体分类

根据工程项目管理主体进行划分，可分为建设单位（业主）建设项目协同管理和施工单位（承包商）施工项目协同管理。建设单位（业主）建设项目管理的目标及管理的功能和范围，是施工单位（承包商）施工项目管理的依据；施工项目管理的管理过程和成果，是建设项目管理重要的控制对象。但两者管理的组织是完全不同的，管理任务是既对立又统一的，对立是指因建设单位和施工单位有各自的利益，如工程合同款项是建设单位的成本，却是施工单位的收益，前者力争减少投资投入，后者希望增加工程收益；统一是指各参建方都需为实现建设单位的工程目标而努力，从而形成合作伙伴关系，实现合作共赢。

1　丁烈云. 数字建造导论［M］. 北京：中国建筑工业出版社，2019：118-132.

建设项目协同管理是以建设单位（业主）的项目管理内容为核心，建设项目协同管理组织或对象指向参与工程项目建设的各参建方，包括设计方、施工方、监理方、咨询方等。业主方的项目管理是业主或代表业主的咨询方通过对项目建设进行策划、实施、组织、协调、控制等开展综合性管理工作。业主对项目的管理应为业主方利益服务，体现所有投资方对项目的利益要求，作为工程项目管理的核心，也要服务于其他相关方利益。业主的项目管理涵盖建设期全过程，包括项目决策和实施阶段的各环节，考虑全生命周期因素，即从编制项目建议书开始，经可行性研究、设计和施工，直至项目竣工验收、投产运营的全过程管理。业主建设项目管理的主要任务在项目不同阶段有所差别，主要包括项目的投资控制、进度控制、质量控制、安全管理、合同管理、信息管理，以及项目组织和协调[1]。

施工单位（承包商）通过投标获得工程施工承包合同，并以施工合同所界定的工程范围组织并实施项目管理，简称施工项目管理。承包商施工项目协同管理是以施工项目管理内容为核心，管理组织包括参与土建、安装施工的各专业承包商、施工队、材料供应商和设备供应商，通过合理组织人、材、机、资金和技术等各项资源，实现施工项目管理的质量（quality）、成本（cost）、工期（delivery）、安全（safety）和现场标准化等目标体系（简称 QCDS），同时也要实现相关方的满意度目标。施工项目协同管理工作主要在施工阶段，但也涉及设计准备阶段、设计阶段、动工前准备阶段和保修期，不仅应该关注施工方自身利益，还应该关注项目整体利益。施工方项目管理的主要任务包括施工中的施工流程控制、安全控制、质量控制、成本控制、进度控制、信息管理、生产要素管理、合同管理、现场管理，以及与施工有关的组织和协调。需要注意的是，施工项目的管理主体是施工企业，由建设单位、设计单位、监理单位进行的工程项目管理中涉及的施工阶段管理仍属建设项目管理，不能算作施工项目管理[1]。

当建设工程项目采用工程总承包方式进行建设时，如设计—采购—施工（EPC）、设计—施工（DB）等，工程总承包商进行的是工程总承包项目管理。以设计—施工（DB）工程总承包项目为例，从空间、时间和功能三个维度对 BIM 工程总承包项目协同管理工作流程进行设计。在空间维度分为业主方、总承包方、分包方、设计方、监理方、供货方等各参与方，在时间维度分为设计阶段、施工准备阶段、施工实施控制阶段、竣工验收阶段，在功能维度分为质量、安全、进度、成本等管理目标，如图 12-5-1 所示。

1　王学通．工程项目管理［M］．北京：中国建筑工业出版社，2021：8-9.

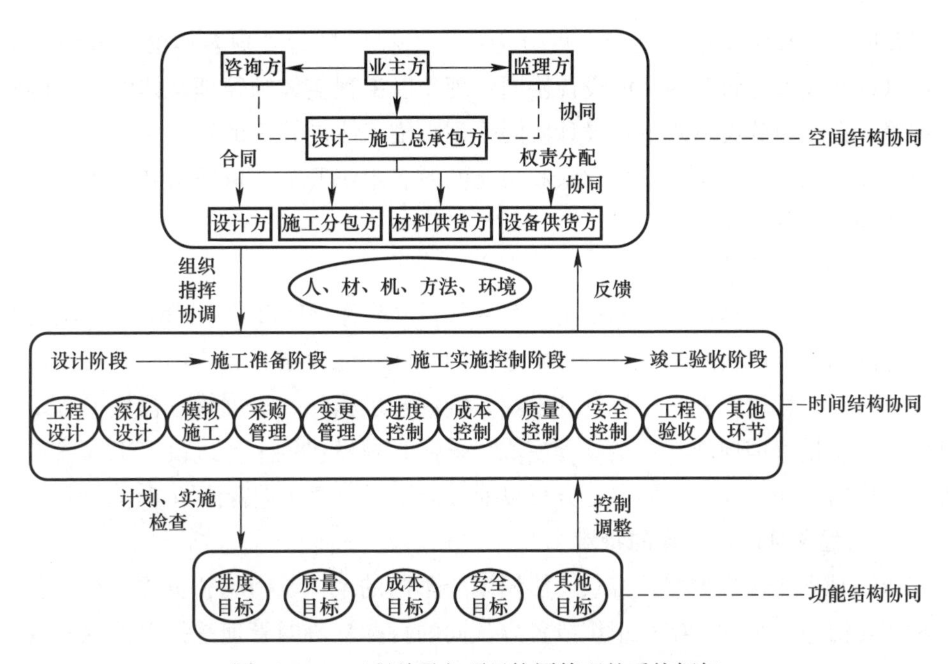

图 12-5-1　工程总承包项目协同管理的系统框架

（2）按照管理客体分类

建设项目的全生命周期通常划分为两个时期、五个阶段，“两个时期”分别为建设期和运营期，“五个阶段”为建设期的策划和决策阶段、设计阶段、招投标阶段、施工阶段及运营期的运营阶段。各参建方在每个阶段所形成的交付成果和所承担的工作任务有所不同，如图 12-5-2 所示，根据主要不同阶段交付成果和

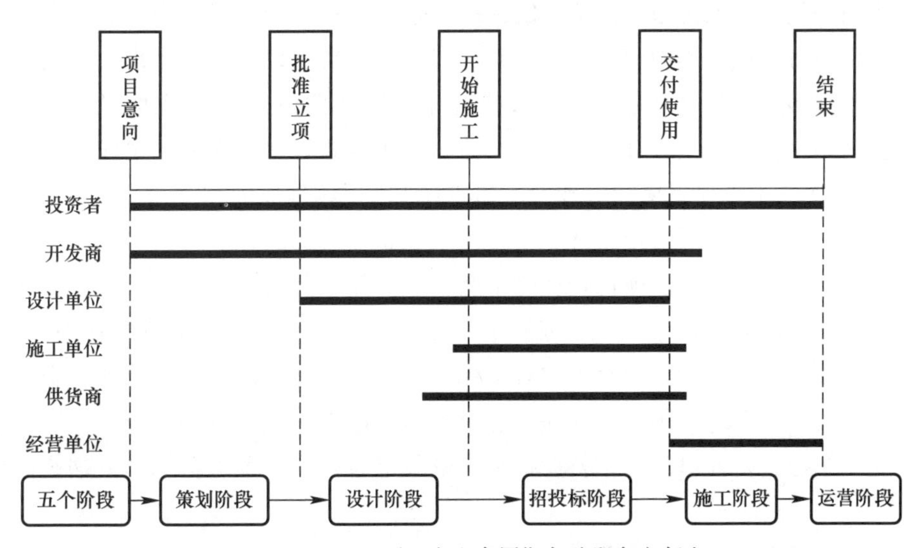

图 12-5-2　工程项目全生命周期各阶段各方任务

管理客体即管理对象进行划分，可分为：以工程项目为管理客体的工程协同管理，以设计成果为管理客体的设计协同管理，以工程实体为管理客体的施工协同管理等。在这种分类方式下，设计协同管理、施工协同管理的管理主体分别是设计单位和施工单位，部分管理权限和功能面向多组织开放，依托两者完成工程协同管理的大部分功能。

（3）按照管理功能分类

参照《项目管理知识体系指南（第六版）》（简称《PMBOK 指南》）对项目管理功能的划分，可将工程项目管理中重要的管理功能设定为相应的管理模块，如合同（范围）管理模块、组织管理模块、资源管理模块、进度管理模块、费用管理模块、质量管理模块、安全管理模块、采购管理模块等，通过设定工程项目管理的工作内容和流程，不同参建方可以通过调用不同模块进行协同工作。

2. 工程项目协同管理的特点

协同是指通过某种有效方式，协调多个不同的个体、组织和资源，在信息互通和相互协作的基础上实现组织或各方认同的目标。协同管理是指以信息交流为主要沟通渠道，通过合理地组织与协调不同个体、组织及资源之间的互补关系，从而保证计划目标有效完成的过程。工程项目协同管理是现代工程项目需求和发展的产物，现代工程项目所呈现出的复杂多样的特点，要求技术管理人员必须应用合理的协同管理理念和工作方式对项目进行统筹管理，以保证项目目标顺利完成，即以协同理念为指导思想和信息技术为协同手段开展协同管理工作，能够使工程项目管理系统、管理对象之间的联系更加密切，管理效率和管理效果更加显著，为项目创造更大价值、使资源发挥最大效能。

建设项目管理过程中应用协同管理，有利于丰富建设项目管理理论、创新建设项目管理实践，提高管理效率和效益[1]。随着建设工程项目管理信息化的要求日益提高，BIM 技术的使用被认为是用于现代工程管理最为有效的手段之一，基于 BIM 技术的工程项目协同管理理论和实践正在迅速地发展和提升。

（1）工程项目协同管理的特点

合作性和协同性。从项目管理的角度看，工程项目组织协同的对象众多并且复杂，跨组织协同工作量巨大。我国的工程项目管理是一种多主体的管理方式，作为工程项目的责任者，建设单位对工程项目进行管理；作为公共管理者和政府项目的投资者，政府必须对工程项目进行管理；作为工程项目的参与者，设计单位、施工单位、咨询单位、材料设备供应单位也参与了工程项目管理。这些需要

---

1 张晋．建筑项目管理中协同管理的运用［J］．中国高新科技，2019（14）：3.

协同的多组织之间通过协议、合同缔结一次性的合作关系，因其不存在归属关系，使得项目协同管理更为复杂和困难。

整体性和系统性。工程项目是复杂开放的系统，工程项目管理是项目组织自项目开始至项目完成，通过项目策划、项目实施和控制，以使项目的质量目标、进度目标和费用目标得以实现。项目多目标协同管理需要以项目利益最大化和项目总体目标的实现为目的，并且兼顾工程项目对社会和环境的影响，这就决定了工程项目的协同管理应从项目整体和项目影响范围出发，运用系统的思想和方法，进行全生命周期、全组织、全方位的协同管理。

复杂性和信息化。项目协同管理的工作涉及多个学科和专业，不同组织在不同阶段的工作流程是不同的。例如，大型建筑工程项目群涉及市政道路、市政管网、综合管廊、园林景观、建筑工程等，其中建筑工程包括建筑、结构、给排水、暖通、电气等专业，需要相当数量的多个专业人员之间的密切配合，各不同专业之间创建并交换信息，借此完成自身专业任务，是一个完成多个子系统共同构建复杂体系的过程，在多专业协同过程中比较重要的是“交换有效信息”与“有效交换信息”[1]。

（2）工程项目协同管理的重点

工程项目协同管理通常是指在跨组织、多目标、多专业等三个维度上进行协同。针对工程项目协同管理的特点，重点包括以下三个方面。

一是协作组织和机制。在建立的协同工作环境中，不同项目参与方、不同专业之间能够建立良好的协作机制，打破各项目方、各专业部门之间各自为政的传统管理模式，使项目各方能在不同时间与不同地点、采用一定的协同方法和工具、按照规范的协作内容和流程进行协同工作，使各项管理工作能够落地。

二是协作内容和流程。在项目组织和人员之间保证工作内容和流程的一致性，交换的信息能够及时、准确、高效率地传递，便于发现项目建设中存在的矛盾和不合理现象，及时协调解决、协作修改，使项目运行过程流畅自如，从而减少反复工作、降低成本、提高质量、缩短工期。

三是协作方法和工具。工程项目协同管理过程中以BIM模型为核心，基于各阶段的平台环境，采用工作集方式或文件链接方式，对每个阶段过程进行双向的信息协同，集成在同一平台、同一标准、同一环境下进行协同管理，有效留存相关信息，进行良好沟通，使工程项目实施组织与组织之间、阶段与阶段之间、工作与工作之间有良好的衔接关系。

---

1 许可，银利军．建筑工程BIM管理技术［M］．北京：中国电力出版社，2017.

3. 基于 BIM 技术的协同管理

（1）BIM 协同管理的价值

工程项目协同管理是以 BIM 模型为中心，在实施项目的全生命周期（全过程）、全项目管理职能（全面）、各参与方（全员）共同产生的信息和知识进行集成管理的基础上，为项目各参与方在互联网平台提供一个提交和获取项目信息与项目管理信息的单一入口，其目的是为工程项目参与方提供一个高效率的信息交流和协同工作的环境。与传统管理方式进行对比，数字化协同管理方式下的业主、设计、施工等各单位协作更加紧密，责任认定明确，流程清晰高效，能够共同推进工程建设，避免了传统方式中的信息碎片和信息孤岛问题，使得 BIM 技术能够更好地应用于设计、采购、施工各环节。

（2）BIM 项目协同管理平台工作方式

应用 BIM 技术进行协同管理，各方可基于统一的 BIM 模型同步即时获取所需的模型、数据和信息，实现并行的协同工作模式，改善各方内部及相互间的工作协调、信息交流和传递方式，如图 12-5-3 所示。

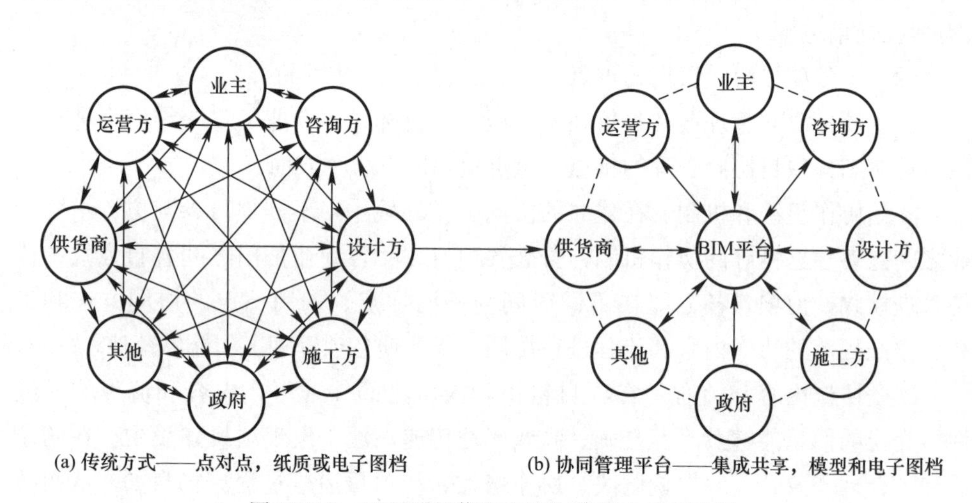

图 12-5-3　工程项目信息交流与传递方式对比图

首先，需要确定清晰的协同组织关系。在此组织关系中，项目各参与方相互独立而又彼此相互联系，共同为项目目标的顺利实现而形成一个共同体，并且对使用 BIM 技术和协同管理平台进行项目管理达成共识，配备相关的技术人员，遵循相应的工作流程，让各项管理工作能够落地。

其次，在工程项目的信息传递层面，借助 BIM 技术的信息化工具进行各参与方之间的信息传递与交流，能够有效减少信息传递的层级数量，避免信息失真情况发生，保证协同准确性。BIM 技术与协同管理平台的本质是信息协同管理，其核心在于对工程项目各阶段各参与方之间传递的信息数据进行有效管理，防止因为数据缺失或数据传递不及时等问题而导致出现管理效率问题。

最后，协同管理平台上的项目BIM模型是一个不断丰富完善的动态数字化产品，随着项目的不断推进，项目BIM模型从方案设计、初步设计、施工图设计、深化设计到建筑安装，再到运营维护，建设项目全生命周期不同阶段相对应的数字信息不断被增加完善，最终形成一个完整的数字产品，其承载了产品的设计信息、建筑安装信息、运营维护信息、项目管理信息等[1]。

（3）BIM项目协同管理平台技术要求

一是建立统一的BIM数据集中存储与管理平台及应用规范，使各方人员对数据的提交与提取都通过统一平台进行，以保证交付数据的及时性与一致性。

二是BIM协同平台应建立相应的数据安全体系，并制定针对BIM应用的数据安全管理规范，其内容包括服务器的网络安全控制、数据的定期备份及灾难恢复、数据使用权限的控制等。

三是依据不同项目参与方人员，确定协同工作内容和工作流程，通过在协同平台上分配不同的人员读、写权限和顺序，达到项目管理流程优化和实现管理功能的目的，既可以互相得到即时准确的数据，又不会相互影响干扰。

12.5.2 业主建设项目协同管理

建设单位（业主）对项目进行的管理是工程项目管理的核心，称为建设项目管理。建设单位（业主）是工程项目管理全过程的决策者、组织者、运营者和最终受益人，是项目实施的总策划者、总组织者和总集成者，建设单位的工程项目管理水平将决定建设行业的管理水平[2]。建设单位在项目建设中应用BIM技术进行工程管理和协同管理，对项目建设的参与者采纳BIM技术等新信息技术提出更高要求，这些要求也必将促进建设行业的变化和发展，成为推动建设行业信息化发展的动力。

（1）建设项目管理的组织协同

建设项目管理的组织协同涉及政府、设计方、施工方、监理单位、咨询单位、运营商等，如图12-5-3所示。所采用的工程项目管理模式不同，其组织协同的任务和要求也不同，主要包括传统模式DBB，如施工总承包、施工平行发包；工程总承包模式，如EPC、DB；项目管理专业化模式，如PMC（Project Man-

---

1 丁烈云，龚剑，陈建国. BIM应用施工［M］. 上海：同济大学出版社，2015：3.

2 王雪青，杨秋波. 工程项目管理［M］. 北京：高等教育出版社，2011：16.

agement Contractor）、MC；融资建设模式，如 BOT（Build-Operate-Transfer）、PPP（Public-Private-Partnership）等。基于 BIM 技术的建设项目管理组织协同主要任务包括组织架构的构建、组织职责和权限的划分，协同要求不仅仅是各参与方站在合同层面进行配合，更要有利于以统一利益为目标和行为导向，形成整体化的思维与行为方式，提高各参与方之间的合作关系，从而形成集成化程度更高的项目管理模式。

（2）建设项目管理的全生命周期协同

工程建造活动包括两个过程，一个是物质建造的过程，另一个过程是产品数字化、管理信息化的过程[3]，在后一个过程中，在 BIM 技术的支撑下完成全生命周期的 BIM 协同工作和协同管理。

BIM 协同管理的内容是在实际施工之前，先对构建的工程 BIM 模型进行虚拟设计、虚拟生产、虚拟施工、虚拟运维分析，据此将后续阶段的需求因素和影响因素提前到前导工作中进行考虑，实现全生命周期项目管理。根据项目阶段的不同，可分为设计协同、生产协同、施工协同。以设计协同为例，在设计阶段将后续施工阶段和运维阶段的需求因素和影响因素提前到前导设计工作中进行考虑。如预先考虑施工因素，改进设计的可施工性；预先考虑运维因素，改进和提升设计功能。

BIM 协同管理的任务用于解决多组织的协同工作问题，解决本阶段和后续阶段的实际问题和指导实际工作，BIM 协同管理要求全过程、全员和全面的协同工作，不同组织负责主持、参与审核或配合的上一个阶段的工作成果是下一个阶段的工作依据，下一个阶段的工作问题能够及时反馈到上一个阶段进行修正，具体体现在工作流程协同上。

（3）建设项目管理的工作流程协同

BIM 协同管理的侧重点在于对建设项目建设目标的总控，投资、进度、质量是总控的重点内容，通过应用 BIM 技术协同各参建方的工作流程，可以有效地提高建设单位的总控力度和效率。以管线综合的工作为例，多组织协同工作的内容是首先施工方对设计方上传至平台的设计模型进行管线综合和碰撞检测分析，将分析结果反馈给监理方；监理单位对此进行质量评价并及时反馈至业主方、设计方；施工方根据设计方修改意见对模型进行深化并提交至平台，并应用于现场各专业施工协调；建设方可在平台上进行协调和审核管理。

12.5.3 承包商施工项目协同管理

在承包商施工项目协同管理中，是以 BIM 技术支持的信息协同为基础，多主体的工作流程协同为核心，协同效应很大程度上取决于组织协同、信息协同和流程协同的程度和处理方式。

1. 施工项目管理的组织协同

施工单位（承包商）的施工项目组织管理包括施工项目外部组织和内部组织，施工组织协同主要研究内部组织的协同，内部组织又分为项目经理部外部组织和项目经理部内部组织，项目经理部外部组织是指业主、监理、设计、咨询、安（质）监站等，项目经理部内部组织包括总包项目经理部、公司职能部门、专业分包商、劳务班组、材料和设备供应商等。

（1）管理组织协同的主要任务

基于 BIM 技术的施工项目管理组织协同主要任务包括 BIM 项目经理部架构的建立、组织职责划分和组织权限划分，不仅协同各专业分包商和施工队完成相应的 BIM 任务，而且协同其他相关方完成工程管理工作内容和流程，工作及职责如表 12-5-1 所示。

BIM 项目经理部工作及职责 **表 12-5-1**

岗位/部门	BIM 工作及职责
BIM 项目经理	①在施工阶段负责与各方进行 BIM 沟通和协调，定期组织项目 BIM 工作会议，按要求出席项目例会、工程会议等，确保在会议中进行模型展示和分析；②负责组织、协调各分包模型创建工作，并按照建模标准、建模深度标准进行模型质量审核；③根据 BIM 建模进度计划及 BIM 应用时间节点计划，进行项目 BIM 建模进度与 BIM 应用执行进度的总控；④负责指导现场 BIM 技术应用工作，检查项目各方 BIM 应用成果的完成质量
BIM 现场负责人	①配合业主各部门与现场设计单位、其他施工单位解决各类施工深化、工程实施、模型移交及使用过程中出现的问题；②协调组织各专业 BIM 人员进行 BIM 设计优化（各专业碰撞检测、综合管线、净空检测、预留预埋）等 BIM 应用工作；③配合 BIM 项目经理开展定期的 BIM 工作会议，定期收集各分包方的 BIM 应用成果
BIM 现场技术负责人	①负责配合 BIM 驻场负责人落实现场的 BIM 技术应用；②配合 BIM 驻场负责人进行 BIM 管理工作
建筑结构技术组	①负责建筑、结构施工 BIM 模型的创建和变更管理；②在建模过程中进行 BIM 图纸审查、技术交底、深化设计、工序搭接、可视化施工方案等 BIM 应用工作；③通过模型编制施工图预算、竣工结算；④配合其他专业进行协同工作
精装技术组	①根据建模标准审核分包单位提供的精装 BIM 模型质量，与业主进行沟通；②负责净空检查，调整方案，协调各专业的对接问题；③控制分包单位 BIM 建模与应用的进度，统筹管理分包方 BIM 应用成果
安装工程技术组	①根据建模标审核分包单位提供的给排水、暖通、电气 BIM 深化设计和技术交底，负责管线综合、碰撞检测、施工实施、问题闭环等；②控制分包单位 BIM 建模与应用的进度，统筹管理分包方 BIM 应用成果；③协调分包方与其他各专业的工序搭接，协同工作
景观技术组	①根据建模标审核分包单位提供的景观 BIM 模型质量，与业主进行沟通；②控制分包单位 BIM 建模与应用的进度，统筹管理分包方 BIM 应用成果；③协调分包方与其他各专业进行协同工作

（2）组织协同的目的

组织协同的目的是通过各参与方的协调配合，提高施工管理的效率，最终实现施工项目管理增值。根据施工过程的特点，以及参与主体在工程施工过程中的主要职能，组织协同的目的主要包括协同优化和协同控制两个方面。协同优化是指多主体在追求工程项目整体利益的基础上对施工方案进行优化，以应对工程项目的复杂性，满足工程项目的实际动态需求。协同控制是指多主体根据实施方案和施工现场的实际情况对施工过程中的质量、安全、进度、成本、采购、现场等进行协同管理，提升“投入—产出”的施工管理效益和效率。

1）总承包方：总承包方建立BIM管理部门，负责BIM施工项目协同管理平台的创建、实施、维护和应用，并且与其他参与方沟通协调开展工作。BIM管理部的主要职责是从设计方接收最新的建筑、结构、机电等设计图纸和模型，及时发送给各分包方进行深化设计；构建各类施工模型并进行施工管理和分析，如应用BIM技术对施工方案进行可视化模拟，合理安排各工艺流程，充分利用工作面，有效解决穿插流水施工的组织问题，降低工程风险[1]；针对各分包方BIM模型的应行进行全面协调，定期进行系统操作培训与检查等。

2）分包方：分包方综合使用BIM软件及项目管理软件等，将BIM模型和管理信息上传至协同管理平台，也可根据自己的权限查询相关信息，基于该平台实现项目信息的传递与共享[2]。例如，土建承包商在开始施工前通过该系统提交施工方案和施工进度计划，经总承包方和业主方（监理）审批后存档；机电承包商可根据需要，经授权后查阅有关土建的施工信息，合理安排机电施工作业，从而避免不同专业间的施工冲突，并根据施工工作流程在协同管理平台完成相应的工作。

3）供货方：在材料供采系统中设置数据服务功能，材料供应商可以实时查看施工现场的材料使用情况以及库存情况，合理制定材料的供应计划，减少供应链管理中由于信息不同步、信息不对称而造成的“牛鞭效应”。

4）业主/监理方：业主/监理方可以访问查看平台中与项目有关的信息，包括设计方的施工图纸成果、三维设计模型，总承包商、分包商的施工方案、施工进度，供货方的材料供应情况、质量参数等。在平台运行过程中，业主/监理方主要参与并负责对设计方提交的设计图纸和模型、总承包方（分包方）提交的施

1　冯为民，胡靖轩. BIM技术在超高层住宅穿插流水施工中的应用［J］. 施工技术，2016，45（6）：68-73.

2　骆汉宾．工程项目管理信息化［M］. 北京：中国建筑工业出版社，2010：14-15.

工组织设计、工程变更、过程验收和竣工验收、竣工结算等资料和模型进行审核、检查与确认。

5）设计方：设计方主要负责设计图纸和设计模型的上传，并可根据需要访问施工过程中的相关信息，协助指导施工。其具体工作包括：设计阶段协助设计交底和深化设计，施工阶段协助施工巡场、开展变更管理、更新BIM模型，竣工验收阶段协助完善竣工模型等。

6）咨询方：咨询方在获得施工方授权后可访问施工过程中的相关信息，根据业主要求编制管理咨询、造价咨询报告，将报告上传到平台并存档，供业主或总承包方做决策参考。

2. 施工项目管理的工作流程协同

流程是将工作或管理按照一定的操作或行为规范和标准连接起来，流程协同是实现对组织工作和管理流程的规划设计、优化流程、执行监控、风险防范和绩效评价。与传统工作模式下存在诸多流程管控不力的问题不同，由于BIM技术是一种能够极大地提高协同效率的工具和方法，为每一个流程的参与者提供了基于同一个BIM模型的多种检查、监控以及督促流程进展的方法和手段，能够很好地完成工作或管理流程协同。工作或管理流程是项目上发生的某项工作从起始到完成，由多个相关方、多个岗位经多个环节协调及顺序工作共同完成的过程，工作流程的标准化就是在工作分析的基础上针对相应的工作设立相应的岗位，并且安排具体的工作者来承担，确保在某个岗位上出现工作失误后能迅速且准确地找到负责人。基于BIM技术的工作流程协同大大提高了工作流程的标准化程度，可以有效防止项目施工过程中各参与方之间、单位内部不同岗位之间的互相扯皮、互相推诿的现象出现。

（1）施工准备阶段

首先由总承包方组建BIM团队负责开发基于BIM技术的施工协同平台，从而有效组织、协同各参与方以及各部门开展各项工作，进行施工项目协同管理。设计方根据施工图设计BIM模型，并进行三维设计交底。各分包方对设计BIM模型进行检查，构建各专业的施工模型，进行BIM深化设计、碰撞检查、虚拟施工等，并据此制订专业的施工方案。总承包方负责集成BIM总体施工模型以及统筹施工方案，通过BIM技术进行施工前各项准备工作，包括施工场地规划和布置，合理安排人、材、机的进出场，并交由业主/监理方审核；供货方根据项目实际施工进度，合理安排物资生产和制定供应计划。

（2）施工控制阶段

施工控制阶段是施工项目协同管理的核心阶段，主要目标是通过BIM协同管理手段实现对施工过程的优化和控制，主要内容可分为以下几个方面。

1）进度管理。总承包方对施工任务进行分解，构建基于BIM的施工进度管理四维模型，编制总进度计划。各分包方根据总进度计划编制子进度计划和日进度计划，通过实际进度与计划进度的四维模型对比分析，及时发现问题、协调施工各方、优化工序安排、调整施工进度，从而实现进度管控。

2）成本管理。在BIM四维的基础上，构建BIM五维模型进行工程量统计、工程费用支付，以及计划与实际工程量、计划和实际预算对比的工程费用分析，实现成本管控。当发生工程变更时，通过修改BIM模型自动生成变更工程量和变更造价，交由业主/监理方审核。

3）质量和安全管理。总承包方根据国家标准、行业标准、企业标准等编制施工质量和安全的控制总体计划，各分包方在此基础上编制施工质量和安全控制子计划，构建BIM质量和安全管理系统，借助BIM模型和其他新技术进行质量和安全信息的收集、分析与处理。以质量管理为例，对施工过程质量进行检查和整改，在BIM质量管理平台上提交报验申请表，总承包方通过该平台对各分包方提交的质量验收报告进行审核，最终交由业主/监理方审批、验收。

4）采购管理。总承包方负责建立BIM物资数据库和制定物资采购计划，对材料进行动态管理。供货方组织材料进场，并提供相应的质量证明。施工方对进场的材料进行审查、验收及抽检和送检，并交由业主/监理方审批，审批通过后更新BIM物资数据库。施工过程中，根据实际施工进度，提取材料用量，并及时更新数据库，实现材料的精细化管理。

5）变更管理。当出现工程变更时，基于BIM平台提出变更申请，交由总承包方确认，并由总承包方提交给业主/监理方审查和批准，涉及设计变更的交由设计方更新设计和模型，总承包方和分包方实施变更，基于BIM技术自动计算变更工程量和变更造价，生成变更记录。

（3）竣工验收阶段

分包方完善各专业BIM竣工模型，交由总承包方进行工程项目竣工图纸和竣工模型的审核、整合和成果交付，并向业主方提交竣工验收申请，业主方利用竣工模型对现场实际情况进行校核并组织竣工验收。分包方基于BIM竣工模型进行工程量计算并向总承包方提交分包工程结算申请，总承包方基于BIM竣工模型对工程量进行校核，并向业主方提出竣工结算申请，业主方基于BIM竣工模型审核对量并进行竣工结算。

3. 施工项目管理的信息协同

信息是工程建设与管理过程中所涉及的一切文件、资料、图表和工程数据等信息的总称，而信息协同则是指在工程项目全生命周期的不同阶段，业主方、设计方、承包商、供应商、咨询方等不同参与方，以及参与方的不同部门之间通过信息流的设计实现无障碍沟通和交流[1]。

总体上，可以将建设过程分为物质建造过程和产品数字化、管理信息化过程，而前者直接受到后者的支持，施工阶段是物质流的交换与传递最集中和频繁的阶段，而物质流无时无刻不依赖信息流的支持与驱动。

施工单位经理部内、外部组织信息协同可通过BIM协同管理平台，让参与者之间的沟通更加方便快捷，避免信息孤岛和信息碎片，有助于提高工作效率，缩短工期，降低施工成本，施工阶段建筑数字产品形成的和承载的是建筑安装信息。

12.6 BIM深化设计与数控生产

12.6.1 概述

(1) 基于BIM的深化设计

深化设计是指当建筑工程各专业设计图纸的深度无法满足指导施工的实际需要时，在符合建设单位和设计单位要求的前提下，结合施工现场的实际情况，对图纸进行的一系列细化、补充和完善的设计深化工作。深化设计是为了将设计师的概念、设计思路、设计意图在施工过程中更加完整表达，使施工图纸更加客观且贴合实际情况，是施工单位指导施工的依据。其目的是更好地满足建设单位的要求，满足不断变化的需求，不断调整施工方案，使其更加贴合现场的施工过程，降低施工成本，为项目节省开销。

基于BIM的深化设计是指应用BIM软件进行施工图纸和模型的深化设计工作，大致分为两类，即专业性深化设计和综合性深化设计。BIM深化设计要符合BIM的技术特征和现有的管理流程，对于每个环节的技术参数要做到精准无误，确保深化设计的准确性，不仅能够极大地提高深化设计的质量和效率，而且加大了设计—生产—施工一体化程度，通过选择BIM软件平台进行构（配）件的自动化生产加工，根据建筑工程专业系统的不同，选择不同种类的数控机械，实现构（配）件的数字生产和数字建造。

传统的深化设计通常是为了满足施工的需要，往往由施工单位的技术人员完

---

1 骆汉宾．工程项目管理信息化［M］．北京：中国建筑工业出版社，2010：23-33.

成，如二次结构、粗装深化、砌体排布等。目前装配式建筑BIM深化设计需同时考虑工厂生产加工和现场施工的协同，如与生产加工厂商的工艺工程师配合，绘制构件布置图、构件详图和节点详图，对布置不合理的相关构件及节点进行重新布置或者优化。深化设计后的模型和图纸能够满足建筑设计功能和技术要求的同时，需符合相关的设计规范、生产标准及安装施工规范。另外，结合BIM模型对深化图纸进行审核，对不合理的地方提出优化建议，以便设计人员及时修改，图形合一，直接指导生产和现场安装施工。

（2）基于BIM的数控生产[1]

近年来，工厂化预制加工和现场拼装组合的施工方式获得了很大进步，在保证施工质量的同时，大大提高了施工效率和安全性，BIM技术与数控生产的集成技术将成为建筑产业现代化的关键应用技术之一，推动我国的建筑行业向精细化、批量定制化、信息化生产方向发展。将BIM模型用于数控生产，一是通过工厂精密机械自动完成建筑物构件的预制加工，制造出来的构件误差小，预制构件制造的生产率大幅度提高；二是建筑中的许多构件可以异地加工，然后运到建筑施工现场，装配到建筑中，如门窗、整体卫浴、预制混凝土结构和钢结构等构件；三是整个建造的工期缩短并且容易掌控。数字化是将不同类型的信息转变为可以度量的数字，然后将这些数字保存在适当的模型中，再将模型导入计算机进行处理的过程。数字化加工则是在已经建立的数字模型基础上，利用生产设备完成对产品的加工。

BIM数控生产集成意味着将BIM模型中的数据转换成数字化加工所需的数字模型，使设备根据该模型进行数字化加工。其原理是，BIM模型中包含了尺寸信息，通过开发相关软件即可从中自动提取这些信息，以规定格式的数据文件输出，再将其导入数控生产设备，即可实现数控生产。为此，一般需要通过特定的步骤，从BIM模型中提取加工作业所需要的尺寸、数量等参数，并转换成规定的格式后直接传输到加工设备。当加工设备接收到相关数据后，会按照设定的工序和工艺组合与排序，自动选择材料、模具、配件和用料数量，计算每个工序的机动时间和辅助时间，形成加工计划，并按计划进行加工。

采用BIM数控生产的集成方法，通过信息系统即BIM与自动化生产线集成应用系统，将BIM模型导入自动化生产系统，实现在工厂中生产建筑部品部件。BIM技术融入工业化生产流水线的方式解决了生产线信息共享问题，从事不同岗位的工程管理员可以从不断更新的设计、施工、生产协同后最终确认的模型中得

1　本刊编辑部．BIM：开启智慧建造新时代［J］．中国建设信息化，2017（2）：38-43.

到信息，既能指导生产工作又能将相应工作成果更新到模型中，使各方工程技术人员对各种建筑信息做出正确理解和高效共享，从而起到提升项目管理水平、缩短管理链条、提高生产效率、降低建造成本的作用。

12.6.2 钢结构工程

在钢结构施工中，为了使用最为经济的材料和工时，在完全保证结构安全的前提下把整体结构分解成许多便于加工、运输、安装和连接的部件。钢结构建筑或建筑中部分主体结构、屋盖、雨篷等为钢结构的，需提前进行钢结构工程的精确设计、工厂加工生产、预拼装等方能进入到施工现场进行吊运和安装，因此对钢结构的深化设计工作要求非常高。应用BIM技术进行钢结构深化设计和数控生产，结合工程案例分析以下六个方面的要求。

【工程案例17】[1]

华工国际校区二期工程中D6综合体育馆的钢结构由六个部分组成，如表3所示。

D6综合体育馆钢结构形式及特征值　　表3

部位	结构形式	钢结构特征值
游泳池上空	钢结构屋盖（平面管桁架体系）	平面管桁架体系中主桁架最大跨度40m，桁架最大高度7.6m，张弦梁最大跨度60m。 桁架杆件截面采用无缝圆钢管、H型钢、矩形管，节点连接采用相贯连接，屋面标高23.600m。 整个单体钢结构材质为Q355B，约1600t
网球场上空	钢结构屋盖（平面管桁架体系）	
中庭上空	钢结构屋盖（钢梁体系）	
舞台上空	钢结构屋盖（钢梁体系）	
篮球场上空	钢结构屋盖（张弦梁体系）	
钢结构雨篷	钢结构雨篷（悬臂柱+悬挑梁体系）	

D6综合体育馆钢结构工程，其构件具备结构跨度大且高度高、结构体系种类多，构件断面类型多样且节点复杂，加工精度和连接技术要求高，吊运质量大且安装难度大等特点。许多节点尺寸都会超出极限运输尺寸，给构件运输及现场拼装带来极大困难。对于空间网架结构，钢构件容易产生弯扭现象，构件的拼接定位非常麻烦。

（1）深化设计

应用BIM技术进行钢结构工程深化设计，深化设计后的模型和图纸能够满足建筑设计功能要求和技术要求，符合相关的设计、生产、施工规范，能直接指导工厂生产和现场安装施工。BIM深化设计自动生成可定制的钢结构节点详图，这

1　资料来源：华南理工大学建筑设计研究院有限公司（梁昊飞，郑巧雁，林颖群）、中国第五工程局有限公司（徐为，李长青），华南理工大学广州国际校区EPC项目BIM应用。（第4篇案例1）

一特性必须包括不同节点形式的参数化定义，以及节点形式选择规则[1]。

节点BIM模型。BIM钢结构深化设计可根据最终确认的节点形式，建立包含这些节点的钢结构分段实体三维参数化模型。本案例对钢结构部分进行Tekla建模，确立管桁架、中庭钢梁、张弦梁连接等节点形式，如图30、图31所示。为确保后续的深化图纸的准确性，将节点所有相关信息均反映到实体模型中，如安装耳板、吊装耳板，以及辅助连接件的规格尺寸及位置，并通过BIM模型制作加工、运输、安装的施工动画指导实体施工。

图30　D6综合体育馆钢结构节点样例

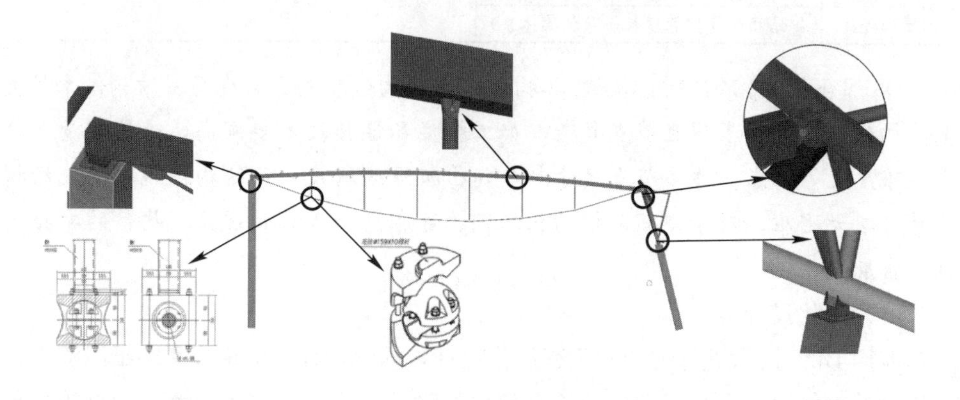

图31　张弦梁结构连接节点形式

1　查克·伊斯曼，保罗·泰肖尔兹，拉菲尔·萨克斯，等. BIM手册［M］. 尚晋，等译. 北京：中国建筑工业出版社，2016：47-248.

胎架 BIM 模型。本案例工程结构跨度大，结构体系种类多，为保证结构最终成型以及施工过程中结构稳定，安装过程中需要大量使用临时支撑胎架。支撑胎架主要由标准节和非标准节组成，标准节可循环利用，非标准节针对每个支撑点进行点对点深化设计以满足安装需求。

（2）结构分析

内置结构分析模块，包括有限元计算模块，BIM 软件应具有用其他结构分析软件可读的数据格式，描述并导出包含荷载定义的结构模型供其他结构分析软件使用。同时，也应该能够将荷载和受力导入 BIM 模型[1]。

为保证钢结构主体施工过程的承力效果与安全性，基于 BIM 技术进行胎架的选型和力学分析，保证结构成型的同时也保证结构的安全性。胎架采用格构式胎架标准节，标准节高 2800mm，截面尺寸为 1780mm×1780mm，立柱为 ϕ135×12，腹杆截面尺寸为 ϕ75×6。胎架底部设置 3000mm×6000mm 路基箱，胎架与路基箱焊接牢固。顶部设置转换平台，通过立柱支撑与结构临时连接，如图 32 所示。

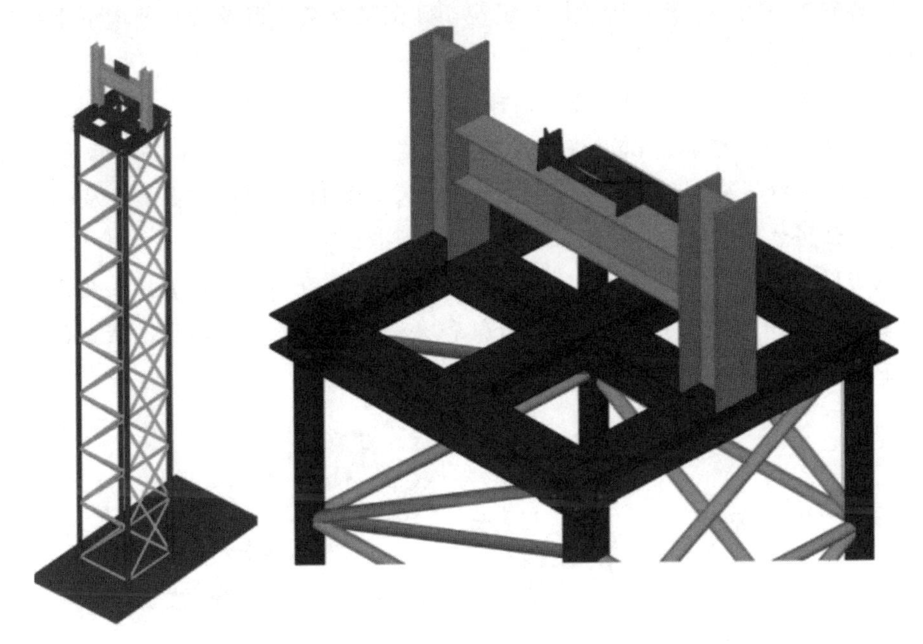

图 32　支撑胎架设计

（3）数控生产

利用用于生产的 BIM 模型和图纸，直接向数控机床输出钢构件的切割、焊接

1　查克·伊斯曼，保罗·泰肖尔兹，拉菲尔·萨克斯，等 . BIM 手册［M］. 尚晋，等译. 北京：中国建筑工业出版社，2016：248-249.

和钻孔指令。这个方式可以扩展应用于由焊接生成的组装构件，构件组装需要更多的几何、流程信息[1]。

（4）专业协同

大型复杂钢结构建筑一般为超大型综合工程，钢结构制作、安装、混凝土施工、幕墙以及设备安装各专业工种均紧密相关、互相影响，存在大量交叉施工，这一切都给钢结构深化设计和施工带来很大困难，克服这些困难是BIM深化设计的重要功能。钢结构与土建、机电、幕墙等专业BIM团队协同工作，将创建好的钢结构BIM模型与相关专业BIM模型整合，进行预拼装碰撞检查，提前发现并解决各专业之间存在的构件碰撞、工序交叉、衔接配合等方面问题，减少由此引起的设计变更及工程返工。

（5）施工方案

钢构件施工现场安装前，通过BIM模型进行钢结构施工方案的模拟和比选。对重要钢构件的地面拼装和安装施工中的工序流程进行模拟；对空间位置、起重量、安装操作空间等进行精确校核和定位，确保在复杂构造及特殊环境下钢结构吊运和安装的质量。

利用BIM模型分别对游泳馆、网球馆、篮球馆桁架进行地面分段预拼装和安装施工工序的流程模拟，以保证施工的顺利进行。以游泳馆为例，桁架吊装分段，在地面进行拼装，拼装采用H150×150×8×13H型钢作为支撑，底部布置路基箱保证拼装胎架的整体稳定性。

地面拼装流程为：第一步，主桁架、次桁架在地面卧拼，利用拼装马镫，依次拼装上下弦杆、腹杆；第二步，主桁架和次桁架组装成吊装单元，检查合格后进行下一步吊装，如图33所示。

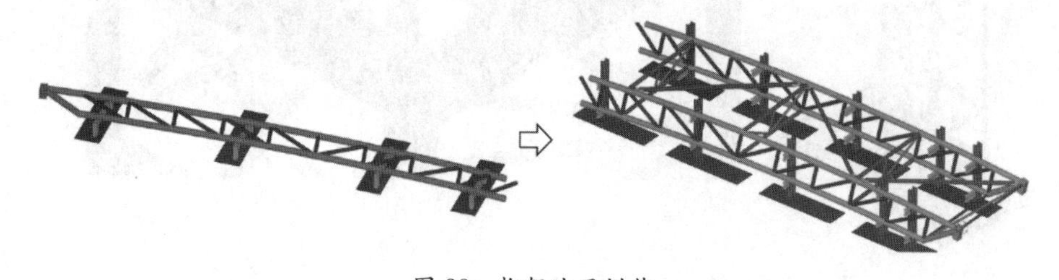

图33　桁架地面拼装

安装施工流程为：第一步，安装支撑架→第二步，安装⑩轴、⑨轴柱桁架→第三步，安装⑩轴、⑨轴桁架间水平桁架→第四步，继续安装柱桁架，并开始整

1　查克·伊斯曼，保罗·泰肖尔兹，拉菲尔·萨克斯，等.BIM手册［M］.尚晋，等译.北京：中国建筑工业出版社，2016.

体安装⑩轴、⑨轴水平主桁架→第五步，安装⑧轴、⑦轴水平主桁架→第六步，安装⑨轴、⑧轴间次桁架→第七步，安装⑥轴、⑤轴水平主桁架及次桁架→第八步，安装④轴、③轴水平主桁架和次桁架→第九步，安装⑤轴、④轴间稳定次桁架与斜撑补档→第十步，依次进行至结构安装完成，如图34所示。

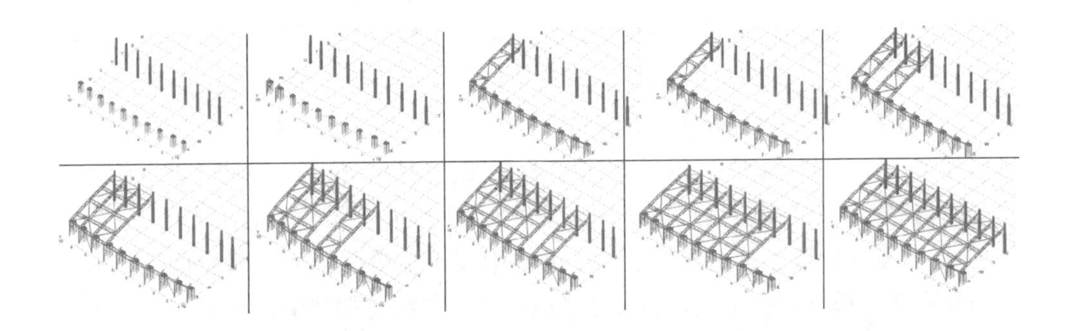

图34 游泳馆桁架部分施工流程模拟

（6）钢结构工程BIM软件

目前可用于钢结构工程深化设计和数控生产的BIM软件包括Tekla Structures、SDS/2 Design Data、StruCAD、3d+等[1]。

12.6.3 幕墙工程

建筑幕墙随着我国高层、超高层大型公共建筑的发展而增多。幕墙作为封闭墙体系统属于建筑的外围护结构，悬挂于主体结构之外，自身不构成建筑物的承重体系，但需承受自重、风霜雨雪等外力的作用并传递给主体结构，具有装饰性。幕墙是由面板和后面的支撑构造组成，面板材料主要有玻璃、金属板、石材、其他幕墙材料等；支撑构造主要分为横梁立柱、钢构造以及玻璃肋。定制设计、加工的幕墙与ETO（Engineered to Order，定制）构件相关，其中铝和玻璃幕墙是典型构件。

（1）幕墙深化设计类型

建筑幕墙分类为：构件式（框架式）幕墙、单元式幕墙和点支式幕墙。

1）构件式（框架式）幕墙。其主要特点是在施工现场一次安装立柱、横梁、面板的框支撑体系。其分为明框、隐框、半隐框三种类型，隐框和半隐框预先在加工厂粘结好面板材料。构件式幕墙施工比较灵便，工艺十分成熟，适应能力强，施工顺序基本不受主体构造的影响。其采用了密封胶接缝处理，气密性、水密性好，具有良好的保温性、较强的隔声降噪能力。

2）单元式幕墙。单元式幕墙是将面板和金属框架（横梁、立柱）在工厂标准化组装成预制构件单位，以单元板块的形式在现场完成安装施工的框支撑幕墙。单元式幕墙的工业化生产能够保证单元质量，缩短施工时间。单元之间阴阳镶嵌连接，适应主体构造位移的性能强，适宜用在高层建筑以及钢结构建筑中，具有良好的气密性和环保功能。不同类型的单元板块需与现场幕墙不同立面、不同层高一一对应，应用BIM技术能够很好地完成深化模型中单元面板、龙骨框架、非常规型材的设计，依据数据规划进行唯一的编码等工作。通过生成的材料清单和对应的编码下料加工、管理材料堆放，依据标准单元模板图快速拼装单元。另一关键点就是要满足高精度施工的需要，这意味着BIM建模要能反映框架尺寸的施工误差。

3）点支式幕墙。其主要特点是安装在附属于建筑框架的金属结构上，由垂直竖梃和水平横梃构件组成，相交处形成节点，与结构框架的连接节点必须十分清晰、详细。这种构造的样式非常多样，能够满足不同建筑师和用户的需求，结构稳固且美观，构件精致且实用，最大限度地实现了金属构造与通透的玻璃融为一体的效果，满足了建筑内外和谐统一的要求。另外，玻璃与驳接爪件使用了球铰相连，增强了吸收变形的能力。点支式系统只需要建立幕墙装配BIM模型并绘制较少的加工详图，规划安装顺序，调整误差。但是其对建模软件有特殊要求，因为点支式幕墙易受温度影响，热胀冷缩，需允许幕墙节点在不影响分隔和美学功能的前提下自由移动。

4）复合式系统。其包含了单元和竖梃系统，以及窗间墙系统和格板系统。它不仅需要由BIM模型出具安装详图和构件加工详图，而且需要与其他系统密切协调。

（2）模拟分析

幕墙BIM模型是建筑BIM模型的重要组成部分，它们在建筑性能分析和结构分析中都很重要（如热学、声学和光学），任何基于BIM模型的模拟分析不仅需要幕墙系统和其部件的几何数据，而且需要准确的物理特性，用以支持在当地风荷载和静荷载作用下的结构部件分析。

（3）幕墙工程BIM软件

目前可用于幕墙工程深化设计和数控生产的BIM软件包括Digital Project（Catia）、Tekla Structures、Autodesk Revit、Allplan Architect、Graphisoft Archiglazing、SoftTech V6等[1]。

1　查克·伊斯曼，保罗·泰肖尔兹，拉菲尔·萨克斯，等. BIM手册［M］. 尚晋，等译. 北京：中国建筑工业出版社，2016：250-251.

【工程案例 18】[1]

华南理工大学广州国际校区二期工程中的幕墙专业采用全参数化模型信息管理，纵向贯穿设计、深化、生产与施工各环节。

(1) 幕墙 BIM 深化设计

通过详图设计组确定铝合金框架玻璃幕墙、倾斜单元式玻璃幕墙、大跨度钢结构玻璃幕墙、线条蜂窝铝板幕墙、铝板幕墙等幕墙形式，以及分布位置、加工工艺、图纸分批提交计划等，进行幕墙表皮模型（体现幕墙分格、位置、尺寸）及节点模型（分析节点设置合理性）的建立。导入土建、机电模型进行碰撞检查，再进行幕墙单位分割深化设计，写入模型下料信息，对面材、龙骨等进行自动编码，导出材料编号与图纸，如图 35 所示。

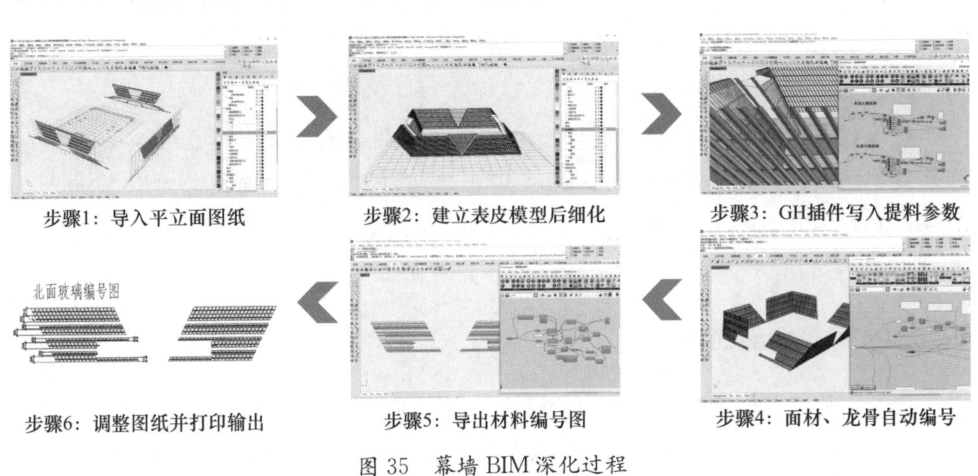

图 35　幕墙 BIM 深化过程

(2) 三维激光扫描偏差分析

对于 E3 图书馆外倾幕墙部分，钢结构较大的施工偏差会对幕墙产生较大影响，采用三维激光扫描技术对已完成钢结构进行测绘，达到虚拟信息与实际信息的完整交互。使用徕卡 RTC360 中等精度扫描，27 个站点测绘，仅耗时 1.5h，点云模型精度达到 0.02～0.05mm。采用 CYCLONE REGISTER 360 进行数据拼接点云整合，CYCLONE 对点云进行“抽稀”处理并导出 PTS 文件，完成与 Rhino 理论模型的整合并进行偏差分析，如图 36 所示。偏差分析结果为：现场钢结构有近 30%的地方与原设计位置偏差较大，偏差分析后利用 BIM 技术调整幕墙模型，直接导出材料加工计划与现场转接件安装点位，确保高质量、高效率施

1　资料来源：华南理工大学建筑设计研究院有限公司（梁昊飞，郑巧雁，林颖群）、中国第五工程局有限公司（徐为，李长青），华南理工大学广州国际校区 EPC 项目 BIM 应用。（第 4 篇案例 1）

工及降低成本。

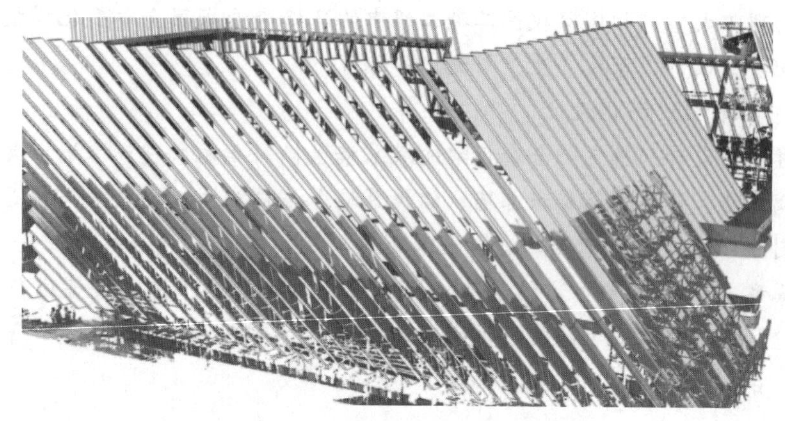

图 36 点云模型和 Rhino 模型合模

（3）幕墙材料数控生产

幕墙铝龙骨种类多、切角多，加工周期对工期影响较大。对 LOD450 精度的幕墙模型信息通过飞幕 FSTCAM 软件进行数据处理，转化输出为可识别的加工信息，对接飞幕数控机床自动加工，该项目 CAM 累计加工量达 50t。如此省去了原预期 30 天的 CAD 绘图步骤，且确保了铝材加工精度达到 100%。

12.6.4 建筑安装工程

建筑安装工程包括暖通空调、给排水、电气和建筑智能等系统，这些系统虽然在性质上和建筑空间位置上有一定的相似性，但是详图设计和加工软件的要求是不一样的。应用 BIM 技术进行机电工程深化设计和数控生产应该满足的要求如下[1]。

（1）管线综合与碰撞检测

建筑安装工程对 BIM 技术的第一需求是，管线位置、方向和空间的协调，包括解决不同系统之间的冲突，详见本书管线综合与碰撞检测内容。

（2）全产业链数据

建筑安装工程对 BIM 技术的第二需求是，将各系统构件按照生产和安装的逻辑关系进行分组。根据 BIM 模型提供的材料清单，将其整合到生产、物流等相关软件中，以保证在产业链上不发生尺寸偏差、加工错误、部件丢失等情况，提高生产效率。BIM 技术，配合 RIFD 条码的使用，能够确保完整正确的构（配）件被及时运送到工地现场。

1 查克·伊斯曼，保罗·泰肖尔兹，拉菲尔·萨克斯，等. BIM 手册［M］. 尚晋，等译. 北京：中国建筑工业出版社，2016：251-253.

(3) 数控生产

建筑安装工程对BIM技术的第三需求是，提供机电构件生产加工的模型数据。例如，大部分管道都是由平板板材剪裁加工而成，BIM软件应能生成由三维模型展开的平面形状，并以等离子切割机或其他机器可读的数据格式输出。BIM软件还应提供最佳剪裁方案，最大限度减少边角料。又如，管线一般用等距符号图表示，BIM软件应能够提供多种表示方式，包括全三维表示、线性符号表示，以及二维平面、剖面、轴测图等表示方式。另外，BIM软件也应能自动生成带有材料清单的管线装配图。

【工程案例19】[1]

黄孝河后湖二期泵站压力管道在最高点设有真空破坏阀室，圆管转方管的异形变径过渡段及最高处的弧度方管均为非标管件。通过BIM建模，辅助加工厂商明确尺寸、形状及角度，配合施工方现场进行平面转角和竖向坡度的确定，如图37所示。受限于府河堤现有高程，该泵站7根出水管路由*DN*2800圆形管道变径为方形管道宽度×高度=2800mm×1600mm。压力管道在府河堤坡脚处按约17°的上仰角爬升至高程29.300m，翻过府河堤，再按约18°的角度下降至高程19.700m（即至出水池）。

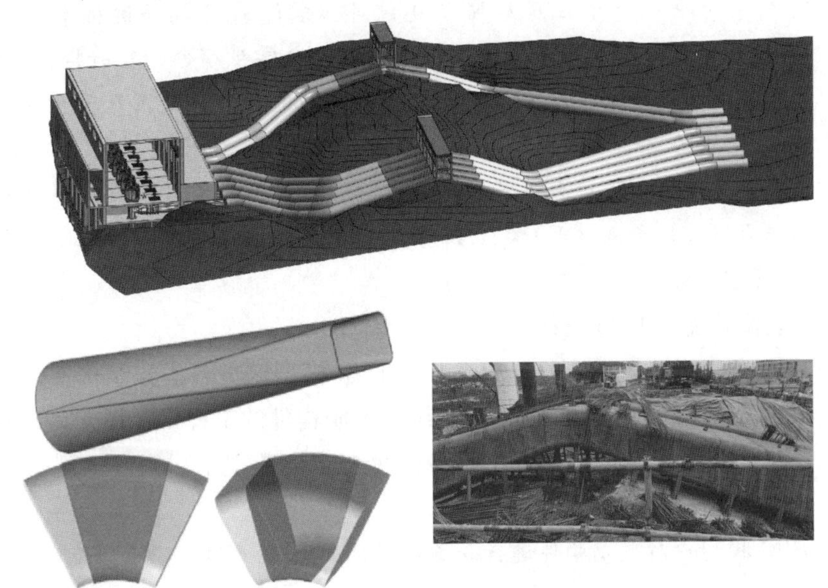

图37 非标管件BIM三维效果图及实景图

1 资料来源：中建三局绿色产业投资有限公司（夏云峰，邓德宇），武汉两河水环境综合治理二期PPP项目BIM应用。（第4篇案例2）

(4) 建筑安装工程 BIM 软件

因为支持建筑安装工程系统的BIM软件，如Revit MEP和Bentley Building Mechanical Systems，尚不能直接绘制构件加工图，仍需要与基于CAD的软件平台混合使用，并确保能支持可以上传相关BIM软件的文件格式。目前可用于机电工程深化设计和自动化生产加工的BIM软件包括Quickpen、PipeDesigner及DuctDesigner、CADPIPE（Commercial Pipe，Electrical，Hanger，HVAC）、CAD-Duct、SprinkCAD、RevitMEP、Bentley Building Mechanical Systems、Graphisoft MEP Modeler等[1]。国产类软件包括管综易、广联达、鲁班、盈建科、PKPM等。

12.6.5 装配式建筑

装配式建筑BIM模型比钢结构BIM模型更加复杂，因为预制钢筋混凝土构件内部包含钢筋、预应力钢绞线和嵌入钢板等，实体造型种类更多、表面处理变化更大。结合装配式建筑BIM技术应用案例，进行预制混凝土深化设计和数控生产要求的分析。

【工程案例20】[2]

华工国际校区装配式地块是达到国标A级标准的广州市最大装配式建筑群，也是当时广州市唯一一个住房和城乡建设部《装配式建筑评价标准》(GB/T 51129—2017) 范例工程。一期装配式地块功能包含学生宿舍、实验楼、教学楼，总装配式建造面积约15万m^2。二期装配式地块功能为教师公寓及学生宿舍，总装配式建造面积约22.6万m^2，最高99.8m，装配率均已超过60%，最高达66.4%。在二期项目中，最大单层吊数高达172吊，实现了G5教师公寓每层施工进度“保六（天）争五（天）”、A4学生宿舍每层施工进度“保八（天）争七（天）”的管理目标。

(1) 装配式建筑BIM设计

1) 预制构件分类与装配率复核。利用BIM模型区分各类预制构件，并辅助装配式深化设计。BIM模型可自动分类统计不同构件的工程量；在方案调改过程中，能快速复核装配率；在保证满足装配率要求的前提下，调整得到对结构受力、模板制作及施工组织最为有利的结果。

在BIM模型中对预制构件进行分类建模，如图38所示。

---

1 查克·伊斯曼，保罗·泰肖尔兹，拉菲尔·萨克斯，等. BIM手册［M］. 尚晋，等译. 北京：中国建筑工业出版社，2016：248-249.

2 资料来源：华南理工大学建筑设计研究院有限公司（梁昊飞，郑巧雁，林颖群）、中国第五工程局有限公司（徐为，李长青），华南理工大学广州国际校区EPC项目BIM应用。（第4篇案例1）

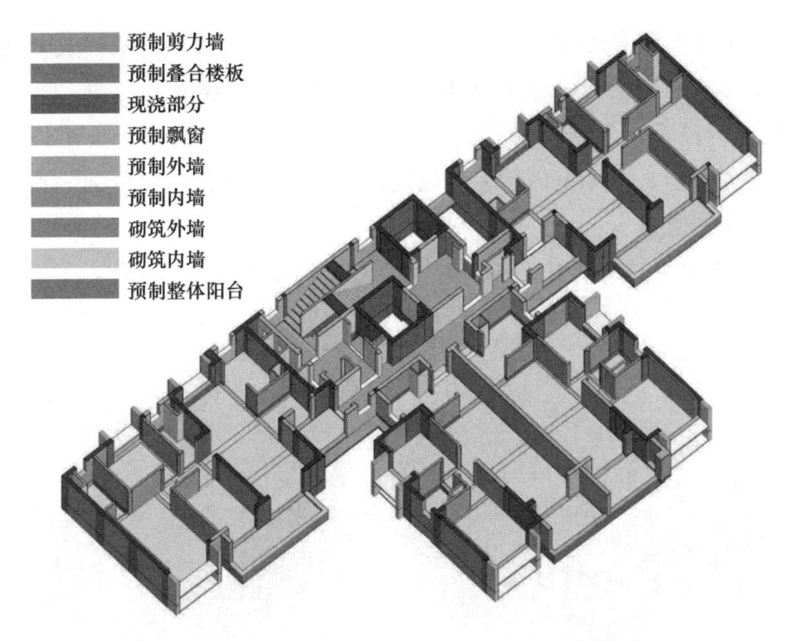

图 38　在 BIM 模型中对预制构件进行分类建模

2）预制构件深化设计——节点钢筋碰撞检查。由于预制构件端头出筋，在施工过程中容易出现钢筋碰撞、需要剪断重叠钢筋等问题，利用 BIM 模型在设计阶段将钢筋创建出来，能够提前检查可能出现碰撞的情况，提前协调解决碰撞问题。

由于钢筋模型精细度高，如果将整栋建筑的钢筋都创建出来，会使 BIM 模型非常大，且在计算机中运行会非常卡顿。设计人员分析不同预制构件拼接的情况，将拼接情况简化为几种类型，每一类只需要创建一处节点的钢筋模型，即可穷尽该建筑可能存在的钢筋碰撞情况。因此，通过创建节点钢筋模型（图 39）梳理钢筋碰撞的问题类型，用 BIM 模型辅助设计及与构件深化团队协商解决策略，

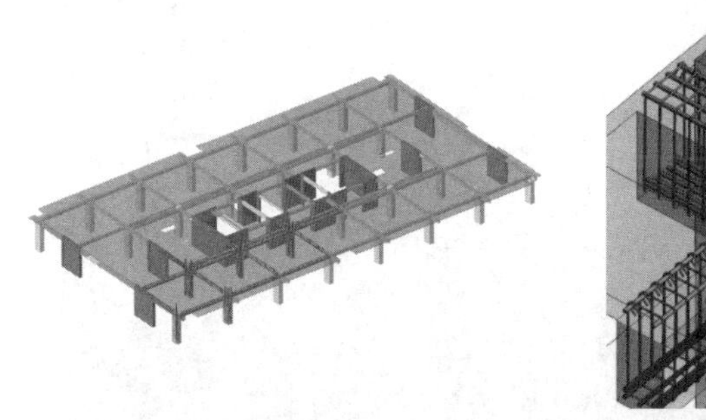

(a) 实际建模范围

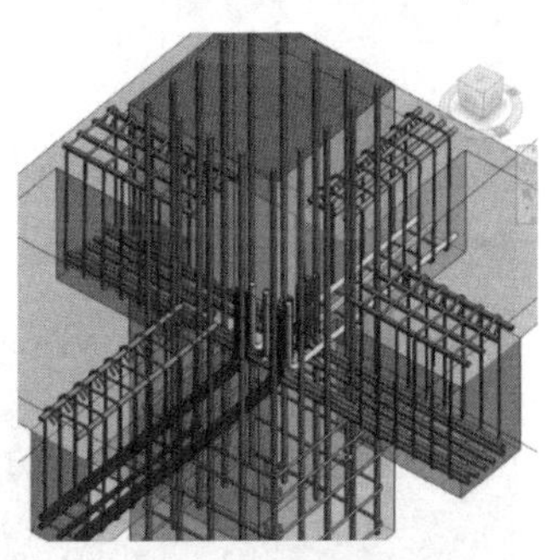

(b) 节点钢筋模型

图 39　BIM 钢筋节点模型

最终利用模型进行验证的问题已解决，能有效提高结构团队的设计效率，同时将施工现场可能发生的碰撞问题提前在设计阶段进行解决。

3）机电与预留预埋深化设计。对标准层单元间进行机电、预留预埋深化设计，复核专项问题，保障室内精装末端定位与构件预留孔洞定位的一致性，提升预制构件深化的质量。

利用 BIM 模型对标准层单元间进行机电、预留预埋深化设计，如图 40 所示。

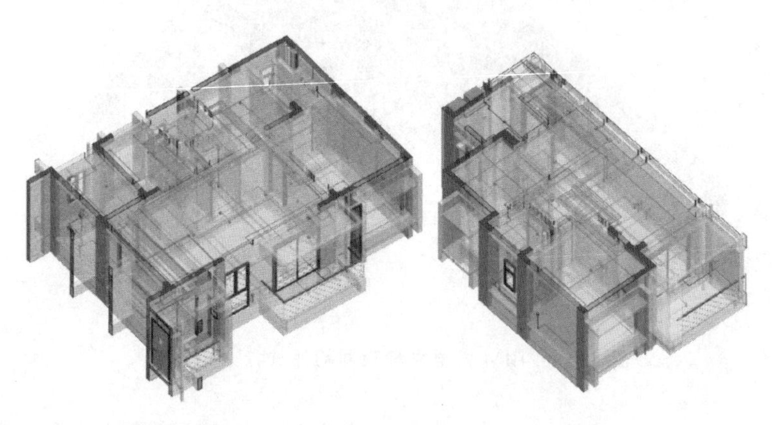

图 40　标准层单元间机电、预留预埋 BIM 深化设计

4）装配式室内精装设计。BIM 辅助装配式标准层单元间的室内管线优化及装修深化、灯光及样板材料选定，对设计效果进行全过程模拟及控制，输出 VR 漫游动画，辅助各方体验落成后的场景效果。

高精度 BIM 模型实时渲染，极大地方便了各方及时检视和确认建成效果，提高项目信息共享的效率及决策的有效性，如图 41 所示。

图 41　BIM 辅助精装修设计

（2）装配式构件 BIM 生产与运输

以工厂生产为对象，构建软件＋硬件＋数字孪生云平台的“两端一云”系统。通过对装配式建筑进行 BIM 构件的拆分与编码，匹配系统构建预制构件的唯一信息并生成专属二维码。

通过系统发布楼层需求预订单计划，工厂根据系统导出清单进行生产并贴合工厂生产的习惯进行构件二维码标签的张贴，并在加工、工厂堆场、运输、现场进场、吊装、验收等工厂到现场环节采取一体化管理措施，如图 42、图 43 所示。

图 42　装配式构件供应链可视化

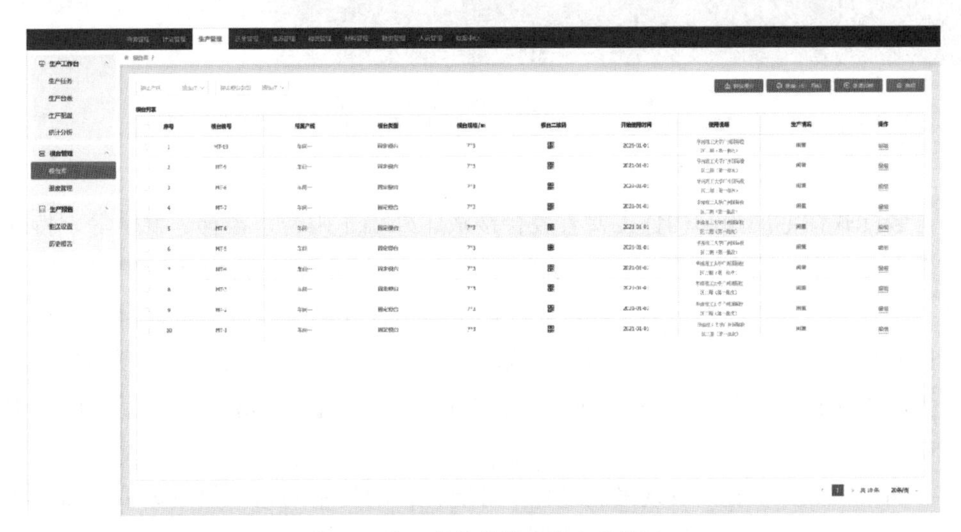

图 43　装配式构件供应链发货管理

对BIM模型进行装配式构件命名系统拆分、组合，匹配相应的构件吊装策划顺序，体现构件“项目”“地块”“楼栋”“分区”“吊装编号”“构件编号”等多种数据，让BIM构件与系统联动，匹配工厂生产，配合基于微信的应用前端快速对构件生产时间、部位、数量等进行实时快速统计，自动生成台账的同时，在系统中即可直接查看对应已排产构件。相比于传统工厂驻场和手工登记，更方便、快捷、精准，避免产生现场对工厂供货情况的盲区，减少了人力驻场的需求，同时也减少了人为因素的误差，如图44所示。以标准化流程反向要求完成既定工作内容，与传统靠人力自觉，且无法溯源的工厂进度、现场吊装进度、吊装质量管理方式完全相反。

图44　装配式构件供应链吊装管理

（3）装配式构件BIM施工

装配式住宅的预制构件主要有叠合楼板、外墙、阳台、楼梯、飘窗等，特殊的双户型一般含有双户型阳台，有的质量高达6t，由于预制构件体积大且质量大，必须通过起重器械吊运来完成装配，由于构件在吊装过程中难以自由操控其转向和位移，往往会造成安装精度无法满足要求。应用BIM技术进行预制构件的吊装施工模拟，对构件各种不同的吊装顺序、吊装路径、落位校核等进行模拟分析。

通过模拟分析提前发现吊装过程中可能存在的技术问题，如吊运中的预制构件起吊点受力不均拉裂构件、构件起吊路径不合理与主体结构外架相碰撞等，又如，落位中的预制构件预留钢筋过长无法嵌入连接现浇结构、预制构件截面尺寸大于已支模的梁槽无法下放安装等，这些问题容易造成反复上下吊运构件，打磨返工，使施工成本增加和工期延误。利用 BIM 技术优化和调整吊装工艺和工序，选择最优的吊装方案，同时加强预制构件与现浇结构节点间的连接技术，进行连接节点处的钢筋排布和搭接施工模拟，从而提高 PC 构件吊运和安装施工的可行性与安全性[1]。

吊运和拼装模拟（承重预制构件、内隔墙板、外挂构件体系）。

预制构件吊装技术：通过 BIM 模型模拟构件吊装的过程及摸排过程细节，以预制叠合楼板和外挂架模拟结果为例，如图 45 所示。

图 45　叠合楼板吊装模拟

叠合楼板起吊和落位：叠合板长≤4m 时采用 4 点挂钩，>4m 时采用 6～8 点挂钩，挂吊钩时应确保各吊点均匀受力，以防止起吊、移动、落位等过程中出现集中应力，从而造成预制叠合楼板开裂。

校核调整：用 2m 靠尺对叠合楼板底拼缝高低差进行校核，如有偏差应及时调节支架螺栓，确保拼缝高低差不大于 2mm。叠合楼板全部吊装完毕后，逐件检查支撑管是否牢固垂直、无松动。

外挂架提升与安装：拆除前清理外挂架上的物体→操作人员站在该层外防护架上挂吊钩，并试吊，保持吊绳绷紧不受力→操作人员站在室内将固定螺栓从内测拧出。同时，采用 2 根缆风绳由 2 人站在室内稳住外防护架，防止外防护架因螺栓松动突然向外摆动→塔式起重机将单元防护架缓慢从第 $N-2$ 层起吊到第 N

1　陈文杰. PC 装配式住宅施工阶段的 BIM 技术应用研究［D］. 广州：广州大学，2020.

层，2 人站在第 $N-1$ 层的挂架上，2 人在楼层室内，1 人指挥，1 人负责安全旁站，如图 46 所示。

图 46　外挂架吊装模拟

（4）装配式建筑 BIM 软件[1]

可用软件包括 Tekla Structures、Structureworks。专门的结构分析软件检查构件在拆模、吊装、储存、运输和安装过程中的受力状态，构件在此过程中的受力状态与在建筑使用荷载作用下的受力状态是不同的，需要关注这些结构分析软件的集成能力及是否具有开放的编程接口。

1　查克·伊斯曼，保罗·泰肖尔兹，拉菲尔·萨克斯，等. BIM 手册［M］尚晋，等译. 北京：中国建筑工业出版社，2016：248-249.

第4篇　案　例　篇

第13章

案例1　华南理工大学广州国际校区EPC项目BIM应用

扫码阅读

第14章

案例2　武汉两河水环境综合治理二期PPP项目BIM应用

第15章

案例3　建设项目投资管控与造价管理数字化应用

扫码阅读

参考文献

［1］ 过俊，陈宇，赵斌. BIM在建筑全生命周期中的应用［J］. 建筑技艺，2010（S1）：209-214.

［2］ LI S，ZHANG Z，MEI G，et al. Utilization of BIM in the construction of a submarine tunnel：a case study in Xiamen City，China［J］. Journal of civil engineering and management，2021，27（1）：14-26.

［3］ 王婷，肖莉萍. 国内外BIM标准综述与探讨［J］. 建筑经济，2014（5）：108-111.

［4］ 施丽波. 分析新形势下推进建筑工程管理信息化的重要性［J］. 建材发展导向，2021，19（24）：28-30.

［5］ 艾比布拉・玉苏甫. 新形势下建筑工程管理信息化的重要性及加强措施［J］. 住宅与房地产，2020（9）：144.

［6］ 戴鹏飞. 推进建筑工程管理信息化的重要性［J］. 居舍，2020（6）：122.

［7］ 雷早成. BIM与建筑信息化的关系及其应用价值分析［J］. 四川建材，2021，47（9）：40，60.

［8］ 部瑞东，赵鸿宇. 探究建筑业信息化改革的关键技术［J］. 科技风，2020（14）：7-8.

［9］ 李芬红. BIM技术在建筑全生命周期中的应用研究［J］. 佳木斯职业学院学报，2022，38（3）：137-139.

［10］ 过俊，陈宇，赵斌. BIM在建筑全生命周期中的应用［J］. 建筑技艺，2010（S1）：209-214.

［11］ 潘婷，汪霄. 国内外BIM标准研究综述［J］. 工程管理学报，2017，31（1）：1-5.

［12］ 黄宏庆. BIM技术在建设项目全生命周期中的应用与探讨［C］//2021水利水电地基与基础工程技术创新与发展论文集，2021：603-607.

［13］ 郑国勤，邱奎宁. BIM国内外标准综述［J］. 土木建筑工程信息技术，2012，4（1）：32-34，51.

［14］ 刘荣桂，周佶，周建亮，等. BIM技术及应用［M］. 北京：中国建筑工业出版社，2017：180-198.

［15］ 徐勇戈，高志坚，孔凡楼. BIM概论［M］. 北京：中国建筑工业出版社，2021：155-156.

［16］ 徐航，黄联盟，鲍冠男，等. 基于BIM的超高层复杂机电管线综合排布方法［J］. 施工技术，2017，46（23）：18-20.

［17］ 益埃毕教育组编. Navisworks 2018从入门到精髓［M］. 北京：中国电力出版社，2017.

[18] 刘谦. BIM与电子招投标协同应用现状及趋势 [J]. 招标采购管理，2019 (10)：18-20.
[19] 杨传隆. BIM在超高层建筑招投标中的应用 [J]. 施工技术，2016，45 (S2)：571-574.
[20] 郭俊礼，滕佳颖，等. 基BIMIPD建设项目协同管理方法研究 [J]. 施工技术，2012，41 (22)：75-79.
[21] 杨一帆，杜静. 建设项目IPD模式及其管理框架研究 [J]. 工程管理学报，2015，29 (1)：107-112.
[22] 孙晓翔，刘嘉章，阎子鑫. IPD与BIM技术在装配式建筑中的应用 [J]. 建筑结构，2019，49 (S1)：914-920.
[23] 徐韫玺，王要武，姚兵. 基于BIM的建设项目IPD协同管理研究 [J]. 土木工程学报，2011，44 (12)：138-143.
[24] KENT D C，BECERIK-GERBER B. Understanding construction industry experience and attitudes toward integrated project delivery [J]. Journal of construction engineering and management，ASCE，2010，136 (8)：815-825.
[25] 《中国建筑业BIM应用分析报告 (2021)》编委会. 中国建筑业BIM应用分析报告 (2021) [M]. 北京：中国建筑工业出版社，2022.
[26] 陶君鹏. SPE型集成项目交付 (IPD) 模式合同条件分析 [J]. 四川水泥，2018 (10)：278-279.
[27] 查克·伊斯曼，保罗·泰肖尔兹，拉菲尔·萨克斯，等. BIM手册 [M]. 尚晋，等译. 北京：中国建筑工业出版社，2016.
[28] 张静晓，李慧，王波. BIM项目管理规划及应用 [M]. 北京：中国建筑工业出版社，2019.
[29] 丁烈云，龚剑，陈建国. BIM应用·施工 [M]. 上海：同济大学出版社，2018.
[30] 布拉德·哈丁，戴夫·麦库尔. BIM与施工管理 [M]. 王静，尚晋，刘辰，译. 北京：中国建筑工业出版社，2018.
[31] 张松. BIM5D在建筑项目施工管理中的应用研究 [J]. 中国勘察设计研究，2021 (9)：93-95.
[32] 张建平，范喆，王阳利，等. 基于4D-BIM的施工资源动态管理与成本实时监控 [J]. 施工技术，2011，40 (4)：37-40.
[33] 陈婧，贺成龙，张柱，等. 基于BIM的工程材料采购管理 [J]. 价值工程，2022，41 (20)：50-52.
[34] 王学通. 工程项目管理 [M]. 北京：中国建筑工业出版社，2021.
[35] 陈文杰. PC装配式住宅施工阶段的BIM技术应用研究 [D]. 广州：广州大学，2020.
[36] 段锐，邓晖，邓逸川. ICT支持的塔吊安全管理框架——回顾与展望 [J]. 图学学报，2022，43 (1)：11-20.
[37] 宋晓刚. 基于BIM的工程施工安全智能管理研究 [J]. 建筑经济，2021，42 (2)：29-31.

［38］ 王舒琪，倪燕翎．基于BIM技术与物联网的建筑施工安全监控系统研究［J］．智能建筑与智慧城市，2020（1）：58-61.
［39］ 李亚东，郎灏川，吴天华．基于BIM实施的工程质量管理［J］．施工技术，2013，42（15）：20-22.
［40］ 鄢江平，翟海峰．杨房沟水电站建设质量智慧管理系统的研发及应用［J］．长江科学院院报，2020，37（12）：169-175，182.
［41］ 丁烈云．数字建造导论［M］．北京：中国建筑工业出版社，2019.
［42］ 张晋．建筑项目管理中协同管理的运用［J］．中国高新科技，2019（14）：3.
［43］ 许可，银利军．建筑工程BIM管理技术［M］．北京：中国电力出版社，2017.
［44］ 王雪青，杨秋波．工程项目管理［M］．北京：高等教育出版社，2011.
［45］ 冯为民，胡靖轩．BIM技术在超高层住宅穿插流水施工中的应用［J］．施工技术，2016，45（6）：68-73.
［46］ 骆汉宾．工程项目管理信息化［M］．北京：中国建筑工业出版社，2010.
［47］ 本刊编辑部．BIM：开启智慧建造新时代［J］．中国建设信息化，2017（2）：38-43.